SECOND EDITION

Rust 权威指南（第2版）

［美］Steve Klabnik　Carol Nichols　著　　毛靖凯　译

THE RUST
PROGRAMMING
LANGUAGE
2nd Edition

电子工业出版社

Publishing House of Electronics Industry

北京·BEIJING

内 容 简 介

本书由 Rust 核心团队成员编写，由浅入深地探讨了 Rust 语言的方方面面。从创建函数、选择数据类型及绑定变量等基础内容着手，逐步介绍所有权、生命周期、trait、安全保证等高级概念，错误处理、模式匹配、包管理、并发机制、函数式特性等实用工具，以及完整的项目开发实战案例。

作为开源的系统级编程语言，Rust 可以帮助你编写更有效率且更加可靠的软件，在给予开发者底层控制能力的同时，通过高水准的工程设计避免了传统语言带来的诸多麻烦。

本书适合所有希望评估、入门、提高和研究 Rust 语言的软件开发人员阅读。

版权贸易合同登记号 图字：01-2024-4104

图书在版编目（CIP）数据

Rust 权威指南 ：第 2 版 / （美）史蒂夫·克拉伯尼克（Steve Klabnik），（美）卡罗尔·尼科尔斯（Carol Nichols）著 ；毛靖凯译. -- 北京 ：电子工业出版社，2025. 2. -- ISBN 978-7-121-49473-4

Ⅰ．TP312-62

中国国家版本馆 CIP 数据核字第 2025G304H8 号

责任编辑：刘恩惠
印　　刷：三河市双峰印刷装订有限公司
装　　订：三河市双峰印刷装订有限公司
出版发行：电子工业出版社
　　　　　北京市海淀区万寿路 173 信箱　邮编：100036
开　　本：787×980　1/16　印张：44　字数：704 千字
版　　次：2020 年 6 月第 1 版
　　　　　2025 年 2 月第 2 版
印　　次：2025 年 2 月第 1 次印刷
定　　价：168.00 元

凡所购买电子工业出版社图书有缺损问题，请向购买书店调换。若书店售缺，请与本社发行部联系，联系及邮购电话：（010）88254888，88258888。

质量投诉请发邮件至 zlts@phei.com.cn，盗版侵权举报请发邮件至 dbqq@phei.com.cn。

本书咨询联系方式：faq@phei.com.cn。

推荐语

本书是一本来自 Rust 官方的极具价值的 Rust 入门学习资料，不仅帮助你深入理解 Rust 的内存安全、并发处理等高阶特性，还通过详细示例展示如何在真实项目中应用这些概念。如果你希望编写高效、安全的系统级代码，这本书是你不可错过的参考书。

——张汉东　资深独立咨询师，《Rust 编程之道》作者

《Rust 权威指南》第 2 版终于出来了。本书是 Rust 编程语言官方教材的中文版，具有准确性和权威性。感谢作者的持续更新，让本书跟上了 Rust 这几年的快速发展。2025 年年初，Rust 编程语言在 TIOBE 榜单中已经稳居第 13 位，未来两年很有可能进入前十。现在学习 Rust 正当时，而本书是众多 Rust 语言书籍中不可不看的一本。

——唐刚　Rust 语言中文社区联合创始人

《Rust 权威指南》英文版（*The Rust Programming Language*）第 1 版是我的 Rust 启蒙书，本书在 Rust 社区的重要性不言而喻，2015 年第 1 版发布后经久不衰，应该是我推荐所有希望学习 Rust 语言的开发者阅读的第一本书。

相较于本书第 1 版出版时，Rust 语言的语法和工具链都有了一些变化（好在 Rust 的向后兼容做得不错，大多数早期版本的代码仍然能运行），但大趋势是

Rust 语言变得越来越易用，学习门槛也一直在降低，越来越多的开发者和项目选择 Rust 语言。

目前，我感觉大多数的 Rust 项目都已经基于 Rust 2018 之后的版本，这也标志着这门语言已经进入成熟期，此时出版《Rust 权威指南》中文版第 2 版是一个好时机。尤其是希望掌握现代 Rust 开发的读者，可以直接从本书开始学习。对于老 Rustacean 来说，若需深入历史版本或对比学习，则可结合第 1 版与官方版本迁移指南深入学习。

从本书开始，祝你和 Rust 有一段愉快的旅程！

——黄东旭　PingCAP 联合创始人兼 CTO

《Rust 权威指南》是我的第一本 Rust 书。这本书像一位经验丰富的导师，手把手带我穿越概念迷雾，在代码实战中构建起对 Rust 的深刻认知。这本融合了官方智慧与实战精髓的指南是程序员开启 Rust 之旅的极佳领航员。

——任成珺　《深入 Rust 标准库》作者

Rust 是一门非常优秀的编程语言，具有极强的通用性。可以预见，未来相当一部分前端基础设施都将被 Rust 重写，其重要性不言而喻。它比 Node.js 性能好、安全、更偏底层，但难学也是事实，《Rust 权威指南》是我非常喜欢的 Rust 入门书，相信第 2 版会更加出色。

——狼叔　知名前端高级技术专家，《狼书》作者

《Rust 权威指南》作为官方权威指南，由 Rust 核心团队成员 Steve Klabnik 和 Carol Nichols 执笔，是掌握现代编程利器的最佳入口。全书从变量绑定、函数创建等基础入手，逐步拆解错误处理、多线程和模式匹配等进阶技能，第 2 版特别新增了模块化代码组织指南和闭包优化案例。Rust 独有的内存安全机制让开发者既能驾驭底层系统编程，又能轻松构建 CLI 工具和 Web 服务，编译器实时拦截经典错误的设计让代码既高效又可靠。无论你是想重构旧项目还是开拓嵌

入式新领域，这本结合实战建议与理论深度的手册都能助你快速构建扎实的Rust 技能树。

——码小辫 公众号"码小辫"主理人

作为千万级系统设计者，我认为《Rust 权威指南》是我近年最惊喜的技术投资。书中很多内容都给我带来了启发，比如，"零开销抽象"理念完美平衡了架构设计的优雅性与执行效率；在技术债务吞噬团队产能的时代，展示了如何使用 Rust 重构开发范式；编译器驱动的静态检查可以将调试成本前置；Cargo生态很好地标准化了依赖管理……我特别喜欢第 12 章，它演示了如何通过强类型系统实现"写即正确"的开发流。对于追求交付稳定性的团队，这是一本可以降低生产事故率的工具书。

——DngGentle 车联网软件架构师

《Rust 权威指南》是每个 Rust 初学者的必备宝典。通过本书，读者能够从零基础到深入理解 Rust 的核心概念与编程技巧。作者采用清晰、系统的讲解方式，将 Rust 的复杂特性化繁为简，逐步引导读者掌握内存安全、并发编程等高级内容。无论是想要提高编程能力，还是准备开始 Rust 学习之旅，这本书都是理想的起点。第 2 版不仅对内容进行了全面更新，还加入了丰富的实例和实践指导，是深入学习 Rust 的绝佳选择。

——roseduan 公众号"roseduan 写字的地方"主理人

这是一本与时俱进的 Rust 语言权威指南。全书通过循序渐进的实践案例，深入浅出地讲解了 Rust 的核心概念、内存管理、并发编程等重要特性，并融入了大量最佳实践经验。无论是想入门 Rust 的开发者，还是期望在实战中提升的进阶读者，都能从中获得系统的指导。

——公众号"数据科学研习社"主理人

译者序

作为系统级语言事实上的标杆，C/C++语言诞生至今已经四十余年了。从某种角度上讲，四十余年历史的积累亦是四十余年的负担。为了开发出运行正确的软件，我们需要投入数年的时间来学会如何避免臭名昭著的漏洞，但即便是最为谨慎的开发者，也无法保证自己的程序万无一失。这些漏洞不仅会导致计算机崩溃，还会带来许多意想不到的安全性问题。特别是随着互联网技术的飞速发展，所有人的隐私信息都有可能因为这类安全性问题而赤裸裸地暴露在陌生人的面前。

有些语言，比如 C#等，试图使用庞大的运行时系统来解决这一问题，其中最常见的解决方案便是垃圾回收（Garbage Collection）机制。这种机制在保证内存安全的同时，却在某种程度上剥夺了程序员对底层的控制能力，并往往伴随着性能上的额外损耗。

正是在这样的背景之下，Rust 应运而生。

Rust 站在了前人的肩膀上，借助最近几十年的语言研究成果，创造出了所有权与生命周期等崭新的概念。相对于 C/C++等传统语言，它具有天生的安全性；换句话说，你无法在安全的 Rust 代码中执行任何非法的内存操作。相对于 C#等带有垃圾回收机制的语言来讲，Rust 遵循了零开销抽象（Zero-Cost Abstraction）规则，并为开发者保留了最大的底层控制能力。

Rust 从设计伊始便致力于提供高水准的人体工程学体验。你可以在 Rust 中看到代数数据类型、卫生宏、迭代器等饱经证明的优秀语言设计，这些刻意的设计能够帮助你自然而然地编写出高效且安全的代码。在语言本身之外，Rust 核心开发团队还规划并实现了一系列顶尖的工具链——从集成的包管理器到带有依赖管理的构建工具，再到跨越编辑器的自动补全、类型推导及自动格式化等服务工具。

Rust 由开源基金会 Mozilla 推动开发，它的背后有一个完善且热情的社区。年轻的 Rust 正在众人合力之下不断进步，许许多多像你我一样的开发者共同决定着 Rust 的前进方向。你能够在 Rust 的托管网站 GitHub 上追踪到最新的源代码及开发进展，甚至是参与到 Rust 本身的开发之中。

但不得不承认的是，Rust 独特的创新性也给我们带来了突兀的学习曲线。这些概念与传统语言雕刻在我们脑海中的回路是如此的不同，以至于使众多的初学者望而却步。这让人无比遗憾。为了解决这个问题，Rust 核心团队的 Steve Klabnik 和 Carol Nichols 共同撰写了本书。本书由浅入深地介绍了 Rust 语言的方方面面——从基本的通用概念开始，到模式匹配、函数式特性、并发机制等实用工具，再到所有权、生命周期等特有概念。除此之外，本书还穿插了众多的代码片段和 3 个完整的项目开发实践案例。我们相信本书能够帮助所有期望评估、入门、提高和研究 Rust 语言的软件开发人员。

最后，我们非常高兴能够参与此次的翻译工作。在长久以来的学习过程中，社区内热情的 Rust 爱好者们提供了许多无法言尽的帮助，而这次的工作给予了我们回馈社区的机会。感谢电子工业出版社牵头引进了这样一本官方图书，感谢编辑刘恩惠在翻译过程中的包容和理解，并在后期进行了大量的编辑工作。没有他们，就没有本书最终的完成。

碍于能力有限，对于本书中可能出现的错误，还望读者海涵；我们会随着 Rust 的迭代升级，不断地对本书进行更新与勘误。

序

虽然不是那么明显，但 Rust 编程语言的核心在于赋能：无论你正在编写什么样的代码，Rust 赋予的能力都可以帮助你走得更远，并使你可以在更为广阔的领域中充满自信地编写程序。

例如，完成某些"系统层面"的工作需要处理内存管理、数据布局及并发的底层细节。我们习惯于将这些领域内的编程视作某种神秘的魔法，只有少部分被选中的专家才能真正深入其中。他们需要投入数年的时间来学习如何避免该领域内那些臭名昭著的陷阱，但即便是最为谨慎的实践者，也无法避免自己的代码出现漏洞、崩溃或损坏。

通过消灭这些陈旧的缺陷并提供一系列友好、精良的开发工具，Rust 极大地降低了相关领域的门槛。需要"深入"底层控制的程序员可以使用 Rust 来完成任务，而无须承受那些常见的崩溃或安全性风险，也无须持续学习那些不断更新的工具链。更妙的是，这门语言旨在引导你自然而然地编写出可靠的代码，并在运行速度及内存使用上保持高效。

拥有底层代码编写经验的开发者可以使用 Rust 来实现"更具野心"的项目。例如，在 Rust 中引入并行是一种相对低风险的操作：编译器会为你捕捉那些常见的经典错误。你可以在代码中采用更为激进的优化策略，而无须担心意外地引发崩溃或引入漏洞。

但 Rust 的用途并不局限于底层系统编程,它极强的表达能力及工作效率足以帮助你轻松地编写出 CLI 应用、Web 服务器及许多其他类型的代码——你会在本书中看到一些简单的示例。使用 Rust 还意味着你能够在不同的领域中构建相同的技能体系;你可以通过编写 Web 应用来学习 Rust,并将这些技能应用到树莓派(Raspberry Pi)上。

本书全面地介绍了 Rust 赋予用户的诸多可能性,它采用了通俗易懂的语言以期帮助你理解有关 Rust 的知识。除此之外,本书还能从整体上提升你对编程的理解和信心。让我们一起来打开新世界的大门吧!欢迎加入 Rust 社区!

Nicholas Matsakis 和 Aaron Turon

说明

为了使用 Rust 2021 阶段性版本，本书中的内容会假设读者正在使用 Rust 1.62.0（发布于 2022 年 6 月 30 日）或之后的版本，并在所有的工程配置文件 *Cargo.toml* 中都包含了 `edition="2021"` 条目。你可以在第 1 章的"安装"一节中了解到如何安装或升级 Rust，并在附录 E 中找到更多有关阶段性版本的信息。

Rust 语言的 2021 阶段性版本包括了一系列改进，可以优化编码过程中的人体工程学体验，并修改了某些不一致的地方。为了向读者展示这些变化，我们在本书再版的过程中做了不少调整，其中包括：

- 第 7 章增加了一段简要参考，介绍如何使用多个文件组成的模块来组织代码。
- 第 13 章改进并新增了一系列与闭包相关的示例，以期能够更清晰地展示有关捕获、`move` 关键字及 `Fn` 特征的相关知识。
- 根据读者们的反馈，我们还修正了不少文字上的小错误，并尝试在全书中使用更加精练的语言。感谢所有提出过建议的读者朋友们！

值得注意的是，即便你更新了自己使用的 Rust 编译器，本书第 1 版中的所有代码依旧可以在新的工程配置文件 *Cargo.toml* 下编译通过。这正是 Rust 的向后兼容性所保证的事情！

致谢

我们要感谢那些参与了 Rust 开发的人,这样一门令人惊叹的语言绝对值得去编写一本书。我们要感谢 Rust 社区中的所有人,你们的热情构建了一个值得更多伙伴参与进来的伟大社区。

我们要特别感谢那些阅读过本书第 1 版并提供了众多反馈、错误报告及修改请求的读者。还要特别感谢 Eduard-Mihai Burtescu、Alex Crichton 和 JT 提供的技术审查,以及 Karen Rustad Tölva 设计的封面。感谢我们在 No Starch 的编辑团队,Bill Pollock、Liz Chadwick 和 Janelle Ludowise 协助完善并完成了本书的出版工作。

Steve 想要感谢异常出色的合著者 Carol,她使本书能够更快、更好地完成。另外,还要感谢 Ashley Williams,她为本书的整个编写过程提供了难以想象的支持。

Carol 想要感谢 Steve 激起了自己对 Rust 的兴趣,并给予了自己共同编写本书的机会。感谢家人长久的爱与支持,特别是丈夫 Jake Goulding 及女儿 Vivian。

前言

欢迎阅读《Rust 权威指南》第 2 版，本书深入浅出地介绍了 Rust 语言！

Rust 是一门可以帮助你开发出高效率、高可靠性软件的编程语言。以往的编程语言往往无法同时兼顾高水准的工程体验与底层的控制能力，而 Rust 则被设计出来挑战这一目标，它力图同时提供强大的工程能力和良好的开发体验，在给予开发者控制底层细节能力（比如内存操作）的同时，避免传统语言带来的诸多麻烦。

谁是 Rust 的目标用户

基于各种各样的原因，Rust 对于许多人来讲都是一门相当理想的语言。现在，让我们看一看其中最重要的一些群体。

开发团队

Rust 已经被证明可以高效地应用于大规模的、拥有不同系统编程背景的开发团队。底层代码总是容易出现各种各样隐晦的错误，对于大部分编程语言来说，想要发现这些错误，要么通过海量的测试用例，要么通过优秀程序员细致的代码评审。而在 Rust 的世界里，大部分错误（甚至包括并发环境中产生的错误）都可以在编译阶段被编译器发现并拦截。得益于编译器这种类似于守门员的角色，开发团队可以在更多的时间内专注于业务逻辑而非错误调试。

当然，Rust 也附带了一系列面向系统编程的现代化开发工具：

- Cargo 提供了一套内置的依赖管理与构建工具。通过 Cargo，你可以在 Rust 生态系统中一致且轻松地增加、编译和管理依赖。
- rustfmt 用于约定一套统一的编码风格。
- Rust Language Server 为集成开发环境（IDE）提供了可供集成的代码补全和错误提示工具。

通过使用上述工具，开发者可以高效地进行系统级编程。

学生

对于那些有兴趣接触系统编程的学生而言，Rust 也是一个非常好的选择，已经有不少人基于 Rust 来学习诸如操作系统开发之类的课程。另外，我们拥有一个非常热情的社区，社区成员们总是乐于回答来自初学者的各种问题。Rust 开发团队希望通过本书让更多的人，特别是学生，能更加轻松地接触、学习系统编程的各种概念。

企业

目前已经有数百家或大或小的企业，在生产环境中使用 Rust 来处理各式各样的任务。这些任务包括命令行工具开发、Web 服务开发、DevOps 工具开发、嵌入式设备开发、音视频分析与转码、数字货币交易、生物信息提取、搜索引擎开发、物联网应用开发、机器学习算法研究，以及 Firefox 网络浏览器中的大部分功能开发。

开源开发者

我们欢迎所有愿意参与构建 Rust 编程语言本身，或者周边社区、开发工具及第三方库的开发者。你们的贡献对于构建一个良好的 Rust 语言生态环境非常重要！

重视速度与稳定性的开发者

Rust 适用于那些重视速度与稳定性的开发者。当谈论到速度时，不仅是指 Rust 程序可以拥有良好的运行时效率，而且 Rust 可以提供良好的开发时效率。得益于 Rust 编译器的静态检查能力，我们可以稳定地在开发过程中增添功能或重构代码。与此形成鲜明对比的是，在缺少这些检查能力的语言中，开发者往往恐惧于修改那些脆弱的遗留代码。此外，得益于对零开销抽象这一概念的追求，开发者可以在无损耗的前提下使用高级语言特性。Rust 力图使安全的代码同样高效。

当然，这里提到的只是 Rust 使用场景中最有代表性的一部分用户，Rust 语言也希望能够服务于尽可能多的其他开发者群体。总的来说，Rust 最大的目标在于通过同时保证安全与效率、运行速度与编程体验，消除数十年来程序员们不得不接受的那些取舍。不妨给 Rust 一个机会，让我们一起来看一看它是否适合你。

谁是本书的目标读者

对于本书的读者，我们假设你已经使用过某种其他编程语言。虽然我们努力使本书的内容能够被具有不同编程背景的读者所接受，但不会花太多时间去讨论一些基本的编程概念。如果你对于编程是完全陌生的，那么你最好先阅读一些入门类的编程图书。

如何阅读本书

通常而言，我们假定读者按顺序从头到尾阅读本书。一开始我们会简单地介绍一些概念，接着在随后的章节中逐步深入，并有针对性地对其中的细节进行讨论。后面章节的讨论建立在前面章节引入的概念之上。

在本书中，你会发现两种类型的章节：概念讨论类章节和项目实践类章节。在概念讨论类章节中，你会接触到 Rust 的某些特性；在项目实践类章节中，我们会利用之前讲解过的 Rust 特性来共同构建一些小程序。第 2 章、第 12 章、第 20 章属于项目实践类章节，其余章节属于概念讨论类章节。

第 1 章会介绍如何安装 Rust，如何编写 "Hello, world!" 程序，以及如何使用 Cargo 构建和管理项目。

第 2 章会从实践的角度对 Rust 语言进行介绍，这里我们会从较高的层次来覆盖一系列概念，并在之后的章节中逐步深入研究细节。如果你是一个实践派，想要立即动手编写代码，那么第 2 章正好适合你。第 3 章会介绍 Rust 中类似于其他语言的那些特性，第 4 章则介绍 Rust 中独特的所有权系统。如果你是一个特别重视细节的学习者，期望一步一步了解清楚每一个角落，那么建议你跳过第 2 章，从第 3 章开始按顺序阅读，并在想要通过实践来巩固知识点时再返回第 2 章进行阅读。

第 5 章会讨论结构体和方法，第 6 章会包含枚举、`match` 表达式及 `if let` 控制流结构的相关内容。你将学会在 Rust 中使用结构体和枚举来创建自定义类型。

在第 7 章中，你会了解到 Rust 中的模块系统和私有性规则，并学会如何使用它们来组织代码和设计公共应用程序接口（API）。第 8 章会介绍一些标准库中提供的常用数据结构，比如 Vec（动态数组）、String（字符串）和 HashMap（哈希表）。第 9 章会讨论 Rust 中关于错误处理的一些设计理念和工具。

第 10 章会深入讲解关于泛型、trait（特征）和生命周期的概念，它们赋予了你复用代码的能力。第 11 章介绍的是关于如何在 Rust 中构建测试系统的内容。即便有 Rust 的安全检查，我们也需要通过测试来保障业务逻辑的正确性。在第 12 章中，我们会实现命令行工具 grep 的一些功能子集，用于在文件中搜索某些特定文本，为此会用到很多前面章节中讨论的概念。

第 13 章会讨论 Rust 中与函数式编程相关的概念，即闭包与迭代器。在第 14 章中，我们会更加深入地了解 Cargo，以及与他人共享代码库的一些最佳实践。第 15 章会讨论标准库中的智能指针，以及它们所实现的相关 trait。

在第 16 章中，我们会介绍多个不同的并发编程模型，并讨论 Rust 是如何让多线程编程变得不那么恐怖的。第 17 章则着眼于比较 Rust 与常见的面向对象编程范式的不同风格。

第 18 章是关于模式和模式匹配的介绍，它们给 Rust 语言带来了异常强大的表达能力。第 19 章会覆盖一些有趣的高级主题，包括对不安全 Rust、宏、生命周期、trait、类型、函数和闭包的更深入的讨论。

在第 20 章中，我们将从底层开始实现一个完整的多线程 Web 服务器。

最后的附录中会包含一系列有关语言的实用参考资料。其中，附录 A 会列举 Rust 中全部的关键字，附录 B 会列举 Rust 中所有的运算符及其他符号，附录 C 会包含标准库中提供的可派生 trait，附录 D 会介绍一些有用的开发工具，附录 E 会解释 Rust 的阶段性版本机制。

当然，不管你怎样阅读本书都是可以的。假如你想要跳过某个特定的章节，那就跳过吧，你可以在感到疑惑的时候再返回略过的那些部分。用你觉得最舒服的方式来阅读本书就好！

在学习 Rust 的过程中，一项尤为重要的能力是掌握如何阅读编译器显示的错误提示信息，这些信息能够引导你编写出可用的代码。为此，我们会故意提供许多无法通过编译的示例，进而展示在相关情境下编译器输出的错误提示信息。所以，在本书中随意挑选出来的示例也许根本就无法通过编译！请仔细阅读上下文来确定你尝试运行的示例代码是否是一段故意写错的代码。在大部分情况下，我们会指引你将不能编译的代码纠正为正确版本。

目录

1 入门指南 1

　　安装 1

　　　　在 Linux 或 macOS 环境中安装 Rust 2

　　　　在 Windows 环境中安装 Rust 3

　　　　常见问题 3

　　　　更新与卸载 4

　　　　本地文档 5

　　Hello, world! 5

　　　　创建一个文件夹 5

　　　　编写并运行一个 Rust 程序 6

　　　　Rust 程序剖析 7

　　　　编译与运行是两个不同的步骤 8

　　Hello, Cargo! 10

　　　　使用 Cargo 创建一个项目 10

　　　　使用 Cargo 构建和运行项目 13

　　　　以 Release 模式进行构建 15

　　　　学会习惯 Cargo 15

　　总结 16

2 编写一个猜数游戏 17

　　创建一个新的项目 17

处理一次猜测 19

    使用变量存储值 20

    获得用户的输入 21

    使用 Result 类型处理可能失败的情况 22

    通过 println!中的占位符输出对应的值 23

    测试第一部分 24

生成一个保密数字 24

    借助包获得更多功能 25

    生成一个随机数 28

比较猜测数字与保密数字 31

使用循环实现多次猜测 35

    在猜测成功时优雅地退出 37

    处理非法输入 37

总结 40

3 通用编程概念 41

变量与可变性 42

    常量 44

    隐藏 45

数据类型 47

    标量类型 48

    复合类型 53

函数 57

    参数 59

    语句和表达式 60

    函数的返回值 62

注释 65

控制流 66

    if表达式 66

    使用循环重复执行代码 70

总结 77

4 认识所有权 78

什么是所有权 78

　　所有权规则 81

　　变量作用域 81

　　String 类型 82

　　内存与分配 83

　　所有权与函数 90

　　返回值与作用域 91

引用与借用 93

　　可变引用 95

　　悬垂引用 99

　　引用的规则 101

切片类型 101

　　字符串切片 103

　　其他类型的切片 108

总结 109

5 使用结构体组织相关联的数据 110

定义并实例化结构体 110

　　使用简化版的字段初始化方法 113

　　使用结构体更新语法，基于其他实例来创建新实例 113

　　使用不需要对字段命名的元组结构体来创建不同的类型 115

　　没有任何字段的单元结构体 116

一个使用结构体的示例程序 118

　　使用元组重构代码 119

　　使用结构体重构代码：增加有意义的描述信息 120

　　通过派生 trait 增加实用功能 121

方法 125

　　定义方法 125

　　带有更多参数的方法 129

　　关联函数 130

多个 impl 块 131

总结 132

6 枚举与模式匹配 133

定义枚举 133

枚举值 134

Option 枚举及其在空值处理方面的优势 139

控制流结构 match 143

绑定值的模式 145

匹配 Option<T> 146

匹配必须穷举所有的可能性 148

通配模式及_占位符 149

简单控制流 if let 151

总结 153

7 使用包、单元包和模块管理日渐复杂的项目 154

包与单元包 155

通过定义模块来控制作用域及私有性 160

用于在模块树中指明条目的路径 162

使用 pub 关键字来暴露路径 165

从 super 关键字开始构造相对路径 169

将结构体或枚举声明为公共的 170

使用 use 关键字将路径导入作用域 172

创建 use 路径时的惯用方式 174

使用 as 关键字来提供新的名称 175

使用 pub use 重导出名称 176

使用外部包 177

使用嵌套路径来清理众多的 use 语句 178

通配符 179

将模块拆分为不同的文件 180

总结 182

8 通用集合类型 184

使用动态数组存储多个值 185

　创建动态数组 185

　更新动态数组 186

　读取动态数组中的元素 186

　遍历动态数组中的值 189

　使用枚举存储多个类型的值 190

　在销毁动态数组时也会销毁其中的元素 191

使用字符串存储 UTF-8 编码的文本 192

　字符串是什么 192

　创建一个新的字符串 193

　更新字符串 194

　索引字符串 197

　字符串切片 200

　遍历字符串的方法 201

　字符串的确没那么简单 202

在哈希映射中存储键值对 202

　创建一个新的哈希映射 203

　访问哈希映射中的值 203

　哈希映射与所有权 205

　更新哈希映射 205

　哈希函数 208

总结 208

9 错误处理 210

不可恢复错误与 panic! 211

可恢复错误与 Result 215

　匹配不同的错误 217

　传播错误 221

要不要使用 panic! 229

　示例、原型代码和测试 229

当你比编译器拥有更多信息时 230

错误处理指导原则 230

创建自定义类型进行有效性验证 232

总结 235

10 泛型、trait 与生命周期 236

通过将代码提取为函数来减少重复工作 237

泛型数据类型 240

在函数定义中 240

在结构体定义中 243

在枚举定义中 245

在方法定义中 246

泛型代码的性能问题 249

trait：定义共享行为 250

定义 trait 250

为类型实现 trait 251

默认实现 254

使用 trait 作为参数 256

返回实现了 trait 的类型 259

使用 trait 约束有条件地实现方法 260

使用生命周期保证引用的有效性 262

使用生命周期来避免悬垂引用 262

借用检查器 264

函数中的泛型生命周期 265

生命周期标注语法 267

函数签名中的生命周期标注 267

深入理解生命周期 271

结构体定义中的生命周期标注 272

生命周期省略 273

方法定义中的生命周期标注 276

静态生命周期 277

同时使用泛型参数、trait 约束与生命周期 278

总结 279

11 编写自动化测试 280

如何编写测试 281

测试函数的构成 281

使用 assert!宏检查结果 286

使用 assert_eq!和 assert_ne!宏判断相等性 290

添加自定义的错误提示信息 293

使用 should_panic 检查 panic 295

使用 Result<T, E>编写测试 300

控制测试的运行方式 301

并行或串行地运行测试 301

显示函数输出 302

运行部分特定名称的测试 304

通过显式指定来忽略某些测试 307

测试的组织结构 308

单元测试 309

集成测试 311

总结 316

12 I/O 项目：编写一个命令行程序 317

接收命令行参数 318

读取参数值 319

将参数值存入变量中 321

读取文件 322

重构代码以增强模块化程度和错误处理能力 324

二进制项目的关注点分离 325

修正错误处理逻辑 330

从 main 中分离逻辑 334

将代码分离为独立的代码包 337

使用测试驱动开发编写库功能 339

    编写一个会失败的测试 340

    编写可以通过测试的代码 343

处理环境变量 347

    为不区分大小写的 search 函数编写一个会失败的测试 347

    实现 search_case_insensitive 函数 349

将错误提示信息打印到标准错误流而不是标准输出流 354

    确认错误被写到了哪里 354

    将错误提示信息打印到标准错误流 355

总结 356

13 函数式语言特性：迭代器与闭包 357

闭包：能够捕获环境的匿名函数 358

    使用闭包捕获环境 358

    闭包的类型推断和类型标注 361

    捕获引用或移动所有权 363

    将捕获的值移出闭包及 Fn 系列 trait 366

使用迭代器处理元素序列 371

    Iterator trait 和 next 方法 372

    消耗迭代器的方法 373

    生成其他迭代器的方法 374

    使用闭包捕获环境 376

改进 I/O 项目 378

    使用迭代器代替 clone 378

    使用迭代器适配器让代码更加清晰 382

    在循环与迭代器之间做出选择 383

比较循环和迭代器的性能 383

总结 386

14 进一步认识 Cargo 及 crates.io 387

使用发布配置定制构建 388

将包发布到 crates.io 平台 389

    编写有用的文档注释 390

    使用 pub use 导出合适的公共 API 393

    创建 crates.io 账户 398

    为包添加元数据 398

    发布到 crates.io 400

    发布已有包的新版本 401

    使用 cargo yank 命令从 crates.io 上撤回版本 401

Cargo 工作空间 402

    创建工作空间 402

    在工作空间中创建第二个包 404

使用 cargo install 安装二进制文件 409

使用自定义命令扩展 Cargo 的功能 410

总结 411

15 智能指针 412

使用 Box<T>在堆上分配数据 414

    使用 Box<T>在堆上存储数据 414

    使用装箱定义递归类型 415

通过 Deref trait 将智能指针视作常规引用 421

    跳转到指针指向的值 421

    把 Box<T>当成引用来操作 422

    定义我们自己的智能指针 423

    实现 Deref trait 424

    函数和方法的隐式解引用转换 426

    解引用转换与可变性 427

借助 Drop trait 在清理时运行代码 428

基于引用计数的智能指针 Rc<T> 433

    使用 Rc<T>共享数据 433

    克隆 Rc<T>会增加引用计数 436

RefCell<T>和内部可变性模式 438

使用 RefCell<T>在运行时检查借用规则 438

内部可变性：可变地借用一个不可变的值 440

结合使用 Rc<T>和 RefCell<T>来实现拥有多重所有权的可变数据........448

循环引用会造成内存泄漏 450

创建循环引用 450

使用 Weak<T>代替 Rc<T>来避免循环引用.......................................454

总结 460

16 无畏并发 **461**

使用线程同时运行代码...462

使用 spawn 创建新线程 463

使用 join 句柄等待所有线程结束 465

在线程中使用 move 闭包 467

使用消息传递在线程间转移数据 471

通道和所有权转移 474

发送多个值并观察接收者的等待过程 476

通过克隆发送者创建多个生产者 477

共享状态的并发 479

互斥体一次只允许一个线程访问数据 479

RefCell<T>/Rc<T>和 Mutex<T>/Arc<T>之间的相似性.......................486

使用 Send trait 和 Sync trait 对并发进行扩展 487

允许线程间转移所有权的 Send trait 487

允许多个线程同时访问的 Sync trait 488

手动实现 Send 和 Sync 是不安全的 488

总结 489

17 Rust 的面向对象编程特性 **490**

面向对象语言的特性...490

对象包含数据和行为 491

封装实现细节 491

作为类型系统和代码共享机制的继承 493

使用 trait 对象存储不同类型的值 495

　　为共有行为定义一个 trait 496

　　实现 trait 498

　　trait 对象会执行动态派发 502

实现一种面向对象的设计模式 502

　　定义 Post 并创建一个处于草稿状态的新实例 505

　　存储文章内容的文本 506

　　确保草稿的可读内容为空 507

　　请求审批文章并改变其状态 507

　　添加 approve 方法来改变 content 的行为 509

　　状态模式的权衡取舍 513

总结 518

18 模式与匹配 520

所有可以使用模式的场合 521

　　match 分支 521

　　if let 条件表达式 522

　　while let 条件循环 524

　　for 循环 524

　　let 语句 525

　　函数的参数 527

可失败性：模式是否会匹配失败 528

模式语法 531

　　匹配字面量 531

　　匹配命名变量 531

　　多重模式 533

　　使用 "..=" 匹配区间值 533

　　通过解构分解值 534

　　忽略模式中的值 540

　　使用匹配守卫添加额外条件 545

　　@绑定 548

总结 549

19 高级特性 550

不安全 Rust 551

    不安全超能力 551

    解引用裸指针 553

    调用不安全的函数或方法 555

    访问或修改可变静态变量 561

    实现不安全 trait 563

    访问联合体中的字段 564

    使用不安全代码的时机 564

高级 trait 564

    关联类型 565

    默认泛型参数和运算符重载 566

    消除同名方法在调用时的歧义 569

    使用超 trait 574

    使用 newtype 模式在外部类型上实现外部 trait 576

高级类型 578

    使用 newtype 模式实现类型安全与抽象 578

    使用类型别名创建同义类型 579

    永不返回的 never 类型 582

    动态大小类型和 Sized trait 584

高级函数与闭包 586

    函数指针 586

    返回闭包 589

宏 590

    宏与函数之间的区别 591

    用于通用元编程的 macro_rules!声明宏 591

    基于属性创建代码的过程宏 594

    如何编写一个自定义派生宏 595

    属性宏 601

    函数宏 602

总结 603

20 最后的项目：构建多线程 Web 服务器...604

构建单线程 Web 服务器..605

监听 TCP 连接...606

读取请求...608

仔细观察 HTTP 请求...611

编写响应...612

返回真正的 HTML 文件...613

验证请求的合法性并有选择地响应...615

少许重构...618

把单线程服务器修改为多线程服务器...619

模拟一个慢请求...620

使用线程池改进吞吐量...621

优雅地停机与清理..642

为 ThreadPool 实现 Drop trait..642

通知线程停止监听任务...645

总结...650

附录 A 关键字...651

附录 B 运算符和符号...656

附录 C 可派生 trait...663

附录 D 有用的开发工具...669

附录 E 阶段性版本...673

1

入门指南

现在，让我们开始正式了解 Rust 的旅程。千里之行，始于足下。
我们会在本章中讨论如下议题：

- 在 Linux、macOS 和 Windows 环境中安装 Rust。
- 编写一个输出 Hello, world!字符串的小程序。
- 使用 Rust 附带的包管理器和构建工具 cargo。

安装

学习 Rust 的第一步自然是安装它。我们会通过一个叫作 rustup 的命令行
工具来完成 Rust 的下载与安装，这个工具还被用来管理不同的 Rust 发行版本及
其附带的工具链。当然，在下载时，你需要有一个顺畅的网络连接。

注意　假如你因为某种原因而不愿意使用 rustup，那么请前往 Rust 官方网站寻
找其他可用的安装方式。

接下来的步骤会安装最新的 Rust 稳定版本。值得一提的是，Rust 的稳定性

保证了所有发行版本都是向后兼容的，这意味着本书中所有可编译的示例都可以在更新的 Rust 版本中编译通过。在不同的版本下，示例在编译时的输出内容也许会有些许细微的差异，这是因为 Rust 在升级过程中改进了编译器的错误提示信息和警告信息。换句话说，任何通过以下步骤安装的新 Rust 版本都能够顺利运行本书中的所有内容。

> ### 命令行标记
>
> 在本书中，我们演示了一些将会在终端使用的命令行程序。所有需要被输入终端的命令行都会以字符$开头。这并不代表你需要实际去输入这个字符，它只是被用来标记每个命令行的起始位置。那些没有$前置标记的行，则是之前命令的输出结果。另外，一些特定于 PowerShell 的示例将会使用>来代替$作为标记。

在 Linux 或 macOS 环境中安装 Rust

假如你使用的操作系统是 Linux 或 macOS，那么请打开命令行终端，并且输入命令：

```
$ curl --proto '=https' --tlsv1.3 https://sh.rustup.rs -sSf | sh
```

这条命令会下载并执行一个脚本来安装 rustup 工具，进而安装最新的 Rust 稳定版本。该脚本可能会在执行过程中请求输入你的密码。一旦安装成功，你将能够看到如下所示的输出：

```
Rust is installed now. Great!
```

另外，Rust 还需要链接器（linker）将自己的编译产出物合并成一个文件。虽然你的系统内极有可能已经配备了链接器，但假如你在编译 Rust 程序的过程中出现了链接错误，那么就应该安装一个默认包含链接器的 C 语言编译器。除了附带的链接器，C 语言编译器还可以帮助我们编译某些依赖 C 语言代码的

Rust 包。

在 macOS 系统下，你可以执行如下所示的指令来安装 C 编译器：

```
$ xcode-select --install
```

Linux 用户可以按照系统发行文档内的指令来安装 GCC 或者 Clang。以 Ubuntu 为例，你可以选择安装 build-essential 包来获得 C 编译器。

在 Windows 环境中安装 Rust

假如你使用的是 Windows 操作系统，那么最好前往 Rust 官方网站的安装页面，并根据网页上的说明来安装 Rust。你也许会在安装过程中收到一条警告信息，要求你安装 Visual Studio 2013 或更高版本的 MSVC 构建工具。解决这个问题最简单的方式就是前往 Visual Studio 官方网站的下载页面，并在其他工具和框架页面中下载需要的内容：

- C++ 桌面开发工具。
- Windows 10 或者 Windows 11 的 SDK（开发工具套件）。
- 默认的英语语言组件，或者任何你希望使用的语言组件。

本书中使用的大部分命令行程序都可以同时运行于 *cmd.exe* 和 *PowerShell* 上。如果出现特殊情形，我们会单独进行说明。

常见问题

你可以在终端输入如下所示的命令来检查 Rust 是否已经被正确地安装：

```
$ rustc --version
```

一切顺利的话，你应该可以在命令输出中依次看到以如下所示的格式显示的最新稳定版本的版本号、版本的哈希码及版本的提交日期：

```
rustc x.y.z (abcabcabc yyyy-mm-dd)
```

如果你无法看到这样的输出信息，那么可以尝试检查 Rust 工具链是否已经被添加到环境变量 %PATH% 中。

对于 Windows 的 CMD 用户，使用指令：

```
> echo %PATH%
```

对于 PowerShell 用户，使用指令：

```
> echo $env:Path
```

对于 Linux 和 macOS 用户，使用指令：

```
$ echo $PATH
```

如果你已经在环境变量中配置了 Rust 工具链，但 Rust 依然不能正常工作，那么可以前往 Rust 官方网站的社区页面寻求帮助。页面内的链接会让你找到常用的 Rust 用户社区、即时交流频道，借助它们，你可以与其他 Rustacean（这是我们内部对 Rust 用户的昵称）建立联系并找到愿意帮助你的伙伴。

更新与卸载

在使用 rustup 成功地安装了 Rust 后，你可以非常简单地通过如下所示的命令来更新 Rust 版本：

```
$ rustup update
```

当然，你也可以通过如下所示的命令卸载 rustup 和 Rust 工具链：

```
$ rustup self uninstall
```

本地文档

安装工具在执行的过程中会在本地生成一份离线文档，你可以通过命令 `rustup doc` 在浏览器中打开它。

当你在标准库中发现了某个自己并不清楚用途或使用方式的类型或函数时，这份离线文档可以帮助你随时查询对应的应用程序接口（API）来获得相关信息！

Hello, world!

现在，你应该已经成功安装好了 Rust。让我们按照惯例，从编写一个可以打印出 `Hello, world!` 的小程序开始正式的学习旅程。

注意   本书假定你已经熟悉了基本的终端操作与常用命令。开发 Rust 程序并不会对你所使用的编辑工具有任何要求，如果你喜欢使用某个 IDE（Integrated Development Environment，集成开发环境），那么就用你喜欢的 IDE 好了。许多常用的 IDE 都已经针对 Rust 实现了一定程度的支持，你可以通过相应的 IDE 文档来了解更多细节。Rust 开发团队一直专注于开发 `rust-analyzer` 来提供流畅、舒适的 IDE 支持。你可以在附录 D 中找到更多相关细节。

创建一个文件夹

首先，你需要创建一个文件夹来存储所编写的 Rust 代码。通常来说，Rust 不会限制你存储代码的位置，但是针对本书中的各种练习和项目，我们建议你创建一个可以集合所有项目的根文件夹，然后将本书中的所有项目放在里面。

现在，你可以打开终端并输入相应的命令，创建文件夹及第一个"Hello, world!"项目。

对于 Linux、macOS 及 Windows 系统的 PowerShell 终端，输入的命令如下

所示：

```
$ mkdir ~/projects
$ cd ~/projects
$ mkdir hello_world
$ cd hello_world
```

而对于 Windows 系统的 CMD 终端，输入的命令如下所示：

```
> mkdir "%USERPROFILE%\projects"
> cd /d "%USERPROFILE%\projects"
> mkdir hello_world
> cd hello_world
```

编写并运行一个 Rust 程序

接下来，需要创建一个名为 *main.rs* 的源文件。在命名规则上，Rust 文件总是以 *.rs* 后缀结尾。如果在文件名中使用了多个单词，那么可以使用下画线来隔开它们。比如，最好使用 *hello_world.rs* 作为文件名，而不是 *helloworld.rs*。

现在，打开刚刚创建的 *main.rs* 文件，并输入示例 1-1 中的代码。

main.rs
```
fn main() {
    println!("Hello, world!");
}
```

示例 1-1：一个输出 Hello, world! 的程序

保存文件并在终端窗口中回到~/*projects/hello_world* 目录下。在 Linux 或 macOS 系统中，通过输入如下所示的命令来编译并运行这个文件：

```
$ rustc main.rs
$ ./main
Hello, world!
```

在 Windows 系统中，需要将上面命令中的./main 替换为.\main.exe：

```
> rustc main.rs
> .\main.exe
Hello, world!
```

无论使用哪种操作系统，你都应该能够看到终端输出的 Hello, world! 字符串结果。如果没有看到此输出结果，则最好回到本章的"常见问题"一节寻求帮助。

如果一切顺利，那么恭喜你，你已经完成了第一个 Rust 程序，并正式成为 Rust 开发者。欢迎来到 Rust 的世界！

Rust 程序剖析

现在，让我们回过头来仔细看看"Hello, world!"程序中到底发生了什么。第一个值得注意的部分如下所示：

```
fn main() {

}
```

这部分代码定义了 Rust 中的 main 函数。这里的 main 函数比较特殊：当你运行一个可执行的 Rust 程序的时候，所有的代码都会从这个入口函数开始运行。这段代码的第一行声明了一个名为 main 的函数，它没有任何参数和返回值。如果某天你需要给函数声明参数的话，就必须把它们放置在圆括号()中。

那对花括号{}是用来标记函数体的，Rust 要求所有的函数体都要被花括号包裹起来。按照惯例，我们推荐把左花括号与函数声明置于同一行并以空格分隔。

注意　如果你希望在不同的项目中保持同样的编码风格，那么 rustfmt 可以帮助你将代码自动格式化为约定的风格。由于 Rust 开发团队已经将这个工具放到了 Rust 发行版本中（就像 rustc 一样），所以它应该已经被安装到你的计算机中！你可以在附录 D 中找到更多相关信息。

再来看一看 main 函数体中的代码：

```
println!("Hello, world!");
```

这一行代码完成了整个程序的所有工作：将字符串输出到终端。这里有 4 个需要注意的细节。

首先，标准 Rust 风格使用 4 个空格而不是 Tab 键来实现缩进。

其次，我们调用了一个被叫作 println! 的宏。假如调用的是一个普通函数，那么这里会以去掉!符号的 println 来进行标记。我们会在第 19 章中对 Rust 宏进行深入讨论，现在只需要记住，Rust 中所有以!结尾的调用都意味着你正在使用宏而不是普通函数，而宏的作用机制并不完全类似于函数。

再次，你可以看到"Hello, world!"字符串本身。我们把这个字符串作为参数传入了 println!，并将它最终显示到终端屏幕上。

最后，我们使用了一个分号;作为这一行的结尾，它表明当前的表达式已经结束，而下一个表达式将要开始。大部分 Rust 代码行都会以分号来结尾。

编译与运行是两个不同的步骤

你应该已经运行过刚刚编写的程序了，让我们来详细地讨论一下这个过程中的每一个步骤。

在运行一段 Rust 程序之前，你必须输入 rustc 命令及附带的源文件名参数来编译它：

```
$ rustc main.rs
```

如果你拥有 C/C++开发的背景，那么就会发现这个步骤与 gcc 或 clang 编译十分相似。一旦编译成功，就会获得一个二进制的可执行文件。

在 Linux、macOS 及 Windows 系统的 PowerShell 中，你可以通过输入如下

所示的 ls 命令来查看刚刚生成的可执行文件。

```
$ ls
main  main.rs
```

在 Linux 和 macOS 系统中，你将在输出中看到两个文件；在 Windows 系统的 PowerShell 中，你将看到与 CMD 输出结果相同的 3 个文件。在 Windows 系统的 CMD 中，你需要输入如下所示的命令：

```
> dir /B %= the /B option says to only show the file names =%
main.exe
main.pdb
main.rs
```

在所显示的文件中有我们刚刚创建的、以*.rs* 为后缀的源代码文件，还有生成的可执行文件（也就是 Windows 系统下的 *main.exe*，或其他系统下的 *main*）。如果你使用的是 Windows 系统，那么还会看到一个附带调试信息、以*.pdb* 为后缀的文件。现在，你可以通过如下所示的方式运行 *main* 或 *main.exe* 文件：

```
$ ./main # 或者.\main.exe（在 Windows 系统下）
```

如果 *main.rs* 还是我们刚刚创建的 "Hello, world!" 程序，那么就会在终端看到 Hello, world!字符串的输出。

如果你更加熟悉某种类似于 Ruby、Python 或 JavaScript 的动态语言，那么可能还不太习惯在运行之前先进行编译。Rust 是一种预编译语言，这意味着当你编译完 Rust 程序后，便可以将可执行文件交付给其他人，并运行在没有安装 Rust 的环境中。而如果你交付给其他人的是一份*.rb*、*.py* 或*.js* 的文件，那么他们就必须拥有对应的 Ruby、Python 或 JavaScript 实现来执行程序。当然，在这些语言中，你只用简单的一句命令就可以完成程序的编译和运行。这也算是语言设计上的一种权衡吧。

仅仅使用 rustc 编译简单的程序并不会有太大的麻烦。但随着项目规模的增大，协同开发的人员越多，项目依赖管理、代码构建这样的事情就会变得越来越复杂和琐碎。下面将介绍一个可以帮助我们简化问题，并能够实际运用于生产环境中的 Rust 构建工具：Cargo。

Hello, Cargo!

Cargo 是 Rust 工具链中内置的构建系统及包管理器。由于它可以处理众多诸如构建代码、下载编译依赖库等琐碎但重要的任务，所以绝大部分 Rust 用户都会选择用它来管理自己的 Rust 项目。

因为我们编写的简单程序不会依赖任何外部库，所以当通过 Cargo 来构建这个 "Hello, world!" 项目时，只会用到 Cargo 中负责构建代码的那部分功能。初看上去，Cargo 和 rustc 并没有太大的区别，但是当你开始尝试编写更加复杂的 Rust 程序时，它会让添加、管理依赖这件事变得十分轻松。

由于绝大部分 Rust 项目都使用了 Cargo，所以在本书后面的章节中，假设你也会基于 Cargo 来进行项目管理。如果你使用了本章中 "安装" 一节提到的标准程序来安装 Rust，那么 Cargo 就已经被附带到了当前的 Rust 工具链中。而如果你选择了其他方式安装 Rust，那么最好先在终端输入如下所示的命令来检查 Cargo 是否已经被安装妥当：

```
$ cargo --version
```

当你看到上面的命令输出了一串版本号时，就表示一切正常，Cargo 可以正常使用。但如果你看到了类似于 command not found 的错误提示信息，那么最好重新阅读安装 Rust 时附带的文档来单独安装 Cargo。

使用 Cargo 创建一个项目

现在，我们使用 Cargo 创建一个新的项目，并与之前的 "Hello, world!" 项目进行对比，看一看它们之间有何异同。首先将当前目录跳转至 *projects* 目录（或者你用来存储项目的任意位置），然后运行如下所示的命令：

```
$ cargo new hello_cargo
$ cd hello_cargo
```

第一条命令会创建一个名为 *hello_cargo* 的项目。由于我们将这个项目命名为 *hello_cargo*，所以 Cargo 会以同样的名字创建项目目录并放置生成的文件。

现在，我们进入 *hello_cargo* 目录，可以看到 Cargo 刚刚生成的两个文件和一个目录：一个名为 *Cargo.toml* 的文件，以及一个名为 *main.rs* 的源代码文件，该源代码文件被放置在 *src* 目录下。

同时，Cargo 还会初始化一个新的 Git 仓库并生成默认的.*gitignore* 文件。如果你在一个已经存在的 Git 仓库中使用了 `cargo new`，那么 Cargo 就会默认跳过 Git 相关文件的生成过程。你可以通过 `cargo new --vcs=git` 命令来覆盖这一行为。

注意　*Git 是一种常见的版本管理系统。你可以在创建项目时，通过添加--vcs 参数来选择不使用版本控制系统，或者使用某个特定的版本控制系统。运行* `cargo new --help` *命令可以获得更多关于命令参数的说明。*

Cargo.toml 文件的内容如示例 1-2 所示，你可以使用文本编辑器打开它。

Cargo.toml
```
[package]
name = "hello_cargo"
version = "0.1.0"
edition = "2021"

[dependencies]
```

示例 1-2：通过 `cargo new` 生成的 *Cargo.toml* 文件的内容

Cargo 使用 TOML（Tom's Obvious, Minimal Language）作为标准的配置格式，正如这里的 *Cargo.toml* 一样。

首行文本中的[package]是一个区域（section）标签，它表明接下来的语句会被用于配置当前的程序包。随着在这个文件中增加更多的信息，你会看到更多其他的区域。

随后的 3 行语句提供了 Cargo 在编译这个程序时需要的配置信息，它们分别是程序名、版本号和 Rust 使用的阶段性版本（edition）。我们会在附录 E 中讨论这里的 edition 字段。

最后一行文本中的[dependencies]同样是一个区域标签，它表明随后的区域会被用来声明项目的依赖。在 Rust 中，我们把代码的集合称作包（crate）[1]。虽然目前的项目暂时还不需要使用任何第三方包，但是你可以在第 2 章的第一个实践项目中看到这个配置区域的用法。

现在打开 *src/main.rs* 来看一下：

src/main.rs
```
fn main() {
    println!("Hello, world!");
}
```

是的，正如示例 1-1 中所写的那样，Cargo 帮我们生成了一个输出 Hello, world!的小程序。到目前为止，Cargo 生成的项目与我们在上一节中手动生成的项目相比，其区别就是源代码文件 *main.rs* 被放置到了 *src* 目录下，并且在项目目录下多了一个名为 *Cargo.toml* 的配置文件。

同样，按照惯例，Cargo 会默认把所有的源代码文件保存到 *src* 目录下，而项目根目录只被用来存放诸如 README 文档、许可声明、配置文件等与源代码无关的文件。使用 Cargo 可以帮助你合理并一致地组织自己的项目文件，从而使一切井井有条。

如果你想要把一个手动创建的项目，比如上面创建的"Hello, world!"项目，

---

1 译者注：crate 是 Rust 中最小的编译单元，package 是单个或多个 crate 的集合，crate 和 package 都可以被叫作包，因为单个 crate 也是一个 package，但 package 通常倾向于多个 crate 的组合。本书中，crate 和 package 统一被翻译为包，只有两者同时出现且需要区别对待时，才会将 crate 译为单元包，将 package 译为包。

转为使用 Cargo 管理，那么只需要把源代码文件放置到 *src* 目录下，并且创建一个对应的 *Cargo.toml* 配置文件即可。

使用 Cargo 构建和运行项目

使用 Cargo 构建和运行项目与手动使用 rustc 相比又有哪些异同呢？在当前的 *hello_cargo* 项目目录下，Cargo 可以通过下面的命令来完成构建任务：

```
$ cargo build
   Compiling hello_cargo v0.1.0 (file:///projects/hello_cargo)
    Finished dev [unoptimized + debuginfo] target(s) in 2.85 secs
```

与之前不同，这个命令会在 *target/debug/hello_cargo*（或者 Windows 系统下的 *target\debug\hello_cargo.exe*）路径下生成可执行程序。由于 Cargo 默认的构建行为使用了 Debug 模式，所以它将输出的二进制文件放置在一个名为 *debug* 的目录下。你可以通过如下所示的命令运行这个可执行程序试试看：

```
$ ./target/debug/hello_cargo # 或者 .\target\debug\hello_cargo.exe（在 Windows 系统下）
Hello, world!
```

一切正常的话，Hello, world!应该被打印到终端。首次使用 cargo build 命令构建项目时，它会在项目根目录下创建一个名为 *Cargo.lock* 的新文件，这个文件记录了当前项目所有依赖库的具体版本号。由于当前的项目不存在任何依赖，所以这个文件中没有太多东西。最好不要手动编辑其中的内容，Cargo 可以帮你自动维护它。

我们刚刚使用 cargo build 命令构建了一个项目，并通过./target/debug/hello_cargo 完成了运行，但我们也可以简单地使用 cargo run 命令来依次完成编译和运行项目：

```
$ cargo run
    Finished dev [unoptimized + debuginfo] target(s) in 0.0 secs
     Running `target/debug/hello_cargo`
Hello, world!
```

相较于调用 `cargo build` 命令并使用完整的路径来运行二进制程序，执行 `cargo run` 命令会显得更加方便，所以绝大部分开发者都会选择直接运行 `cargo run`。

你可能会注意到，这次的输出中没有提示我们编译 hello_cargo 的信息。这是因为 Cargo 发现源代码并没有被修改，所以它就直接运行了生成的二进制可执行文件。如果我们修改了源代码，那么 Cargo 便会在运行之前重新构建项目，并输出如下所示的内容：

```
$ cargo run
   Compiling hello_cargo v0.1.0 (file:///projects/hello_cargo)
    Finished dev [unoptimized + debuginfo] target(s) in 0.33 secs
     Running `target/debug/hello_cargo`
Hello, world!
```

另外，Cargo 还提供了一个 cargo check 命令，你可以使用这个命令来快速检查当前的代码是否可以通过编译，而不需要花费额外的时间来真正生成可执行程序：

```
$ cargo check
   Compiling hello_cargo v0.1.0 (file:///projects/hello_cargo)
    Finished dev [unoptimized + debuginfo] target(s) in 0.32 secs
```

你也许会问，为什么需要这样一个命令？通常来讲，由于 cargo check 跳过了生成可执行程序的步骤，所以它的运行速度要大大快于 cargo build。如果你在编写代码的过程中需要不断地通过编译器检查错误，那么使用 cargo check 就会极大地加速这个过程。事实上，大部分 Rust 用户在编写程序的过程中都会周期性地调用 cargo check，以保证自己的程序可以通过编译，只有真正需要生成可执行程序时才会调用 cargo build。

好了，让我们回顾一下目前接触到的关于 Cargo 的知识点：

- 我们可以通过 `cargo new` 来创建一个新的项目。
- 我们可以通过 `cargo build` 来构建一个项目。

- 我们可以通过 cargo run 来构建和运行一个项目。
- 我们可以通过 cargo check 来构建项目、检查错误，并避免生成二进制文件。
- 构建产生的结果会被 Cargo 存储在 *target/debug* 目录下，而非代码所处的位置。

使用 Cargo 的另一个优势在于，它的命令在不同的操作系统中是相同的。因此，从现在开始，我们不会再引入不同系统（Linux、macOS、Windows 系统）下的特定操作指令了。

以 Release 模式进行构建

当准备好发布自己的项目时，你可以使用 cargo build --release 命令在优化模式下构建并生成可执行程序。它生成的可执行程序会被放置在 *target/release* 目录下，而不是之前的 *target/debug* 目录下。这种模式会以更长的编译时间为代价来优化代码，从而使代码拥有更好的运行时性能。这也是存在两种不同的构建模式的原因。其中一种模式用于开发，它允许你快速地反复执行构建操作；另一种模式则用于构建交付给用户的最终程序，这种构建场景不会经常出现，但却需要生成的代码拥有尽可能高效的运行时表现。值得指出的是，如果你想要对代码的运行效率进行基准测试，那么请确保通过 cargo run --release 命令进行构建，并使用 *target/release* 目录下的可执行程序完成基准测试。

学会习惯 Cargo

在较为简单的项目中，你也许无法意识到 Cargo 相对于 rustc 的使用优势，但随着程序变得越来越复杂，Cargo 最终一定会证明自己的价值。对于那些由多个包构成的复杂项目而言，使用 Cargo 来协调整个构建过程要比手动操作简单得多。

另外，即便 hello_cargo 项目如此简单，在创建它的过程中，你也接触到了相当多的工具，这些工具会在你使用 Rust 的生涯中派上不小的用场。事实上，对于大部分现有的项目而言，你都可以通过下面几行简单的命令从 Git 中检出代码、将当前目录更改到该项目的目录以及执行构建操作。

```
$ git clone example.org/someproject
$ cd someproject
$ cargo build
```

你可以参考 Cargo 的官方文档来获得更多有关它的信息。

总结

你已经在自己的 Rust 旅程中迈出了坚实的一步！在本章中，你学会了：

- 如何使用 rustup 安装 Rust 最新的稳定版本。
- 如何将 Rust 更新到最新的版本。
- 如何打开本地安装的文档。
- 如何编写一个 "Hello, world!" 程序，并使用 rustc 来直接编译它。
- 如何通过 Cargo 来创建并运行一个新的项目。

为了帮助你逐渐习惯阅读和编写 Rust 代码，现在也许是时候构建一个更为复杂的项目了。因此，我们会在第 2 章中编写一个猜数游戏。但如果你希望从更为基础的部分开始，优先学习那些常见的编程概念在 Rust 中的作用机制，也可以在阅读完第 3 章后再来阅读第 2 章。

2

编写一个猜数游戏

现在，让我们来共同编写一个简单的程序并快速熟悉Rust！本章会在实际编码的过程中介绍常见的 Rust 概念。你可以接触到诸如 let、match、类型方法、关联函数及外部包等一系列知识。当然，我们只会在本章中练习一些基本的使用技巧，有关这些概念背后的细节会在随后的章节中进行讨论。

我们将完成一个经典的初学者编程挑战：猜数游戏。它首先会生成一个 1 和 100 之间的随机整数，然后请求玩家对这个数字进行猜测。如果玩家输入的数字与随机数不同，程序将给出数字偏大或偏小的提示。而如果玩家猜中了这个数字，程序就会打印出一段祝贺信息并随之退出。

创建一个新的项目

现在，我们前往在第 1 章中创建的 *projects* 文件夹，并使用 Cargo 创建一个新的项目：

```
$ cargo new guessing_game
$ cd guessing_game
```

正如我们在第 1 章中了解的那样，第一行命令 cargo new 以项目名（guessing_game）作为首个参数；第二行命令则将当前目录修改为新的项目目录。

我们打开新生成的 *Cargo.toml* 文件：

Cargo.toml
```
[package]
name = "guessing_game"
version = "0.1.0"
edition = "2021"

[dependencies]
```

正如在第 1 章中所看到的那样，cargo new 会自动生成一段输出 Hello, world!的程序，这段程序被放置在 *src/main.rs* 文件中：

src/main.rs
```
fn main() {
    println!("Hello, world!");
}
```

现在，我们使用 cargo run 命令来编译并运行"Hello, world!"这段程序：

```
$ cargo run
   Compiling guessing_game v0.1.0 (file:///projects/guessing_game)
    Finished dev [unoptimized + debuginfo] target(s) in 1.50 secs
     Running `target/debug/guessing_game`
Hello, world!
```

run 命令可以在你需要快速迭代一个项目的时候派上用场，我们会在开发游戏的迭代过程中反复使用该命令来测试代码是否能够通过编译。

重新打开 *src/main.rs* 文件，我们将在这个文件中编写本章的所有代码。

处理一次猜测

猜数游戏的第一部分会请求用户进行输入，并检查该输入是否满足预期的格式。现在，我们将示例 2-1 中的代码输入 *src/main.rs* 文件中。

src/main.rs

```
use std::io;

fn main() {
    println!("Guess the number!");

    println!("Please input your guess.");

    let mut guess = String::new();

    io::stdin()
        .read_line(&mut guess)
        .expect("Failed to read line");

    println!("You guessed: {guess}");
}
```

示例 2-1：从用户处获得输入并将其打印出来

由于这段代码包含了不少新鲜内容，所以我们来一行一行地分析。为了获得用户的输入并将其打印出来，我们需要把用来处理输入/输出的 io 模块引入当前的作用域。io 模块本身来自标准库，也就是所谓的 std：

```
use std::io;
```

作为默认行为，Rust 会自动将标准库中一系列常用的条目导入每个程序中。这些条目的集合也被称为预导入（prelude）模块，你可以在对应的 std::prelude 文档中找到集合内所有的条目。

假如你需要的类型不在预导入模块内，那么就必须使用 use 语句来显式地进行导入声明。std::io 库包含了许多有用的功能，我们可以使用它来获得用户的输入。

正如在第 1 章中所看到的那样，main 函数是一段程序开始的地方：

```
fn main() {
```

上面的 fn 语法声明了一个新的函数，而紧随名称的圆括号()表示当前函数没有任何参数，最后的花括号{被用来标识函数体的开始。

函数体的前两行使用了我们在第 1 章中学过的 println!宏，它被用来将字符串打印到屏幕上：

```
println!("Guess the number!");

println!("Please input your guess.");
```

这段代码输出的信息会向玩家展示当前的游戏内容并请求他们输入数据。

使用变量存储值

接下来，我们创建了一个用于存储用户输入数据的变量：

```
let mut guess = String::new();
```

这一行出现了不少新东西，我们的程序开始变得有意思了！这行以 let 开头的语句创建了一个新的变量（variable）。再来看一看下面的例子：

```
let apples = 5;
```

这行代码创建了一个名为 apples 的新变量，并将它绑定为数值 5。在 Rust 中，变量默认都是不可变的。一旦为变量赋予了某个值，这个值就不会发生任何变化。我们会在第 3 章的"变量与可变性"一节中深入讨论这一概念。为了将变量声明为可变的，我们需要在变量名称前添加关键字 mut：

```
let apples = 5; // 不可变的
let mut bananas = 5; // 可变的
```

注意 上面的//语法表示从当前位置到本行结尾的所有内容都是注释。Rust 会在编译的过程中忽略注释，你可以在第 3 章中看到有关注释的详细介绍。

让我们回到猜数游戏中。你现在知道 `let mut guess` 语句会创建出一个名为 guess 的可变变量了。在这行语句中，等号（=）的右边是 guess 被绑定的值，也就是调用 `String::new` 函数后返回的结果：一个新的 `String` 实例。`String` 是标准库中的一个字符串类型，它在内部使用了 UTF-8 格式的编码并可以按照需求扩展自己的大小。

`String::new` 中的::语法表明 new 是 `String` 类型的一个关联函数（associated function），关联函数是类型本身所实现的一种函数。这个 new 函数会创建一个新的空白字符串。你会在许多类型上发现 new 函数，因为这是创建类型实例的惯用函数名称。

总的来说， `let mut guess = String::new();`语句会创建出一个可变变量，并在其上绑定一个新的空白字符串。

获得用户的输入

为了引入标准库中的输入/输出功能，我们在程序的第一行使用了 use std::io 语句。现在，我们将调用 io 模块中的 stdin 函数来获得用户的输入：

```
io::stdin()
    .read_line(&mut guess)
```

如果你没有在程序的开始处添加 use std::io;行，就需要将这个函数调用修改为 std::io::stdin。stdin 函数会返回 std::io::Stdin 类型的实例，它被用作句柄来处理终端中的标准输入。

这行代码随后的部分.read_line(&mut guess)，调用了标准输入句柄的 read_line 方法来获得用户的输入。另外，read_line 还在调用的过程中使用了一个参数&mut guess，这个字符串参数会被用来存储用户的输入。由于 read_line 方法会将当前用户输入的数据不加区分地添加到字符串末尾（不是覆盖），所以它需要接收一个传入的字符串作为参数。我们传入的变量还需要是可变的，因为这一方法会在记录用户输入的过程中修改字符串。

参数前面的&表示当前的参数是一个引用。我们的代码可以通过引用在不同的地方访问同一份数据，而无须付出多余的拷贝开销。不得不说，引用是一个较为复杂的概念，而 Rust 的核心竞争力之一，就是它保证了我们可以简单并安全地使用引用功能。我们会在第 4 章中深入地讨论这一概念，现在只需要知道：引用与变量一样，在默认情况下也是不可变的。因此，我们需要使用&mut guess 而不是&guess 来声明一个可变引用。

使用 Result 类型处理可能失败的情况

用于读取用户输入的语句还没有结束。虽然我们即将讨论到它在文本上的第三行，但它依然是当前逻辑行中的一部分。接下来的部分调用了下面的方法：

```
.expect("Failed to read line");
```

当然，我们可以将前面的语句写成：

```
io::stdin().read_line(&mut guess).expect("Failed to read line");
```

但通常而言，过分冗长的语句会显得难以阅读。因此，在使用.method_name()语法调用函数时，我们可以使用换行与空格将较长的语句拆分为不同的文本行。现在，我们来看一看这一部分的方法究竟干了些什么事情。

前面提到过，read_line 会将用户输入的内容存储到我们传入的字符串中，但同时，它还会返回一个 io::Result 值。Result 是一个枚举类型。枚举类型由一系列固定的值组合而成，这些值被称作枚举的变体。

我们会在第 6 章中详细地讨论枚举类型，这里的 Result 类型被用来编码错误处理相关信息。

对于 Result 而言，它拥有 Ok 和 Err 两个变体。其中的 Ok 变体表明当前的操作执行成功，并附带代码产生的结果值；Err 变体则表明当前的操作执行失败，并附带引发失败的具体原因。

与其他类型的值相同，Result 类型的值也定义了一系列方法，我们刚刚调用的 expect 方法就是其中之一。如果 io::Result 实例的值是 Err，那么 expect 方法就会中断当前的程序，并将传入的字符串参数显示出来。read_line 方法有可能因为底层操作系统的错误而返回一个 Err 结果。相应地，如果 io::Result 实例的值是 Ok，那么 expect 就会提取出 Ok 中附带的值，并将它作为结果返回给用户。在我们的例子中，这个值就是用户输入内容的字节数。

即便我们没有在语句末尾调用 expect 方法，这段程序也能够编译通过，但是会在编译过程中看到如下所示的警告信息：

```
$ cargo build
   Compiling guessing_game v0.1.0 (file:///projects/guessing_game)
warning: unused `Result` that must be used
  --> src/main.rs:10:5
   |
10 |     io::stdin().read_line(&mut guess);
   |     ^^^^^^^^^^^^^^^^^^^^^^^^^^^^^^^^^^
   |
   = note: #[warn(unused_must_use)] on by default
   = note: this `Result` may  be  an `Err` variant, which should be handled

warning: `guessing_game` (bin "guessing_game") generated 1 warning
   Finished dev [unoptimized + debuginfo] target(s) in 0.59s
```

Rust 编译器借助这段信息提醒我们，read_line 方法返回的 Result 值还没有被处理，这通常意味着我们的程序没有对潜在的错误进行处理。

消除警告最正确的方法当然是编写对应的错误处理代码。为简单起见，这里选择使用 expect 方法，它会让程序在出现错误时直接中止运行并退出。你可以在第 9 章中学习到有关错误处理的更多内容。

通过 println!中的占位符输出对应的值

现在，除了结尾的花括号，整个函数就只剩下最后这行代码了：

```
println!("You guessed: {guess}");
```

这行代码打印出来的字符串会包含用户的输入。代码中的那对花括号{}是一个占位符：你可以把它们想象成一对持有值的小蟹钳。当我们将变量名称放置在花括号中时，将会打印出这个变量的值。当我们想要打印某些表达式的结果时，可以在格式化字符串中使用空白的花括号，并随后填入以逗号分隔的表达式，这会将表达式的结果按照顺序依次插入空白花括号占据的位置。下面的代码展示了如何调用 println! 来同时打印一个变量及一个表达式的结果：

```
let x = 5;
let y = 10;

println!("x = {x} and y = {}", y + 2);
```

一切顺利的话，运行这段代码将会输出 x = 5 and y = 12。

测试第一部分

现在，我们借助 cargo run 命令来测试猜数游戏的第一部分：

```
$ cargo run
   Compiling guessing_game v0.1.0 (file:///projects/guessing_game)
    Finished dev [unoptimized + debuginfo] target(s) in 2.53 secs
     Running `target/debug/guessing_game`
Guess the number!
Please input your guess.
6
You guessed: 6
```

到目前为止，我们已经完成了猜数游戏的第一部分：可以从用户的键盘获得输入并将它们打印出来。

生成一个保密数字

下一步，我们需要生成一个保密数字来供玩家猜测。为了保证一定的可玩性，并使每局游戏都有不同的体验，这个生成的保密数字将会是随机的。为了让游戏不会太难，我们可以把这个随机数限制在 1 和 100 之间。Rust 团队并没有把类似的随机数生成功能内置到标准库中，而是选择将它作为 rand 包（rand crate）提供给用户。

借助包获得更多功能

要记住，Rust 中的包（crate）代表了一系列源代码文件的集合。我们当前正在构建的项目是一个用于生成可执行程序的二进制单元包（binary crate），而引用的 rand 包则是一个用于复用功能的库单元包（library crate，或称代码包）。虽然库单元包无法独立运行，但它包含的代码可以被其他程序所使用。

Cargo 最主要的功能就是帮助我们管理和使用第三方包。在使用 rand 编写代码之前，我们需要修改 *Cargo.toml* 文件将 rand 包声明为依赖。现在打开文件，并在 Cargo 生成的[dependencies]区域下方添加依赖项。请确保你使用了如下所示的 rand 名称及对应的版本号，否则随后示例中的代码可能无法正常工作：

Cargo.toml
```
[dependencies]
rand = "0.8.5"
```

在 *Cargo.toml* 文件中，从一个标题到下一个标题之间的所有内容都属于同一区域。这里的[dependencies]区域被用来声明项目中需要用到的全部依赖包及其版本号。在本例中，我们声明了一个 rand 包，并将它的版本号指定为 0.8.5。Cargo 会按照标准的语义化版本系统（Semantic Versioning，SemVer）来理解所有的版本号。这里的数字 0.8.5 实际上是^0.8.5 的简写，它表示"任何高于 0.8.5 并低于 0.9.0 的版本"。

Cargo 会假设这些版本拥有兼容的公共 API，这种版本指定规则允许你在保持代码兼容性的前提下，尽可能获得最新的补丁内容。而任何高于 0.9.0 的版本，则不会保证自己的 API 与随后示例中使用的 API 保持一致。

现在先不要修改任何代码，直接重新构建这个项目，如示例 2-2 所示。

```
$ cargo build
    Updating   crates.io index
  Downloaded   rand v0.8.5
  Downloaded   libc v0.2.127
  Downloaded   getrandom v0.2.7
  Downloaded   cfg-if v1.0.0
  Downloaded   ppv-lite86  v0.2.16
  Downloaded   rand_chacha  v0.3.1
  Downloaded   rand_core v0.6.3
   Compiling   rand_core v0.6.3
   Compiling   libc v0.2.127
   Compiling   getrandom v0.2.7
   Compiling   cfg-if v1.0.0
   Compiling   ppv-lite86  v0.2.16
   Compiling   rand_chacha  v0.3.1
   Compiling   rand v0.8.5
 Compiling guessing_game v0.1.0 (file:///projects/guessing_game)
  Finished dev [unoptimized + debuginfo] target(s) in 2.53 secs
```

示例 2-2：将 rand 包添加为依赖后，运行 cargo build 产生的输出

这里显示的编译顺序可能会有所变化，显示的版本号也可能与我们指定的有所不同，但多亏了 SemVer 的约定，这些版本都会与我们的代码保持兼容。

现在，我们的程序有了一个外部依赖，Cargo 可以从注册表（registry）中获取所有依赖的最新版本信息，而这些信息通常是从 *crates.io* 上复制过来的。在 Rust 的生态系统中，*crates.io* 是人们用于分享各种各样开源 Rust 项目的地方。

Cargo 会在更新完注册表后开始逐条检查[dependencies]区域中的依赖，并下载当前缺失的依赖包。你可能会注意到，虽然我们只将 rand 引用为依赖，但 Cargo 却额外下载了一些 rand 自身所依赖的其他包。一旦这些包下载完毕，Rust 就会开始编译它们，并基于这些依赖编译我们自己的项目。

现在，如果你没有做出任何改变就立即重新运行 cargo build，那么除了 Finished 提示，你应该看不到其他部分。Cargo 会自动分析当前已经下载或编

译过的内容，并跳过无须重复的步骤。由于你既没有修改代码，也没有修改
Cargo.toml 文件，所以不需要重新进行编译，既然无事可做，便随即退出了。

如果你打开 *src/main.rs* 文件，随便做一些无关紧要的修改，保存并再次编
译，那么就可以观察到如下所示的输出结果：

```
$ cargo build
    Compiling guessing_game v0.1.0 (file:///projects/guessing_game)
    Finished dev [unoptimized + debuginfo] target(s) in 2.53 secs
```

这些输出说明 Cargo 只针对 *src/main.rs* 文件的小修改进行了构建操作。由
于你的依赖没有发生任何变化，所以 Cargo 自动跳过了下载、编译第三方包的
过程，而只重新构建了你修改过的部分代码。

通过 Cargo.lock 文件确保构建是可重现的

Cargo 提供了一套机制来确保构建是可重现的，任何人在任何时候重新编译
我们的代码都会生成相同的产物：Cargo 会一直使用某个特定版本的依赖，直到
你手动指定了其他版本。打个比方，假如我们使用的 rand 包将在下周发布 0.8.6
版本，它将修复一个重要的 bug，但这个修复会破坏现有的代码，这时重新构建
项目会发生什么呢？回答这个问题的关键就是之前一直被忽略的 *Cargo.lock* 文
件，我们第一次使用 cargo build 时，它便在当前的项目目录 *guessing_game* 下
生成了。

在第一次构建项目时，Cargo 会依次遍历我们声明的依赖及其对应的语义化
版本，找到符合要求的具体版本号，并将它们写入 *Cargo.lock* 文件中。随后再
次构建项目时，Cargo 就会优先检索 *Cargo.lock*，假如文件中存在已经指明具体
版本号的依赖包，它就会跳过计算版本号的过程，并直接使用文件中指明的版
本。这使得我们拥有了一个自动化的、可重现的构建系统。换句话说，在
Cargo.lock 文件的帮助下，当前的项目将会一直使用 0.8.5 版本的 rand 包，直到
我们手动升级至其他版本。正是因为 *Cargo.lock* 保证了项目构建的可重现性，
所以我们常常将它提交至版本管理系统，如同项目中的其他代码一样。

将包升级到新版本

当你确实想要升级某个依赖包时，Cargo 提供了一个专用命令：update，它会强制 Cargo 忽略 *Cargo.lock* 文件，并重新计算出所有依赖包中符合 *Cargo.toml* 声明的最新版本。如果命令运行成功，Cargo 就会将更新后的版本号写入 *Cargo.lock* 文件，并覆盖之前的内容。基于语义化版本的规则，Cargo 在自动升级时只会寻找大于 0.8.5 并小于 0.9.0 的最新版本。如果 rand 包发布了两个新版本 0.8.6 和 0.9.0，那么你在运行 cargo update 时，将会看到如下所示的输出：

```
$ cargo update
    Updating crates.io index
    Updating rand v0.8.5 -> v0.8.6
```

Cargo 忽略了其中的 0.9.0 版本。这时，你也可以在 *Cargo.lock* 文件中观察到 rand 包的版本被更新为 0.8.6。如果你想要使用 0.9.0 或 0.9.x 系列的版本，那么就必须像下面这样修改 *Cargo.toml* 文件：

```
[dependencies]
rand = "0.9.0"
```

当你下一次运行 cargo build 时，Cargo 就会自动更新注册表中所有可用包的最新版本信息，并根据指定的新版本来重新评估你对 rand 的需求。

Cargo 及其背后的生态系统还有许多可供讨论学习的地方，我们会在第 14 章中深入讨论这些话题，但就目前而言，你已经接触到了够用的基础知识。总的来说，Cargo 简化了我们复用代码的诸多流程，以至于 Rust 的开发者可以轻松地基于第三方包编写出更为轻巧的项目。

生成一个随机数

我们使用 rand 包来生成一个用于猜数游戏的数字，将示例 2-3 中的代码更新至 *src/main.rs* 文件中。

```
src/main.rs  use std::io;
           ❶ use rand::Rng;

             fn main() {
                 println!("Guess the number!");

               ❷ let secret_number = rand::thread_rng().gen_range(1..=100);

               ❸ println!("The secret number is: {secret_number}");

                 println!("Please input your guess.");

                 let mut guess = String::new();

                 io::stdin()
                     .read_line(&mut guess)
                     .expect("Failed to read line");

                 println!("You guessed: {guess}");
             }
```

示例 2-3：添加生成随机数的代码

　　首先，我们额外增加了一行 use 语句：use rand::Rng ❶。这里的 Rng 是一个 trait（特征），它定义了随机数生成器需要实现的方法集合。为了使用这些方法，我们需要显式地将它引入当前的作用域中。第 10 章会详细介绍有关 trait 的诸多细节。

　　接着，我们还在中间新增了两行代码。新增的第一行代码 ❷ 中的 rand::thread_rng 函数会返回一个特定的随机数生成器：它位于本地线程空间，并通过操作系统获得随机数种子。随后，我们调用了这个随机数生成器的 gen_range 方法。这个方法是在刚刚引入作用域的 Rng trait 中定义的，它接收一个范围表达式作为参数，并生成一个范围内的随机数。值得指出的是，我们使用的范围表达式形式 start..=end 同时包含了下限与上限，所以可以指定 1..=100 来获得 1 和 100 之间的随机整数。

注意　你当然无法在使用第三方包时凭空知晓自己究竟需要使用什么样的 trait 或什么样的函数，而是需要在各类包的文档中找到相关的使用说明。值得一提的是，Cargo 提供了一个特别有用的命令：cargo doc --open，它可以为你在本地构建一份有关所有依赖的文档，并自动地在浏览器中将文档打开来供你查阅。如果你对 rand 包中的其他功能也颇有兴趣，那么就可以运行 cargo doc--open 命令，并点击左侧边栏中的 rand 按钮来浏览它的详细文档。

这里新增的第二行代码 ❸ 会将保密数字打印出来。这当然不是游戏的一部分，提前知道答案就没有可玩性了。我们只把它作为开发过程中的调试手段，并会在最终版本中删掉这行代码。

下面我们可以反复尝试运行这段程序：

```
$ cargo run
   Compiling guessing_game v0.1.0 (file:///projects/guessing_game)
    Finished dev [unoptimized + debuginfo] target(s) in 2.53 secs
     Running `target/debug/guessing_game`
Guess the number!
The secret number is: 7
Please input your guess.
4
You guessed: 4

$ cargo run
    Finished dev [unoptimized + debuginfo] target(s) in 0.02s
     Running `target/debug/guessing_game`
Guess the number!
The secret number is: 83
Please input your guess.
5
You guessed: 5
```

每次运行这段程序都会获得一个不同的随机保密数字，它们会如同我们预料的一样处于 1 到 100 的区间内。

比较猜测数字与保密数字

现在，我们有了一个随机生成的保密数字，还有一个用户输入的猜测数字。接下来，示例 2-4 中的代码将比较这两个数字。注意，这段用于展示的代码暂时还无法通过编译。

```
src/main.rs    use rand::Rng;
           ❶  use std::cmp::Ordering;
               use std::io;

               fn main() {
                   // --略--

                   println!("You guessed: {guess}");

               ❷  match guess.❸ cmp(&secret_number) {
                       Ordering::Less => println!("Too small!"),
                       Ordering::Greater => println!("Too big!"),
                       Ordering::Equal => println!("You win!"),
                   }
               }
```

示例 2-4：比较两个数字并对可能的结果做出响应

这里出现了一行新的 use 声明 ❶，它从标准库中引入了一个名为 std::cmp::Ordering 的类型。与 Result 相同，Ordering 也是一个枚举类型，它拥有 Less、Greater 和 Equal 这 3 个变体。它们分别被用来表示比较两个数字之后可能产生的 3 种结果。

我们还在底部增加了 5 行使用 Ordering 类型的新代码。其中的 cmp 方法 ❸ 能够为任何可比较的值类型计算出它们比较后的结果。本例中的 cmp 方法接收了被比较值 secret_number 的引用作为参数来与 guess 进行比较，它会返回一个我们刚刚引入作用域的 Ordering 枚举类型的变体。然后，我们会基于该返回值的具体内容使用 match 表达式 ❷ 来决定下一步执行的代码。

match 表达式由数个分支（arm）组成，每个分支都包含一个用于匹配的模式（pattern），以及匹配成功后要执行的相应的代码。Rust 会尝试用我们传入

match 表达式的值来依次匹配每个分支的模式，一旦匹配成功，它就会执行当前分支中的代码。Rust 中的 match 结构及模式是一类非常强大的工具，它们提供了依据不同条件执行不同代码的能力，并能够确保你不会遗漏任何分支条件。我们将在第 6 章和第 18 章中分别对这两个功能进行详细的介绍。

现在先来简单分析一下这段 match 表达式的执行过程。假设某次运行生成的随机保密数字是 38，而玩家输入了一个猜测数字 50。

当我们的代码比较 50 和 38 时，由于 50 大于 38，所以 cmp 方法将返回对应的 Ordering::Greater 变体。随后，match 表达式就以 Ordering::Greater 这个变体作为输入，并开始依次匹配每个分支的模式。第一个分支的模式是 Ordering::Less，与当前的输入无法匹配，所以会跳过第一个分支及其相应的代码，与下一个分支进行匹配。第二个分支的模式 Ordering::Greater 正好匹配上当前的输入值 Ordering::Greater，当前分支中的代码因此得到执行，进而在屏幕上打印出 Too big! 消息。随后，由于已经产生了成功的匹配，所以 match 表达式也就随之结束了。

上面曾经提到过示例 2-4 暂时还无法通过编译，我们先试试看：

```
$ cargo build
   Compiling guessing_game v0.1.0 (file:///projects/guessing_game)
error[E0308]: mismatched types
  --> src/main.rs:22:21
   |
22 |      match guess.cmp(&secret_number) {
   |                      ^^^^^^^^^^^^^^ expected struct `String`, found integer
   |
   = note: expected reference `&String`
              found reference `&{integer}`
```

这个错误的核心在于示例中的代码存在不匹配的类型。Rust 有一个静态强类型系统，同时还拥有自动进行类型推导的能力。当我们编写 let mut guess = String::new() 时，虽然没有做出任何显式的声明，但 Rust 会自动将变量 guess 的类型推导为 String。另外，secret_number 是一个数值类型。有许多数值类型可以包含 1 和 100 之间的整数，比如 i32（32 位整数）、u32（32 位无符号整数）、i64（64 位整数）等。除非在代码中增加更多用于推导类型的信息，否则 Rust 会默认将 secret_number 视作 i32 类型。总而言之，编译器指出的错误就是：Rust 无法将字符串类型（String 类型）和数值类型直接进行比较。

为了正常进行比较操作，我们需要将程序中读取的输入从 String 类型转换为数值类型。这一转换可以通过在 main 函数中增加几行代码来完成：

`src/main.rs`
```
// --略--

let mut guess = String::new();

io::stdin()
    .read_line(&mut guess)
    .expect("Failed to read line");

let guess: u32 = guess
    .trim()
    .parse()
    .expect("Please type a number!");

println!("You guessed: {guess}");

match guess.cmp(&secret_number) {
    Ordering::Less => println!("Too small!"),
    Ordering::Greater => println!("Too big!"),
    Ordering::Equal => println!("You win!"),
}
```

我们在这里创建了一个新的变量 guess，不过等等，不是已经使用过这个名字了吗？没错，但 Rust 允许使用同名的新变量 guess 来隐藏（shadow）旧变量的值。在本例中，隐藏特性允许我们重用 guess 这个变量名，而无须强行创造出 guess_str 之类的不同的名字。我们会在第 3 章中详细介绍隐藏特性，但就目前而言，你只需要知道这一特性通常被用在需要转换值类型的场景中。

新创建的 guess 变量被绑定到 guess.trim().parse() 表达式所产生的结果上。在这个表达式中，guess 指代我们之前通过输入获得的字符串值，而它调用的 trim 方法则会返回一个去掉了首尾所有空白字符的新字符串实例。之所以需要额外调用 trim 方法，是因为 u32 类型只能通过数字字符转换而来，而用户在输入过程中按下回车键（Enter 键）会导致其获得的输入字符串额外多出一个换行符。例如，用户在游戏中输入了 5 并按下回车键确认，guess 变量中存储的字符串将会是 5\n。这里的\n 来自用户按下回车键，它是一个换行符，代表"新的一行"（在 Windows 系统中，按下回车键会同时产生一个回车字符和一个换行字符\r\n）。trim 方法则会抹掉\n 或者\r\n，只留下 5 在新的字符串中。

最后，字符串的 parse 方法会尝试将当前的字符串解析为某种数值。由于这个方法可以处理不同的数值类型，所以我们需要通过 let guesss: u32 语句来显式地声明所需要的数值类型。guess 后面的冒号（:）告诉 Rust，我们将手动指定当前变量的类型。而这里的 u32 是一个 32 位无符号整数类型，它是 Rust 内置的数值类型之一。对于不大的正整数来说，u32 已经完全可以满足需求，我们会在第 3 章中介绍其他可供选择的数值类型。

值得指出的是，由于我们将 guess 手动标记为 u32，并且将它和 secret_number 进行了比较，所以 Rust 会将 secret_number 也推导为相同的 u32 类型。现在，终于可以比较两个相同类型的值了。

只有在字符串中的字符被符合逻辑地转换为数字后，parse 方法才能够正常工作，这也意味着调用 parse 方法非常容易产生错误。假如用户输入的字符串中包含 A👆%，那么它便无法转换为一个正常的数字。类似于本章的"使用 Result 类型处理可能失败的情况"一节中提到的 read_line，正是因为 parse 方法存在失败的可能性，所以它会返回一个 Result 类型的值。在这里，我们依然简单地使用 expect 方法即可。如果 parse 方法无法将字符串转换为一个数字，并且返回了 Result 的 Err 变体，那么 expect 就会使游戏崩溃退出并打印出我们设定的提示信息。而如果 parse 方法成功地将字符串转换为数字，并且返回了 Result 的 Ok 变体，那么 expect 就会直接返回 Ok 中附带的数值。

现在，我们运行程序试试：

```
$ cargo run
  Compiling guessing_game v0.1.0 (file:///projects/guessing_game)
   Finished dev [unoptimized + debuginfo] target(s) in 0.43 secs
    Running `target/guessing_game`
Guess the number!
The secret number is: 58
Please input your guess.
  76
You guessed: 76
Too big!
```

真棒！尽管在输入猜测数字时额外地添加了几个空格，但程序依然正确地识别出用户的输入是 76。你可以尝试反复运行这段程序来检验它在不同输入条件下的不同行为，分别观察在猜测一个正确的数字、一个偏大的数字和一个偏小的数字时程序会产生什么样的输出。

这个游戏已经大体成形了，但玩家只能做出一次猜测，这显然是不够的。接下来，我们会加入一个循环来完善这个游戏。

使用循环实现多次猜测

在 Rust 中，loop 关键字会创建一个无限循环。我们可以将它加入当前的程序中，进而允许玩家反复地进行猜测抉择：

src/main.rs
```
// --略--

println!("The secret number is: {secret_number}");

loop {
    println!("Please input your guess.");

    // --略--

    match guess.cmp(&secret_number) {
        Ordering::Less => println!("Too small!"),
        Ordering::Greater => println!("Too big!"),
        Ordering::Equal => println!("You win!"),
    }
}
```

正如你看到的那样，我们将提示用户做出猜测决定之后的所有内容都移到了 loop 中。当然，出于美观的考虑，循环表达式中的代码都额外缩进了 4 个字符。再次运行这段程序，你应该可以看到程序忠实地执行了我们的要求：无限地反复请求用户做出猜测抉择。这可不太对，玩家永远都没办法正常地结束游戏了！

当然，用户总是可以通过诸如 Ctrl+C 之类的快捷键强制中止程序。另外，正如我们在本章的"比较猜测数字与保密数字"一节中所提到的，用户可以输入一个非法的字符串来触发 parse 转换错误，并最终导致程序崩溃退出，如下所示：

```
$ cargo run
   Compiling guessing_game v0.1.0 (file:///projects/guessing_game)
    Finished dev [unoptimized + debuginfo] target(s) in 1.50 secs
     Running `target/guessing_game`
Guess the number!
The secret number is: 59
Please input your guess.
45
You guessed: 45
Too small!
Please input your guess.
60
You guessed: 60
Too big!
Please input your guess.
59
You guessed: 59
You win!
Please input your guess.
quit
thread 'main' panicked at 'Please type a number!: ParseIntError { kind: InvalidDigit }',
src/main.rs:28:47
note:  run with `RUST_BACKTRACE=1` environment variable to display a backtrace
```

输入 quit 确实会退出游戏，当然，输入其他任何无法转换为数字的字符串都会得到类似的结果。但这并不是我们想要的行为，我们希望游戏能够在玩家正确地猜出保密数字时优雅地退出。

在猜测成功时优雅地退出

现在，我们给程序增加一条 break 语句，使得玩家在猜对保密数字后能够正常退出游戏。

src/main.rs
```
// --略--

match guess.cmp(&secret_number) {
    Ordering::Less => println!("Too small!"),
    Ordering::Greater => println!("Too big!"),
    Ordering::Equal => {
        println!("You win!");
        break;
    }
}
```

在输出 You win! 后添加的 break 语句，会让程序在玩家猜对保密数字时退出当前循环。由于程序中的循环是 main 函数的最后一部分代码，所以退出循环也就意味着退出程序。

处理非法输入

为了进一步改善游戏的可玩性，我们可以在用户输入了一个非数字数据时简单地忽略这次猜测行为，并使用户可以继续进行猜测，从而避免程序发生崩溃。还记得我们把 guess 变量从 String 类型转换为 u32 类型的语句吗？我们可以将它改进为示例 2-5 中的形式：

src/main.rs
```
// --略--

io::stdin()
    .read_line(&mut guess)
    .expect("Failed to read line");

let guess: u32 = match guess.trim().parse() {
    Ok(num) => num,
    Err(_) => continue,
```

```
};

println!("You guessed: {guess}");

// --略--
```

示例 2-5：忽略非数字数据并再次请求玩家猜数，从而避免程序发生崩溃

我们使用了 match 表达式来替换之前的 expect 方法，这是处理错误行为的一种惯用手段。正如之前所提到的，parse 方法会返回一个 Result 类型，而 Result 则包含了 Ok 与 Err 两个变体。这里使用 match 表达式，就像之前处理 cmp 方法的 Ordering 返回值一样。

如果 parse 方法成功地将字符串解析为数字，那么它将返回一个包含了该数字的 Ok 值。这个 Ok 值会匹配到 match 表达式的第一个分支模式，并将 Ok 中包含的 num 值作为 match 表达式的结果返回。最终这个数字会被绑定到我们创建的 guess 变量上。

如果 parse 方法没能将字符串解析为数字，那么它将返回一个包含了具体错误信息的 Err 值。这个 Err 值会因为无法匹配 Ok(num) 模式而跳过 match 表达式的第一个分支，并匹配上第二个分支中的 Err(_)模式。这里的下画线 "_" 是一个通配符，它可以在本例中匹配所有可能的 Err 值，而不管其中究竟有何种错误信息。因此，程序会继续执行第二个分支中的代码：continue，这条语句会使程序直接跳转至下一次循环，并再次请求玩家猜测保密数字。这样，程序便忽略了 parse 方法可能会触发的那些错误。

万事俱备，我们运行这个项目试试看：

```
$ cargo run
   Compiling guessing_game v0.1.0 (file:///projects/guessing_game)
    Finished dev [unoptimized + debuginfo] target(s) in 4.45s
     Running `target/guessing_game`
Guess the number!
The secret number is: 61
Please input your guess.
10
```

```
You guessed: 10
Too small!
Please input your guess.
99
You guessed: 99
Too big!
Please input your guess.
foo
Please input your guess.
61
You guessed: 61
You win!
```

真棒！只剩下最后一小处修改，就能完成这个猜数游戏了。还记得程序会在最开始的时候将保密数字打印出来吗？这种行为会在正式发布时毁掉我们的游戏，它只能被用于测试。现在，我们删除可以输出保密数字的 println! 语句，最终的完整代码如示例 2-6 所示。

src/main.rs
```rust
use rand::Rng;
use std::cmp::Ordering;
use std::io;

fn main() {
    println!("Guess the number!");

    let secret_number = rand::thread_rng().gen_range(1..=100);

    loop {
        println!("Please input your guess.");

        let mut guess = String::new();

        io::stdin()
            .read_line(&mut guess)
            .expect("Failed to read line");

        let guess: u32 = match guess.trim().parse() {
            Ok(num) => num,
            Err(_) => continue,
        };

        println!("You guessed: {guess}");

        match guess.cmp(&secret_number) {
```

```
            Ordering::Less => println!("Too small!"),
            Ordering::Greater => println!("Too big!"),
            Ordering::Equal => {
                println!("You win!");
                break;
            }
        }
    }
}
```

示例 2-6：完整的猜数游戏代码

恭喜！到此为止，你已经成功地构建出了猜数游戏！

总结

这是一个用来介绍 Rust 相关概念的实践项目。我们在本章中接触到了 `let`、`match`、函数以及外部包的使用等不同概念。在接下来的章节中，将针对这些概念进行更为细致的讨论。第 3 章会介绍一些常见的编程语言概念，例如变量、数据类型、函数等，当然，你也会学到如何在 Rust 中使用它们。第 4 章会深入浅出地介绍 Rust 区别于其他语言的一个重要特性：所有权。第 5 章会讨论结构体和方法。第 6 章会介绍枚举类型的工作机制。

3

通用编程概念

本章将会介绍一些编程领域中常见的概念，以及它们在 Rust 中的实现方式。许多语言都有着类似的核心特性。本章涉及的所有概念都不是 Rust 所独有的，但我们会在 Rust 的上下文环境中讨论它们，并演示这些概念常见的使用方式。

更具体地讲，你可以在本章中学到关于变量、基本类型、函数、注释和控制流等概念。这些基础概念几乎会出现在每一个 Rust 程序中，尽早地了解它们可以为你学习编程语言打下坚实的基础。

关键字

与其他编程语言类似，Rust 也拥有一系列只能被用于语言本身的保留关键字。要记住，你不能使用这些关键字来命名自定义的变量或函数。大部分关键字都有特殊的含义，你会使用它们来完成 Rust 程序中各式各样的任务；还有一些关键字目前没有任何功能，但它们被预留给了未来可能会添加的功能。你可以在附录 A 中看到一份关键字的详细列表。

变量与可变性

正如第 2 章的"使用变量存储值"一节中提到过的，变量默认是不可变的。Rust 语言提供这一概念，是为了让你能够安全且方便地写出复杂，甚至是并行的代码。当然，Rust 也提供了让你使用可变变量的方法。我们会在这一节中讨论有关可变性的设计取舍。

当一个变量不可变时，一旦它被绑定到某个值上，这个值就再也无法改变了。为了演示这一点，我们在 *projects* 目录下使用 cargo new variables 命令来新建一个叫作 *variables* 的项目。

现在，打开新项目 *variables* 中的 *src/main.rs* 文件，并用下面的代码替换原来的代码（注意，这段代码还无法通过编译）：

src/main.rs
```
fn main() {
    let x = 5;
    println!("The value of x is: {x}");
    x = 6;
    println!("The value of x is: {x}");
}
```

保存并通过 cargo run 命令来运行这段程序，你将看到如下所示的错误提示信息，它指出代码违背了变量 x 的不可变性：

```
$ cargo run
   Compiling variables v0.1.0 (file:///projects/variables)
error[E0384]: cannot assign twice to immutable variable `x`
 --> src/main.rs:4:5
  |
2 |     let x = 5;
  |         -
  |         |
  |         first assignment to `x`
  |         help: consider making this binding mutable: `mut x`
3 |     println!("The value of x is: {x}");
4 |     x = 6;
```

```
|    ^^^^^ cannot assign twice to immutable variable
```

这个示例同时展示了编译器会如何帮助你定位程序中的错误。没错，在编写 Rust 程序的过程中，编译器的错误提示信息可能会让人感到有些沮丧，但这并不能说明你是一个失败的程序员！即便是经验丰富的 Rust 程序员，也需要通过编译器的错误提示信息来确保程序能够按照自己的指示安全地执行任务。

这里的错误提示信息告诉你 cannot assign twice to immutable variable `x`（不能对不可变变量 x 进行二次赋值），因为在第 4 行尝试对不可变变量 x 进行了二次赋值。

编译时的错误提示信息可以帮助我们避免修改一个不可变变量。修改不可变变量这种情形非常容易导致一些难以察觉的 bug，因为代码逻辑可能会依赖被绑定在这个变量上的不可变的值，所以一旦这个值发生变化，程序就无法继续按照我们期望的方式运行下去。这种 bug 往往难以追踪，特别是修改操作只在某些条件下偶然发生的时候。在类似的情形下，编译时的错误提示信息就显得相当重要了。Rust 的编译器能够保证那些被声明为不可变的值一定不会发生改变。这也意味着你无须在阅读和编写代码时追踪一个变量会如何变化，从而使代码逻辑更加易于理解和推导。

不过，可变性也非常有用，它能够让代码变得更加易于书写。如同第 2 章所介绍的那样，变量默认是不可变的，但你可以通过在声明的变量名称前添加 mut 关键字来使其可变。除了使变量的值可变，mut 还会向阅读代码的人暗示其他代码可能会改变这个变量的值。

例如，我们可以将 *src/main.rs* 修改为如下所示的样子：

src/main.rs
```
fn main() {
    let mut x = 5;
    println!("The value of x is: {x}");
    x = 6;
    println!("The value of x is: {x}");
}
```

运行上面的程序，我们会看到如下所示的输出结果：

```
$ cargo run
   Compiling variables v0.1.0 (file:///projects/variables)
    Finished dev [unoptimized + debuginfo] target(s) in 0.30 secs
     Running `target/debug/variables`
The value of x is: 5
The value of x is: 6
```

正是因为 mut 出现在变量绑定的过程中，所以现在可以合法地将 x 绑定的值从 5 修改为 6。那么，什么时候应该使用可变变量，什么时候应该使用不可变变量呢？这完全取决于你对具体问题的具体判断。

常量

变量的不可变性可能会让你联想到另一个常见的编程概念：常量（constant）。就像不可变变量一样，绑定到常量上的值无法被其他代码修改，但常量和变量之间还是存在一些细微的差别的。

首先，你不能使用 mut 关键字来修饰常量。常量不仅默认是不可变的——它们总是不可变的。

其次，你需要使用 const 关键字而不是 let 关键字来声明常量。在声明的同时，必须显式地标注值的类型。在后面的"数据类型"一节中将会介绍类型及类型标注，你可以暂时不用理会类型标注的具体含义，只要记住常量总是需要标注类型即可。

再次，常量可以被声明在任何作用域中，甚至包括全局作用域。这在一个值需要被不同部分的代码共同引用时十分有用。

最后，你只能将常量绑定到一个常量表达式上，而无法将一个函数的返回值或其他需要在运行时计算的值绑定到常量上。

下面是一个声明常量的例子：

```
const THREE_HOURS_IN_SECONDS: u32 = 60 * 60 * 3;
```

我们声明了一个常量 THREE_HOURS_IN_SECONDS，并将它绑定为数值 60（1 分钟对应的秒数）乘以 60（1 小时对应的分钟数）乘以 3（我们想要计算的小时数）的结果。在 Rust 程序中，我们约定俗成地使用以下画线分隔的全大写字母来命名常量。Rust 编译器可以在编译时执行有限的一些表达式，这允许我们使用一种更加易于理解的方式来编写常量的值，比如示例中的 60 * 60 * 3，而不必直接绑定数值 10800。你可以在 Rust 参考手册中找到更多有关常量的信息，包括哪些操作可以被用于声明常量。

在整个程序运行的过程中，常量在自己声明的作用域内都是有效的，这使得常量可以被用来在程序的不同代码之间共享值，比如一个游戏中所有玩家可以获取的最高分数，或者光速之类的东西。

将整个程序中硬编码的值声明为常量并给予其有意义的名字，可以帮助后来的维护者去理解这些值的含义，而使用同一个常量来索引相同的硬编码的值，也能为将来的修改提供方便。

隐藏

在第 2 章的"比较猜测数字与保密数字"一节中，我们在创建新变量时使用了与之前一个变量相同的名称。Rust 开发者把这一现象描述为：第一个变量被第二个变量隐藏（shadow）了。这意味着随后使用这个名称时，编译器会将它视作第二个变量。当第二个变量掩盖了第一个变量时，任何使用该变量名称的行为都会指向第二个变量，直到第二个变量本身也被隐藏或作用域结束。我们可以重复使用 let 关键字并配以相同的名称来不断地隐藏变量：

src/main.rs
```
fn main() {
    let x = 5;

    let x = x + 1;

    {
```

```
        let x = x * 2;
        println!("The value of x in the inner scope is: {x}");
    }

    println!("The value of x is: {x}");
}
```

这段程序首先将 x 绑定到值 5 上，然后又通过重复的 let x =语句隐藏了第一个 x 变量，并将第一个 x 变量的值加上 1 的结果绑定到新的 x 变量上，这时 x 的值是 6。随后，在使用一对花括号创建的内部作用域中，使用第三条 let 语句隐藏了第二个 x 变量，并将第二个 x 变量的值乘以 2 的结果 12 绑定到第三个 x 变量上。运行这段程序，我们可以看到如下所示的结果：

```
$ cargo run
   Compiling variables v0.1.0 (file:///projects/variables)
    Finished dev [unoptimized + debuginfo] target(s) in 0.31 secs
     Running `target/debug/variables`
The value of x in the inner scope is: 12
The value of x is: 6
```

隐藏特性不同于将一个变量声明为 mut，因为在不使用 let 关键字的情况下重新为这个变量赋值，将会导致编译错误。通过使用 let，我们可以对这个值执行一系列的变换操作，并允许这个变量在操作完成后保持自己的不可变性。

隐藏特性与 mut 的另一个区别在于：由于重复使用 let 关键字会创建出新的变量，所以我们可以在复用变量名称的同时改变它的类型。例如，假设程序需要根据用户输入的空格数量来决定文本之间的距离，那么我们可能会把输入的空格存储为一个独立的数值：

```
let spaces = "   ";
let spaces = spaces.len();
```

这段代码之所以能够生效，是因为声明的第一个变量 spaces 是字符串类型的，而第二个 spaces 变量虽然拥有与第一个变量相同的名称，但它却是一个崭新的数值类型变量。隐藏特性允许我们复用 spaces 这个简单的名字，而不需要通过重新定义诸如 spaces_str 和 spaces_num 之类的变量做出区分。然而，尝试使用 mut 来模拟类似的效果（如下所示），在编译时就会报错：

```
let mut spaces = "    ";
spaces = spaces.len();
```

编译器不允许我们修改变量的类型：

```
$ cargo run
   Compiling variables v0.1.0 (file:///projects/variables)
error[E0308]: mismatched types
 --> src/main.rs:3:14
  |
2 |     let mut spaces = "    ";
  |                      ----- expected due to this value
3 |     spaces = spaces.len();
  |              ^^^^^^^^^^^^ expected &str, found usize
```

现在，你应该已经清楚了变量的工作方式，下面我们来看一看变量可以使用的常见数据类型。

数据类型

Rust 中的每一个值都有其特定的数据类型，Rust 会根据数据的类型来决定应该如何处理它们。我们会讨论两种不同的数据类型子集：标量（scalar）类型和复合（compound）类型。

要记住，Rust 是一门静态类型语言，这意味着它在编译程序的过程中需要知道所有变量的具体类型。在大部分情况下，编译器都可以根据我们如何绑定、使用变量的值来自动推导出变量的类型。但在某些时候，比如在第 2 章的"比较猜测数字与保密数字"一节中，当我们需要使用 parse 将一个 String 类型转换为数值类型时，就必须像下面这样显式地添加一个类型标注：

```
let guess: u32 = "42".parse().expect("Not a number!");
```

假如移除这里的类型标注，Rust 就会在编译的过程中输出如下所示的错误提示信息，这意味着编译器需要更多的信息来知晓我们想要使用的类型。

```
$ cargo build
    Compiling no_type_annotations v0.1.0 (file:///projects/no_type_annotations)
error[E0282]: type annotations needed
 --> src/main.rs:2:9
  |
2 |     let guess = "42".parse().expect("Not a number!");
  |         ^^^^^ consider giving `guess` a type
```

接下来，你会看到不同数据类型的类型标注方式。

标量类型

标量类型是单个值类型的统称。Rust 中内建了 4 种基础的标量类型：整数、浮点数、布尔值和字符。你在其他语言中应该也接触过类似的基础类型，让我们来看一看这些标量类型在 Rust 中是如何工作的。

整数类型

整数是指那些没有小数部分的数字。我们在第 2 章中曾经使用过一个叫作 u32 的整数类型，这个类型表明它关联的值是一个无符号的 32 位整数（有符号整数类型的名称会以 i 开头，而不是 u）。表 3-1 展示了 Rust 中内建的整数类型，每一个长度不同的值都存在有符号和无符号两种变体，它们可以被用来描述不同类型的整数。

表 3-1：Rust 中的整数类型

长　　度	有　符　号	无　符　号
8-bit	i8	u8
16-bit	i16	u16
32-bit	i32	u32
64-bit	i64	u64
128-bit	i128	u128
arch	isize	usize

每一个整数类型的变体都会标明自身是否存在符号，并且拥有一个明确的大小。有符号和无符号代表了一个整数类型是否拥有描述负数的能力。换句话说，对于有符号的整数类型来讲，数值需要一个符号来表示当前是否为正，而对于无符号的整数类型来讲，数值永远为正，不需要符号。这与在纸上书写数字类似：当需要考虑数字的正负性时，我们会使用一个加号或减号作为前缀进行标识；而当数字可以被安全地视为永远是正数时，就不需要使用加号作为前缀了。有符号整数是通过二进制补码的形式来存储的。

对于一个位数为 n 的有符号整数类型，它可以存储从 $-(2^{n-1})$ 到 $2^{n-1}-1$ 范围内的所有整数。比如 i8，它可以存储从 $-(2^7)$ 到 2^7-1，也就是从 -128 到 127 的所有整数。而对于一个无符号整数类型而言，它可以存储从 0 到 2^n-1 范围内的所有整数。以 u8 为例，它可以存储从 0 到 2^8-1，也就是从 0 到 255 的所有整数。

除了指明位数的类型，还有 isize 和 usize 两种特殊的整数类型，它们的长度取决于程序运行的目标平台。在 64 位架构下，它们就是 64 位的；而在 32 位架构下，它们就是 32 位的。

你可以使用表 3-2 中列出的所有方式在代码中书写整数字面量。注意，除了 Byte，其余所有的字面量都可以使用类型后缀，比如 57u8，代表一个使用了 u8 类型的整数 57。同时，你可以使用 "_" 作为分隔符以方便读数，比如字面量 1_000 与 1000 代表了相同的数值。

表 3-2：Rust 中的整数字面量

整数字面量	示　例
Decimal	98_222
Hex	0xff
Octal	0o77
Binary	0b1111_0000
Byte（只有 u8）	b'A'

在这么多的整数类型中，你怎么确定自己需要使用哪一种呢？如果拿不定主意，Rust 对于整数字面量的默认推导类型 i32 通常就是一个很好的选择：它在大部分情形下运算速度都是最快的，即便在 64 位系统下也是如此。较为特殊的两种整数类型 isize 和 usize 则主要用作某些集合的索引。

整数溢出

假设你有一个 u8 类型的变量，它可以存储从 0 到 255 的数值。当你尝试将该变量修改为某个超出范围的值（比如 256）时，就会发生整数溢出。Rust 在这一行为中有一些有趣的规则。如果你在调试（debug）模式下进行编译，Rust 就会在程序中包含整数溢出的运行时检测代码，并在整数溢出发生时触发程序的 panic。Rust 使用术语 panic 来描述程序因为错误而退出的情形；我们会在第 9 章的"不可恢复错误与 panic！"一节中讨论更多有关 panic 的内容。

如果你在编译时使用了带有--release 标记的发布（release）模式，Rust 就不会包含那些可能会触发 panic 的检查代码，而会在整数溢出发生时执行二进制补码环绕。简而言之，任何超出类型最大值的数值都会被"环绕"为类型最小值。以 u8 为例，256 会变为 0，257 会变为 1，以此类推。虽然程序不会发生 panic，但变量中实际存储的值也许会让你大吃一惊。那些依赖整数溢出时环绕行为的代码应该被视作错误代码。

如果你希望显式地处理整数溢出情形，那么可以使用标准库为基础数值类型提供的通用方法：

- 带有 wrapping_前缀的方法会在整数溢出发生时进行环绕，比如 wrapping_add。
- 带有 checked_前缀的方法会在整数溢出发生时返回 None。
- 带有 overflowing_前缀的方法会同时返回值与一个额外的布尔值，并用这个布尔值表明是否存在整数溢出情形。
- 带有 saturating_前缀的方法会将值的范围限制在它可表达的上下限内。

浮点数类型

除了整数类型，Rust 还提供了两种基础的浮点数类型，浮点数也就是带小数的数字。这两种类型是 f32 和 f64，它们分别占用 32 位和 64 位的空间。在现代 CPU 中，虽然 f64 与 f32 的运行效率相差无几，但 f64 却拥有更高的精度，所以在 Rust 中，默认会将浮点数字面量的类型推导为 f64。

下面展示了实际代码中的浮点数声明：

```
src/main.rs    fn main() {
                   let x = 2.0; // f64

                   let y: f32 = 3.0; // f32
               }
```

Rust 中的浮点数使用了 IEEE-754 标准来进行表述，f32 和 f64 类型分别对应着标准中的单精度浮点数和双精度浮点数。

数值运算

对于所有的数值类型，Rust 都支持常见的数学运算：加法、减法、乘法、除法和取余。整数除法会向零截取至最接近的整数。下面的代码展示了如何在 let 语句中使用这些运算进行求值：

```
src/main.rs    fn main() {
                   // 加法
                   let sum = 5 + 10;

                   // 减法
                   let difference = 95.5 - 4.3;

                   // 乘法
                   let product = 4 * 30;

                   // 除法
                   let quotient = 56.7 / 32.2;
                   let truncated =  -5 / 3; // 结果为-1

                   // 取余
```

```
    let remainder = 43 % 5;
}
```

这些语句中的每个表达式都使用了一个数学运算符，并将运算结果绑定到左侧的变量上。附录 B 中有一份列表，完整地包含了 Rust 支持的所有运算符。

布尔类型

正如其他大部分编程语言一样，Rust 中的布尔类型只拥有两个可能的值：true 和 false，它会占据单个字节的空间大小。你可以使用 bool 来表示一个布尔类型，例如：

src/main.rs
```
fn main() {
    let t = true;

    let f: bool = false; // 附带了显式类型标注的语句
}
```

布尔类型最主要的用途是在 if 表达式内作为条件使用，我们将在本章后面的"控制流"一节中详细介绍 Rust 的 if 表达式是如何工作的。

字符类型

在 Rust 中，char 类型被用于描述语言中最基础的单个字符。下面的代码展示了它的使用方式：

src/main.rs
```
fn main() {
    let c = 'z';
    let z = 'ℤ'; // 附带了显式类型标注的语句
    let heart_eyed_cat = '😻';
}
```

需要注意的是，char 的字面量使用单引号指定，而不同于字符串使用双引号指定。Rust 中的 char 类型占 4 字节，是一个 Unicode 标量值，这也意味着它可以表示比 ASCII 多得多的字符内容。拼音字母、中文、日文、韩文、零长度空白字符，甚至是表情符号，都可以作为一个有效的 char 类型值。实际上，Unicode 标量可以描述从 U+0000 到 U+D7FF 以及从 U+E000 到 U+10FFFF 范围内的所有值。由于 Unicode 中没有"字符"的概念，所以你现在直觉上认为的"字符"也许与 Rust 中的概念并不相符。我们将在第 8 章的"使用字符串存储 UTF-8 编码的文本"一节中详细地讨论这个主题。

复合类型

复合类型（compound type）可以将多个不同类型的值组合为一个类型。Rust 提供了两种内置的基础复合类型：元组（tuple）和数组（array）。

元组类型

元组是一种相当常见的复合类型，它可以将其他不同类型的多个值组合到一个复合类型中。元组还拥有一个固定的长度：你无法在声明结束后增加或减少其中的元素数量。

为了创建元组，我们需要把一系列的值使用逗号分隔后放置在一对圆括号中。元组中每个位置的值都有一个类型，这些类型不需要是相同的。为了演示，在下面的例子中手动添加了不必要的类型标注：

src/main.rs
```
fn main() {
    let tup: (i32, f64, u8) = (500, 6.4, 1);
}
```

由于一个元组也被视作一个单独的复合元素，所以这里的变量 tup 被绑定到整个元组上。为了从元组中获得单个的值，可以像下面这样使用模式匹配来解构元组：

src/main.rs
```
fn main() {
    let tup = (500, 6.4, 1);

    let (x, y, z) = tup;

    println!("The value of y is: {y}");
}
```

这段程序首先创建了一个元组，并将其绑定到变量 tup 上。随后，在 let 关键字的右侧，使用了一种模式将 tup 拆分为 3 个不同的部分：x、y 和 z。这个操作也被称为解构（destructuring）。最后，程序将变量 y 的值，也就是 6.4 打印出来。

除了解构，我们还可以通过索引并使用点号（.）来访问元组中的值：

src/main.rs
```
fn main() {
    let x: (i32, f64, u8) = (500, 6.4, 1);

    let five_hundred = x.0;

    let six_point_four = x.1;

    let one = x.2;
}
```

这段程序首先创建了一个元组 x，随后又通过索引访问元组中的各个元素，并将它们的值绑定到新的变量上。与大多数编程语言一样，元组的索引也是从 0 开始的。

我们将一个不带有任何元素的元组特殊地称为单元（unit）元组，并用它来表示空值或空的返回类型，它的值及对应的类型都写作()。假如表达式没有明确地返回任何值，它就会隐式地返回一个单元。

数组类型

我们同样可以在数组中存储多个值的集合。与元组不同，数组中的每一个元素都必须具有相同的类型。Rust 中的数组拥有固定的长度，一旦声明就再也不能随意更改大小，这与其他某些语言有所不同。

在 Rust 中，你可以将以逗号分隔的值放置在一对方括号中来创建一个数组：

src/main.rs
```
fn main() {
    let a = [1, 2, 3, 4, 5];
}
```

通常而言，当你想在栈上而不是堆上为数据分配空间（我们会在第 4 章中讨论栈与堆），或者想要确保总有固定数量的元素时，数组是一个非常有用的工具。当然，Rust 标准库也提供了一个更加灵活的动态数组（vector）类型。动态数组是一个类似于数组的集合结构，但它允许用户自由地调整数组长度。如果你还不确定什么时候应该使用数组，什么时候应该使用动态数组，那就先使用动态数组好了。我们会在第 8 章中讨论有关动态数组的更多细节。

但是，当你确定元素的数量不需要发生变化时，数组会更加合适。如果你需要在程序中使用一年中每个月份的名字，那么可以使用数组而不是动态数组来存储这个名字列表，因为你知道它有且仅有 12 个元素：

```
let months = ["January", "February", "March", "April", "May", "June", "July",
              "August", "September", "October", "November", "December"];
```

为了写出数组的类型，你需要使用一对方括号，并在方括号中填写数组内所有元素的类型、一个分号及数组内元素的数量，如下所示：

```
let a: [i32; 5] = [1, 2, 3, 4, 5];
```

示例中的 i32 便是数组内所有元素的类型，而分号之后的 5 表明当前的数组包含 5 个元素。

这样写出数组类型的方式有些类似于一种初始化数组的语法——假如你想要创建一个含有相同元素的数组，那么可以在方括号中指定元素的值，接着填入一个分号及数组的长度，如下所示：

```
let a = [3; 5];
```

以 a 命名的数组将会拥有 5 个元素，而这些元素拥有相同的初始值 3。这一写法等价于 let a = [3, 3, 3, 3, 3];，但它更加精简。

访问数组元素

数组由一整块分配在栈上的、固定大小的内存组成，你可以通过索引来访问一个数组中的所有元素，就像下面演示的一样：

```
fn main() {
    let a = [1, 2, 3, 4, 5];

    let first = a[0];
    let second = a[1];
}
```

在这个例子中，first 变量会被赋值 1，这正是数组中索引[0]对应的那个值。同样，second 变量将获得数组中索引[1]对应的那个值，也就是 2。

非法的数组元素访问

尝试访问数组末尾之后的元素会发生什么呢？假设你编写了一段代码来从用户处获得数组索引，正如我们在第 2 章猜数游戏中做的那样：

```
use std::io;

fn main() {
    let a = [1, 2, 3, 4, 5];

    println!("Please enter an array index.");

    let mut index = String::new();

    io::stdin()
        .read_line(&mut index)
        .expect("Failed to read line");

    let index: usize = index
        .trim()
        .parse()
        .expect("Index entered was not a number");

    let element = a[index];

    println!(
        "The value of the element at index {index}  is: {element}"
```

```
    );
}
```

这段代码可以顺利地通过编译。当你使用 cargo run 来运行程序，并输入 0、1、2、3 或 4 时，它会输出数组中对应索引的值。但是，当你输入一个超出数组边界的数字时，它会输出如下所示的错误提示信息：

```
thread 'main' panicked at 'index out of bounds: the len is 5 but the index is
10', src/main.rs:19:19
note: run with `RUST_BACKTRACE=1` environment variable to display a backtrace
```

因为你在索引操作中使用了一个非法的索引值，所以这段程序出现了运行时错误。它在打印出一段错误提示信息后退出了执行过程，并略过了最后的那条 println!语句。当你尝试通过索引来访问一个元素时，Rust 会检查这个索引值是否小于当前数组的长度。如果索引值大于或等于当前数组的长度，Rust 就会发生 panic。类似的检查必须发生在运行时阶段，特别是对于本例中的情形来说，因为编译器无法在用户运行代码之前知晓用户输入了什么样的值。

这个示例展示了 Rust 在实际应用中的安全原则。有许多底层语言选择不提供类似的检查机制，一旦使用了非法索引，就会访问某块无效的内容。Rust 选择在这种错误出现时立即中断程序，而不会放任错误的内存访问并假装无事发生。第 9 章会讨论 Rust 中更多的错误处理机制，并展示如何编写具有可读性的安全代码来避免发生 panic 或非法内存访问。

函数

在 Rust 中，函数有着非常广泛的应用。你应该已经见过 Rust 中最为重要的 main 函数了，它是大部分程序开始的地方。你应该对 fn 关键字也有印象，你可以用它来声明一个新的函数。

Rust 代码使用蛇形命名法（snake case）来作为规范函数和变量名称的风格。蛇形命名法只使用小写字母进行命名，并以下画线分隔单词。下面就是一个包含函数定义的示例：

```
fn main() {
    println!("Hello, world!");

    another_function();
}

fn another_function() {
    println!("Another function.");
}
```

在 Rust 中，函数定义以 fn 关键字开始并紧随函数名称和一对圆括号。此外，还有一对花括号用于标识函数体开始和结束的地方。

我们可以使用函数名称加圆括号的方式来调用函数。在上面的示例中，由于 another_function 被定义为函数，所以可以在 main 函数体内调用它。需要注意的是，在这个例子中，将 another_function 函数定义在了 main 函数之后，但把它放到 main 函数之前定义其实也没有什么影响。Rust 不关心你在何处定义函数，只要这些定义对于使用区域是可见的即可。

现在，让我们创建一个新的二进制项目 *functions* 来实践一下函数的相关功能。将上面 another_function 示例中的内容复制到 *src/main.rs* 文件中并运行它，你可以看到如下所示的输出结果：

```
$ cargo run
   Compiling functions v0.1.0 (file:///projects/functions)
    Finished dev [unoptimized + debuginfo] target(s) in 0.28 secs
     Running `target/debug/functions`
Hello, world!
Another function.
```

正如预料的那样，代码以它们出现在 main 函数中的顺序依次得到执行。首先，"Hello, world!" 这条信息被打印出来，紧接着 another_function 函数得到执行，其函数体内的信息也被打印出来。

参数

你也可以在函数声明中定义参数（parameter），它们是一种特殊的变量，并被视为函数签名的一部分。当函数存在参数时，你需要在调用函数时为这些参数提供具体的值。在英语技术文档中，参数变量和传入的具体参数值有自己分别对应的名称 *parameter* 和 *argument*，但我们通常会混用两者并将它们统一称为参数而不加以区别。

下面重写后的 another_function 函数展示了 Rust 中参数的样子：

```
fn main() {
    another_function(5);
}

fn another_function(x: i32) {
    println!("The value of x is: {x}");
}
```

src/main.rs

尝试运行这段程序，可以得到如下所示的输出：

```
$ cargo run
   Compiling functions v0.1.0 (file:///projects/functions)
    Finished dev [unoptimized + debuginfo] target(s) in 1.21 secs
     Running `target/debug/functions`
The value of x is: 5
```

这里定义的 another_function 有一个名为 x 且类型为 i32 的参数。当 5 被传入 another_function 时，println!宏会将 5 放入格式化字符串中包含有 x 的一对花括号处并打印出来。

在函数签名中，你必须显式地声明每个参数的类型。这是在 Rust 设计中设计者们经过慎重考虑后做出的决定：由于类型被显式地注明了，因此编译器不需要通过其他部分的代码进行推导就能明确地知道你的意图。除此之外，编译器还可以在知晓函数类型的前提下，提供更多有帮助的错误提示信息。

另外，也可以像下面一样，通过使用逗号分隔符来为函数定义多个参数：

```
fn main() {
    print_labeled_measurement(5, 'h');
}

fn print_labeled_measurement(value: i32, unit_label: char) {
    println!("The measurement is: {value}{unit_label}");
}
```

这个示例创建了一个拥有两个参数的 print_labeled_measurement 函数。第一个参数被命名为 value 并拥有 i32 类型，第二个参数被命名为 unit_label 并拥有 char 类型。这个函数会打印出一段同时包含有 value 和 unit_label 的文本。

我们用这段程序替换 *functions* 项目的 *src/main.rs* 文件中的内容，并使用 cargo run 来运行试试看：

```
$ cargo run
   Compiling functions v0.1.0 (file:///projects/functions)
    Finished dev [unoptimized + debuginfo] target(s) in 0.31 secs
     Running `target/debug/functions`
The measurement is: 5h
```

因为我们在调用函数时，将 5 和 'h' 分别作为 value 和 unit_label 的值传入函数，所以这段程序输出了如上所示的结果。

语句和表达式

函数体由若干条语句组成，并可以以一个表达式作为结尾。虽然我们在语句中见到了许多表达式，但到目前为止，还没有使用过表达式来结束一个函数。由于 Rust 是一门基于表达式的语言，所以它将语句（statement）与表达式（expression）区别为两个不同的概念，这与其他某些语言不同。因此，让我们首先来看一看语句和表达式究竟是什么，然后再进一步讨论它们之间的区别会如何影响函数体的定义过程。

- 语句的指令会执行某些行为却不返回值。
- 表达式的指令则会在执行结束后产生一个值作为结果。

虽然之前没有明确地说明过，但我们在示例中已经使用过很多次语句和表达式了。使用 let 关键字创建变量并绑定值时使用的指令是一条语句。在示例 3-1 中，let y = 6;就是一条语句。

src/main.rs
```
fn main() {
    let y = 6;
}
```

示例 3-1：包含一条语句的 main 函数

这里的函数定义同样是语句，甚至上面整个例子本身也是一条语句。

要记住，语句不会返回值。因此，在 Rust 中，你不能将一条 let 语句赋值给另一个变量，如下所示的代码会产生编译时错误：

src/main.rs
```
fn main() {
    let x = (let y = 6);
}
```

尝试运行上面这段程序，将产生如下所示的错误提示信息：

```
$ cargo run
   Compiling functions v0.1.0 (file:///projects/functions)
error: expected expression, found statement (`let`)
 --> src/main.rs:2:14
  |
2 |     let x = (let y = 6);
  |              ^^^^^^^^^
  |
  = note: variable declaration using `let` is a statement

error[E0658]: `let` expressions in this position are unstable
 --> src/main.rs:2:14
  |
2 |     let x = (let y = 6);
  |              ^^^^^^^^^
  |
  = note: see issue #53667 <https://github.com/rust-lang/rust/issues/53667> for
more information
```

由于 let y = 6 语句没有返回任何值，所以变量 x 就没有可以绑定的东西。这里的行为与某些语言不同，例如， C 语言或 Ruby 语言中的赋值语句会返回所赋的值。在这些语言中，你可以编写类似 x = y = 6 的语句，使变量 x 和 y 同时拥有 6 这个值，但这在 Rust 中行不通。

与语句不同，表达式会计算出某个值来作为结果。你在 Rust 中编写的大部分代码都会是表达式。以简单的数学运算 5 + 6 为例，这就是一个表达式，并且会计算出值 11。另外，表达式本身也可以作为语句的一部分。在示例 3-1 中，let y = 6; 语句中的字面量 6 就是一个表达式，它返回 6 作为自己的计算结果。调用函数是表达式，调用宏是表达式，我们用来创建新作用域的花括号（{}）同样是表达式，例如：

src/main.rs
```
fn main() {
 ❶ let y = { ❷
        let x = 3;
     ❸ x + 1
    };

    println!("The value of y is: {y}");
}
```

表达式 ❷ 是一个代码块。在这个例子中，它会计算出 4 作为结果。而这个结果会作为 let 语句 ❶ 的一部分被绑定到变量 y 上。注意结尾处 ❸ 的表达式 x + 1 没有添加分号，这与我们之前见过的大部分代码不同。如果在表达式的结尾处加上分号，这一段代码就变成了语句而不会返回任何值。记住这一点，你会在接下来的章节中用到相关内容。

函数的返回值

函数可以向调用它的代码返回值。虽然不用为这个返回值命名，但需要在箭头符号（->）的后面声明它的类型。在 Rust 中，函数的返回值等同于函数体最后一个表达式的值。你可以使用 return 关键字指定一个值来提前从函数中返回，但大多数函数都隐式地返回了最后的表达式。下面是一个带有返回值的函数示例：

```
src/main.rs    fn five() -> i32 {
                   5
               }

               fn main() {
                   let x = five();

                   println!("The value of x is: {x}");
               }
```

在上面的 five 函数中，除了数字 5，没有任何其他的函数调用、宏调用，甚至是 let 语句，但它在 Rust 中确实是一个有效的函数。注意，这个函数的返回值类型通过 -> i32 被指定了。尝试运行这段代码，你会看到如下所示的输出：

```
$ cargo run
   Compiling functions v0.1.0 (file:///projects/functions)
    Finished dev [unoptimized + debuginfo] target(s) in 0.30 secs
     Running `target/debug/functions`
The value of x is: 5
```

five 函数中的 5 就是函数的输出值，这也是它的返回值类型会被声明为 i32 的原因。这段代码中有两处需要注意的地方。首先，let x = five(); 语句使用函数的返回值来初始化左侧的变量。由于 five 函数总是返回 5，所以该行代码等价于：

```
let x = 5;
```

其次，这里的 five 函数没有参数，仅仅定义了返回值的类型。函数体中除了孤零零的、不带分号的 5，没有任何东西，而它也正是我们想要用来作为结果返回的表达式。

再来看另一个例子：

```
src/main.rs    fn main() {
                   let x = plus_one(5);

                   println!("The value of x is: {x}");
```

```
    }

    fn plus_one(x: i32) -> i32 {
        x + 1
    }
```

运行这段代码，会输出 The value of x is: 6。假如给 plus_one 函数结尾
处的 x + 1 加上分号（如下所示），那么这个表达式就会变为语句，进而导致编
译时错误。

src/main.rs
```
fn main() {
    let x = plus_one(5);

    println!("The value of x is: {x}");
}

fn plus_one(x: i32) -> i32 {
    x + 1;
}
```

尝试编译这段代码，会产生如下所示的错误提示信息：

```
$ cargo run
   Compiling functions v0.1.0 (file:///projects/functions)
error[E0308]: mismatched types
 --> src/main.rs:7:24
   |
 7 | fn plus_one(x:   i32) ->   i32 {
   | --------                   ^^^ expected `i32`, found `()`
   |   |
   | implicitly returns `()` as its body has no tail or `return` expression
 8 |     x + 1;
   |          - help: remove this semicolon
```

这里的错误提示信息 mismatched types（类型不匹配）揭示了上面代码中
的核心问题。我们在定义 plus_one 的过程中声明它会返回一个 i32 类型的值，
但由于语句并不会产生值，所以 Rust 默认返回了一个单元类型，也就是上面提
示信息中的()。实际的返回值类型与函数定义产生了矛盾，进而触发了编译时
错误。另外，Rust 编译器在错误提示信息中还提供了一个修正错误的可能方案：
它建议我们尝试去掉函数末尾的分号来解决这个问题。

注释

所有的程序员都应该致力于让自己的代码通俗易懂，但有些时候，额外的说明也是必不可少的。在这些情形下，程序员可以在源代码中留下一些记录，或者说是注释（comment）。虽然编译器会忽略这些注释，但其他阅读代码的人也许会因为它们而能够更加轻松地理解你的意图。

这里是一个简单的例子：

```
// hello, world
```

在 Rust 中，我们习惯性地使用两道斜杠来开始一段注释，并持续到本行结尾。对于那些超过一行的注释，你需要像下面这样在每一行前面都加上//。

```
// So we're doing something complicated here, long enough that we need
// multiple lines of comments to do it! Whew! Hopefully, this comment will
// explain what's going on.
```

注释也可以被放置在代码行的结尾处：

src/main.rs
```
fn main() {
    let lucky_number = 7; // 今天我感觉很幸运
}
```

不过，你可能更常见到下面这种格式，在需要说明的代码上方单独放置一行注释：

src/main.rs
```
fn main() {
    // 今天我感觉很幸运
    let lucky_number = 7;
}
```

Rust 中还有一种被称为文档注释的注释格式，我们将在第 14 章的"将包发布到 crates.io 平台"一节中介绍它。

控制流

作为最基本的组成部分，大部分编程语言都可以通过检查条件是否为 true 来执行某些代码，或者在条件为 true 时重复执行某些代码。在 Rust 中，最常用的程序执行流控制结构就是 if 表达式与循环表达式。

if 表达式

if 表达式允许我们根据条件执行不同的代码分支。我们提供一个条件，并且做出声明："如果这个条件满足，则运行这段代码；如果条件不满足，则跳过相应的代码。"

现在，我们在 *projects* 目录下创建一个新的 *branches* 项目来学习与 if 表达式相关的知识。打开 *src/main.rs* 文件，输入如下所示的内容：

src/main.rs
```rust
fn main() {
    let number = 3;

    if number < 5 {
        println!("condition was true");
    } else {
        println!("condition was false");
    }
}
```

所有的 if 表达式都会使用 if 关键字开头，并紧随一个判断条件。在上面的例子中，我们的条件会检查 number 变量绑定的值是否小于 5。其后的花括号中放置了条件为真时需要执行的代码片段。在 if 表达式中，与条件相关联的代码块也被称作分支（arm），就和我们在第 2 章的"比较猜测数字与保密数字"一节中接触到的 match 表达式一样。

示例中的代码还为 if 表达式添加了一个可选的 else 表达式，你可以用它来指定条件为假时希望执行的代码块。如果没有提供 else 表达式，且条件被判定为假，那么程序会简单地跳过 if 表达式并继续执行之后的代码。

尝试运行这段代码，你会看到如下所示的输出：

```
$ cargo run
   Compiling branches v0.1.0 (file:///projects/branches)
    Finished dev [unoptimized + debuginfo] target(s) in 0.31 secs
     Running `target/debug/branches`
condition was true
```

我们尝试修改 number 的值，使判断条件变为 false，并观察随后发生的情形：

```
let number = 7;
```

再次运行这段代码，输出如下：

```
$ cargo run
   Compiling branches v0.1.0 (file:///projects/branches)
    Finished dev [unoptimized + debuginfo] target(s) in 0.31 secs
     Running `target/debug/branches`
condition was false
```

值得注意的是，代码中的条件表达式必须产生一个 bool 类型的值，否则就会触发编译错误。例如，尝试运行下面的代码：

src/main.rs
```
fn main() {
    let number = 3;

    if number {
        println!("number was three");
    }
}
```

这一次，if 的条件表达式计算结果为 3，因而 Rust 在编译过程中抛出了如下所示的错误：

```
$ cargo run
   Compiling branches v0.1.0 (file:///projects/branches)
error[E0308]: mismatched types
 --> src/main.rs:4:8
  |
```

```
4 |    if number {
  |       ^^^^^^ expected `bool`, found integer
```

这个错误表明 Rust 期望在条件表达式中获得一个 bool 类型的值，而不是一个整数。与 Ruby 或 JavaScript 等语言不同，Rust 不会自动尝试将非布尔类型的值转换为布尔类型。你必须显式地在 if 表达式中提供一个布尔类型作为条件。如果你想要 if 代码块只在数字不等于 0 时运行，那么可以将 if 表达式修改为如下所示的样子：

src/main.rs

```
fn main() {
    let number = 3;

    if number != 0 {
        println!("number was something other than zero");
    }
}
```

运行这段代码，将会输出 number was something other than zero。

使用 else if 实现多重条件判断

你可以组合使用 if、else 和 else if 表达式来实现多重条件判断。例如：

src/main.rs

```
fn main() {
    let number = 6;

    if number % 4 == 0 {
        println!("number is divisible by 4");
    } else if number % 3 == 0 {
        println!("number is divisible by 3");
    } else if number % 2 == 0 {
        println!("number is divisible by 2");
    } else {
        println!("number is not divisible by 4, 3, or 2");
    }
}
```

这段程序拥有 4 条可能的执行路径，运行后，可以看到如下所示的输出：

```
$ cargo run
   Compiling branches v0.1.0 (file:///projects/branches)
```

```
Finished dev [unoptimized + debuginfo] target(s) in 0.31 secs
   Running `target/debug/branches`
number is divisible by 3
```

当这段程序运行时，它会依次检查每一个 if 表达式，并执行条件首先被判断为真的代码块。尽管 6 可以被 2 整除，但我们既没有看到输出 number is divisible by 2，也没有看到 else 代码块中的 number is not divisible by 4, 3, or 2。这是因为 Rust 会且仅会执行第一个条件为真的代码块，一旦发现满足的条件，它就不会再继续检查剩余的那些条件分支了。

当然，过多的 else if 表达式可能会使代码变得杂乱无章。第 6 章会介绍 Rust 中另一个强大的分支结构 match，它可以被用来应对这种情况。

在 let 语句中使用 if

由于 if 是一个表达式，所以我们可以在 let 语句的右侧使用它来生成一个值，如示例 3-2 所示。

src/main.rs
```
fn main() {
    let condition = true;

    let number = if condition { 5 } else { 6 };

    println!("The value of number is: {}", number);
}
```

示例 3-2：将变量绑定到 if 表达式的结果上

这里的 number 变量被绑定到了 if 表达式的结果上。运行这段代码，可以看到如下所示的结果：

```
$ cargo run
   Compiling branches v0.1.0 (file:///projects/branches)
   Finished dev [unoptimized + debuginfo] target(s) in 0.30 secs
    Running `target/debug/branches`
The value of number is: 5
```

记住，代码块输出的值就是其中最后一个表达式的值。另外，数字本身也可以作为一个表达式使用。在上面的例子中，整个 if 表达式的值取决于究竟哪一个代码块得到了执行。这也意味着，所有 if 分支可能返回的值都必须是一种类型的；在示例 3-2 中，if 分支与 else 分支的结果都是 i32 类型的整数。如果分支表达式产生的类型无法匹配，就会触发编译错误，如下所示：

src/main.rs
```
fn main() {
    let condition = true;

    let number = if condition { 5 } else { "six" };

    println!("The value of number is: {number}");
}
```

运行这段代码会导致编译时错误，因为 if 分支与 else 分支产生了不同类型的值。Rust 在错误提示信息中指出了程序出现问题的地方：

```
$ cargo run
   Compiling branches v0.1.0 (file:///projects/branches)
error[E0308]: if and else have incompatible types
 --> src/main.rs:4:44
  |
4 |     let number = if condition { 5 } else { "six" };
  |                                 -          ^^^^^ expected integer, found `&str`
  |                                 |
  |                                 expected  because of  this
```

这段代码中的 if 表达式会返回一个整数，而 else 表达式会返回一个字符串。由于变量只能拥有单一的类型，并且 Rust 需要在编译时确定 number 变量的类型，所以这段代码无法正常运行。确定的 number 的类型可以帮助编译器对所有使用 number 的地方进行合法性检查，但如果 number 的类型只能在运行时被确定，那么 Rust 就无法实现这一目的。为了跟踪每个变量可能出现的类型，编译器的实现会变得更加复杂，并会导致我们失去一部分代码安全保障。

使用循环重复执行代码

我们常常需要重复执行同一段代码，针对这种场景，Rust 提供了多种循环

（loop）。一个循环会执行循环体中的代码直到结尾，并紧接着回到开头继续执行。同样地，我们新创建一个叫作 *loops* 的项目来进行与循环相关的实验。

Rust 提供了 3 种循环 loop、while 和 for。下面我们来逐一讲解。

使用 loop 重复执行代码

我们可以使用 loop 关键字来指示 Rust 反复执行某段代码，直到显式地声明退出为止。

例如，把 *loops* 目录中 *src/main.rs* 文件的内容修改为如下所示的样子：

```
src/main.rs    fn main() {
                   loop {
                       println!("again!");
                   }
               }
```

运行这段程序，除非我们手动强制退出程序，否则 again!会被反复地输出到屏幕上。大部分终端都支持使用 "Ctrl+C" 快捷键来中止这种陷入无限循环的程序：

```
$ cargo run
   Compiling loops v0.1.0 (file:///projects/loops)
    Finished dev [unoptimized + debuginfo] target(s) in 0.29 secs
     Running `target/debug/loops`
again!
again!
again!
again!
^Cagain!
```

这里的符号^C 表示我们按下了 "Ctrl+C" 快捷键。^C 的后面也许会跟随着一个 again!，但是否能够看到它，取决于程序在收到中止信号时执行到了循环的哪一步。

当然，Rust 提供了另一种更加可靠的循环退出方式。你可以在循环中使用 break 关键字来通知程序退出循环。回想一下，我们在第 2 章的 "在猜测成功时优雅地退出"一节中曾经使用过 break，它帮助我们在用户猜对数字时退出了循环。

我们还在猜数游戏中使用了 continue，它会通知程序跳过当前循环中剩余的代码，并开始下一次循环。

从 loop 循环中返回值

loop 循环可以被用来反复尝试一些可能会失败的操作，比如检查一个线程是否完成了自己的工作。另外，你也许还需要将该操作的结果从循环中传递给余下的代码。为了实现这一目标，你可以将需要返回的值添加到 break 表达式后面，也就是用来中止循环的表达式后面。接着，你就可以使用这个从循环中返回的值了，如下所示：

```
fn main() {
    let mut counter = 0;

    let result = loop {
        counter += 1;

        if counter == 10 {
            break counter * 2;
        }
    };

    println!("The result is {result}");
}
```

在循环前，我们声明了 counter 变量并将其初始化为 0。接着，我们声明了一个名为 result 的变量来存储循环中返回的值。该循环会在每次迭代时都给 counter 变量中的值加 1，并检查计数器是否已经增加至 10。一旦条件符合，我们便使用 break 关键字返回 counter * 2。在循环之后，我们还使用了一个分号来结束当前的语句，这会将循环的返回结果赋值给 result。最终，我们会打印出 result 中存储的值，也就是本例中的 20。

使用标签来区分嵌套的多重循环

假如在一个循环中使用了另一个循环，那么在内层循环中调用的 break 与 continue 就会默认作用于内层循环。你可以在开始循环时创建一个标签，并在调用 break 或 continue 时指定标签来让这些命令作用于标签绑定的循环。循环标签需要使用单引号来进行声明，如下所示的代码演示了一个两层嵌套的循环：

```
fn main() {
    let mut count = 0;
    'counting_up: loop {
        println!("count = {count}");
        let mut remaining = 10;

        loop {
            println!("remaining = {remaining}");
            if remaining == 9 {
                break;
            }
            if count == 2 {
                break 'counting_up;
            }
            remaining -= 1;
        }

        count += 1;
    }
    println!("End count = {count}");
}
```

外层循环使用了 'counting_up 标签，并会从 0 计数至 2。内层循环没有使用标签，并会从 10 倒数至 9。第一个没有指定标签的 break 只会退出内层循环，而第二个指定了标签的 break 'counting_up;语句会直接退出外层循环。这段代码在运行时会输出：

```
Compiling  loops v0.1.0   (file:///projects/loops)
 Finished  dev [unoptimized  + debuginfo] target(s) in 0.58s
  Running  `target/debug/loops`
count = 0
remaining  = 10
```

```
remaining = 9
count = 1
remaining = 10
remaining = 9
count = 2
remaining = 10
End count = 2
```

while 条件循环

　　另一种常见的循环模式是在每次执行循环体之前都判断一次条件，如果条件为真，则执行代码片段；如果条件为假或在执行过程中遇到 break，就退出当前循环。这种模式可以通过组合使用 loop、if、else 和 break 关键字来实现。如果你有兴趣的话，可以试着自行完成这一功能。

　　由于这种模式太过于常见，所以 Rust 为此提供了一个内置的语言结构：while 条件循环。示例 3-3 中演示了 while 的使用方式：这段程序会循环执行 3 次，每次都将数字减 1，在循环结束后打印出特定消息并退出。

src/main.rs

```rust
fn main() {
    let mut number = 3;

    while number != 0 {
        println!("{number}!");

        number = number - 1;
    }

    println!("LIFTOFF!!!");
}
```

示例 3-3：while 循环会在条件为真时重复执行代码

　　如果你尝试使用 loop、if、else 和 break 来模拟条件循环，就会发现 while 结构省去了很多冗余的内容，代码整体上会显得更加清晰。当条件为真时，执行循环体中的代码；否则，退出循环。

使用 for 来循环遍历集合

对于数组之类的集合，你可以使用 while 结构来遍历其中的元素。示例 3-4 中的循环依次打印出了数组 a 中的每一个元素：

src/main.rs

```
fn main() {
    let a = [10, 20, 30, 40, 50];
    let mut index = 0;

    while index < 5 {
        println!("the value is: {}", a[index]);

        index = index + 1;
    }
}
```

示例 3-4：使用 while 结构来遍历数组中的每一个元素

在这段程序中，代码会对数组中的所有元素进行计数。它从索引 0 开始循环，直到数组的最后一个索引（这时，条件 index < 5 不再为真）。运行这段程序，会将数组中的每一个元素都打印出来：

```
$ cargo run
   Compiling loops v0.1.0 (file:///projects/loops)
    Finished dev [unoptimized + debuginfo] target(s) in 0.32 secs
     Running `target/debug/loops`
the value is: 10
the value is: 20
the value is: 30
the value is: 40
the value is: 50
```

如同我们预料的那样，数组中的 5 个元素都被输出到了终端。尽管 index 会在某个时候变为 5，但是循环会在我们尝试越界访问数组的第 6 个数值之前停止。

需要指出的是，类似的代码非常容易出错；我们可能会因为不正确的索引值或判断条件而使得程序崩溃。如果将数组的定义从 5 个元素修改为 4 个元素，却忘记将 while 循环中的判断条件修改为 index < 4，那么这段代码就会发生

panic。另外，由于增加了运行时的代码来对每一次遍历做出条件判断，所以这段代码的运行也变得较为缓慢。

作为一个更加简单的替代方案，你可以使用 for 循环来遍历集合中的每一个元素并针对它们执行自定义操作。示例 3-5 演示了 for 循环的使用方法。

```
src/main.rs    fn main() {
                   let a = [10, 20, 30, 40, 50];

                   for element in a {
                       println!("the value is: {element}");
                   }
               }
```

示例 3-5：使用 for 循环遍历集合中的每一个元素

运行这段代码，我们会看到与示例 3-4 同样的输出。但更重要的是，我们增强了代码的安全性，避免了越界访问或遗漏某些元素之类的隐患。

通过使用 for 循环，你再也不需要在修改数组中的元素个数时惦记着更新代码的其他部分，正如示例 3-4 中的情形那样。

for 循环的安全性和简捷性使它成为 Rust 中最常用的循环结构。即便是实现示例 3-3 中循环特定次数的任务，大部分 Rust 开发者也会选择使用 for 循环。我们可以配合使用标准库中提供的 Range 来实现这一目的，它被用来生成从一个数字开始到另一个数字之前结束的所有数字序列。

下面我们借助 for 循环来重构示例 3-3 中的代码，这段代码使用了一个还未被介绍过的 rev 方法来翻转 Range 生成的序列：

```
src/main.rs    fn main() {
                   for number in (1..4).rev() {
                       println!("{number}!");
                   }
                   println!("LIFTOFF!!!");
               }
```

现在的代码看上去更加整洁了，不是吗？

总结

让我们喘口气，本章介绍了不少内容！在本章中，我们学习了变量、标量类型和复合类型、函数、注释、if 表达式及循环。如果你想要通过实践来强化自己对这些概念的理解，那么可以尝试编写程序来执行下面的操作：

- 摄氏温度与华氏温度的相互转换。
- 生成一个 n 阶的斐波那契数列。
- 打印圣诞颂歌"The Twelve Days of Christmas"，并利用循环处理其中重复的内容。

当你准备好进一步学习时，我们会接着讨论一个在其他编程语言中非常罕见的概念：所有权。

4

认识所有权

作为 Rust 中最为独特的功能，所有权给 Rust 语言带来了十分深远的影响。正是所有权概念和相关工具的引入，Rust才能够在没有垃圾回收机制的前提下保障内存安全。因此，正确地了解所有权概念及其在 Rust 中的实现方式，对于所有的 Rust 开发者来讲都是十分重要的。在本章中，我们会详细地讨论所有权及其相关功能：借用、切片，以及 Rust 在内存中布局数据的方式。

什么是所有权

所有权概念由一系列规则组成，这些规则决定了 Rust 程序管理内存的方式。一般来讲，所有的程序都需要管理自己在运行时使用的计算机内存空间。某些使用垃圾回收机制的语言会在运行时定期检查并回收那些没有被继续使用的内存；而在另一些语言中，程序员需要手动地分配和释放内存。Rust 采用了与众不同的第三种方式：使用包含特定规则的所有权系统来管理内存。这套规则允许编译器在编译过程中执行检查工作，而不会产生任何运行时开销。

你可能需要一些时间来消化所有权概念，因为它对于大部分程序员来讲都是一个非常新鲜的事物。但只要你持之以恒地坚持下去，就可以基于 Rust 和所有权系统越来越自然地编写出安全且高效的代码！

理解所有权概念，还可以帮助你理解 Rust 中其他那些独有的特性，它会为你接下来的学习打下坚实的基础！在本章中，我们会通过一些示例来学习所有权，这些示例将聚焦于一个十分常用的数据结构：字符串。

栈和堆

在许多编程语言中，程序员都不需要频繁地考虑栈空间和堆空间的区别。但对于 Rust 这样的系统级编程语言来说，一个值被存储在栈上还是被存储在堆上会极大地影响语言的行为，进而影响我们编写代码时的设计抉择。由于所有权的某些内容会涉及栈和堆，所以我们先来简单地了解它们。

栈和堆都是代码在运行时可以使用的内存空间，不过它们通常以不同的结构组织而成。栈会以你放入值时的顺序来存储它们，并以相反的顺序将值取出。这就是所谓的"后进先出"策略。你可以把栈上的操作想象成堆放盘子：当你需要放置盘子时，只能将它们放置在顶部，而当你需要取出盘子时，也只能从顶部取出。换句话说，你没有办法从中间或底部插入或取出盘子。使用术语来讲，添加数据被称作入栈，移除数据则被称作出栈。所有存储在栈上的数据都必须拥有一个已知且固定的大小。对于那些在编译期无法确定大小的数据，只能将它们存储在堆上。

堆空间管理是较为松散的：当你希望将数据放在堆上时，就可以请求特定大小的空间。操作系统会根据你的请求在堆上找到一块足够大的可用空间，将它标记为已使用，并把指向这块空间地址的指针返回给你。这一过程就是所谓的堆分配，它也常常被简称为分配（将值压入栈不叫分配）。

由于指针的大小是固定的且可以在编译期确定，所以可以将指针存储在栈上。当你想要访问指针所指向的具体数据时，可以通过指针指向的地址来访问。你可以把这个过程想象成到餐厅聚餐。当你们到达餐厅表明自己需要的座位数后，服务员会找到一张足够大的空桌子，并将你们领过去入座。即便这时有小伙伴来迟了，他们也可以通过询问你们就座的位置来找到你们。

向栈上推入数据要比在堆上分配空间更有效率，因为操作系统省去了搜索新数据存储位置的工作；这个位置永远处于栈的顶部。相对应地，操作系统在堆上分配空间时必须首先找到足够放下相应数据的空间，并进行某些记录工作来协调随后的其余分配操作。

由于多了指针跳转的环节，所以访问堆上的数据要慢于访问栈上的数据。一般来说，现代处理器在进行计算的过程中，由于缓存的缘故，指令在内存中跳转的次数越多，性能就越差。继续使用上面的餐厅来做类比。假设现在同时有许多桌的顾客正在等待服务员的处理，那么最高效的处理方式自然是处理完一张桌子所有的订单后再服务下一张桌子的顾客。而如果服务员每次在单个桌子前只处理单个订单，他就不得不浪费较多的时间往返于不同的桌子之间。出于同样的原因，处理器在操作排布紧密的数据（比如在栈上）时要比操作排布稀疏的数据（比如在堆上）有效率得多。另外，分配命令本身也可能消耗不少时钟周期。

当你的代码调用某个函数时，传入函数的值（也包含指向堆上数据的指针参数本身）以及函数体内的本地变量就会被推入栈。当函数执行完毕时，这些值也会对应地从栈上移除。

许多系统编程语言都需要你记录代码中分配的堆空间，最小化堆上的冗余数据量，并及时清理堆上的无用数据，以避免耗尽空间。而这些都是所有权系统可以解决的问题。一旦你熟练地掌握了所有权及其相关工具，就可以将这些问题交给 Rust 处理，减轻用于思考栈和堆的心智负担。不过，知晓如何使用和管理堆内存，可以帮助你理解所有权存在的意义及其背后的工作原理。

所有权规则

现在，我们来具体看一看所有权规则。最好先将这些规则记下来，我们会在随后的章节中通过示例来解释它们：

- Rust 中的每一个值都有一个对应的所有者。
- 在同一时间内，值有且仅有一个所有者。
- 当所有者离开自己的作用域时，它持有的值就会被丢弃。

变量作用域

由于我们已经介绍了基本的 Rust 语法，所以接下来的示例代码会略过 `fn main(){` 等语句，你可以将下面的示例代码放置在 main 函数中来完成编译运行任务。这样处理后的示例会更加简洁明了，使我们把注意力集中到具体的细节而不是冗余的代码上。

作为所有权的第一个示例，我们先来了解变量的作用域。简单来讲，作用域是一个对象在程序中有效的范围。假设有这样一个变量：

```
let s = "hello";
```

这里的变量 s 指向了一个字符串字面量，它的值被硬编码到当前的程序中。变量从声明的位置开始直到当前作用域结束都是有效的。示例 4-1 中的注释对变量 s 的有效范围给出了具体说明：

```
{                     // 由于变量 s 还未被声明，所以它在这里是不可用的
    let s = "hello";  // 从这里开始变量 s 变得可用

    // 执行与 s 相关的操作
}                     // 作用域到这里结束，变量 s 再次不可用
```

示例 4-1：一个变量及其有效范围的说明

换句话说，这里有两个重点：

- s 在进入作用域后变得有效。
- 它会保持自己的有效性，直到自己离开作用域。

到目前为止，Rust 语言中变量的有效性与作用域之间的关系和其他编程语言中的类似。现在，让我们继续在作用域的基础上学习 String 类型。

String 类型

为了演示所有权的相关规则，我们需要一个特别的数据类型，它比第 3 章的"数据类型"一节中涉及的类型都更加复杂。在此之前，我们接触的类型都拥有一个固定的大小，它们会将数据存储在栈上，并在离开自己的作用域时将数据弹出栈空间。当代码需要在新的作用域中使用这些值时，只需要简单地复制出一个新的独立实例即可。现在，我们需要一个存储在堆上的数据类型来研究 Rust 是如何自动回收这些数据的，而 String 类型就是一个非常好的例子。

我们会集中讨论 String 类型中与所有权概念相关的部分。这些讨论同样适用于标准库中提供的或你自己创建的其他复杂数据类型。我们会在第 8 章中更加深入地讲解 String 类型。

我们已经在上面的示例中接触过字符串字面量了，它们是那些被硬编码进程序的字符串值。使用字符串字面量的确很方便，但它们并不能满足所有需要使用文本的场景要求。其中一个原因在于字符串字面量是不可变的；另一个原因则在于并不是所有字符串的值都能够在编写代码时确定：假如我们想要获取用户的输入并保存，应该怎么办呢？为了应对这种情况，Rust 提供了第二种字符串类型 String。由于这种类型会在堆上分配自己需要的存储空间，所以它能够处理在编译时未知大小的文本。我们可以调用 from 函数，根据字符串字面量来创建一个 String 实例：

```
let s = String::from("hello");
```

这里的双冒号（::）运算符允许我们调用置于 String 命名空间下的特定

from 函数，而不需要使用类似于 `string_from` 这样的名字。我们会在第 5 章的"方法"一节中着重讲解这种语法，并在第 7 章的"用于在模块树中指明条目的路径"一节中讨论基于模块的命名空间。

上面定义的字符串对象能够被声明为可变的：

```
let mut s = String::from("hello");

s.push_str(", world!"); // push_str()函数向 String 命名空间的尾部添加了一个字面量

println!("{s}"); // 这里会输出完整的 `hello, world!`
```

你也许会问：为什么 `String` 是可变的，而字符串字面量不是可变的？这是因为它们采用了不同的内存处理方式。

内存与分配

对于字符串字面量而言，由于在编译时就知道其内容，所以这部分硬编码的文本被直接嵌入了最终的可执行文件中。这就是访问字符串字面量异常高效的原因，而这些性质完全得益于字符串字面量的不可变性。遗憾的是，我们没有办法在编译时就将那些未知大小的文本统统放入二进制文件中，更何况这些文本的大小还可能随着程序的运行而发生改变。

对于 `String` 类型而言，为了支持可变的、可增长的文本类型，我们需要在堆上分配一块在编译时未知大小的内存来存放数据。这也意味着：

- 我们使用的内存是由内存分配器（memory allocator）在运行时动态分配的。
- 当处理完 `String` 时，我们需要通过某种方式将它的内存归还给分配器。

这里的第一部分由我们，也就是程序的编写者，在调用 `String::from` 时完成，这个函数会请求自己需要的内存空间。在大部分编程语言中都有类似的设计：由程序员来发起堆内存的分配请求。

然而，对于不同的编程语言来说，第二部分实现起来就各有区别了。在某些拥有垃圾回收（Garbage Collector，GC）机制的语言中，GC 会代替程序员来负责记录并清除不再使用的内存。而对于那些没有 GC 的语言来说，识别不再使用的内存并调用代码显式释放的工作依然需要由程序员去完成，正如我们请求分配时一样。根据以往的经验，要想正确地完成这些任务往往十分困难。假如我们忘记释放内存，就会造成内存泄漏；假如我们过早地释放内存，就会产生一个非法变量；假如我们重复释放同一块内存，就会产生无法预知的后果。为了程序稳定运行，我们必须严格地将分配和释放操作一一对应起来。

而 Rust 提供了不同的解决方案：一旦拥有内存的变量离开作用域，其内存就会被自动释放。下面的代码类似于示例 4-1 中的代码，不过这里将字符串字面量换成了 String 类型：

```
{
    let s = String::from("hello"); // 从这里开始变量 s 是有效的

    // 执行与 s 相关的操作
}                                   // 作用域到这里结束，变量 s 失效
```

审视上面的代码，有一个很适的回收内存给分配器的时机：当变量 s 离开作用域时。当变量离开作用域时，Rust 会调用一个叫作 drop 的特殊函数。String 类型的作者可以在这个函数中编写释放内存的代码。记住，Rust 会在作用域结束的地方（即}处）自动调用 drop 函数。

注意　在 C++中，这种在对象生命周期结束时释放资源的模式有时也被称作资源获取即初始化（Resource Acquisition Is Initialization，RAII）。假如你使用过类似的模式，那么对 Rust 中的特殊函数 drop 应该并不陌生。

这种模式极大地影响了 Rust 中的许多设计抉择，并最终决定了我们现在编写 Rust 代码的方式。在上面的例子中，这种释放机制看起来也许还算简单，然而，一旦把它应用在某些更加复杂的环境中，代码呈现出来的行为往往会出乎我们的意料，特别是当我们拥有多个指向同一处堆内存的变量时。让我们接着

来看一看其中一些可能的使用场景。

变量和数据交互的方式：移动

Rust 中的多个变量可以以一种独特的方式与同一数据进行交互。我们来看看示例 4-2 中的代码，这里使用了一个整型数据：

```
let x = 5;
let y = x;
```

示例 4-2：将变量 x 绑定的整数值重新绑定到变量 y 上

你也许能够猜到这段代码的执行效果：将整数值 5 绑定到变量 x 上；然后创建一个 x 值的拷贝，并将它绑定到变量 y 上。作为结果，我们有了两个变量 x 和 y，它们拥有同样的值 5。这正是实际发生的情形，因为整数是已知固定大小的简单值，两个值 5 会被同时推入当前的栈。

现在，我们来看看这段代码的 String 版本：

```
let s1 = String::from("hello");
let s2 = s1;
```

以上两段代码非常相似，你也许会假设它们的运行方式也是一致的。也就是说，第二行代码可能会创建一个 s1 值的拷贝，并将它绑定到 s2 上。不过，事实并非如此。

图 4-1 展示了 String 的内存布局。String 实际上由 3 部分组成，如图左侧所示：指向存放字符串内容的内存的指针（ptr）、长度（len）和容量（capacity），这部分数据被存储在栈上。图右侧显示了字符串被存储在堆上的文本内容。

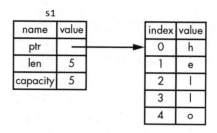

图 4-1：绑定到变量 s1 上、拥有值"hello"的 String 的内存布局

长度字段被用来记录当前 String 中的文本使用了多少字节的内存，而容量字段被用来记录 String 向操作系统总共获取到的内存字节数量。长度和容量之间的区别十分重要，但我们先不去讨论这个问题，暂时忽略容量字段。

当我们将 s1 赋值给 s2 时，便复制了一次 String 的数据，这意味着我们复制了它存储在栈上的指针、长度和容量字段。但需要注意的是，我们没有复制指针指向的堆数据。换句话说，此时的内存布局应该类似于图 4-2 所示的样子。

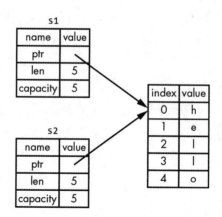

图 4-2：变量 s2 在复制了 s1 的指针、长度和容量字段后的内存布局

由于 Rust 不会在复制值时深度复制堆上的数据，所以这里的布局不会像图 4-3 中所示的那样。假如 Rust 按照这样的模式来执行赋值，那么当堆上的数据足够大时，类似于 s2 = s1 这样的语句就会造成相当可观的运行时性能消耗。

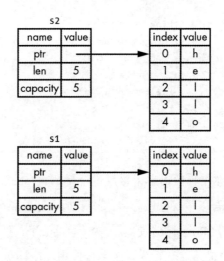

图 4-3：当 Rust 也复制了堆上的数据时，s2 = s1 语句执行后可能产生的内存布局

前面我们提到过，当一个变量离开当前的作用域时，Rust 会自动调用它的 drop 函数，并将变量使用的堆内存释放回收。不过，图 4-2 展示的内存布局中有两个指针指向了同一个地址，这就导致了一个问题：当 s2 和 s1 离开自己的作用域时，它们会尝试重复释放相同的内存。这也就是我们之前提到过的内存错误之一，臭名昭著的二次释放。重复释放内存可能会导致某些正在使用的数据发生损坏，进而产生潜在的安全隐患。

为了确保内存安全，Rust 会在 let s2 = s1;语句后将 s1 视作一个已经失效的变量。因此，当 s1 离开作用域时，Rust 不需要清理任何东西。当你试图在 s2 创建完毕后使用 s1 时（如下所示），会导致编译时错误。

```
let s1 = String::from("hello");
let s2 = s1;

println!("{s1}, world!");
```

为了阻止你使用无效的引用，Rust 会产生类似于下面的错误提示信息：

```
error[E0382]: borrow of moved value: `s1`
 --> src/main.rs:5:28
  |
```

```
2 |      let s1 = String::from("hello");
  |              -- move occurs because `s1` has type `String`, which
 does not implement the `Copy` trait
3 |      let s2 = s1;
  |               -- value moved here
4 |
5 |      println!("{s1}, world!");
  |                ^^ value borrowed here after move
```

如果你在其他语言中接触过浅度拷贝（shallow copy）和深度拷贝（deep copy）这两个术语，那么也许会将这里复制指针、长度和容量字段的行为视为浅度拷贝。但由于 Rust 同时使第一个变量无效了，所以我们使用了新的术语"移动"（move）来描述这一行为，而不再使用浅度拷贝。在上面的示例中，我们可以说 s1 被移动到了 s2 中。在这个过程中发生的操作如图 4-4 所示。

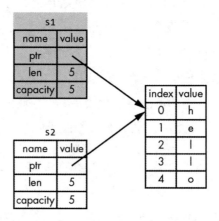

图 4-4：s1 变为无效之后的内存布局

这一语义完美地解决了我们的问题！既然只有 s2 有效，那么也就只有它在离开自己的作用域时会释放空间，所以再也没有二次释放的可能性了。

另外，这里还隐含了另一个设计原则：Rust 永远不会自动创建数据的深度拷贝。因此，Rust 中任何自动的赋值操作都可以被视为高效的。

变量和数据交互的方式：克隆

当你确实需要深度拷贝 String 堆上的数据，而不仅仅是栈上的数据时，就可以使用一个名为 clone 的方法。我们会在第 5 章中讨论类型方法的语法，你在其他语言中应该见过类似的东西。

下面是一个实际使用 clone 方法的例子：

```
let s1 = String::from("hello");
let s2 = s1.clone();

println!("s1 = {s1}, s2 = {s2}");
```

这段代码在 Rust 中完全合法，它显式地执行了图 4-3 中显示的行为：复制堆上的数据。

当你看到某处调用了 clone 时，就应该知道某些特定的代码将会被执行，而且这些代码可能会相当消耗资源。你可以很容易地在代码中察觉到一些不寻常的事情正在发生。

栈上数据的复制

上面的讨论中遗留了一个没有提及的知识点。我们在示例 4-2 中曾经使用整型数据编写出如下所示的合法代码：

```
let x = 5;
let y = x;

println!("x = {x}, y = {y}");
```

这与我们刚刚学到的内容似乎有些矛盾：虽然我们没有调用 clone，但是 x 在被赋值给 y 后依然有效，且没有发生移动现象。

这是因为类似于整型的类型可以在编译时确定大小，并且能够将自己的数据完整地存储在栈上，对于这些值的复制操作永远都是非常快速的。这也意味着，在创建变量 y 后，我们没有任何理由去阻止变量 x 继续保持有效。换句话说，对于这些类型而言，深度拷贝与浅度拷贝没有任何区别，调用 clone 方法不会与直接的浅度拷贝有任何行为上的区别。因此，我们不需要在类似的场景中考虑上面的问题。

Rust 提供了一个名为 Copy 的特殊 trait，它可以被用来标注那些完全存储在栈上的数据类型，比如整型等（我们会在第 10 章中详细地介绍 trait）。一旦某个类型实现了 Copy 这种 trait，在将它的变量赋值给其他变量时就可以避免发生移动，而是通过复制来创建一个新的实例，并保持新旧两个变量的可用性。

如果一个类型本身或这个类型的任意成员实现了 Drop 这种 trait，那么 Rust 就不允许其实现 Copy。尝试为某个需要在离开作用域时执行特殊指令的类型添加 Copy 注解，会导致编译时错误。附录 C 会介绍如何通过添加 Copy 注解来为类型实现 Copy。

那么，哪些类型实现了 Copy 呢？你可以查看特定类型的文档来确定这件事。但一般来说，任何简单标量的组合类型都可以实现 Copy，而任何需要分配内存或某种资源的类型都无法实现 Copy。下面是一些实现了 Copy 的类型：

- 所有的整数类型，如 u32。
- 仅拥有两种值（true 和 false）的布尔类型 bool。
- 所有的浮点类型，如 f64。
- 字符类型 char。
- 如果元组中包含的所有字段的类型都实现了 Copy，那么这个元组也实现了 Copy。例如，(i32, i32)实现了 Copy，而(i32, String)没有。

所有权与函数

将值传递给函数，在语义上类似于对变量进行赋值。将变量传递给函数会触发移动或复制行为，就像赋值语句一样。示例 4-3 展示了在这种情况下变量所有权和作用域的变化过程。

```
src/main.rs    fn main() {
                   let s = String::from("hello");   // 变量 s 进入作用域

                   takes_ownership(s);              // 变量 s 被移动到函数中
                                                    // 所以它从这里开始不再有效

                   let x = 5;                       // 变量 x 进入作用域

                   makes_copy(x);                   // 变量 x 同样被移动到函数中，但由于 i32
                                                    // 实现了 Copy，所以在这之后依然可以使用 x

               } // x 先离开了作用域，随后是 s。但由于 s 的值已经发生移动，所以没有什么特别的事情发生

               fn takes_ownership(some_string: String) { // some_string 进入作用域
                   println!("{some_string}");
               } // 在这里，some_string 离开了作用域，自动调用了 `drop` 函数，其内部携带的内存也随之被释放

               fn makes_copy(some_integer: i32) { // some_integer 进入作用域
                   println!("{some_integer}");
               } // 在这里，some_integer 离开了作用域，没有什么特别的事情发生
```

示例 4-3：函数中变量所有权和作用域的变化过程

如果我们尝试在调用 takes_ownership 后使用变量 s，则会导致编译时错误。
这类静态检查可以使我们免于犯错。你可以尝试在 main 函数中使用变量 s 和 x，
看一看在所有权规则的约束下能够在哪些地方合法地使用它们。

返回值与作用域

函数在返回值的过程中也会发生所有权的转移。示例 4-4 展示了函数返回
值时所有权的转移过程，其中的注释与示例 4-3 中的注释类似。

```
src/main.rs    fn main() {
                   let s1 = gives_ownership();         // gives_ownership 将它的返回值移动到 s1 中

                   let s2 = String::from("hello");     // 变量 s2 进入作用域

                   let s3 = takes_and_gives_back(s2);  // 变量 s2 被移动到 takes_and_gives_back 函数中
                                                       // 而这个函数的返回值又被移动到变量 s3 中
               } // 在这里，s3 离开了作用域并被销毁。由于 s2 已经移动了，所以它在离开作用域时不会发生任何
                 // 事情。s1 最后离开了作用域并被销毁

               fn gives_ownership() -> String {    // gives_ownership 会将其返回值移动到调用它的函数中
```

```
    let some_string = String::from("hello"); // some_string 进入作用域

    some_string                              // some_string 作为返回值被移动到调用函数中
}

// takes_and_gives_back 将取得 String 的所有权并将它作为结果返回
fn takes_and_gives_back(a_string: String) -> String { // a_string 进入作用域

    a_string   // a_string 作为返回值被移动到调用函数中
}
```

示例 4-4：函数返回值时所有权的转移过程

变量所有权的转移总是遵循相同的模式：将一个值赋值给另一个变量时就会转移所有权。当一个持有堆数据的变量离开作用域时，它的数据就会通过 drop 被清理回收，除非这些数据的所有权已被移动到了另一个变量上。

虽然这种方式能够行得通，但在所有的函数中获取所有权并返回所有权则显得有些烦琐。假如你希望使用某个值来调用函数，并保留值的所有权以供随后的代码使用，那么就需要将这个值作为结果返回。除了传入的值，函数还可能返回它们本身的结果。

当然，Rust 允许你使用元组来同时返回多个值，如示例 4-5 所示。

src/main.rs
```
fn main() {
    let s1 = String::from("hello");

    let (s2, len) = calculate_length(s1);

    println!("The length of '{s2}' is {len}.");
}

fn calculate_length(s: String) -> (String, usize) {
    let length = s.len(); // len()会返回当前字符串的长度

    (s, length)
}
```

示例 4-5：返回参数的所有权

但这种写法未免太过笨拙了，类似的概念在编程工作中相当常见。幸运的是，针对这类使用值却不想转移所有权的场景，Rust 提供了一个名为引用的功能。

引用与借用

在示例 4-5 中，由于调用 `calculate_length` 会导致 String 被移动到函数体内部，而我们又希望在调用完毕后继续使用该 String，所以不得不使用元组将 String 作为元素再次返回。作为改进，我们可以使用 String 值的引用。引用（reference）有些类似于指针，我们可以将其视作一个地址，并进一步访问这个地址指向的数据；而该数据被其他的某个变量所拥有。与指针不同的是，引用保证了它指向的值在自己的生命周期内一定是合法的。

下面的示例重新定义了一个新的 `calculate_length` 函数。与之前不同的是，新的函数签名使用了 String 的引用作为参数，而没有直接转移值的所有权：

src/main.rs
```
fn main() {
    let s1 = String::from("hello");

    let len = calculate_length(&s1);

    println!("The length of '{s1}' is {len}.");
}

fn calculate_length(s: &String) -> usize {
    s.len()
}
```

首先，需要注意的是，变量声明及函数返回值中的那些元组代码都消失了。其次，我们在调用 `calculate_length` 函数时使用了&s1 作为参数，且在该函数的定义中，使用&String 替代了 String。这些&代表的就是引用语义，它们允许你在不获取所有权的前提下使用值。图 4-5 展示的是该过程的图解。

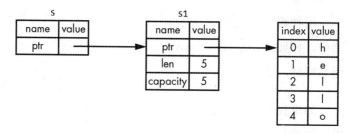

图 4-5：&String s 指向 String s1 的图解

注意　与使用&进行引用相反的操作被称为解引用（dereferencing），它使用*作为运算符。我们会在第 8 章中接触到解引用的一些使用场景，并会在第 15 章中详细地介绍它们。

现在，让我们仔细观察这里的函数调用：

```
let s1 = String::from("hello");

let len = calculate_length(&s1);
```

这里的&s1 语法允许我们在不转移所有权的前提下，创建一个指向 s1 值的引用。由于引用不持有值的所有权，所以当我们不再使用引用时，它指向的值也不会被丢弃。

同理，函数签名中的&用来表明参数 s 的类型是一个引用。下面的注释给出了更详细的解释：

```
fn calculate_length(s: &String) -> usize { // s 是一个指向 String 的引用
    s.len()
} // 在这里，s 离开了作用域
  // 但是，由于它并不持有自己所指向值的所有权，所以 String 值不会被丢弃
```

此处，变量 s 的有效作用域与其他任何函数参数的作用域一样，唯一不同的是，它不会在离开自己的作用域时销毁其指向的数据，因为它并不拥有该数据的所有权。当一个函数使用引用而不是值本身作为参数时，我们便不需要为了归还所有权而特意去返回值，毕竟在这种情况下，我们根本没有取得所有权。

这种通过引用传递参数给函数的方式也被称为借用（borrowing）。在现实生活中，假如一个人拥有某种东西，你可以从他那里把东西借过来。但是当你使用完毕时，就必须将东西还回去。毕竟你并不拥有它。

如果我们尝试修改借用的值又会发生什么呢？不妨试一下示例 4-6 中的代码。剧透：这段代码无法通过编译！

```
src/main.rs  fn main() {
                 let s = String::from("hello");

                 change(&s);
             }

             fn change(some_string: &String) {
                 some_string.push_str(", world");
             }
```

示例 4-6：尝试修改借用的值

出现的错误如下所示：

```
error[E0596]: cannot borrow `*some_string` as mutable, as it is behind a `&` reference
 --> src/main.rs:8:5
  |
7 | fn change(some_string: &String) {
  |                        ------- help: consider changing this to be a mutable
reference: `&mut String`
8 |     some_string.push_str(", world");
  |     ^^^^^^^^^^^^^^^^^^^^^^^^^^^^^^^^ `some_string` is a `&` reference, so
the data it refers to cannot be borrowed as mutable
```

与变量类似，引用默认是不可变的，Rust 不允许我们修改引用指向的值。

可变引用

修复示例 4-6 中的代码，允许函数修改借用的值，我们可以将引用修改为可变引用：

```
src/main.rs   fn main() {
                  let mut s = String::from("hello");

                  change(&mut s);
              }

              fn change(some_string: &mut String) {
                  some_string.push_str(", world");
              }
```

首先，我们需要将变量 s 声明为 mut，即可变的。然后，我们使用&mut s 给 change 函数传入一个可变引用，并将函数签名修改为 some_string: &mut String，使其可以接收一个可变引用作为参数。这清楚地表明，change 函数将改变它所借用的值。

可变引用在使用上有一个很大的限制：如果你持有了某个值的可变引用，就不能再持有这个值的其他引用。以下代码无法通过编译，它创建了两个指向 s 的可变引用：

```
src/main.rs   let mut s = String::from("hello");

              let r1 = &mut s;
              let r2 = &mut s;

              println!("{r1}, {r2}");
```

出现的错误如下所示：

```
error[E0499]: cannot borrow `s` as mutable more than once at a time
 --> src/main.rs:5:14
  |
4 |     let r1 = &mut s;
  |              ------ first mutable borrow occurs here
5 |     let r2 = &mut s;
  |              ^^^^^^ second mutable borrow occurs here
6 |
7 |     println!("{r1}, {r2}");
  |                -- first borrow later used here
```

这段错误提示信息指出了代码出现问题的原因：我们不能在同一时间内多

次可变地借用 s。存储在 r1 中的第一个可变借用需要在随后的 println!中使用，但在创建可变引用 r1 与使用它的过程中，我们创建了另一个可变引用 r2 并借用了 r1 中同样的数据。

这条限制规则使得引用的可变性只能以一种非常可控的方式来使用，它会阻止我们在同一时间持有多个指向同一数据的可变引用。许多刚刚接触 Rust 的开发者会反复地与它进行斗争，因为大部分语言都允许你随意修改变量。但在 Rust 中，遵守这条限制规则可以帮助我们在编译时避免数据竞争。数据竞争（data race）与竞态条件十分类似，它会在指令满足以下 3 种情形时发生：

- 两个或两个以上的指针同时访问同一空间。
- 其中至少有一个指针会向空间中写入数据。
- 没有同步数据访问的机制。

数据竞争会导致未定义的行为。由于对这些未定义的行为往往难以在运行时进行跟踪，也就使得出现的 bug 更加难以诊断和修复。Rust 则完美地避免了这种情形的出现，因为存在数据竞争的代码连编译检查都无法通过！

与大部分语言类似，我们可以通过花括号来创建一个新的作用域。这就可以创建多个可变引用，当然，这些可变引用不会同时存在：

```
let mut s = String::from("hello");

{
    let r1 = &mut s;
} // 在这里，r1 离开了作用域，所以我们可以合法地再创建一个可变引用

let r2 = &mut s;
```

在结合使用可变引用与不可变引用时，Rust 还有一条类似的限制规则，它会导致下面的代码编译失败：

```
let mut s = String::from("hello");
```

```
let r1 = &s; // 没问题
let r2 = &s; // 没问题
let r3 = &mut s; // 错误

println!("{r1}, {r2}, and {r3}");
```

出现的错误如下所示：

```
error[E0502]: cannot borrow `s` as mutable because it is also borrowed as immutable
 --> src/main.rs:6:14
  |
4 |     let r1 = &s; // 没问题
  |              -- immutable borrow occurs here
5 |     let r2 = &s; // 没问题
6 |     let r3 = &mut s; // 错误
  |              ^^^^^^ mutable borrow occurs here
7 |
8 |     println!("{r1}, {r2}, and {r3}");
  |                -- immutable borrow later used here
```

发现了吗？我们不能在持有一个不可变引用的同时创建一个指向相同数据的可变引用。

不可变引用的用户可不会希望他们眼皮底下的值突然发生变化！不过，同时存在多个不可变引用是合理合法的，对数据的只读操作不会影响到其他读取数据的用户。

需要注意的是，一个引用的作用域起始于创建它的地方，并持续到最后一次使用它的地方。如下所示的代码可以通过编译，因为最后一次使用不可变引用的地方，也就是 println!，出现在可变引用创建之前：

```
let mut s = String::from("hello");

let r1 = &s; // 没问题
let r2 = &s; // 没问题
println!("{r1} and {r2}");
// 变量 r1 与 r2 将不再被使用

let r3 = &mut s; // 没问题
```

```
println!("{r3}");
```

可变引用 r1 与 r2 的作用域结束于 println! 调用之后，也就是在可变引用 r3 创建之前。由于它们的作用域没有发生重叠，所以这段代码是合法的：编译器可以自动推导出引用结束的地方，从而避免将它的作用域持续到代码块最后。

尽管借用错误会让人不时地感到沮丧，但是请牢记这一点：Rust 编译器可以提早（在编译时而不是运行时）暴露那些潜在的 bug，并且明确指出出现问题的地方。你不再需要追踪为何数据会在运行时发生了非预期的变化。

悬垂引用

使用拥有指针概念的语言会非常容易错误地创建出悬垂指针（dangling pointer）。这类指针指向曾经存在的某处内存地址，但现在该内存已经被释放甚至是被重新分配另做他用了。而在 Rust 语言中，编译器可以确保引用永远不会进入这种悬垂状态。假如当前我们持有某个数据的引用，那么编译器可以保证这个数据不会在引用被销毁前离开自己的作用域。

让我们试着创建一个悬垂引用，看看 Rust 是如何在编译时发现这个错误的：

src/main.rs
```
fn main() {
    let reference_to_nothing = dangle();
}

fn dangle() -> &String {
    let s = String::from("hello");

    &s
}
```

出现的错误如下所示：

```
error[E0106]: missing lifetime specifier
 --> src/main.rs:5:16
  |
5 | fn dangle() -> &String {
  |                ^ expected named lifetime parameter
```

```
  |
  = help: this function's return type contains a borrowed value,
but there is no value for it to be borrowed from
help: consider using the `'static` lifetime
  |
5 | fn dangle() -> &'static String {
  |                ~~~~~~~~
```

这段错误提示信息包含一个我们还没有接触到的新概念：生命周期，我们会在第 10 章中详细地讨论它。不过，即使先将生命周期放置不管，这段错误提示信息也准确地指出了代码中的问题：

this function's return type contains a borrowed value, but there is no value for it to be borrowed from.（该函数的返回类型包含了一个借用，但却不存在可供其借用的值。）

回过头来仔细看看 dangle 函数中究竟发生了什么：

src/main.rs
```
fn dangle() -> &String { // dangle 会返回一个指向 String 的引用

    let s = String::from("hello"); // s 被绑定到新的 String 上

    &s // 我们将指向 s 的引用返回给调用者
} // 在这里，s 离开了作用域并随之被销毁，它指向的内存自然不再有效
  // 危险
```

由于变量 s 是在 dangle 函数内创建的，所以在 dangle 执行完毕时，它会随之被释放。但是，我们依旧尝试返回一个指向 s 的引用，这个引用指向的是一个无效的 String，这可不对！Rust 成功地拦截了危险代码。

解决这个问题的方法也很简单，直接返回 String 就好：

```
fn no_dangle() -> String {
    let s = String::from("hello");

    s
}
```

这种写法没有任何问题，所有权被转移出函数，自然也就不会涉及释放操作了。

引用的规则

下面我们简要地概括一下本节对引用的讨论：

- 在任何给定的时间里，你要么只能拥有一个可变引用，要么只能拥有任意数量的不可变引用。
- 引用总是有效的。

接下来，我们会继续讨论另一种特殊的引用形式：切片。

切片类型

切片（slice）允许我们引用集合中某一段连续的元素序列，而不是整个集合。由于切片也是一种引用，所以它不会持有值的所有权。

考虑这样一个小问题：编写一个搜索函数，当我们传入一个由空格分隔的字符串单词组时，它会返回其中的首个单词作为结果。如果字符串中不存在空格，就意味着整个字符串是一个单词，直接返回整个字符串作为结果即可。

为了更好地理解切片解决的问题，我们先来试一试在不使用切片的情况下编写这个函数的签名：

```
fn first_word(s: &String) -> ?
```

由于我们不需要获得传入值的所有权，所以 first_word 函数采用了 &String 作为参数。但它应该返回什么呢？我们还没有一个获取部分字符串的方法。当然，我们可以将首个单词结尾处的索引返回给调用者，如示例 4-7 所示。

src/main.rs
```
fn first_word(s: &String) -> usize {
❶ let bytes = s.as_bytes();

    for (❷ i, &item) in ❸ bytes.iter().enumerate() {
    ❶ if item == b' ' {
            return i;
        }
```

```
    }
❺ s.len()
}
```

示例 4-7：first_word 函数会返回 String 参数中首个单词结尾处的索引作为结果

这段代码首先使用 as_bytes 方法 ❶ 将 String 转换为字节数组，因为我们的算法需要依次检查 String 中的字节是否为空格。

接着，我们通过 iter 方法 ❸ 创建了一个可以遍历字节数组的迭代器。我们会在第 13 章中详细地讨论迭代器。目前，只需要知道 iter 方法会依次返回集合中的每一个元素即可。随后的 enumerate 方法将 iter 的每个输出作为元素逐一封装在对应的元组中返回。元组的第一个元素是索引，第二个元素是指向集合中字节的引用。使用 enumerate 可以较为方便地获得迭代索引。

既然 enumerate 方法返回的是一个元组，那么就可以使用模式匹配来解构它，就像 Rust 中其他使用元组的地方一样。在 for 循环的遍历语句中，我们指定了一个解构模式，其中 i 是元组中的索引部分，而 &item ❷ 是元组中指向集合元素的引用。由于我们从 .iter().enumerate() 中获取的是产生引用元素的迭代器，所以在模式中使用了 &。

在 for 循环的代码块中，我们使用了字节字面量语法来搜索数组中代表空格的字节 ❹。这段代码会在搜索到空格时返回当前的位置索引，并在搜索失败时返回传入的字符串的长度 s.len()❺。

现在，我们初步实现了期望的功能，它能够成功地搜索并返回字符串中首个单词结尾处的位置索引。但这里依然存在一个设计上的缺陷。我们将一个 usize 值作为索引独立地返回给调用者，但这个值在脱离了传入的&String 作为上下文之后便毫无意义。换句话说，由于这个值独立于 String 而存在，所以在函数返回值后，就再也无法保证它的有效性了。在示例 4-8 中，使用 first_word 函数演示了这种返回值失效的情形：

```
src/main.rs    fn main() {
                   let mut s = String::from("hello world");

                   let word = first_word(&s); // 索引 5 会被绑定在 word 变量上

                   s.clear(); // 这里的 clear 方法会清空当前字符串，使之变为""

                   // 虽然 word 依然拥有 5 这个值，但因为我们用于搜索的字符串发生了改变，
                   // 所以这个索引也就没有任何意义了，word 到这里便失去了有效性
               }
```

示例 4-8：保存 first_word 函数产生的返回值并改变其中 String 的内容

上面的程序在编译器看来没有任何问题，即便在调用 s.clear()之后使用 word 变量也是没有问题的。同时，由于 word 变量本身与 s 没有任何关联，所以 word 的值始终是 5。但当再次使用 5 从变量 s 中提取单词时，一个 bug 就出现了：此时 s 中的内容早已在我们将 5 存入 word 后发生了改变。

这种 API 的设计方式需要我们随时关注 word 的有效性，确保它与 s 中的数据是一致的，类似的工作往往相当烦琐且易于出错。这种情况对于另一个函数 second_word 而言更加明显。这个函数用来搜索字符串中的第二个单词，它的签名也许会被设计成下面这样：

```
fn second_word(s: &String) -> (usize, usize) {
```

现在，我们需要同时维护起始和结束两个位置的索引，这两个值基于数据的某个特定状态计算而来，却没有与数据产生任何程度上的联系。于是，我们有了 3 个彼此不相关的变量需要同步，这可不妙。

幸运的是，Rust 为这个问题提供了解决方案：字符串切片。

字符串切片

字符串切片是指向 String 对象中某个连续部分的引用，它的使用方式如下所示：

```
let s = String::from("hello world");

let hello = &s[0..5];
let world = &s[6..11];
```

这里的语法与创建指向整个 String 对象的引用的语法有些相似，但不同的是，新语法在结尾的地方多出了一段[0..5]。这个额外的声明告诉编译器我们正在创建一个 String 的切片引用，而不是对整个字符串本身的引用。我们可以在一对方括号中指定切片的范围区间[*starting_index..ending_index*]，其中的 *starting_index* 是切片起始位置的索引值，*ending_index* 是切片终止位置的下一个索引值。切片数据结构在内部存储了一个指向起始位置的引用和一个描述切片长度的字段，这个描述切片长度的字段等价于 *ending_index* 减去 *starting_index*。因此，在上面的示例中，world 是一个指向变量 s 的第 7 个字节并且长度为 5 的切片。

图 4-6 展示的是字符串切片的图解。

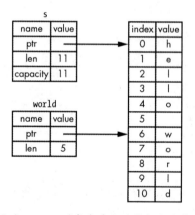

图 4-6：指向 String 对象中某个连续部分的字符串切片

Rust 的范围语法..有一个小小的语法糖：当你希望范围从第一个元素（也就是索引值为 0 的元素）开始时，可以省略两个点号之前的值。换句话说，下面两个创建切片的表达式是等价的：

```
let s = String::from("hello");

let slice = &s[0..2];
let slice = &s[..2];
```

同样地，假如你的切片想要包含 String 中的最后一个字节，也可以省略两个点号之后的值。下面两个创建切片的表达式依然是等价的：

```
let s = String::from("hello");

let len = s.len();

let slice = &s[3..len];
let slice = &s[3..];
```

你甚至可以同时省略首尾的两个值，来创建一个指向整个字符串所有字节的切片：

```
let s = String::from("hello");

let len = s.len();

let slice = &s[0..len];
let slice = &s[..];
```

注意　字符串切片的边界必须位于有效的 UTF-8 字符边界内。如果尝试从一个多字节字符的中间位置创建字符串切片，则会导致运行时错误。为了将问题简化，我们只会在本节中使用 ASCII 字符集；你可以在第 8 章的"使用字符串存储 UTF-8 编码的文本"一节中找到更多有关 UTF-8 的讨论。

基于所学到的这些知识，我们来重构 first_word 函数，该函数可以返回一个切片作为结果。字符串切片的类型被写作&str：

src/main.rs
```
fn first_word(s: &String) -> &str {
    let bytes = s.as_bytes();

    for (i, &item) in bytes.iter().enumerate() {
        if item == b' ' {
            return &s[0..i];
```

```
        }
    }

    &s[..]
}
```

在这个新函数中，搜索首个单词结尾处索引的方式类似于示例 4-7 中展示的方式。一旦搜索成功，就返回一个从首字符开始到这个索引位置结束的字符串切片。

调用新的 first_word 函数会返回一个与底层数据紧密联系的切片作为结果，它由指向起始位置的引用和描述元素长度的字段组成。

当然，我们也可以使用同样的方式重构 second_word 函数：

```
fn second_word(s: &String) -> &str {
```

由于编译器会确保指向 String 的引用持续有效，所以我们新设计的 API 变得更加健壮且直观了。还记得在示例 4-8 中故意构造出的错误吗？那段代码在搜索完成并保存索引后清空了字符串中的内容，这使得我们存储的索引不再有效。它在逻辑上明显是有问题的，却不会触发任何编译错误，这个问题只会在我们使用首个单词的索引去读取空字符串时暴露出来。切片的引入使我们可以在开发早期快速地发现此类错误。在示例 4-8 中，first_word 函数在编译时会抛出一个错误。尝试运行以下代码：

src/main.rs
```
fn main() {
    let mut s = String::from("hello world");

    let word = first_word(&s);

    s.clear(); // 错误

    println!("the first word is: {word}");
}
```

编译错误如下所示：

```
error[E0502]: cannot borrow `s` as mutable because it is also borrowed as immutable
```

```
 --> src/main.rs:18:5
  |
16 |     let word = first_word(&s);
  |                           -- immutable borrow occurs here
17 |
18 |     s.clear(); // error!
  |     ^^^^^^^^^ mutable borrow occurs here
19 |
20 |     println!("the first word is: {word}");
  |                                   ---- immutable borrow later used here
```

回忆一下借用规则，当我们拥有了某个变量的不可变引用时，就无法同时获得该变量的可变引用了。由于 clear 方法会截断当前的 String 实例，所以调用 clear 需要传入一个可变引用。而 clear 之后的 println! 使用了 word，这意味着 word 中的不可变引用必须在这一步是起作用的。由于 Rust 不允许 clear 中的可变引用与 word 中的不可变引用同时存在，所以编译失败了。Rust 不仅使我们的 API 更加易用，它还在编译过程中帮助我们避免了此类错误。

字符串字面量就是切片

还记得我们讲过字符串字面量被直接存储在了二进制程序中吗？在学习了切片之后，我们现在可以更恰当地理解字符串字面量了：

```
let s = "Hello, world!";
```

在这里，变量 s 的类型其实就是 &str：它是一个指向二进制程序特定位置的切片。正是由于 &str 是一个不可变引用，所以字符串字面量才是不可变的。

将字符串切片作为参数

既然我们可以分别创建字符串字面量和 String 的切片，那么就能够进一步优化 first_word 函数的接口。下面是它目前的签名：

```
fn first_word(s: &String) -> &str {
```

比较有经验的 Rust 开发者往往会采用示例 4-9 中的写法，这种改进后的签

名使得函数可以同时处理 String 和&str:

```
fn first_word(s: &str) -> &str {
```

示例 4-9：改进后的 `first_word` 函数使用了字符串切片作为参数 s 的类型

当你持有字符串切片时，可以直接调用这个函数。而当你持有 String 时，可以创建一个 String 的切片或 String 的引用来作为参数。这里的灵活性来自解引用转换的运行，我们会在第 15 章的"函数和方法的隐式解引用转换"一节中详细介绍这一特性。

在定义函数时，使用字符串切片来代替字符串引用会使我们的 API 更加通用，且不会损失任何功能。尝试运行以下代码：

src/main.rs
```
fn main() {
    let my_string = String::from("hello world");

    // first_word 可以接收 String 对象的切片作为参数，无论是部分还是整体
    let word = first_word(&my_string[0..6]);
    let word = first_word(&my_string[..]);

    // first_word 同样可以接收 String 的引用作为参数，它等价于 String 的整体切片
    let word = first_word(&my_string);

    let my_string_literal = "hello world";

    // first_word 可以接收字符串字面量的切片作为参数，无论是部分还是整体
    let word = first_word(&my_string_literal[0..6]);
    let word = first_word(&my_string_literal[..]);

    // 由于字符串字面量本身就是字符串切片，
    // 所以我们可以直接把它作为参数，而无须使用额外的切片语法
    let word = first_word(my_string_literal);
}
```

其他类型的切片

从名字上就可以看出来，字符串切片是专门用于字符串的。实际上，Rust 还有其他更加通用的切片类型，以下面的数组为例：

```
let a = [1, 2, 3, 4, 5];
```

就像我们想要引用字符串的某个部分一样，你也可能希望引用数组的某个部分。这时，你可以这样做：

```
let a = [1, 2, 3, 4, 5];

let slice = &a[1..3];

assert_eq!(slice, &[2, 3]);
```

这里的切片类型是&[i32]，它在内部存储了一个指向起始元素的引用和一个长度，这与字符串切片的工作机制完全一样。你将在各种各样的集合中接触到此类切片。我们会在第 8 章中讨论动态数组时再来介绍那些常用的集合。

总结

所有权、借用和切片的概念是 Rust 可以在编译时保证内存安全的关键所在。像其他系统级语言一样，Rust 语言给予了程序员完善的内存使用控制能力。除此之外，借助在本章中学习的这些工具，Rust 还能够自动清除那些所有者离开了作用域的数据。这极大地减轻了使用者的心智负担，也不需要专门去编写销毁代码和测试代码。

所有权影响了 Rust 中绝大部分功能的运作机制，有关这些概念的深入讨论会贯穿本书剩余的章节。在接下来的第 5 章中，我们会学习如何使用 struct 来组装不同的数据。

5

使用结构体组织相关联的数据

结构，或者说结构体，是一种自定义数据类型，它允许我们命名多个相关的值并将它们组成一个有机的结合体。假如你曾经有过面向对象的编程经历，那么可以把结构体视作对象中的数据属性。在本章中，我们会基于你所了解到的知识，来对比元组与结构体之间的异同，并演示结构体在什么时候是组织数据更好的方式。

我们会演示如何定义并实例化结构体。我们还会讨论如何定义方法和关联函数，它们可以指定那些与结构体数据相关的行为。结构体与枚举类型（将在第 6 章中学习）是用来创建新类型的基本工具，这些特定领域中的新类型同样可以享受到 Rust 编译时类型检查系统的所有优势。

定义并实例化结构体

结构体与我们在第 3 章的"元组类型"一节中讨论过的元组有些类似，它们都可以持有多个相关的值。与元组相同的是，结构体中的这些值可以拥有不同的类型。而与元组不一样的是，在结构体中，需要为每个数据赋予名字，以便清楚地表明它们的含义。正是由于有了这些名字，在使用上，结构体要比元组更加灵活：你不再需要依赖顺序索引来指定或访问实例中的值。

关键字 struct 被用来定义并命名结构体，一个良好的结构体名称应当能够反映出自身数据组合的意义。除此之外，还需要在随后的花括号中声明所有数据的名字及类型，这些数据也被称作字段。示例 5-1 展示了一个用于存储账户信息的结构体定义：

src/main.rs
```
struct User {
    active: bool,
    username: String,
    email: String,
    sign_in_count: u64,
}
```

示例 5-1：User 结构体的定义

为了使用定义好的结构体，我们需要为每个字段赋予具体的值来创建结构体实例。在创建结构体实例时，还需要指明结构体的名称，并添加一对用来包括键值对的花括号。其中的"键"对应字段的名字，"值"则对应我们想要在这些字段中存储的数据。这里的字段赋值顺序并不需要严格对应我们在结构体中声明它们的顺序。换句话说，结构体的定义就像类型的通用模板一样，当我们将具体的数据填入模板时就创建出了新的实例。例如，可以像示例 5-2 这样来声明一个特定的用户。

src/main.rs
```
fn main() {
    let user1 = User {
        active: true,
        username: String::from("someusername123"),
        email: String::from("someone@example.com"),
        sign_in_count: 1,
    };
}
```

示例 5-2：创建一个 User 结构体的实例

在获得了结构体实例后，我们可以通过点号来访问实例中的特定字段。例如，如果想获得某个用户的电子邮件地址，那么可以使用 user1.email。另外，假如这个结构体的实例是可变的，我们还可以通过点号来修改字段中的值。示例 5-3 展示了如何修改一个可变 User 实例中 email 字段的值。

src/main.rs

```
fn main() {
    let mut user1 = User {
        active: true,
        username: String::from("someusername123"),
        email: String::from("someone@example.com"),
        sign_in_count: 1,
    };

    user1.email = String::from("anotheremail@example.com");
}
```

示例 5-3：修改一个可变 User 实例中 email 字段的值

需要注意的是，一旦实例可变，实例中的所有字段就都是可变的。Rust 不允许我们单独声明某一部分字段的可变性。如同其他表达式一样，我们可以在函数体的最后一个表达式中构造结构体实例，来隐式地将这个实例作为结果返回。

示例 5-4 中的 build_user 函数会使用传入的电子邮件地址和用户名参数构造并返回 User 实例。另外两个字段 active 和 sign_in_count 则分别被赋予了值 true 和 1。

```
fn build_user(email: String, username: String) -> User {
    User {
        active: true,
        username: username,
        email: email,
        sign_in_count: 1,
    }
}
```

示例 5-4：接收电子邮件地址和用户名作为参数并返回 User 实例的 build_user 函数

在函数中使用与结构体字段名相同的参数名可以让代码更加易于阅读，但分别两次书写 email 和 username 作为字段名与变量名则显得有些烦琐了，特别是当结构体拥有较多的字段时。Rust 为此提供了一种简便的写法。

使用简化版的字段初始化方法

由于示例 5-4 中的参数与结构体字段拥有完全一致的名称，所以我们可以使用字段初始化简写（field init shorthand）的语法来重构 build_user 函数。这种语法不会改变函数的行为，但却能让我们免于在代码中重复书写 email 和 username，如示例 5-5 所示。

```
fn build_user(email: String, username: String) -> User {
    User {
        active: true,
        username,
        email,
        sign_in_count: 1,
    }
}
```

示例 5-5：build_user 函数采用了字段初始化简写语法，因为 username 与 email 参数的名称与结构体字段的名称一致

上面的代码首先创建了一个拥有 email 字段的 User 结构体实例。我们希望使用 build_user 函数的 email 参数来初始化这个实例的 email 字段。由于字段 email 与参数 email 拥有相同的名称，所以我们不用书写完整的 email: email 语句，只保留 email 即可。

使用结构体更新语法，基于其他实例来创建新实例

在许多创建新实例的场景中，除了需要修改的一小部分字段，其余字段的值与旧实例中的完全相同。我们可以使用结构体更新语法来快速实现新实例的创建。

示例 5-6 展示了如何在不使用结构体更新语法的情况下来创建新的 User 实例 user2。除了 email 和 username 这两个字段，其余字段的值都与在示例 5-2 中创建的 user1 实例中的值一样。

src/main.rs
```rust
fn main() {
    // --略--

    let user2 = User {
        active: user1.active,
        username: user1.username,
        email: String::from("another@example.com"),
        sign_in_count: user1.sign_in_count,
    };
}
```

示例 5-6：使用 user1 中的某些值来创建一个新的 User 实例

通过结构体更新语法，我们可以使用更少的代码来实现完全相同的效果，如示例 5-7 所示。这里的双点号 .. 表明剩余那些还未被显式赋值的字段都与给定的实例拥有相同的值。

src/main.rs
```rust
fn main() {
    // --略--

    let user2 = User {
        email: String::from("another@example.com"),
        ..user1
    };
}
```

示例 5-7：使用结构体更新语法为一个 User 实例设置新的 email 字段的值，并从 user1 实例中获取剩余字段的值

示例 5-7 中的代码创建了一个新的实例 user2，它的 email 字段的值与实例 user1 中的不同，而 username、active 和 sign_in_count 字段的值与 user1 中的相同。代码中的 ..user1 必须被放置在结构体初始化代码的最后，它指定剩余的未指定的字段都应当从 user1 相应的字段中获得值。我们可以选择以任意顺序为任意多的字段指定值，而无须考虑这些字段在结构体中的定义顺序。

需要注意的是，结构体更新语法与赋值语法类似，都使用了=，这是因为它也移动了数据，正如我们在第 4 章的"变量和数据交互的方式：移动"一节中讲到的那样。在本例中，由于 username 字段中的 String 值从 user1 移动到了 user2，所以在创建完 user2 后，user1 就再也不能使用了。假如我们为 user2 的 email 字段与 username 字段赋予了新的 String 值，而只使用 user1 中 active 字段与 sign_in_count 字段的值，那么 user1 在创建 user2 之后依旧可用。这是因为 active 字段与 sign_in_count 字段都实现了 Copy trait，我们在第 4 章的"栈上数据的复制"一节中讨论的行为在这里生效了。

使用不需要对字段命名的元组结构体来创建不同的类型

除了上面的方法，你还可以使用一种类似于元组的方式来定义结构体，这种结构体也被称作元组结构体。元组结构体同样拥有用于表明自身含义的名称，但你无须在声明它时对其字段进行命名，仅保留字段的类型即可。一般来说，当你想要给元组赋予名字，并使其区别于其他拥有同样定义的元组时，就可以使用元组结构体。在这种情况下，像常规结构体那样为每个字段命名反而显得有些烦琐和形式化了。

在定义元组结构体时，依然使用 struct 关键字开头，后跟结构体名称及元组中的类型定义。例如，下面我们定义并使用了两个分别叫作 Color 和 Point 的元组结构体：

src/main.rs
```
struct Color(i32, i32, i32);
struct Point(i32, i32, i32);

fn main() {
    let black = Color(0, 0, 0);
    let origin = Point(0, 0, 0);
}
```

注意，这里的 black 和 origin 是不同的类型，因为它们两个分别是不同元组结构体的实例。你所定义的每一个结构体都拥有自己的类型，即便结构体中的字段拥有完全相同的类型。例如，一个以 Color 类型作为参数的函数不能合法地接收 Point 类型的参数，即使它们都是由 3 个 i32 值组成的。除此之外，元组结构体实例的行为就像元组一样：你可以通过模式匹配将它们解构为单独的部分，也可以通过 . 及索引来访问特定字段。

没有任何字段的单元结构体

也许会出乎你的意料，Rust 允许你创建没有任何字段的结构体！因为这种结构体与第 3 章的"元组类型"一节中讨论的单元元组 () 十分相似，所以它们也被称为单元结构体。当你想要在某些类型上实现一个 trait，却不需要在该类型中存储任何数据时，单元结构体就可以发挥相应的作用。我们会在第 10 章中讨论 trait。如下所示的代码声明并实例化了一个名为 AlwaysEqual 的单元结构体：

src/main.rs
```
struct AlwaysEqual;

fn main() {
    let subject = AlwaysEqual;
}
```

为了定义 AlwaysEqual，我们需要使用 struct 关键字，并附带名称及分号。与其他结构体不同的是，单元结构体的定义不需要花括号或圆括号。接着，我们以类似的方式来创建 AlwaysEqual 的实例，并将它赋值给 subject 变量：直接使用 AlwaysEqual 而无须附带花括号或圆括号。想象一下，我们可以出于测试的目的，为这个类型实现某些特殊的行为，让它的实例等于任何类型的任何实例。而这个行为的实现不会依赖任何数据！你可以在第 10 章中学习到如何定义 trait，以及如何为任意类型（包括单元结构体）实现 trait。

> ### 结构体数据的所有权
>
> 在示例 5-1 的 User 结构体定义中，我们使用了自持所有权的 String 类型，而不是 &str 字符串切片类型。这是一个有意为之的选择，因为我们希望这个结构体的实例拥有自身全部数据的所有权。在这种情形下，只

要结构体是有效的，它携带的全部数据就是有效的。

当然，我们也可以在结构体中存储指向其他数据的引用，不过这需要用到 Rust 中独有的生命周期功能，关于它的详细讨论会在第 10 章中进行。生命周期保证了结构体实例中引用数据的有效期不短于实例本身。你也许会尝试在没有生命周期的情况下，直接在结构体中声明引用字段，代码如下所示：

```rust
struct User {
    active: bool,
    username: &str,
    email: &str,
    sign_in_count: u64,
}

fn main() {
    let user1 = User {
        active: true,
        username: "someusername123",
        email: "someone@example.com",
        sign_in_count: 1,
    };
}
```

但这段代码无法通过检查，Rust 会在编译过程中报错，提示应该指定生命周期：

```
$ cargo run
   Compiling structs v0.1.0 (file:///projects/structs)
 error[E0106]: missing lifetime specifier
  --> src/main.rs:3:15
   |
 3 |     username: &str,
   |               ^ expected named lifetime parameter
   |
 help: consider introducing a named lifetime parameter
   |
 1 ~ struct User<'a> {
 2 |     active: bool,
 3 ~     username: &'a str,
   |
 error[E0106]: missing lifetime specifier
  --> src/main.rs:4:12
   |
```

```
4 |     email: &str,
  |               ^ expected named lifetime parameter
  |
help: consider introducing a named lifetime parameter
  |
1 ~ struct User<'a> {
2 |     active: bool,
3 |     username: &str,
4 ~     email: &'a str,
  |
```

不用着急，我们会在第 10 章中讨论如何解决上面这些错误，并合法地在结构体中存储引用字段。现在，我们先使用持有自身所有权的 String 而不是像&str 一样的引用来解决这个问题。

一个使用结构体的示例程序

为了能够了解结构体的使用时机，让我们来共同编写一个计算长方形面积的程序。我们会从使用变量开始，并逐渐将程序重构为使用结构体的版本。

使用 Cargo 创建一个叫作 *rectangles* 的二进制项目。程序会接收以像素为单位的宽度和高度作为输入，并计算出对应的长方形面积。示例 5-8 展示的 *src/main.rs* 文件使用一段简单的代码实现了这一目的。

src/main.rs
```rust
fn main() {
    let width1 = 30;
    let height1 = 50;

    println!(
        "The area of the rectangle is {} square pixels.",
        area(width1, height1)
    );
}

fn area(width: u32, height: u32) -> u32 {
    width * height
}
```

示例 5-8：分别指定宽度和高度变量来计算长方形的面积

现在，使用 `cargo run` 来运行这段程序，输出如下所示：

```
The area of the rectangle is 1500 square pixels.
```

尽管示例 5-8 中的程序通过 area 函数与传入的维度数值成功地计算出了长方形的面积，但我们还可以继续努力，把它编写得更加清晰与易读。

示例 5-8 中的问题，可以在 area 的签名中看到：

```
fn area(width: u32, height: u32) -> u32 {
```

area 函数用来计算长方形的面积，它使用了两个参数，但在代码中没有表明这两个参数之间的关系。将宽度和高度组合在一起能够使代码更加易懂，也更加易于维护。我们在第 3 章的"元组类型"一节中曾经讨论过一种可行的组织方式：元组。

使用元组重构代码

示例 5-9 展示了使用元组重构后的程序版本：

```
src/main.rs    fn main() {
                   let rect1 = (30, 50);

                   println!(
                       "The area of the rectangle is {} square pixels.",
                     ❶ area(rect1)
                   );
               }

               fn area(dimensions: (u32, u32)) -> u32 {
                 ❷ dimensions.0 * dimensions.1
               }
```

示例 5-9：通过元组来指定长方形的宽度和高度

从某种程度上说，新的程序要更好一些。元组的存在结构化了输入的参数，我们现在只需要传递一个参数 ❶ 便可以调用 area 函数了。但从另一方面来讲，这个版本的程序变得难以阅读了。元组并不会给出其中元素的名字，我们可能会对使用索引获取的元组值 ❷ 产生困惑和混淆。

　　在计算面积时，混淆宽度和高度的使用似乎没有什么问题，但是当需要将这个长方形绘制到屏幕上时，这样的混淆就会出问题！我们必须牢牢地记住，元素的索引 0 对应了宽度 width，而索引 1 对应了高度 height。如果有其他人想要接手这部分代码，他也不得不搞清楚并牢记这些规则。在实际工作中，由于没有在代码中表明数据的含义，我们总是会因为忘记或弄混这些不同含义的值而导致各种程序错误。

使用结构体重构代码：增加有意义的描述信息

　　我们可以使用结构体来为这些数据增加有意义的标签。在重构元组为结构体的过程中，我们会分别给结构体本身及它们的每个字段赋予名字，如示例 5-10 所示。

```
src/main.rs ❶ struct Rectangle {
            ❷   width: u32,
                height: u32,
            }

            fn main() {
            ❸   let rect1 = Rectangle {
                    width: 30,
                    height: 50,
                };

                println!(
                    "The area of the rectangle is {} square pixels.",
                    area(&rect1)
                );
            }

            ❹ fn area(rectangle: &Rectangle) -> u32 {
            ❺     rectangle.width * rectangle.height
            }
```

示例 5-10：定义 Rectangle 结构体

　　在上面的代码中，我们首先定义了结构体并将它命名为 Rectangle ❶。随后，在花括号中依次定义了 u32 类型的字段 width 和 height ❷。接着，在 main

函数中创建了一个宽度为 30 和高度为 50 的 Rectangle 实例 ❸。

现在，用于计算面积的 area 函数被定义为接收单个 rectangle 参数，它是结构体 Rectangle 实例的不可变借用 ❹。正如我们在第 4 章中提到过的，在函数签名和调用过程中使用&进行引用，是因为我们希望借用结构体，而不是获取它的所有权，这样 main 函数就可以保留 rect1 的所有权并继续使用它。

area 函数会在执行时访问 Rectangle 实例的 width 和 height 字段 ❺（需要注意的是，访问一个借用结构体的字段不会移动该字段的值，这也是你常常会见到借用结构体的原因）。此时，area 的函数签名终于准确无误地明白了我们的意图：使用 width 和 height 这两个字段计算出 Rectangle 的面积。Rectangle 结构体表明了宽度和高度是相互关联的两个值，并为这些值提供了描述性的名字，而无须使用类似于元组索引的 0 或 1。如此，我们的代码看起来就更加清晰了。

通过派生 trait 增加实用功能

如果可以打印出 Rectangle 实例及其每个字段的值，那么调试代码的过程就会变得简单许多。我们试着使用之前接触过的 println!宏来达到这个目的，如示例 5-11 所示，但它暂时还无法通过编译。

src/main.rs
```
struct Rectangle {
    width: u32,
    height: u32,
}

fn main() {
    let rect1 = Rectangle {
        width: 30,
        height: 50,
    };

    println!("rect1 is {}", rect1);
}
```

示例 5-11：尝试打印出 Rectangle 实例

尝试运行上面这段代码，会产生含有如下核心信息的错误：

```
error[E0277]: `Rectangle` doesn't implement `std::fmt::Display`
```

println!宏可以执行多种不同的文本格式化命令，而作为默认选项，格式化文本中的花括号会告知 println!使用名为 Display 的格式化方法：这类输出可以被展示给直接的终端用户。我们目前接触过的所有基础类型都默认实现了 Display，因为当你想要给用户展示 1 或其他基础类型时，没有太多可供选择的方式。但对于结构体而言，println!则无法确定应该使用什么样的格式化内容：在输出的时候是否需要逗号？需要打印花括号吗？所有的字段都应当被展示吗？正是由于这种不确定性，Rust 没有为结构体提供默认的 Display 实现来使用 println!与{}占位符。

假如我们继续阅读编译器错误提示信息，则会发现一条有用的帮助信息：

```
= help: the trait `std::fmt::Display` is not implemented for `Rectangle`
= note: in format strings you may be able to use `{:?}` (or {:#?} for pretty-print) instead
```

这好像给我们指明了解决问题的方法,我们赶紧试一试!修改过的 println!宏调用会类似于 println!("rect1 is {:?}", rect1);。花括号中新增的标识符:?会告知 println!当前的结构体需要使用名为 Debug 的格式化输出。Debug 是另一种格式化 trait，它可以让我们在调试代码时以一种对开发者友好的形式打印出结构体。

修改完代码后，再次尝试运行程序。让人沮丧的是，还是触发了一个错误：

```
error[E0277]: `Rectangle` doesn't implement `Debug`
```

不过，编译器再次给出了一条有用的帮助信息：

```
= help: the trait `Debug` is not implemented for `Rectangle`
= note: add `#[derive(Debug)]` or manually implement `Debug`
```

Rust 确实包含了打印调试信息的功能，但我们必须为自己的结构体显式地选择这一功能。为了完成该功能，我们可以在结构体定义前添加 #[derive(Debug)] 注解，如示例 5-12 所示。

src/main.rs

```
#[derive(Debug)]
struct Rectangle {
    width: u32,
    height: u32,
}

fn main() {
    let rect1 = Rectangle {
        width: 30,
        height: 50
    };

    println!("rect1 is {:?}", rect1);
}
```

示例 5-12：添加属性来派生 Debug trait，并使用调试格式打印出 Rectangle 实例

现在，让我们再次运行程序，这次应该不会有任何错误了。程序成功运行后，我们将看到如下所示的输出内容：

```
rect1 is Rectangle { width: 30, height: 50 }
```

真棒！这也许不是最漂亮的输出，但它展示了实例中所有字段的值，毫无疑问，这会对调试有帮助。而对于某些更为复杂的结构体，你可能会希望调试的输出更加易读一些。为此，我们可以将 println! 字符串中的 {:?} 替换为 {:#?}。修改后的程序输出会变成下面的样子：

```
rect1 is Rectangle {
    width: 30,
    height: 50
}
```

使用 Debug 格式打印值的另一种方法便是使用 dbg! 宏，它会获得表达式的所有权（与 println! 获得引用的做法不同），打印出宏调用时的文件名称、代码行号及表达式的结果值，并将结果值的所有权返回。

注意 dbg!宏会将内容打印至控制台标准错误流（stderr），与之相反，println!
宏则会将内容打印至控制台标准输出流（stdout）。我们会在第12章的"将
错误信息打印到标准错误流而不是标准输出流"一节中讨论有关 stderr 以
及 stdout 的知识。

　　在如下所示的例子中，我们希望了解传递给 width 字段的值，以及 rect1
中整个结构体的值：

src/main.rs
```
#[derive(Debug)]
struct Rectangle {
    width: u32,
    height: u32,
}

fn main() {
    let scale = 2;
    let rect1 = Rectangle {
     ❶ width: dbg!(30 * scale),
        height: 50,
    };

  ❷ dbg!(&rect1);
}
```

　　我们可以将 dbg!放置在表达式 30 * scale ❶ 的外围，由于 dbg!会返回这
个表达式值的所有权，所以 width 字段也会获得相同的值，就好像 dbg!调用并
不存在一样。由于我们不想让 dbg!取得 rect1 的所有权，所以在随后的调用 ❷
中使用了 rect1 的引用。运行示例，可以看到如下所示的输出：

```
[src/main.rs:10] 30 * scale = 60
[src/main.rs:14] &rect1 = Rectangle {
    width: 60,
    height: 50,
}
```

　　我们可以看到,来自 ❶ 的第一段输出展示了我们想要了解的表达式 30 * scale,
以及它的运算结果 60（整型的 Debug 格式化实现仅仅打印它们自身的值）。来自
❷ 的第二段输出则展示了 &rect 的值，也就是 Rectangle 结构体的值。这段输

出使用了 Rectangle 类型的 Debug 格式化方法。dbg!宏可以帮助你更轻松地理解代码的行为方式。

除了 Debug trait，Rust 还提供了许多可以被 derive 属性派生的 trait，它们可以为自定义的类型增加许多有用的功能。所有这些 trait 及它们所对应的行为都可以在附录 C 中找到。我们会在第 10 章中学习如何通过自定义行为来实现这些 trait，以及创建新的 trait。除了 derive，还有许多拥有其他用途的属性，你可以在 Rust 官方网站上 Rust 手册的"属性"一节中找到更多相关信息。

程序中的 area 函数其实是非常有针对性的：它只会输出长方形的面积。既然它不能被用于其他类型，那么将其行为与 Rectangle 结构体本身结合得更紧密一些可以帮助我们理解它的含义。接下来，我们会把 area 函数转变为 Rectangle 的方法来继续重构当前的代码。

方法

方法与函数十分相似：它们都使用 fn 关键字及一个名称来声明，它们都可以拥有参数和返回值，它们都包含了一段在调用时执行的代码。但是，方法与函数依然是两个不同的概念，因为方法总是被定义在某个结构体（或者枚举类型、trait 对象，我们会在第 6 章和第 17 章中分别介绍它们）的上下文中，并且方法的第一个参数永远都是 self，用于指代调用该方法的结构体实例。

定义方法

现在，我们把那个以 Rectangle 实例作为参数的 area 函数，改写为定义在 Rectangle 结构体中的 area 方法，如示例 5-13 所示。

src/main.rs
```
#[derive(Debug)]
struct Rectangle {
    width: u32,
    height: u32,
}
```

```
❶ impl Rectangle {
  ❷ fn area(&self) -> u32 {
        self.width * self.height
    }
}

fn main() {
    let rect1 = Rectangle {
        width: 30,
        height: 50,
    };

    println!(
        "The area of the rectangle is {} square pixels.",
      ❸ rect1.area()
    );
}
```

示例 5-13：在 Rectangle 结构体中定义 area 方法

为了在 Rectangle 的上下文环境中定义函数，我们需要使用 impl
（implementation）关键字 ❶ 来为 Rectangle 创建一个代码块。这个 impl 块中的任
何内容都会被关联至 Rectangle 类型。接着，我们将 area 函数移动到 impl 的花
括号中 ❷，并把签名中的第一个参数（也是唯一的那个参数）和函数中使用该
参数的地方改写为 self。除此之外，我们还需要把 main 函数中调用 area 函数
的地方，用方法调用的语法进行改写。前者是将 rect1 作为参数传入 area 函数，
而后者是直接在 Rectangle 实例上调用 area 方法 ❸。方法调用是通过在实例后
面添加点号，并跟上方法名、括号及可能的参数来实现的。

在 area 的签名中，我们使用了 &self 来代替 rectangle: &Rectangle。这
里的 &self 其实就是 self: &Self 的缩写。由于方法的声明过程被放置在了 impl
块中，所以 Rust 能够将 Self 的类型视为 impl 目标类型的别名。由于方法必须
使用名为 self 的 Self 类型作为它们的第一个参数，所以 Rust 允许我们使用单
独的名称 self 来简化这一参数的表达方式。注意，我们在 self 缩写之前添加
了 &，这意味着该方法会借用 Self 的实例，就像 rectangle: &Rectangle 所表
达的含义一样。方法可以在声明时选择获取 self 的所有权，也可以像本例一样

采用不可变的借用&self，或者采用可变的借用&mut self。总之，就像其他任何普通参数一样。

在这里，选择&self 签名的原因和之前选择使用&Rectangle 的原因差不多：我们既不用获得数据的所有权，也不需要写入数据，只需要读取数据即可。假如我们想要在调用方法时改变实例的某些数据，就需要将第一个参数改写为&mut self。通常来说，将第一个参数标记为 self 并在调用过程中获得实例的所有权的方法并不常见。这种技术有可能会被应用于那些需要将 self 转换为其他类型，且在转换后想要阻止调用者访问原始实例的场景。

使用方法代替函数不仅能够避免在每个方法的签名中重复编写 self 的类型，还有助于我们组织代码的结构。我们可以将某个类型的实例需要的功能放置在同一个 impl 块中，从而避免用户在代码库中盲目地自行搜索它们。

需要注意的是，方法可以与结构体的某个字段拥有相同的名称。作为示例，我们在如下所示的代码中为 Rectangle 定义了一个名为 width 的方法：

src/main.rs
```
impl Rectangle {
    fn width(&self) -> bool {
        self.width > 0
    }
}

fn main() {
    let rect1 = Rectangle {
        width: 30,
        height: 50,
    };

    if rect1.width() {
        println!(
            "The rectangle has a nonzero width; it is {}",
            rect1.width
        );
    }
}
```

这段代码中的 width 方法会在实例的 width 字段值大于 0 时返回 true，小于 0 时返回 false：我们可以出于任意目的在方法中调用同名的字段。在 main 函数中，rect1.width 后面跟随的圆括号会告诉 Rust ，我们想要调用 width 方法，而单独的 rect1.width 表示它就是 width 字段。

在许多情况下，我们会使用同名的方法来直接返回字段的值，而不做其他更复杂的操作。类似的方法也被称为访问器（getter）。与某些语言不一样，Rust 没有为结构体中的字段自动实现访问器。当你想要声明一个外部只读的字段时，就可以使用访问器模式，将字段本身标记为私有的并暴露一个公共的字段访问方法。我们会在第 7 章中讨论公共与私有的含义，并学习如何将一个字段或函数设计为公共的或私有的。

运算符->到哪里去了

在 C 和 C++中，在调用方法时有两个不同的运算符，它们分别是直接用于对象本身的.及用于对象指针的->。之所以有这样的区别，是因为我们在调用指针的方法时首先需要对该指针进行解引用。换句话说，假如 object 是一个指针，那么 object->*something*()的写法实际上等价于 (*object).*something*()。

虽然 Rust 没有提供类似的->运算符，但设计了一种名为自动引用和解引用的功能作为替代。方法调用是 Rust 中少数几个拥有这种行为的地方之一。

它的工作模式是：当你使用 object.*something*()调用方法时，Rust 会自动为调用者 object 添加&、&mut 或*，以使其能够符合方法的签名。换句话说，下面两种方法调用是等价的：

```
p1.distance(&p2);
(&p1).distance(&p2);
```

第一种调用看上去要简捷得多。这种自动引用行为之所以能够行得通，是因为方法有一个明确的作用对象：self 的类型。在给出调用者和方法名称的前提下，Rust 可以准确地推导出方法是否是只读的（&self），是否需要修改数据（&mut self），是否会获取数据的所有权（self）。在实践中，这种针对方法调用者的隐式借用可以让所有权系统更加友好且易于使用。

带有更多参数的方法

现在，让我们来继续实现 Rectangle 结构体的第二个方法。这次我们希望一个 Rectangle 实例接收另一个 Rectangle 实例作为参数，并判断第二个 Rectangle 是否被完整地包含在 self（也就是第一个 Rectangle）之内，如果是的话就返回 true，否则返回 false。也就是说，一旦我们完成了 can_hold 方法的定义，就能像示例 5-14 中所示的那样去使用它了。

```
src/main.rs    fn main() {
                   let rect1 = Rectangle {
                       width: 30,
                       height: 50,
                   };
                   let rect2 = Rectangle {
                       width: 10,
                       height: 40,
                   };
                   let rect3 = Rectangle {
                       width: 60,
                       height: 45,
                   };

                   println!("Can rect1 hold rect2? {}", rect1.can_hold(&rect2));
                   println!("Can rect1 hold rect3? {}", rect1.can_hold(&rect3));
               }
```

示例 5-14：使用还没有编写好的 can_hold 方法

因为 rect2 的两个维度都要小于 rect1 的，而 rect3 的宽度要大于 rect1 的，所以如果一切正常的话，它们应当能够输出如下所示的结果：

```
Can rect1 hold rect2? true
Can rect1 hold rect3? false
```

因为我们想要定义的是方法，所以会把新添加的代码放置到 impl Rectangle 块中。另外，这个名为 can_hold 的方法需要接收另一个 Rectangle 的不可变借用作为参数。通过观察调用方法时的代码，便可以推断出此处的参数类型：rect1.can_hold(&rect2) 语句传入了一个&rect2，也就是指向 Rectangle 实例 rect2 的不可变借用。为了计算包容关系，我们只需要读取 rect2 的数据（不是写入，写入意味着需要一个可变借用）。main 函数还应该在调用 can_hold 方法后继续持有 rect2 的所有权，从而使得我们可以在随后的代码中继续使用这个变量。can_hold 方法在实现时会依次检查 self 的宽度和高度是否大于传入的 Rectangle 实例的宽度和高度，并返回一个布尔值作为结果。现在，让我们在示例 5-13 里出现过的 impl 块中添加 can_hold 方法，如示例 5-15 所示。

src/main.rs
```
impl Rectangle {
    fn area(&self) -> u32 {
        self.width * self.height
    }

    fn can_hold(&self, other: &Rectangle) -> bool {
        self.width > other.width && self.height > other.height
    }
}
```

示例 5-15：基于 Rectangle 实现 can_hold 方法，该方法可以接收另一个 Rectangle 实例作为参数

将这段代码与示例 5-14 中的 main 函数合并运行后，就可以得到预期的输出结果。实际上，方法同样可以在 self 参数后增加签名来接收多个参数，就如同函数一样。

关联函数

所有定义在 impl 块中的函数都被称为关联函数（associated function），因为它们与 impl 的目标类型相互关联。我们可以在 impl 块中定义没有 self 作为第

一个参数的函数（因此，也就不能被称为方法），这意味着它们不会作用于某个具体的结构体实例。String 类型中定义的 String::from 就是这样一个函数。

关联函数常常被用作构造器来返回一个结构体的新实例。虽然这些函数常常被命名为 new，但 new 并不是一个内置于语言本身中的特殊名称。例如，我们可以编写一个名为 square 的关联函数，它会将输入的单一维度参数同时用作宽度与高度来构造正方形的 Rectangle 实例：

```
src/main.rs    impl Rectangle {
                   fn square(size: u32) -> ❶ Self  {
                       ❷ Self  {
                           width: size,
                           height: size,
                       }
                   }
               }
```

返回类型 ❶ 及函数体 ❷ 中的 Self 关键字是一个别名，它指向了 impl 关键字后面的类型，也就是本例中的 Rectangle。

我们可以在类型名称后添加::来调用关联函数，就像 let sq = Rectangle::square(3);一样。这个函数位于结构体的命名空间中，这里的::语法不仅被用于关联函数，还被用于由模块创建的命名空间。我们会在第 7 章中讨论此处的模块概念。

多个 impl 块

结构体可以拥有多个 impl 块。例如，示例 5-15 中的代码等价于示例 5-16 中的代码，下面的代码将方法放置到了不同的 impl 块中。

```
impl Rectangle {
    fn area(&self) -> u32 {
        self.width * self.height
    }
}
```

```
impl Rectangle {
    fn can_hold(&self, other: &Rectangle) -> bool {
        self.width > other.width && self.height > other.height
    }
}
```

示例 5-16：使用多个 impl 块来重写示例 5-15

虽然这里没有必要采用多个 impl 块，但它仍然是合法的。我们在第 10 章中讨论泛型和 trait 时会看到多个 impl 块的实际应用场景。

总结

结构体可以让你在特定领域中创建有意义的自定义类型。通过使用结构体，你可以将相关联的数据组合起来，并为每个数据赋予名字，从而使代码变得更加清晰。在 impl 块中，你可以定义那些与你的类型相关联的函数，而方法作为一种关联函数，可以为结构体的实例指定行为。

但结构体并不是创建自定义类型的唯一方法，接下来我们会继续学习 Rust 中另一个十分常用的工具：枚举。

6

枚举与模式匹配

枚举类型，通常也被简称为枚举，它允许我们列举所有可能的变体（variant）来定义一个类型。在本章中，我们首先会定义一个枚举并使用它，以展示枚举是如何连同数据一起编码信息的。

接着，我们会讨论一个特别有用的枚举：Option，它常常被用来描述某些可能不存在的值。随后，我们将学习如何在 match 表达式中使用模式匹配，并根据不同的枚举值来执行不同的代码。最后，我们还会介绍另一种常用的结构 if let，它可以在某些场景下简化我们处理枚举的代码。

定义枚举

结构体为我们提供了一种组合相关字段与数据的方法，如同 Rectangle 中的 width 与 height 一样。而枚举为我们提供了一种方法来表明：某个值是一系列可能出现的值集合中的一个。例如，我们也许需要表达 Rectangle 是一系列可能出现的形状之一，这些可能的形状中还包含了 Circle 与 Triangle。为了实现这一目的，Rust 提供了枚举来编码这些可能性信息。

现在，我们来尝试处理一个实际的编码问题，然后讨论在这种情形下，为什么使用枚举要比使用结构体更合适。假设我们需要对 IP 地址进行处理，而目前有两种被广泛使用的 IP 地址标准：IPv4 和 IPv6。因为只需要处理这两种情形，所以可以将所有可能的值枚举出来，这也正是枚举名字的由来。

另外，一个 IP 地址要么是 IPv4 的，要么是 IPv6 的，没有办法同时满足两种标准。这个特性使得 IP 地址非常适合使用枚举结构来描述，因为枚举的值也只能是变体中的一个成员。无论是 IPv4 还是 IPv6，它们都属于基础的 IP 地址协议。所以，当我们需要在代码中处理 IP 地址时，应该将它们视作同一种类型。

我们可以通过定义 IpAddrKind 枚举来表达这样的概念，声明该枚举需要列举出所有可能的 IP 地址种类——V4 和 V6，这也就是所谓的枚举变体（variant）：

```
enum IpAddrKind {
    V4,
    V6,
}
```

现在，IpAddrKind 就是一个可以在代码中随处使用的自定义数据类型了。

枚举值

我们可以分别使用 IpAddrKind 中的两个变体来创建实例，像下面的代码一样：

```
let four = IpAddrKind::V4;
let six = IpAddrKind::V6;
```

需要注意的是，枚举的变体全都位于其标识符的命名空间中，并使用两个冒号将标识符和变体分隔开来。由于 IpAddrKind::V4 和 IpAddrKind::V6 拥有相同的类型 IpAddrKind，所以我们可以定义一个接收 IpAddrKind 类型参数的函数来统一处理它们：

```
fn route(ip_kind: IpAddrKind) { }
```

现在，我们可以使用任意一个变体来调用这个函数了：

```
route(IpAddrKind::V4);
route(IpAddrKind::V6);
```

除此之外，使用枚举还有很多优势。让我们继续考察这个 IP 地址类型，到目前为止，我们只能知道 IP 地址的种类，却还没有办法存储实际的 IP 地址数据。考虑到你刚刚在第 5 章中学习了结构体，你也许会像示例 6-1 所示的那样使用结构体来解决这个问题。

```
❶ enum IpAddrKind {
      V4,
      V6,
  }

❷ struct IpAddr {
  ❸ kind: IpAddrKind,
  ❹ address: String,
  }

❺ let home = IpAddr {
      kind: IpAddrKind::V4,
      address: String::from("127.0.0.1"),
  };

❻ let loopback = IpAddr {
      kind: IpAddrKind::V6,
      address: String::from("::1"),
  };
```

示例 6-1：使用 struct 来存储 IP 地址的数据和 IpAddrKind 变体

上面的代码定义了拥有两个字段的结构体 IpAddr ❷：一个 IpAddrKind 类型（也就是我们之前定义的枚举❶）的字段 kind ❸，以及一个 String 类型的字段 address ❹。另外，我们还分别创建了两个不同的结构体实例。第一个实例 home ❺，使用了 IpAddrKind::V4 作为字段 kind 的值，并存储了关联的地址数据 127.0.0.1；第二个实例 loopback ❻，存储了 IpAddrKind 的另一个变体 V6 作为 kind 的值，并存储了关联的地址数据::1。新的结构体组合了 kind 和 address 的值，现在，变体就和具体数据关联起来了。

实际上，枚举允许我们直接将其关联的数据嵌入枚举变体内。我们可以使用枚举来更简捷地表达出上述概念，而不用将枚举集成至结构体中。在新的 IpAddr 枚举定义中，V4 和 V6 两个变体都被关联上了一个 String 值：

```
enum IpAddr {
    V4(String),
    V6(String),
}

let home = IpAddr::V4(String::from("127.0.0.1"));

let loopback = IpAddr::V6(String::from("::1"));
```

我们直接将数据附加到枚举的每个变体中，从而避免使用额外的结构体。在上面的代码中，可以看到枚举工作的更多细节：我们定义的每个枚举变体也同时成为一个构造枚举实例的函数。也就是说，IpAddr::V4()是一个函数调用，它接收一个 String 参数并返回一个 IpAddr 类型的实例。我们会在定义枚举后自动获得这样的构造函数定义。

使用枚举代替结构体的另一个优势在于：每个变体都可以拥有不同类型和数量的关联数据。还是以 IP 地址为例，IPv4 地址总是由 4 个 0～255 之间的整数部分组成的。假如我们希望使用 4 个 u8 值来代表 V4 地址，并依然使用 String 值来代表 V6 地址，那么结构体就无法轻易实现这一目的了，而枚举可以轻松地处理此类情形：

```
enum IpAddr {
    V4(u8, u8, u8, u8),
    V6(String),
```

```
}

let home = IpAddr::V4(127, 0, 0, 1);

let loopback = IpAddr::V6(String::from("::1"));
```

目前，我们已经为存储 IPv4 地址及 IPv6 地址的数据结构给出了多种不同的方案。但实际上，由于存储和编码 IP 地址的工作实在太常见了，因此标准库为我们内置了一套可以开箱即用的定义！让我们来看一看标准库是如何定义 **IpAddr** 的。它采用了和我们自定义一样的枚举和变体定义，但将两个变体中的地址数据各自组装到了两个独立的结构体中：

```
struct Ipv4Addr {
    // --略--
}

struct Ipv6Addr {
    // --略--
}

enum IpAddr {
    V4(Ipv4Addr),
    V6(Ipv6Addr),
}
```

这段代码说明我们可以在枚举的变体中嵌入任意类型的数据，无论是字符串、数值还是结构体，甚至可以嵌入另一个枚举！标准库中的类型通常不会比我们设想的实现复杂多少。

需要注意的是，虽然标准库中包含了一份 **IpAddr** 的定义，但由于我们没有把它引入当前的作用域，所以可以无冲突地继续创建和使用自己定义的版本。我们会在第 7 章中深入讨论作用域引入。

继续来看示例 6-2 中另一个关于枚举的例子，它的变体中内嵌了各式各样的数据类型。

```
enum Message {
    Quit,
    Move { x: i32, y: i32 },
    Write(String),
    ChangeColor(i32, i32, i32),
}
```

示例 6-2：Message 枚举的变体拥有不同数量和类型的内嵌数据

这个枚举拥有 4 个内嵌了不同类型数据的变体：

- Quit 没有任何关联数据。
- Move 包含了拥有名称的字段，如同结构体一样。
- Write 包含了一个 String。
- ChangeColor 包含了 3 个 i32 值。

定义示例 6-2 中的枚举有些类似于定义多个不同类型的结构体，但枚举不会使用 struct 关键字，其将变体组合到了同一个 Message 类型中。下面代码中的结构体可以存储与这些变体拥有的完全一样的数据：

```
struct QuitMessage; // 单元结构体
struct MoveMessage {
    x: i32,
    y: i32,
}
struct WriteMessage(String); // 元组结构体
struct ChangeColorMessage(i32, i32, i32); // 元组结构体
```

两种实现方式之间的差别在于，假如我们使用了不同的结构体，那么每个结构体都会拥有自己的类型，我们无法轻易定义一个能够统一处理这些类型数据的函数，而在示例 6-2 中定义的 Message 枚举则不同，因为它是单独的一个类型。

枚举和结构体之间有一点儿相似的地方在于：正如可以使用 impl 关键字来定义结构体的方法一样，我们同样可以定义枚举的方法。下面的代码在 Message 枚举中定义了一个名为 call 的方法：

```
impl Message {
    fn call(&self) {
        ❶ // 方法体可以被定义在这里
    }
}
```
❷ `let m = Message::Write(String::from("hello"));`
`m.call();`

方法定义中的代码，同样可以使用 self 来获得调用此方法的实例。在这个例子中，我们创建了一个变量 m ❷，并为其赋值 Message::Write (String::from ("hello"))，而该值就是执行 m.call()指令时传入 call 方法 ❶ 的 self。

让我们再来看一看标准库中提供的另一个非常常见且实用的枚举：Option。

Option 枚举及其在空值处理方面的优势

本节会探讨标准库定义的另一个枚举：Option。由于这里的 Option 类型描述了一种值可能存在也可能不存在的情形，所以它被非常广泛地应用在各种地方。

例如，当你向一个包含有多个值的列表请求首个元素时，你会得到一个值；但是当你请求的目标变为空白列表时，你就无法获得任何东西了。将这一概念使用类型系统描述出来意味着，编译器可以自动检查我们是否妥善地处理了所有应该被处理的情况。使用这一功能可以避免某些在其他语言中极其常见的错误。

我们会在设计一门编程语言时规划出各式各样的功能，但思考应当避免设计哪些功能也是一门非常重要的功课。Rust 并没有像许多其他语言一样支持空值。空值（null）本身是一个值，但它的含义却是没有值。在设计有空值的语言中，一个变量往往处于两种状态：空值或非空值。

Tony Hoare，空值的发明者，曾经在 2009 年的一次演讲 *Null References: The Billion Dollar Mistake* 中提到：

这是一个价值数十亿美金的错误设计。当时，我正在为一门面向对象语言中的引用设计一套全面的类型系统。我的目标是，通过编译器自动检查来确保所有关于引用的操作都是百分之百安全的。但是我却没有抵挡住引入一个空引用概念的诱惑，仅仅是因为这样会比较容易去实现这套系统。这导致了无数的错误、漏洞和系统崩溃，并在之后的 40 多年中造成了价值数十亿美金的损失。

空值的问题在于，当你尝试像使用非空值那样使用空值时，就会触发某种程度上的错误。因为空或非空的属性被广泛散布在程序中，所以你很难避免引起类似的问题。

但是不管怎么说，空值本身所尝试表达的概念仍然是有意义的：它代表了因为某种原因而变为无效或缺失的值。

引发这些问题的关键并不是概念本身，而是那些具体的实现措施。因此，Rust 中虽然没有空值，但却提供了一个拥有类似概念的枚举，我们可以用它来标识一个值无效或缺失。这个枚举就是 Option<T>，它在标准库中被定义为如下所示的样子：

```
enum Option<T> {
    None,
    Some(T),
}
```

由于 Option<T>枚举非常常见且很有用，所以它也被包含在了预导入模块中；这意味着我们不需要显式地将它引入作用域。另外，它的变体也被包含进了预导入模块中：我们可以在不加 Option::前缀的情况下直接使用 Some 或 None。但 Option<T>枚举依然只是一个普通的枚举类型，Some(T)和 None 也依然只是 Option<T>类型的变体。

这里的<T>语法是一个我们还没有学到的 Rust 功能。它是一个泛型参数，我们将会在第 10 章中讨论关于泛型的更多细节。现在，你需要知道的是，<T>

意味着 Option 枚举中的 Some 变体可以包含任意类型的数据，而每一个被使用在 T 位置处的具体类型都会将 Option<T>整体变成一个不同的类型。下面是一些使用 Option 值包含数值类型和字符串类型的示例：

```
let some_number = Some(5);
let some_char = Some('e');

let absent_number: Option<i32> = None;
```

some_number 的类型是 Option<i32>，some_char 的类型是 Option<char>，它们两者拥有不同的类型。由于我们在 Some 变体中指定了值，所以 Rust 可以推导出它们的类型。但对于 absent_number 而言，Rust 要求我们明确地标注这个 Option<T>的完整类型：因为单独的 None 变体值与持有数据的 Some 变体不一样，编译器无法根据这些信息来正确推导出值的完整类型。在上面的示例中，我们告诉 Rust 想让 absent_number 是 Option<i32>类型的。

当我们有了一个 Some 值时，就可以确定值是存在的，并且被 Some 所持有。而当我们有了一个 None 值时，就知道当前并不存在一个有效的值。这看上去与空值没有什么差别，那为什么 Option<T>的设计就比空值好呢？

简单来讲，因为 Option<T>和 T（这里的 T 可以是任意类型）是不同的类型，所以编译器不会允许我们像使用普通值一样去直接使用 Option<T>的值。例如，下面的代码在尝试将 i8 与 Option<i8>相加时无法通过编译：

```
let x: i8 = 5;
let y: Option<i8> = Some(5);

let sum = x + y;
```

运行这段代码，我们可以看到类似于下面的错误提示信息：

```
error[E0277]: cannot add `Option<i8>` to `i8`
 --> src/main.rs:5:17
  |
5 |     let sum = x + y;
```

```
    |                  ^ no implementation for `i8 + Option<i8>`
    |
    = help: the trait `Add<Option<i8>>` is not implemented for `i8`
```

这段错误提示信息实际上指出了 Rust 无法理解 i8 和 Option< i8>相加的行为，因为它们拥有不同的类型。在 Rust 中，当我们拥有一个 i8 类型的值时，编译器就可以确保我们所持有的值是有效的。我们可以充满信心地去使用它，而无须在使用前进行空值检查。只有当我们持有的类型是 Option<i8>（或者任何可能用到的值类型）时，才必须要考虑值不存在的情况，同时编译器会迫使我们在使用值之前正确地进行处理操作。

换句话说，为了使用 Option<T>中可能存在的 T，我们必须要将它转换为 T。一般而言，这能帮助我们避免使用空值时最常见的一个问题：假设某个值存在，实际上它却为空。

在编写代码的过程中，不必再去考虑一个值是否为空，可以极大地增强我们对代码的信心。为了持有一个可能为空的值，我们总是需要将它显式地放入对应类型的 Option<T>值中。随后，当我们使用这个值的时候，也必须显式地处理它可能为空的情况。无论在什么地方，只要一个值的类型不是 Option<T>，我们就可以安全地假设这个值是非空的。这是 Rust 为了限制空值泛滥以增加 Rust 代码的安全性，而做出的一个有意为之的设计决策。

那么，当你持有一个 Option<T>类型的 Some 变体时，应该怎样将其中的 T 值取出来使用呢？Option<T>枚举针对不同的使用场景提供了大量的实用方法，你可以在官方文档中找到具体的使用说明。熟练掌握 Option<T>的这些方法，将为你的 Rust 之旅提供巨大的帮助。

总的来说，为了使用一个 Option<T>值，你必须要编写处理每个变体的代码。某些代码只会在你持有 Some(T)值时运行，它们可以使用变体中存储的 T。而另外一些代码只会在你持有 None 值时运行，这些代码将没有可用的 T 值。match 表达式就是这么一个可以用来处理枚举的控制流结构：它允许我们基于枚举拥有的变体来决定运行的代码分支，并允许代码通过匹配值来获取变体内的数据。

控制流结构 match

Rust 中有一个异常强大的控制流结构：match，它允许你将一个值与一系列模式进行比较，然后根据匹配的模式执行相应的代码。模式可由字面量、变量名称、通配符和许多其他东西组成；第 18 章会详细介绍所有不同种类的模式及它们的工作机制。match 的能力不仅来自模式丰富的表达力，还来自编译器的安全检查，它确保所有可能的情况都会得到处理。

你可以将 match 表达式想象成一台硬币分类机：硬币滑入有着不同大小孔洞的轨道，并且掉入第一个符合大小的孔洞。同样，值也会依次通过 match 中的模式，并且在遇到第一个"符合"的模式时进入相关联的代码块，并在执行过程中被代码所使用。

既然提到了硬币，那么就用它们来编写一个使用 match 的示例！示例中的函数会接收一个美国硬币作为输入，并以一种类似于验钞机的方式，确定硬币的类型并返回它的分值，如示例 6-3 所示。

```rust
❶ enum Coin {
    Penny,
    Nickel,
    Dime,
    Quarter,
}

fn value_in_cents(coin: Coin) -> u8 {
  ❷ match coin {
      ❸ Coin::Penny => 1,
        Coin::Nickel => 5,
        Coin::Dime => 10,
        Coin::Quarter => 25,
    }
}
```

示例 6-3：一个枚举以及一个以枚举变体作为模式的 match 表达式

我们先来逐步分析 value_in_cents 函数中的 match 块。首先，我们使用的

match 关键字后面会跟随一个表达式，也就是本例中的 coin 值 ❷。初看上去，这与 if 表达式的使用十分相似，但这里有一个巨大的区别：在 if 语句中，表达式需要返回一个布尔值，而这里的表达式可以返回任何类型。示例中 coin 的类型正是我们在首行 ❶ 中定义的 Coin 枚举。

接下来是 match 的分支，一个分支由模式和它所关联的代码组成。第一个分支采用了值 Coin::Penny 作为模式，并紧跟着一个=>运算符用于将模式和代码区分开来 ❸。这里的代码简单地返回了值 1。不同分支之间使用了逗号分隔。

当这个 match 表达式执行时，它会将产生的结果值依次与每个分支中的模式相比较。如果模式匹配成功，则与该模式相关联的代码会被继续执行。而如果模式匹配失败，则会继续执行下一个分支，就像上面提到过的硬币分类机一样。分支可以有任意多个，在示例 6-3 中，match 有 4 个分支。

每个分支所关联的代码也是一个表达式，而这个表达式运行所得到的结果值，同时也会被作为整个 match 表达式的结果返回。

如果分支代码足够短，就像示例 6-3 中仅返回一个值的话，那么通常不需要使用花括号。但是，如果我们想要在一个匹配分支中包含多行代码，就需要使用花括号将它们包裹起来。在这种情形下，可以省略分支后的逗号。例如，下面的代码会在每次给函数传入 Coin::Penny 时都打印"Lucky penny!"，同时仍然返回代码块中最后的值 1：

```rust
fn value_in_cents(coin: Coin) -> u32 {
    match coin {
        Coin::Penny => {
            println!("Lucky penny!");
            1
        }
        Coin::Nickel => 5,
        Coin::Dime => 10,
        Coin::Quarter => 25,
    }
}
```

绑定值的模式

匹配分支另一个有趣的地方在于它们可以绑定被匹配对象的部分值，而这也正是我们用来从枚举变体中提取值的方法。

下面举一个例子，修改上面的枚举变体来存储数据。在 1999 年到 2008 年之间，美国在 25 美分硬币的一侧为 50 个州采用了不同的设计。其他类型的硬币都没有类似的各州的设计，所以只有 25 美分硬币拥有这个特点。我们可以通过在 Quarter 变体中添加一个 UsState 值，将这些信息添加至枚举中，如示例 6-4 所示。

```
#[derive(Debug)] // 这使我们能够打印并观察它
enum UsState {
    Alabama,
    Alaska,
    // --略--
}

enum Coin {
    Penny,
    Nickel,
    Dime,
    Quarter(UsState),
}
```

示例 6-4：Coin 枚举中的 Quarter 变体存储了一个 UsState 值

假设我们有一个朋友正在尝试收集所有 50 个州的 25 美分硬币。当我们根据硬币类型进行大致分类时，也可以打印出每个 25 美分硬币所对应的州的名字。一旦这个朋友发现了他没有的硬币，就可以将其加入自己的收藏中。

在这段代码的匹配表达式中，我们给模式添加了一个名为 state 的变量用于匹配变体 Coin::Quarter 中的值。当匹配到 Coin::Quarter 时，state 变量就会被绑定到 25 美分硬币所包含的值上。接下来，我们就可以在这个分支中像下面一样使用 state 了：

```
fn value_in_cents(coin: Coin) -> u8 {
    match coin {
        Coin::Penny => 1,
        Coin::Nickel => 5,
        Coin::Dime => 10,
        Coin::Quarter(state) => {
            println!("State quarter from {:?}!", state);
            25
        },
    }
}
```

如果我们在代码中调用 value_in_cents(Coin::Quarter(UsState::
Alaska))，Coin::Quarter(UsState::Alaska)就会作为 coin 的值被传入函数。
这个值会依次与每个分支进行匹配，一直匹配到 Coin::Quarter(state)模式才
会终止。这时，值 UsState::Alaska 就会被绑定到 state 变量上。接下来，我
们就可以在 println!表达式中使用这个绑定了，这就是从 Coin 枚举的变体
Quarter 中获取值的方法。

匹配 Option<T>

在上一节中，我们曾经想要在使用 Option<T>时，从 Some 中取出内部的 T
值；现在就可以如同操作 Coin 枚举一样，使用 match 来处理 Option<T>了！除
了使用 Option<T>的变体而不是 Coin 的变体来进行比较，match 表达式的大部
分工作流程完全一致。

例如，我们想要编写一个接收 Option<i32>的函数，如果其中有值存在，则
将这个值加 1；如果其中不存在值，这个函数就直接返回 None 值，而不进行任
何操作。

得益于 match 方法的使用，编写这个函数将会非常简单，它看起来会如示
例 6-5 所示：

```
fn plus_one(x: Option<i32>) -> Option<i32> {
    match x {
      ❶ None => None,
      ❷ Some(i) => Some(i + 1),
    }
}

let five = Some(5);
let six = plus_one(five);  ❸
let none = plus_one(None);  ❹
```

示例 6-5：一个针对 Option<i32> 使用 match 表达式的函数

我们来分析一下在首次执行 plus_one 的过程中究竟发生了什么。当我们调用 plus_one(five) ❸ 时，plus_one 函数体中的变量 x 被绑定为值 Some(5)。随后，我们会将这个值与各个分支进行比较。

```
None => None,
```

由于 Some(5) 没办法匹配上模式 None ❶，所以我们继续尝试与下一个分支进行比较。

```
Some(i) => Some(i + 1),
```

Some(5) 会匹配上 Some(i) 吗 ❷？答案当然是肯定的！匹配的两端拥有相同的变体。这里的 i 绑定了 Some 所包含的值，也就是 5。接着，这个匹配分支中的代码得到执行，我们将 i 中的值加 1，并返回一个新的包含了结果为 6 的 Some 值。

现在，让我们再来看一看示例 6-5 中 plus_one 的第二次调用，这一次 x 变成了 None ❹。依然继续进入 match 表达式，并将它与第一个分支 ❶ 进行比较。

它们匹配上了！这里没有可用于增加的对象，所以 => 右侧的程序会简单地终止并返回 None 值。由于第一个分支匹配成功，因此其他的分支会被跳过。

在许多情形下，将 match 与枚举相结合都是非常有用的。你会在 Rust 代码中看到许多类似的套路：使用 match 来匹配枚举值，并将其中的值绑定到某个变量上，接着根据这个值执行相应的代码。这初看起来可能会有些复杂，不过一旦你习惯了它的用法，就会希望在所有的语言中都有这个特性。这一特性一直以来都是社区用户的最爱。

匹配必须穷举所有的可能性

match 表达式还有一个需要注意的特性：分支中的模式必须覆盖所有的可能性。你可以先来看一看下面这个存在 bug、无法编译的 plus_one 函数版本：

```
fn plus_one(x: Option<i32>) -> Option<i32> {
    match x {
        Some(i) => Some(i + 1),
    }
}
```

此段代码的问题在于我们忘记了处理值是 None 的情形。幸运的是，这是一个 Rust 可以轻松捕获的问题。假如我们尝试去编译这段代码，就会看到如下所示的错误提示信息：

```
error[E0004]: non-exhaustive patterns: `None` not covered
 --> src/main.rs:3:15
  |
3 |         match x {
  |               ^ pattern `None` not covered
  |
  note: `Option<i32>` defined here
    = note: the matched value is of type `Option<i32>`
help: ensure that all possible cases are being handled by adding
a match arm with a wildcard pattern or an explicit pattern as
shown
  |
4 ~         Some(i) => Some(i + 1),
5 ~         None => todo!(),
  |
```

Rust 知道我们没有覆盖所有可能的情形，甚至能够确切地指出究竟是哪些模式被漏掉了！Rust 中的匹配是穷尽的（exhaustive）：我们必须穷尽所有的可能性，来确保代码是合法有效的。特别是在这个 Option<T>的例子中，Rust 会强迫我们明确地处理值为 None 的情形。这使得我们不需要去怀疑所持有值的存在性，因而可以有效地避免前面提到过的价值数十亿美金的错误。

通配模式及_占位符

在使用枚举的过程中，我们可以为一部分特定的值采用特定的行为，并同时为其余的值提供某种默认行为。假如我们正在实现一个游戏，相较于默认的移动行为，当玩家使用骰子掷出点数 3 时，玩家的角色就可以获得一顶炫酷的帽子；当玩家掷出点数 7 时，玩家的角色就会丢掉一顶炫酷的帽子。如下所示的 match 示例实现了这样的逻辑。出于演示目的，这段代码使用了一个硬编码的骰子点数来替代随机值，并使用缺少具体内容的函数来指代其他行为。

```
let dice_roll = 9;
match dice_roll {
    3 => add_fancy_hat(),
    7 => remove_fancy_hat(),
 ❶ other => move_player(other),
}

fn add_fancy_hat() {}
fn remove_fancy_hat() {}
fn move_player(num_spaces: u8) {}
```

前两个分支使用了字面量值 3 和 7，最后一个分支则覆盖了其余所有可能的值，它使用了一个名为 other ❶ 的变量作为模式。other 分支中的代码会将变量传入 move_player 函数中。

尽管我们没有列举出 u8 类型所有可能的值，但这段代码依旧能够通过编译，因为最后的那个模式可以匹配上所有未被明确指定的值。这种通配模式满足了 match 必须穷尽所有可能性的要求。注意，我们需要把通配模式放置在最后一个分支中，因为模式会按照顺序进行匹配。假如我们把通配模式放置在更前面的分支中，那么随后的分支就再也没有机会运行了。因此，Rust 会在通配模式之后出现其他分支时警告我们。

当我们想要实现通配模式，但不需要使用模式来获取值时，就可以使用 Rust 中的一种特殊模式：_。这种模式可以匹配任意值，却不会绑定到对应的值上。由于它告诉了 Rust 我们不需要使用模式中的值，所以 Rust 也不会警告我们存在未被使用的变量。

让我们改变这个游戏的规则：现在，当玩家掷出一个 3 或 7 以外的点数时，就需要重新投掷骰子。由于我们不再需要使用通配模式中的值，所以可以使用_来替换名为 other 的变量：

```rust
let dice_roll = 9;
match dice_roll {
    3 => add_fancy_hat(),
    7 => remove_fancy_hat(),
    _ => reroll(),
}

fn add_fancy_hat() {}
fn remove_fancy_hat() {}
fn reroll() {}
```

因为我们在最后一个分支中显式地忽略了所有其他的值，所以这个示例依旧满足了穷尽性的要求；我们没有遗漏任何可能的情形！

最后，我们再次修改游戏的规则：当玩家掷出任何 3 或 7 以外的点数时，忽略当前回合。我们可以在_分支中使用一个单元值（也就是在第 3 章的"元组类型"一节中曾经提到过的单元元组）来表达这一行为。

```rust
let dice_roll = 9;
match dice_roll {
    3 => add_fancy_hat(),
    7 => remove_fancy_hat(),
    _ => (),
```

```
}

fn add_fancy_hat() {}
fn remove_fancy_hat() {}
```

在这段代码中，我们显式地告知 Rust：除了前两个分支能够匹配的值，我们会忽略其他可能的值，并且不会在这种情形下运行任何代码。

我们会在第 18 章中接触到更多有关模式与匹配的知识。现在，我们来继续学习 if let 语法。在某些情形下，if let 可以简化烦琐的 match 表达式。

简单控制流 if let

if let 能够让我们通过一种不那么烦琐的语法结合使用 if 与 let，并处理那些只用关心某一种匹配而忽略其他匹配的情况。思考示例 6-6 中的程序，它会匹配到 config_max 变量中的 Option<u8>，并只在值为 Some 变体时执行代码。

```
let config_max = Some(3u8);
match config_max {
    Some(max) => println!("The maximum is configured to be {max}"),
    _ => (),
}
```

示例 6-6：这里的 match 只在值为 Some 时执行特定的代码

假如这里的值是 Some，我们就会通过模式将 Some 变体中的值绑定到 max 变量上，并最终打印出来。我们希望忽略值是 None 的情形，不执行任何操作。为了满足 match 表达式关于穷尽性的要求，我们不得不在处理完唯一的变体后额外加上一句 "_ => ()"，这显得十分多余。

不过，我们可以使用 if let 以一种更加简短的方式来实现这段代码。下面的代码与示例 6-6 中的 match 拥有完全一致的行为：

```
let config_max = Some(3u8);
if let Some(max) = config_max {
```

```
    println!("The maximum is configured to be {max}");
}
```

这里的 if let 语法使用一对以=隔开的模式与表达式。它们起的作用与 match 中的完全相同，表达式对应 match 中的输入，模式则对应它的第一个分支。在上面的示例中，Some(max)是一个模式，其中的 max 绑定到了 Some 变体中的值。我们可以在 if let 的代码块中使用 max，如同在对应的 match 分支中使用 max 一样。只有值匹配模式时，if let 块中的代码才能够得到执行。

使用 if let 意味着你可以编写更少的代码，使用更少的缩进及模板代码。但是，你也放弃了 match 所附带的穷尽性检查。究竟应该使用 match 还是 if let 取决于具体的环境，这是一个在代码简捷性与穷尽性检查之间取舍的过程。

换句话说，你可以将 if let 视作 match 的语法糖。它只在值满足某一特定模式时运行代码，而忽略其他所有的可能性。

我们还可以在 if let 中搭配使用 else。else 所关联的代码块在 if let 语句中扮演的角色，就如同 match 中_模式所关联的代码块一样。还记得我们在示例 6-4 中定义的 Coin 枚举吗？其中的 Quarter 变体包含了一个 UsState 值。假如我们想要在打印 25 美分硬币信息的同时，对处理过的所有非 25 美分的硬币进行计数，就可以像下面一样使用 match 表达式：

```
let mut count = 0;
match coin {
    Coin::Quarter(state) => println!("State quarter from {:?}!", state),
    _ => count += 1,
}
```

或者可以像下面这样使用 if let 与 else 表达式：

```
let mut count = 0;
if let Coin::Quarter(state) = coin {
    println!("State quarter from {:?}!", state);
} else {
    count += 1;
}
```

在编写程序的过程中，如果你觉得在某些情形下使用 match 会过分烦琐，要记得在 Rust 工具箱中还有 if let 的存在。

总结

在本章中，我们学会了如何使用枚举来创建自定义类型，它可以包含一系列可被列举的值。本章同时展示了如何使用标准库中的 Option<T>类型，以及它会如何帮助我们利用类型系统来避免错误。当枚举中包含数据时，我们可以使用 match 或 if let 来抽取并使用数据中的值。具体应该使用哪个工具，则取决于我们想要处理的情形有多少。

你的 Rust 程序现在应该可以使用结构体与枚举来表达自己领域中特定的概念了。在 API 中使用自定义类型同样可以保证类型安全：编译器会确保函数只会得到它所期望的类型的值。

为了向用户提供一个组织良好、使用直观并且只暴露必要部分的 API，现在是时候开始学习 Rust 中的模块系统了。

7

使用包、单元包和模块管理日渐复杂的项目

随着你编写的程序日益复杂，合理地对代码进行组织与管理会变得越来越重要。只有对相关功能进行分组，并将具有不同特性的代码分离，你才能够清晰地找到实现指定功能的代码片段，以及在哪里可以更改特性的工作方式。

到目前为止，我们编写的程序都被放置在同一个文件下的同一个模块中。但随着项目逐渐成熟，你可以将代码拆分为不同的模块并使用不同的文件来管理它们。一个包（package）可以拥有多个二进制单元包和一个可选的库单元包。而随着包内代码规模的增长，你还可以将部分代码拆分到独立的单元包（crate）中，并将它作为外部依赖进行引用。本章便会讲解这些技术。对于那些规模特别大、拥有多个相互关联的包的项目，Cargo 提供了另一种解决方案：工作空间（workspace）。我们会在第 14 章的"Cargo 工作空间"一节中详细地讨论它。

我们还会讨论如何封装实现的细节，它使你可以在更高的层次上复用代码：一旦你实现了某个操作，其他代码就可以通过公共接口来调用这个操作，而无须了解具体的实现过程。你编写代码的方式决定了哪些部分会作为公共接口供

其他代码使用，而哪些部分又会作为私有的细节实现，使你可以保留进一步修改的权利。这一过程同样可以使你减轻需要记忆在脑海中的心智负担。

与组织和封装密切相关的另一个概念被称为作用域（scope）：在编写代码的嵌套上下文中有一系列被定义在"作用域内"的名字。当程序员阅读、编写代码或用编译器编译代码时，都需要借用作用域来确定某个特定区域中的特定名称是否指向了某个变量、函数、结构体、枚举、模块、常量或其他条目，以及这些条目的具体含义。你可以创建作用域并决定某个名称是否处于该作用域中，但是不能在同一作用域中使用相同的名称指向两个不同的条目；有些工具可以被用来解决命名冲突。

Rust 提供了一系列功能来帮助我们管理代码，包括决定哪些细节是暴露的、哪些细节是私有的，以及在不同的作用域内都存在哪些名称。这些功能有时被统称为模块系统（module system），其包括：

- **包**（package）：一个用于构建、测试并分享包的 Cargo 功能。
- **单元包**（crate）：一个用于生成代码库或可执行文件的树状模块结构。
- **模块**（module）和 use 关键字：它们被用于控制文件结构、作用域以及路径的私有性。
- **路径**（path）：一种用于命名条目的方法，这些条目包括结构体、函数、模块等。

在本章中，我们会介绍上述所有功能，讨论它们之间进行交互的方式，并演示如何使用它们来管理作用域。通过阅读本章，你应该会对模块系统有一个深入的理解，并能够像专家一样熟练地使用作用域！

包与单元包

我们先来看一看模块系统中有关包与单元包的部分。

单元包是 Rust 编译器可以单次处理的最小代码集合。即便你使用 rustc 而不是 cargo，并传入单个源文件（如同我们在第 1 章的"编写并运行一个 Rust 程序"一节中所做的那样），Rust 编译器也会将这个文件视作一个单元包。单元包可以包含一系列模块，而模块可以被定义在不同的文件内，并在编译时被整合至单元包内。我们会在随后的章节中看到具体的示例。

单元包能够以两种形式存在：二进制单元包（binary crate）或库单元包（library crate）。二进制单元包可以被编译为可执行文件，比如命令行程序或服务器等。每个二进制单元包都必须包含一个名为 main 的函数，它作为入口函数定义了程序执行时的行为。到目前为止，我们创建的所有单元包都是二进制单元包。

与之对应的是，库单元包没有 main 函数，也不会被编译为可执行文件，它们被用来定义一些可以在多个项目中共享的功能。例如，我们在第 2 章中使用的 rand 单元包就提供了生成随机数的功能。在绝大多数情况下，当一个 Rustacean 提到单元包时，他想要表达的正是库单元包。他们还常常将"单元包"与通用编程概念中的"库"混用。

我们将 Rust 编译时所使用的入口文件称为这个单元包的根节点，它同时也是单元包的根模块（我们会在随后的"通过定义模块控制作用域及私有性"一节中详细地讨论模块）。

包由一个或多个提供相关功能的单元包集合而成，它附带的配置文件 *Cargo.toml* 描述了如何构建这些单元包的信息。我们用来构建代码的 Cargo 本身也是一个包，它包含的二进制单元包提供了对应的命令行工具。除此之外，Cargo 包还拥有一个被二进制单元包依赖的库单元包。其他的项目可以借助 Cargo 的库单元包来实现与 Cargo 逻辑类似的命令行工具。

一个单元包要么是二进制单元包，要么是库单元包。而一个包可以包含多个二进制单元包和至多一个库单元包。另外，一个包至少需要包含一个单元包，无论它是二进制单元包还是库单元包。

现在，我们输入 cargo new my-project 命令，并观察在创建一个包时会发生哪些事情：

```
$ cargo new my-project
    Created binary (application) `my-project` package
$ ls my-project
Cargo.toml
src
$ ls my-project/src
main.rs
```

在运行 cargo new my-project 命令后，我们使用了 ls 命令来观察 Cargo 创建了哪些东西。在项目目录中，出现的 *Cargo.toml* 文件表明我们创建了一个包。除此之外，还有一个包含了 *main.rs* 文件的 *src* 文件夹。在文本编辑器中打开 *Cargo.toml*，你也许会奇怪它居然没有提到 *src/main.rs*，这是因为 Cargo 会默认将 *src/main.rs* 视作一个二进制单元包的根节点而无须指定，这个二进制单元包与包拥有相同的名称。同样地，假设包的目录中包含 *src/lib.rs* 文件，Cargo 也会自动将其视作与包同名的库单元包的根节点。Cargo 会在构建库和二进制程序时，将这些单元包的根节点文件作为参数传递给 rustc。

最初生成的包只包含源文件 *src/main.rs*，这也意味着它只包含一个名为 my-project 的二进制单元包。而如果包中同时存在 *src/main.rs* 和 *src/lib.rs*，那么其中就会分别存在一个二进制单元包和一个库单元包，它们拥有与包相同的名称。我们可以在 *src/bin* 路径下添加源文件来创建出更多的二进制单元包，这条路径下的每个源文件都会被视作单独的二进制单元包。

模块备忘表

在进一步了解模块与路径之前，我们在这里提供了一份简要的参考文档来介绍模块、路径、use 关键字以及 pub 关键字在编译器中的运作方式，还介绍了大多数开发者组织其代码的方式。我们会在本章随后的章节中借助示例代码来逐一讨论这些规则，这里的简要总结可以帮助你回顾模块的

工作方式。

开始于单元包的根节点：在编译一个单元包时，编译器会从单元包的根节点文件开始编译（通常是库单元包中的 *src/lib.rs*，或二进制单元包中的 *src/main.rs*）。

声明模块：在单元包的根节点文件中，你可以声明新的模块。例如，当你使用 mod garden;来声明一个 "garden" 模块时，编译器会在如下所示的路径中搜索模块代码。

- 内嵌代码，也就是在 mod garden 后面使用花括号替代分号来创建的代码块。
- 在 *src/garden.rs* 文件中。
- 在 *src/garden/mod.rs* 文件中。

声明子模块：在除根节点文件外的任何文件内，你都可以声明子模块。例如，你可以在 *src/garden.rs* 文件内定义 mod vegetables;；而编译器会在以父模块命名的目录下搜索代码：

- 内嵌代码，也就是在 mod vegetables 后面使用花括号替代分号来创建的代码块。
- 在 *src/garden/vegetables.rs* 文件中。
- 在 *src/garden/vegetables/mod.rs* 文件中。

模块中指向代码的路径：只要某个模块属于你的单元包，并且符合私有性规则，你就可以在当前单元包的任何地方使用路径引用模块内的代码。例如 garden 的子模块 vegetables 内名为 Asparagus 的类型，就可以使用 crate::garden::vegetables::Asparagus 来找到。

私有与公共：作为默认行为，模块内的代码相对于其父模块是私有的。为了使一个模块公共化，你可以在声明模块时使用 pub mod 来替代 mod。为了使一个公共模块内的条目公共化，你也需要在它们的定义前使用 pub 进行声明。

use 关键字：为了避免反复书写冗长的路径，你可以使用 use 关键字在作用域内创建条目的快捷路径。例如，对于任意可以引用 crate::garden::vegetables::Asparagus 的作用域，你可以使用 use crate::garden::vegetables::Asparagus;来创建快捷路径，并在该作用域中直接使用 Asparagus 来指代这一类型。

接下来，我们会创建一个名为 backyard 的二进制单元包来演示这些行为。这个单元包的目录同样以 backyard 命名，并包含如下所示的文件与目录：

```
backyard
├── Cargo.lock
├── Cargo.toml
└── src
    ├── garden
    │   └── vegetables.rs
    ├── garden.rs
    └── main.rs
```

在这个示例中，单元包的根节点文件 *src/main.rs* 中包含如下所示的内容：

```
use crate::garden::vegetables::Asparagus;

pub mod garden;

fn main() {
    let plant = Asparagus {};
    println!("I'm growing {:?}!", plant);
}
```

pub mod garden;行会指示编译器嵌入它在 *src/garden.rs* 文件中找到的内容，如下所示：

```
pub mod vegetables;
```

这里的 pub mod vegetables;则意味着嵌入了 *src/garden/vegetables.rs* 文件中的内容，如下所示：

```
#[derive(Debug)]
pub struct Asparagus {}
```

现在，让我们开始深入这些规则的细节并在实践中演示它们！

通过定义模块来控制作用域及私有性

本节中，我们将会讨论模块及模块系统中的其他部分，包括可以为条目命名的路径，可以将路径引入作用域的 use 关键字，以及能够将条目标记为公共的 pub 关键字。另外，我们还会学习如何使用 as 关键字、外部包及通配符。现在，让我们把注意力集中到模块上！

模块允许我们将单元包内的代码按照可读性与易用性来进行分组。同时，模块还允许我们控制条目的私有性，因为模块内的代码默认是私有的。私有条目包含了内部的实现细节，且无法被外部使用。我们可以选择将模块及模块内的条目声明为公共的，从而使得外部代码可以使用并依赖它们。

作为示例，我们来编写一个提供就餐服务的库单元包。为了将注意力集中在代码组织而不是餐厅的实现细节上，这个示例只会定义函数的签名，而省略了函数体中的具体内容。

在餐饮业中，店面往往会被划分为前厅与后厨两个部分。其中，前厅会被用于服务客户、处理订单、结账及调酒，而后厨主要被用于厨师与职工制作料理、清洗餐具，以及进行其他一些管理工作。

为了按照餐厅的实际工作方式来组织单元包，我们可以将函数放置到嵌套的模块中。运行 cargo new restaurant --lib 命令来创建一个名为 restaurant 的库，并将示例 7-1 中的代码输入 *src/lib.rs* 文件中来定义一些模块与函数签名。

src/lib.rs

```
mod front_of_house {
    mod hosting {
        fn add_to_waitlist() {}

        fn seat_at_table() {}
    }

    mod serving {
        fn take_order() {}
```

```
        fn serve_order() {}

        fn take_payment() {}
    }
}
```

示例 7-1：一个包含了其他功能模块的 front_of_house 模块

我们以 mod 关键字开头来定义一个模块，接着指明这个模块的名称（也就是本例中的 front_of_house），并在其后使用一对花括号来包裹模块体。在模块内，可以继续定义其他模块，如本例中的 hosting 和 serving 模块。模块内同样可以包含其他条目的定义，比如结构体、枚举、常量、trait 或如示例 7-1 中所示的函数。

通过使用模块，我们可以将相关的定义进行分组，并根据它们的关系指定有意义的名称。使用此代码的开发者可以根据分组来进行导航浏览，并找到他们需要使用的定义，而无须遍历所有内容。需要增加新功能的开发者也会知道应该把代码放置到哪些地方，从而保持程序具有良好的组织性。

我们前面提到过，*src/main.rs* 与 *src/lib.rs* 被称作单元包的根节点，因为这两个文件的内容各自组成了一个名为 crate 的模块，并位于单元包模块结构的根部。这个模块结构也被称为模块树（module tree）。

示例 7-2 展示了示例 7-1 中代码的树状模块结构。

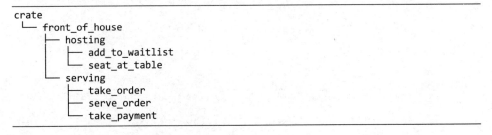
```
crate
 └── front_of_house
      ├── hosting
      │    ├── add_to_waitlist
      │    └── seat_at_table
      └── serving
           ├── take_order
           ├── serve_order
           └── take_payment
```

示例 7-2：示例 7-1 中代码的树状模块结构

这个树状图展示了模块之间的嵌套关系（比如，hosting 被嵌套在 front_of_house 内）。你还可以观察到，某些模块是同级（sibling）的，这就意味着它们被定义在相同的模块中（比如，hosting 与 serving 都被定义在 front_of_house 中）。假如模块 A 被包含在模块 B 内，我们就将模块 A 称作模块 B 的子节点（child），并将模块 B 称作模块 A 的父节点（parent）。注意，整个模块树被放置在了一个名为 crate 的隐式根模块下。

模块树也许会让你想起文件系统的目录树；实际上，这是一个非常恰当的对比！正如文件系统中的目录一样，我们可以使用模块来组织代码；同时，正如目录中的文件一样，我们还需要对应的方法来定位模块。

用于在模块树中指明条目的路径

类似于在文件系统中使用路径进行导航的方式，为了在 Rust 的模块树中找到某个条目，我们同样需要使用路径。比如，在调用某个函数时，我们必须要知晓它的路径。

一条路径可以有两种形式：

- 从单元包根节点开始的完整路径，也就是所谓的绝对路径。对于外部单元包中的代码而言，绝对路径以这个单元包的名称开始；而对于当前单元包中的代码而言，绝对路径以字面量 crate 开始。
- 使用 self、super 或内部标识符从当前模块开始的相对路径。

绝对路径与相对路径都由一个或多个标识符组成，标识符之间使用双冒号（::）分隔。

返回到示例 7-1，我们应该如何调用 add_to_waitlist 函数呢？这个问题实际上等价于：add_to_waitlist 函数的路径是什么呢？示例 7-3 在示例 7-1 的基础上删除了部分模块及函数。

我们将在单元包根模块中编写一个新的函数 eat_at_restaurant，并在其中演示两种调用 add_to_waitlist 函数的方式。虽然代码中用到的路径都是有效的，但依然存在某些问题阻止了这个示例通过编译。我们会在稍后看到具体的原因。

作为库单元包的公共 API 之一，我们使用了 pub 关键字将 eat_at_restaurant 函数声明为公共的。在随后的"使用 pub 关键字暴露路径"一节中，会更加详细地讨论 pub 关键字。

src/lib.rs
```
mod front_of_house {
    mod hosting {
        fn add_to_waitlist() {}
    }
}

pub fn eat_at_restaurant() {
    // 绝对路径
    crate::front_of_house::hosting::add_to_waitlist();

    // 相对路径
    front_of_house::hosting::add_to_waitlist();
}
```

示例 7-3：分别使用绝对路径和相对路径来调用 add_to_waitlist 函数

eat_at_restaurant 函数第一次调用 add_to_waitlist 函数时使用了绝对路径。因为 add_to_waitlist 函数与 eat_at_restaurant 函数被定义在相同的单元包中，所以这条绝对路径是从 crate 关键字开始的。在 crate 之后，还有一系列连续的模块名称，直到最终的 add_to_waitlist 函数。你可以想象一个拥有相同结构的文件系统，这个过程类似于指定路径/front_to_house/hosting/add_to_waitlist 来运行 add_to_waitlist 程序。使用 crate 从根节点开始，类似于在 shell 中使用/从文件系统根开始。

eat_at_restaurant 第二次调用 add_to_waitlist 函数时使用了相对路径。这条路径是从 front_of_house 开始的，也就是从与 eat_at_restaurant 定义的模块树级别相同的那个模块名称开始的。此时的路径类似于文件系统中的路径 front_of_house/hosting/add_to_waitlist。以模块名称开头意味着这条路径是相对的。

你可以基于项目的实际情况来决定使用相对路径还是绝对路径。这取决于你是更有可能将条目定义代码与使用该条目的代码分开移动，还是将它们一起移动。例如，当我们将 front_of_house 模块和 eat_at_restaurant 函数同时移动至一个新的 customer_experience 模块中时，就需要更新指向 add_to_waitlist 的绝对路径，而相对路径依然有效。而当我们单独将 eat_at_restaurant 函数移动至 dining 模块中时，指向 add_to_waitlist 函数的绝对路径会保持不变，但对应的相对路径需要手动更新。大部分的 Rust 开发者会更倾向于使用绝对路径，因为他们往往会彼此独立地移动定义代码与调用代码。

现在，让我们试着编译示例 7-3 中的代码并找出它无法编译的原因！此时产生的编译错误如示例 7-4 所示。

```
$ cargo build
   Compiling restaurant v0.1.0 (file:///projects/restaurant)
error[E0603]: module `hosting` is private
 --> src/lib.rs:9:28
  |
9 |     crate::front_of_house::hosting::add_to_waitlist();
  |                            ^^^^^^^ private module
  |
note: the module `hosting` is defined here
 --> src/lib.rs:2:5
  |
2 |     mod hosting {
  |     ^^^^^^^^^^^

error[E0603]: module `hosting` is private
  --> src/lib.rs:12:21
   |
12 |     front_of_house::hosting::add_to_waitlist();
   |                     ^^^^^^^ private module
   |
note: the module `hosting` is defined here
  --> src/lib.rs:2:5
   |
2  |     mod hosting {
   |     ^^^^^^^^^^^
```

示例 7-4：构建示例 7-3 中的代码后产生的编译错误

这段错误提示信息指出，hosting 模块是私有的。换句话说，虽然我们拥有指向 hosting 模块及 add_to_waitlist 函数的正确路径，但由于缺少访问私有域的权限，所以 Rust 依然不允许我们访问它们。在 Rust 中，所有的条目（函数、方法、结构体、枚举、模块及常量）相对于父模块来说默认都是私有的。因此，如果你想要将一个条目（比如函数或结构体）声明为私有的，就可以将它放置到某个模块中。

处于父模块中的条目无法使用子模块中的私有条目，但子模块中的条目可以使用其所有祖先模块中的条目。虽然子模块包装并隐藏了自身的实现细节，但却依然能够感知当前定义环境中的上下文。继续使用餐厅来比喻，你可以将私有性规则想象为餐厅的后勤办公室，其中的工作细节对于餐厅的客户而言自然是不可见的，但后勤经理依然能够观察并使用餐厅中的任何东西。

Rust 之所以选择让模块系统这样运作，是因为我们希望默认隐藏内部的实现细节。这样，你就能够明确地知道修改哪些内部实现不会破坏外部代码。同时，你也可以使用 pub 关键字将某些条目标记为公共的，从而使子模块中的这些部分被暴露到祖先模块中。

使用 pub 关键字来暴露路径

让我们返回到示例 7-4 中的错误，它指出 hosting 模块是私有的。为了让父模块中的 eat_at_restaurant 函数能够正常访问子模块中的 add_to_waitlist 函数，我们可以使用 pub 关键字来标记 hosting 模块，如示例 7-5 所示。

src/lib.rs
```
mod front_of_house {
    pub mod hosting {
        fn add_to_waitlist() {}
    }
}

// --略--
```

示例 7-5：将 hosting 模块标记为 pub，以便在 eat_at_restaurant 函数中使用它

遗憾的是，编译示例 7-5 中的代码依然会导致错误，如示例 7-6 所示。

```
$ cargo build
   Compiling restaurant v0.1.0 (file:///projects/restaurant)
error[E0603]: function `add_to_waitlist` is private
 --> src/lib.rs:9:37
  |
9 |     crate::front_of_house::hosting::add_to_waitlist();
  |                                     ^^^^^^^^^^^^^^^ private function
  |
note: the function `add_to_waitlist` is defined here
 --> src/lib.rs:3:9
  |
3 |         fn add_to_waitlist() {}
  |         ^^^^^^^^^^^^^^^^^^^^

error[E0603]: function `add_to_waitlist` is private
  --> src/lib.rs:12:30
   |
12 |     front_of_house::hosting::add_to_waitlist();
   |                              ^^^^^^^^^^^^^^^ private function
   |
note: the function `add_to_waitlist` is defined here
  --> src/lib.rs:3:9
   |
3 |         fn add_to_waitlist() {}
   |         ^^^^^^^^^^^^^^^^^^^^
```

示例 7-6：构建示例 7-5 中的代码后产生的编译错误

究竟发生了什么？在 mod hosting 的前面添加 pub 关键字使得这个模块公开了。这一修改使我们在访问 front_of_house 时，可以正常访问 hosting。但 hosting 中的内容依旧是私有的。将模块变为公开状态并不会影响其内部条目的状态。模块前面的 pub 关键字仅仅意味着祖先模块拥有了指向该模块的权限。单独将模块声明为公共的并不会产生特别大的作用，因为模块本身只被视作一个容器；我们需要深入模块内部，选择将其中的一个或多个条目同样声明为公共的。

示例 7-6 中的错误指出，**add_to_waitlist** 函数是私有的。私有性规则不仅作用于模块，还作用于结构体、枚举、函数及方法。

让我们以同样的方式为 add_to_waitlist 函数添加 pub 关键字，如示例 7-7 所示。

src/lib.rs

```
mod front_of_house {
    pub mod hosting {
        pub fn add_to_waitlist() {}
    }
}

// --略--
```

示例 7-7：为 **mod hosting** 与 **fn add_to_waitlist** 添加 pub 关键字，使我们可以在 **eat_at_restaurant** 中调用这一函数

现在，代码可以通过编译了！在了解了私有性规则后，我们再来看一看这里的绝对路径与相对路径，并了解为什么添加 pub 关键字能够使指向 **add_to_waitlist** 的路径变得可用。

在绝对路径中，我们从 crate，也就是单元包的模块树的根节点开始。接着，在根节点中定义 **front_of_house** 模块。虽然 front_of_house 模块并没有被公开，但是因为 **eat_at_restaurant** 函数被定义在与 front_of_house 相同的模块中（也就是说，**eat_at_restaurant** 与 **front_of_house** 属于同级节点），所以我们可以直接在 **eat_at_restaurant** 中引用 **front_of_house**。随后，hosting 模块被标记为 pub。由于我们拥有访问 hosting 的父模块的权利，所以也可以访问 **hosting**。最后，**add_to_waitlist** 函数被标记为 pub，同样因为我们能够访问它的父模块，所以这个函数能够被正常地访问并调用。

在相对路径中，除了第一步，大部分逻辑都与绝对路径的相同：相对路径从 **front_of_house** 开始，而不是从单元包的根节点开始的。因为 **front_of_house** 模块被定义在与 **eat_at_restaurant** 相同的模块中，所以 **eat_at_restaurant** 中的相对路径能够从 front_of_house 开始寻址。接着，由

于 hosting 和 add_to_waitlist 都被标记为 pub，所以路径中的其余部分同样合法，并最终保证函数调用的有效性。

假如你准备将自己的库单元包分享给其他人，并允许他们基于你的代码构建项目，那么需要注意：单元包中的公共 API 构建了你与用户之间的契约，它决定了用户使用这些代码的方式。为了提供一个友好的使用体验，在管理公共 API 的改动时有许多需要考量的地方。这些考量已经超出了本书的讨论范围，但假如你有兴趣的话，也可以自行阅读《Rust API 编写指南》（*Rust API Guideline*）。

同时包含有二进制单元包与库单元包的包的最佳实践

我们曾经提到过，一个包可以同时拥有一个以 *src/main.rs* 为根节点的二进制单元包和一个以 *src/lib.rs* 为根节点的库单元包。这两个单元包的名称默认与包相同。通常来说，如果一个包同时含有库单元包与二进制单元包，那么在二进制单元包内往往只会编写那些恰好可以调用库单元包并启动可执行文件的代码。这使得其他项目可以从这个包提供的功能中获得帮助，因为库单元包的代码是可以被分享的。

由于模块树被定义在 *src/lib.rs* 文件中，所以我们可以在二进制单元包中使用包的名称作为路径的起始，来访问库单元包中的任何公共条目。作为库单元包的用户，二进制单元包与外部单元包拥有相似的行为限制：它只能访问库单元包中的公共 API。这种模式可以帮助我们设计出更好的 API，因为我们不仅扮演了作者的角色，还要反复作为客户来调用自己的设计。

在第 12 章中，我们会使用类似的组织实践方式来创建一个同时包含有二进制单元包与库单元包的命令行程序。

从 super 关键字开始构造相对路径

我们也可以从父模块开始构造相对路径，这种方式需要在路径起始处使用 super 关键字。它有些类似于在文件系统中使用 .. 语法开始一条路径。当某个模块与其父模块紧密相关时，使用 super 关键字来引用父模块中的条目会让调整模块树的过程变得更加容易，因为移动父模块的位置不会影响子模块中相对路径的合法性。

考虑示例 7-8 中涉及的情形：某个大厨需要修正一份错误的订单，并亲自将它送给外面的客户。在 back_of_house 模块中定义的 fix_incorrect_order 函数通过使用 super 并指定 deliver_order 路径，调用了在父模块中定义的 deliver_order 函数。

src/lib.rs
```rust
fn deliver_order() {}

mod back_of_house {
    fn fix_incorrect_order() {
        cook_order();
        super::deliver_order();
    }

    fn cook_order() {}
}
```

示例 7-8：使用从 super 开始的相对路径来调用函数

由于 fix_incorrect_order 函数位于 back_of_house 模块内，所以我们可以使用 super 关键字跳转至 back_of_house 的父模块，也就是根模块处。从它开始，可以成功地找到 deliver_order。考虑到 back_of_house 模块与 deliver_order 函数的联系较为紧密，当我们需要重新组织单元包的模块树时应该会同时移动它们，所以本例使用了 super 关键字。当未来需要将代码移动至其他模块时，可以避免更新这部分相对路径。

将结构体或枚举声明为公共的

对于结构体与枚举，都可以使用 pub 将其声明为公共的，但需要注意其中存在一些细微差别。当我们在结构体定义前使用 pub 时，结构体本身就成为公共结构体，但它的字段依旧保持私有状态。我们可以逐一决定是否将某个字段公开。在示例 7-9 中，我们定义了一个公共的 back_of_house::Breakfast 结构体，并将它的 toast 字段公开，而使 seasonal_fruit 字段保持私有状态。这段代码描述了餐厅中的早餐模型，客户可以自行选择想要的面包，但只有厨师才能根据季节与存货决定配餐水果。这是因为当前可用的水果总是处于变化中，客户无法选择甚至无法知晓他们能够获得的水果种类。

```
src/lib.rs    mod back_of_house {
                  pub struct Breakfast {
                      pub toast: String,
                      seasonal_fruit: String,
                  }

                  impl Breakfast {
                      pub fn summer(toast: &str) -> Breakfast {
                          Breakfast {
                              toast: String::from(toast),
                              seasonal_fruit: String::from("peaches"),
                          }
                      }
                  }
              }

              pub fn eat_at_restaurant() {
                  // 选择黑麦面包作为夏季早餐
                  let mut meal = back_of_house::Breakfast::summer("Rye");
                  // 修改我们想要的面包类型
                  meal.toast = String::from("Wheat");
                  println!("I'd like {} toast please", meal.toast);

                  // 接下来的这一行无法通过编译，我们不能看到或更换随餐提供的季节性水果
                  // meal.seasonal_fruit = String::from("blueberries");
              }
```

示例 7-9：一个拥有部分公共字段、部分私有字段的结构体

因为 back_of_house::Breakfast 结构体中的 toast 字段是公共的，所以我

们才能够在 eat_at_restaurant 中使用点号读/写 toast 字段。注意，由于 seasonal_fruit 是私有的，所以我们不能在 eat_at_restaurant 中使用它。试着取消上面那行修改 seasonal_fruit 字段的代码的注释，并看一下会得到什么样的编译错误！

另外，还需要注意的是，因为 back_of_house::Breakfast 拥有一个私有字段，所以这个结构体需要提供一个公共的关联函数来构造 Breakfast 的实例（也就是本例中的 summer）。如果缺少这样的函数，我们将无法在 eat_at_restaurant 中创建任何 Breakfast 实例，因为不能在 eat_at_restaurant 中设置私有的 seasonal_fruit 字段的值。

相对应地，如果将一个枚举声明为公共的，那么其所有的变体都会自动变为公开状态。我们仅需要在 enum 关键字的前面放置 pub，如示例 7-10 所示。

src/lib.rs
```
mod back_of_house {
    pub enum Appetizer {
        Soup,
        Salad,
    }
}

pub fn eat_at_restaurant() {
    let order1 = back_of_house::Appetizer::Soup;
    let order2 = back_of_house::Appetizer::Salad;
}
```

示例 7-10：公开一个枚举会同时将它的所有字段公开

因为 Appetizer 枚举具有公共属性，所以我们能够在 eat_at_restaurant 中使用 Soup 与 Salad 变体。

枚举与结构体之所以不同，是由于枚举只有在所有变体都公开可用时才能实现最大的功效，而必须为所有的枚举变体添加 pub 则显得烦琐一些，因此，所有的枚举变体默认都是公共的。对于结构体而言，即便部分字段是私有的，也不会影响它自身的使用，所以结构体字段遵守默认的私有性规则，除非被标记为 pub，否则默认是私有的。

除了上述情形，本节还遗留了一处与 pub 有关的使用场景没有介绍，它涉及模块系统的最后一个功能：use 关键字。我们首先会介绍 use 关键字本身，然后演示如何组合使用 pub 与 use。

使用 use 关键字将路径导入作用域

基于路径来调用函数的写法看上去会有些重复和冗长。例如，在示例 7-7 中，无论我们使用绝对路径还是相对路径来指定 add_to_waitlist 函数，都必须在每次调用 add_to_waitlist 的同时指定路径上的 front_of_house 与 hosting 节点。幸运的是，有一种方法可以简化这个步骤：使用 use 关键字来创建路径的缩写，然后就可以在作用域内的其他地方使用这个较短的名称了。

示例 7-11 中的代码将 crate::front_of_house::hosting 模块引入了 eat_at_restaurant 函数的作用域，从而使我们可以在 eat_at_restaurant 中通过指定 hosting::add_to_waitlist 来调用 add_to_waitlist 函数。

src/lib.rs

```
mod front_of_house {
    pub mod hosting {
        pub fn add_to_waitlist() {}
    }
}

use crate::front_of_house::hosting;

pub fn eat_at_restaurant() {
    hosting::add_to_waitlist();
}
```

示例 7-11：使用 use 将模块引入作用域

在作用域中使用 use 引入路径有些类似于在文件系统中创建符号链接。通过在单元包的根节点下添加 use crate::front_of_house::hosting，hosting 成为该作用域中的一个有效名称，就如同 hosting 模块被定义在根节点下一样。当然，使用 use 将路径引入作用域时也需要遵守私有性规则。

需要注意的是，use 只会在它出现的特定作用域内创建路径的缩写。示例 7-12 将 eat_at_restaurant 函数移动到了一个新的子模块 customer 中，也就是与 use 语句所处的作用域不同的另一个作用域中。因此，如下所示的函数体无法通过编译。

src/lib.rs

```
mod front_of_house {
    pub mod hosting {
        pub fn add_to_waitlist() {}
    }
}

use crate::front_of_house::hosting;

mod customer {
    pub fn eat_at_restaurant() {
        hosting::add_to_waitlist();
    }
}
```

示例 7-12：use 语句只在它所处的作用域内生效

编译器输出的错误信息指出缩写无法在 customer 模块中继续生效：

```
error[E0433]: failed to resolve: use of undeclared crate or module `hosting`
  --> src/lib.rs:11:9
   |
11 |         hosting::add_to_waitlist();
   |         ^^^^^^^ use of undeclared crate or module `hosting`

warning: unused import: `crate::front_of_house::hosting`
 --> src/lib.rs:7:5
   |
7 | use crate::front_of_house::hosting;
   |     ^^^^^^^^^^^^^^^^^^^^^^^^^^^^^^^
   |
   = note: `#[warn(unused_imports)]` on by default
```

注意，这里还有一条警告信息，指出 use 在其作用域内没有被使用！为了解决这些问题，我们可以将 use 语句一同移动至 customer 模块中，或者在子模块 customer 中使用 super::hosting 来引用父模块中的缩写。

创建 use 路径时的惯用方式

在示例 7-11 中，你也许会好奇，为什么我们使用了 use crate::front_of_house::hosting 并接着调用了 hosting::add_to_waitlist，而没有直接使用use 来指向 add_to_waitlist 函数的完整路径，如示例 7-13 所示。

src/lib.rs
```
mod front_of_house {
    pub mod hosting {
        pub fn add_to_waitlist() {}
    }
}

use crate::front_of_house::hosting::add_to_waitlist;

pub fn eat_at_restaurant() {
    add_to_waitlist();
}
```

示例 7-13：使用 use 将 add_to_waitlist 函数引入作用域的非惯用方式

尽管示例 7-11 与示例 7-13 都完成了相同的工作，但相对而言，示例 7-11 中将函数引入作用域的方式要更加常用一些。使用 use 将函数的父模块引入作用域意味着，我们必须在调用函数时指定这个父模块，从而更清晰地表明当前函数没有被定义在当前作用域中。当然，这一方式也尽可能地避免了完整路径的重复。示例 7-13 中的代码则无法清晰地表明 add_to_waitlist 的定义区域。

另外，我们习惯在使用 use 引入结构体、枚举和其他条目时编写完整的路径。示例 7-14 中的二进制单元包展示了将标准库的 HashMap 结构体引入作用域时的惯用方式。

src/main.rs
```
use std::collections::HashMap;

fn main() {
    let mut map = HashMap::new();
    map.insert(1, 2);
}
```

示例 7-14：通过惯用方式将 HashMap 引入作用域

我们并没有特别强有力的论据来支持这一写法，但它已经作为一种约定俗成的习惯被开发者接受并应用在阅读和编写 Rust 代码中了。

当然，假如我们需要将两个拥有相同名称的条目引入作用域，就应该避免使用上述方式，因为 Rust 并不支持这样的情形。示例 7-15 展示了如何将来自不同模块却拥有相同名称的两个 Result 类型引入作用域，并分别指向不同的 Result。

src/lib.rs
```
use std::fmt;
use std::io;

fn function1() -> fmt::Result {
    // --略--
}

fn function2() -> io::Result<()> {
    // --略--
}
```

示例 7-15：将两个拥有相同名称的类型引入作用域时需要使用它们的父模块

正如以上代码所示，我们可以使用父模块来区分两个不同的 Result 类型。但是，假设我们直接指定了 use std::fmt::Result 与 use std::io::Result，那么在同一作用域内就会出现两个 Result 类型，这时 Rust 便无法在我们使用 Result 时确定使用的是哪一个 Result。

使用 as 关键字来提供新的名称

对于使用 use 将同名类型引入作用域时所产生的问题，还有另一种解决办法：我们可以在路径后使用 as 关键字为类型指定一个新的本地名称，也就是别名（alias）。示例 7-16 使用了这种方法来编写示例 7-15 中的代码，即使用 as 对其中的一个 Result 类型进行了重命名。

src/lib.rs
```
use std::fmt::Result;
use std::io::Result as IoResult;

fn function1() -> Result {
```

```
    // --略--
}

fn function2() -> IoResult<()> {
    // --略--
}
```

示例 7-16：使用 as 关键字对引入作用域的类型进行重命名

在第二条 use 语句中，我们为 std::io::Result 类型选择了新的名称
IoResult，避免了它与同样引入该作用域的 std::fmt::Result 发生冲突。示例
7-15 与示例 7-16 中的写法都是符合惯例的，你可以根据自己的喜好进行选择。

使用 pub use 重导出名称

当我们使用 use 关键字将名称引入作用域时，这个名称会以私有的方式在
新的作用域中生效。假如我们希望这个名称可以被外部代码所引用，就好像它
是在这段代码的作用域中定义的一样，我们可以组合使用 pub 和 use。这项技术
也被称作重导出（re-exporting），因为我们不仅将条目引入了作用域，还使得该
条目可以被外部代码引入它们自己的作用域中。

示例 7-17 将示例 7-11 中根模块下的 use 修改为 pub use。

src/lib.rs
```
mod front_of_house {
    pub mod hosting {
        pub fn add_to_waitlist() {}
    }
}

pub use crate::front_of_house::hosting;

pub fn eat_at_restaurant() {
    hosting::add_to_waitlist();
}
```

示例 7-17：通过 pub use 使得一个名称可以在新的作用域中被其他任意代码所使用

如果没有上面的修改，那么必须使用 restaurant::front_of_house::
hosting::add_to_waitlist()路径才能在外部代码中调用 add_to_waitlist 函

数。现在，由于 pub use 从根模块中重导出了 hosting 模块，所以外部代码可以直接使用 restaurant::hosting::add_to_waitlist()路径作为替代。

当代码的内部结构与外部所期望的访问结构不同时，重导出技术就会变得非常有用。例如，在这个餐厅的比喻中，餐厅的员工会以"前厅"和"后厨"来区分工作区域，但访问餐厅的客户不会以这样的术语来考虑餐厅的结构。通过使用 pub use，我们可以在编写代码时使用一种结构，而对外部暴露时使用另一种不同的结构。这一方法可以让我们的代码库对编写者与调用者同时保持良好的组织结构。我们将在第 14 章的"使用 pub use 导出合适的公共 API"一节中讨论 pub use 的另一个示例，并观察它会如何影响你的单元包文档。

使用外部包

在第 2 章中，我们编写过一个猜数游戏，并在程序中使用了外部包 rand 来获得随机数。为了在项目中使用 rand，我们需要在 *Cargo.toml* 中添加下面的内容：

Cargo.toml
```
rand = "0.8.5"
```

在 *Cargo.toml* 中添加 rand 作为依赖，会指派 Cargo 从 *crates.io* 上下载 rand 及相关的依赖包，并使 rand 对当前的项目可用。

接着，为了将 rand 中的定义引入当前包的作用域，我们以包名 rand 开始添加了一行 use 语句，并在包名后列出了想要引入作用域的条目。回忆一下第 2 章的"生成一个随机数"一节，我们将 Rng trait 引入了作用域，接着又调用了 rand::thread_rng 函数：

```
use rand::Rng;

fn main() {
    let secret_number = rand::thread_rng().gen_range(1..=100);
}
```

Rust 社区的成员已经在 *crates.io* 中上传了许多可用的包，你可以按照类似的步骤将它们引入自己的项目：首先将它们列入 *Cargo.toml* 文件中，然后使用 use 将特定的条目引入作用域。

注意，标准库（std）实际上也是当前项目的外部包。由于标准库已经被内置到 Rust 语言中，所以我们不需要特意修改 *Cargo.toml* 来包含 std。但是，我们同样需要使用 use 将标准库中特定的条目引入当前项目的作用域。例如，可以通过如下所示的语句来引入 HashMap：

```
use std::collections::HashMap;
```

这条绝对路径以 std 开头，这里的 std 就是标准库单元包的名称。

使用嵌套路径来清理众多的 use 语句

当我们想要使用同一个包或同一个模块内的多个条目时，将它们逐行列出会占据较大的纵向空间。例如，第 2 章猜数游戏中的示例 2-4 使用了两行 use 语句将 std 中的条目引入作用域：

src/main.rs
```
// --略--
use std::cmp::Ordering;
use std::io;
// --略--
```

当然，我们也可以使用嵌套路径在一行中将上述条目引入作用域。这一方法需要我们指定路径的相同部分，然后添加两个冒号，接着用一对花括号包裹路径差异部分的列表，如示例 7-18 所示。

src/main.rs
```
// --略--
use std::{cmp::Ordering, io};
// --略--
```

示例 7-18：指定嵌套路径，将拥有相同路径前缀的条目引入作用域

在一些更复杂的项目中，使用嵌套路径将众多条目从同一个包或同一个模块中引入作用域，可以节省大量独立的 use 语句！

我们可以在路径的任意层级使用嵌套路径，这一特性对于合并两行共享子路径的 use 语句十分有用。例如，示例 7-19 展示了两行 use 语句，其中一行用于将 std::io 引入作用域，而另一行用于将 std::io::Write 引入作用域。

src/lib.rs
```
use std::io;
use std::io::Write;
```

示例 7-19：两行 use 语句，其中一行是另一行的子路径

这两条路径拥有相同的 std::io 前缀，而且该前缀还是第一条路径本身。为了将这两条路径合并至一行 use 语句中，我们可以在嵌套路径中使用 self，如示例 7-20 所示。

src/lib.rs
```
use std::io::{self, Write};
```

示例 7-20：将示例 7-19 中的路径合并至一行 use 语句中

上述语句会将 std::io 与 std::io::Write 同时引入作用域。

通配符

假如你想要将路径中定义的所有公共条目都导入作用域，那么可以在指定路径时使用*通配符：

```
use std::collections::*;
```

上面这行 use 语句会将在 std::collections 内定义的所有公共条目都导入当前作用域。请小心谨慎地使用这一特性！通配符会使你难以确定作用域中存在哪些名称，以及某个名称具体的定义位置。

测试代码经常会使用通配符将所有需要测试的东西引入 tests 模块，我们会在第 11 章的"如何编写测试"一节中讨论这个话题。通配符还经常被用于预导入模块中，你可以阅读标准库文档中有关预导入模块的内容来获得更多信息。

将模块拆分为不同的文件

到目前为止，本章所有的示例都被定义在同一个文件内的不同模块中。当模块规模逐渐增大时，我们可以将它们的定义移动至新的文件中，从而使代码更加易于浏览。

作为示例，我们以示例 7-17 中拥有多个餐厅模块的代码为基础，将这些模块从单元包根节点文件移动至不同的文件中。在本例中，根节点文件就是 *src/lib.rs*，但这一方法同样可以被应用到以 *src/main.rs* 为根节点文件的二进制单元包中。

首先，我们会将 front_of_house 模块剥离至它自己的文件中。移除 front_of_house 模块中花括号内的代码，只留下 mod front_of_house;声明，修改之后的 *src/lib.rs* 如示例 7-21 所示。注意，这段代码在示例 7-22 中创建 *src/front_of_house.rs* 之前还无法通过编译。

src/lib.rs
```
mod front_of_house;

pub use crate::front_of_house::hosting;

pub fn eat_at_restaurant() {
    hosting::add_to_waitlist();
}
```

示例 7-21：声明 front_of_house 模块，其代码位于 *src/front_of_house.rs* 文件中

接下来，将花括号中的代码移动至新的 *src/front_of_house.rs* 文件中，如示例 7-22 所示。由于这个文件的名称与我们在根节点内定义的模块名称一样，所以编译器能够自动查找到这个文件。

src/front_of
_house.rs
```
pub mod hosting {
    pub fn add_to_waitlist() {}
}
```

示例 7-22：*src/front_of_house.rs* 文件中 front_of_house 模块的定义

需要注意的是，只需要在模块树中使用一次 mod 声明来加载文件。只要编

译器将这个文件识别为项目的一部分（并通过 mod 语句的位置确定了代码在模块树中的位置），项目中其余的文件就只能通过它定义的路径来访问这个文件中的代码，正如"用于在模块树中指明条目的路径"一节中提到过的那样。换句话说，mod 与其他语言中的"include"操作并不一样。

接下来，我们会将 hosting 模块剥离至它自己的文件中。这个过程有些许变化，因为 hosting 是 front_of_house 的子模块，而不是根模块的子模块。我们需要将 hosting 的文件放置在一个新的目录下，这个目录的名称取决于模块树中它的祖先节点，也就是本例中的 *src/front_of_house*。

为了开始移动 hosting，我们先将 *src/front_of_house.rs* 中的 hosting 模块定义修改为如下所示的样子：

src/front_of
_house.rs

```
pub mod hosting;
```

接着，创建一个 *src/front_of_house* 目录和一个名为 *hosting.rs* 的文件来存放 hosting 模块中的定义：

src/front_of_
house/hosting.rs

```
pub fn add_to_waitlist() {}
```

假如我们将 *hosting.rs* 放置在了 *src* 目录下，那么编译器就会认为 *hosting.rs* 中的代码从属于单元包根模块中声明的 hosting 模块，而不会将其视作 front_of_house 模块的子模块。这种用来决定编译器在哪个文件中查找模块代码的规则，意味着目录和文件的布局结构会与模块树更加紧密地匹配起来。

另一种文件路径

到目前为止，我们已经介绍了 Rust 编译器最常使用的那些文件路径，但 Rust 还支持一种较老的文件路径风格。对于一个在根节点下声明的 front_of_house 模块来说，编译器会尝试在如下所示的路径中搜索模块代码：

- *src/front_of_house.rs*（我们介绍过的）

- *src/front_of_house/mod.rs*（一种较老的路径风格）

对于 front_of_house 中一个名为 hosting 的子模块来说，编译器会尝试在如下所示的路径中搜索模块代码：

- *src/front_of_house/hosting.rs*（我们介绍过的）
- *src/front_of_house/hosting/mod.rs*（一种较老的路径风格）

假如你为同一个模块使用了两种不同的路径风格，编译器就会产生错误。在项目中，为不同的模块混合使用上述两种不同的路径风格是合法的，但这种组织方式有可能会让浏览代码的用户产生困惑。

使用 *mod.rs* 文件的路径风格有一个明显的劣势，那就是你的项目可能会产生许多同名的 *mod.rs* 文件。当你在编辑器中同时打开这些文件时，也许会因为相同的名称而无所适从。

尽管我们将每个模块的代码都放置到了独立的文件中，但模块树并没有发生改变。即便定义存在于不同的文件中，eat_at_restaurant 中的函数调用也依然有效而无须进行额外的修改。这样的技术允许我们在模块规模逐渐增大时将它们移动至新的文件中。

注意，*src/lib.rs* 中的 pub use crate::front_of_house::hosting 语句同样没有发生变化，use 本身也不会影响编译单元包时使用的文件。mod 关键字声明了模块，并指示 Rust 在同名文件中搜索模块内使用的代码。

总结

Rust 允许你将包拆分为不同的单元包，并将单元包拆分为不同的模块，这样你就能够在其他模块中引用某个特定模块内定义的条目。为了引用外部条目，你需要指定它们的绝对路径或相对路径。你可以通过 use 语句将这些路径引入作用域，接着在该作用域中使用较短的路径来多次使用对应的条目。模块中的代码默认是私有的，但你可以通过添加 pub 关键字将定义声明为公共的。

　　在接下来的章节中，我们将会接触到一些来自标准库的集合数据结构，你可以将它们应用到那些拥有良好组织结构的代码中。

8

通用集合类型

Rust 标准库包含了一系列非常有用的被称为集合（collection）的数据结构。大部分的数据结构都代表着某个特定的值，但集合可以包含多个值。与内置的数组与元组类型不同，这些集合将自己持有的数据存储在了堆上。这意味着数据的大小不需要在编译时确定，并且可以随着程序的运行按需扩大或缩小数据占用的空间。不同的集合类型有着不同的性能特性与开销，你需要学会如何为特定的场景选择合适的集合类型。在本章中，我们将讨论以下 3 种集合，它们被广泛使用在 Rust 程序中：

- 动态数组（vector）可以让你紧密地存储任意多个值。
- 字符串（string）是字符的集合。我们之前曾经提到过 String 类型，本章会更深入地讨论它。
- 哈希映射（hash map）可以让你将值关联到一个特定的键上，它是另一种数据结构——映射（map）的特殊实现。

对于标准库中的其他集合类型，你可以通过在 Rust 官方网站查询相关文档来学习。

下面我们会讨论如何创建和更新动态数组、字符串和哈希映射，并研究它们之间的异同。

使用动态数组存储多个值

我们要学习的第一种集合类型叫作 Vec<T>，也就是所谓的动态数组。动态数组允许你在单个数据结构中存储多个相同类型的值，这些值会彼此相邻地排布在内存中。动态数组非常适合在需要存储一系列相同类型值的场景中使用，例如文本中由字符组成的行或购物车中的物品价格等。

创建动态数组

我们可以调用 Vec::new 函数来创建一个空的动态数组，如示例 8-1 所示。

```
let v: Vec<i32> = Vec::new();
```

示例 8-1：创建一个用来存储 i32 数据的空的动态数组

注意，这段代码显式地增加了一个类型标记。因为还没有在这个动态数组中插入任何值，所以 Rust 无法自动推导出我们想要存储的元素类型。这一点非常重要。动态数组在实现中使用了泛型；我们将在第 10 章中学习如何为自定义类型添加泛型。但就目前而言，你只需要知道，标准库中的 Vec<T> 可以存储任何类型的元素，而当你希望某个动态数组持有某个特定的类型时，可以通过一对尖括号来显式地进行声明。示例 8-1 中的语句向 Rust 传达了这样的含义：v 变量绑定的 Vec<T> 会持有 i32 类型的元素。

在实际的编码过程中，只要你向动态数组内插入了数据，Rust 便可以在绝大部分情形下推导出你希望存储的元素类型。你只需要在极少数的场景中对类型进行声明。另外，使用初始值来创建动态数组的场景也十分常见，为此，Rust

特意提供了一个用于简化代码的 vec! 宏。这个宏可以根据我们提供的值来创建一个新的动态数组。示例 8-2 创建了一个持有初始值 1、2、3 的 Vec<i32>。这里的整数类型使用了默认的 i32，正如我们在第 3 章的"数据类型"一节中讨论的那样。

```
let v = vec![1, 2, 3];
```

示例 8-2：创建一个包含了值的动态数组

由于 Rust 可以推断出我们提供的是 i32 类型的初始值，并可以进一步推断出 v 的类型是 Vec<i32>，所以这条语句不需要对类型进行声明。接下来，我们会介绍如何修改一个动态数组。

更新动态数组

为了在创建动态数组后将元素添加至其中，我们可以使用 push 方法，如示例 8-3 所示。

```
let mut v = Vec::new();

v.push(5);
v.push(6);
v.push(7);
v.push(8);
```

示例 8-3：使用 push 方法将值添加到动态数组中

正如第 3 章讨论过的，对于任何变量，只要我们想要改变它的值，就必须使用 mut 关键字将其声明为可变的。由于 Rust 可以从数据中推断出我们添加的值都是 i32 类型的，所以此处同样不需要添加 Vec<i32>的类型声明。

读取动态数组中的元素

有两种方法可以引用存储在动态数组中的值：使用索引和使用 get 方法。

为了更清晰地展示，我们会在接下来的示例中标注出那些函数返回值的类型。

示例 8-4 分别使用了索引和 get 方法来访问动态数组中的值。

```
let v = vec![1, 2, 3, 4, 5];

❶ let third: &i32 = &v[2];
println!("The third element is {third}");

❷ let third: Option<&i32> = v.get(2);
match third {
    Some(third) => println!("The third element is {third}"),
    None => println!("There is no third element."),
}
```

示例 8-4：使用索引和 get 方法来访问动态数组中的元素

这里有一些需要注意的细节。首先，我们使用索引值 2 获得的是第三个元素 ❶，因为动态数组使用数字进行索引，索引值从 0 开始。其次，使用&与[]会直接返回索引位置元素的引用；而接收索引作为参数的 get 方法会返回一个 Option<&T> ❷，我们可以进一步对它进行匹配操作。

当你尝试使用对应元素不存在的索引值来读取动态数组时，因为 Rust 提供了两种不同的元素引用方式，所以你能够自行选择程序的响应方式。比如，示例 8-5 中创建的动态数组持有 5 个元素，但它却尝试访问数组中索引值为 100 的元素，让我们来看一下这种行为会导致什么样的后果。

```
let v = vec![1, 2, 3, 4, 5];

let does_not_exist = &v[100];
let does_not_exist = v.get(100);
```

示例 8-5：尝试在只有 5 个元素的动态数组中访问索引值为 100 的元素

当我们运行这段代码时，[]方法会因为索引指向了不存在的元素而导致程序触发 panic。假如你希望在尝试越界访问元素时使程序直接崩溃，这个方法就再适合不过了。

get 方法会在检测到索引越界时简单地返回 None，而不是使程序直接崩溃。当偶尔越界访问动态数组中的元素是一个正常行为时，你就应该使用这个方法。另外，正如在第 6 章中讨论的那样，你的代码应该合乎逻辑地处理 Some(&element) 与 None 两种不同的情形。例如，索引可能来自一个用户输入的数字。当这个数字意外地超出边界时，程序就会得到一个 None 值。而我们也应该将这一信息反馈给用户，告诉他们当前动态数组的元素数量，并再度请求用户输入有效的值。这就比因为输入错误而使程序崩溃要友好得多！

如同在第 4 章中讨论的那样，一旦程序获得了一个有效的引用，借用检查器就会执行所有权规则和借用规则，来保证这个引用及其他任何指向这个动态数组的引用始终有效。回忆一下所有权规则，我们不能在同一个作用域中同时拥有可变引用与不可变引用。示例 8-6 同样需要遵守这个规则。在这个例子中，我们持有了一个指向动态数组中首个元素的不可变引用，但却依然尝试向这个动态数组的结尾处添加元素。由于我们在函数的末尾使用了这个不可变引用，所以添加元素的操作会被判定为非法。

```
let mut v = vec![1, 2, 3, 4, 5];

let first = &v[0];

v.push(6);

println!("The first element is: {first}");
```

示例 8-6：在持有一个条目的引用时尝试向动态数组中添加元素

编译这段代码，将会导致下面的错误：

```
error[E0502]: cannot borrow `v` as mutable because it is also borrowed as immutable
 --> src/main.rs:6:5
  |
4 |     let first = &v[0];
  |                  - immutable borrow occurs here
5 |
6 |     v.push(6);
```

```
  |         ^^^^^^^^^ mutable borrow occurs here
7 |
8 |         println!("The first element is: {first}");
  |                                          ----- immutable borrow later used here
```

你也许不会觉得示例 8-6 中的代码有什么问题：为什么对第一个元素的引用需要关心动态数组结尾处的变化呢？此处的错误是由动态数组的工作原理导致的：动态数组中的元素是连续存储的，插入新的元素后，也许会没有足够大的空间将所有元素依次相邻地放下，这就需要分配新的内存空间，并将旧的元素移动到新的空间。在本例中，第一个元素的引用可能会因为插入行为而指向被释放的内存。借用规则可以帮助我们规避这类问题。

注意 你可以查看 *The Rustonomicon* 中的相关内容来了解更多 Vec<T> 的实现细节。

遍历动态数组中的值

假如你想要依次访问动态数组中的每一个元素，那么可以直接遍历其所有元素，而不需要使用索引来一个一个地访问它们。示例 8-7 展示了如何使用 for 循环来获得动态数组中每一个 i32 元素的不可变引用，并将它们打印出来。

```
let v = vec![100, 32, 57];
for i in &v {
    println!("{i}");
}
```

示例 8-7：使用 for 循环遍历并打印出动态数组中的所有元素

我们同样可以遍历可变的动态数组，获得元素的可变引用，并修改其中的值。示例 8-8 中的 for 循环会让动态数组中所有元素的值增加 50。

```
let mut v = vec![100, 32, 57];
for i in &mut v {
    *i += 50;
}
```

示例 8-8：遍历获得动态数组中所有元素的可变引用

为了使用+=运算符修改可变引用指向的值，我们首先需要通过解引用运算符（*）来获得 i 中存储的值。我们会在第 15 章的"跳转到指针指向的值"一节中进一步讨论解引用运算符。

由于借用检查规则的存在，遍历一个动态数组是安全的，无论是可变的还是不可变的。假如我们尝试在示例 8-7 和示例 8-8 的 for 循环中插入或移除条目，那么就会得到一个类似于示例 8-6 产生的编译时错误。for 循环中持有的动态数组引用，会阻止我们在遍历的同时去修改整个动态数组。

使用枚举存储多个类型的值

动态数组只能存储相同类型的值。这个限制偶尔会有些不太方便，因为在实际工作中总是会碰到需要存储一些不同类型值的情况。幸运的是，当我们需要在动态数组中存储不同类型的元素时，可以定义并使用枚举来应对这种情况，因为枚举中的所有变体都被定义为同一种枚举类型。

假设我们希望读取表格中的单元值，这些单元值可能是整数、浮点数或字符串，那么就可以使用枚举的不同变体来存储不同类型的值。所有的这些枚举变体都会被视为同一类型，也就是这个枚举类型。接着，我们便可以创建一个持有该枚举类型的动态数组来存储不同类型的值，如示例 8-9 所示。

```rust
enum SpreadsheetCell {
    Int(i32),
    Float(f64),
    Text(String),
}

let row = vec![
    SpreadsheetCell::Int(3),
    SpreadsheetCell::Text(String::from("blue")),
    SpreadsheetCell::Float(10.12),
];
```

示例 8-9：在动态数组中使用定义的枚举来存储不同类型的值

为了计算出元素在堆上使用的存储空间，Rust 需要在编译时确定动态数组的类型。使用枚举的另一个好处在于，它可以显式地列举出所有可被放入动态数组的值类型。假如 Rust 允许动态数组存储任意类型，那么在对动态数组中的元素进行操作时，就有可能会因为一个或多个不当的类型处理而导致错误。将枚举和 match 表达式搭配使用意味着，Rust 可以在编译时确保所有可能的情形都得到妥当的处理，正如在第 6 章中讨论的那样。

假如你没有办法在编写程序时穷尽所有可能出现在动态数组中的值类型，那么就无法使用枚举。第 17 章中讨论的 trait 对象可以帮助你解决这一问题。

现在，虽然我们已经讨论了一些动态数组的常用方法，但还是请你务必查看动态数组的 API 文档，从而了解标准库在 Vec<T> 上定义的所有有用的方法。例如，除 push 方法外，还有一个 pop 方法可以移除并返回末尾的元素。

在销毁动态数组时也会销毁其中的元素

和其他的 struct 一样，动态数组一旦离开作用域就会被立即释放，如示例 8-10 中的注释所示。

```
{
    let v = vec![1, 2, 3, 4];
    // 执行与 v 相关的操作
} // <- v 在这里离开了作用域并随之被销毁
```

示例 8-10：展示动态数组及其元素被销毁的地方

动态数组中的所有内容会随着动态数组的销毁而被销毁，其持有的整数将被自动清理干净。借用检查器会保证所有指向动态数组内数据的引用，只能够在动态数组本身存在时被使用。

让我们来继续学习第二种集合类型：String！

使用字符串存储 UTF-8 编码的文本

我们在第 4 章中提到过字符串，现在终于可以来深入地讨论它了。刚刚接触 Rust 的开发者在使用字符串时非常容易出现错误，这是由 3 个因素共同作用造成的：首先，Rust 倾向于暴露可能的错误；其次，字符串是一个超乎许多编程者想象的复杂数据结构；最后，Rust 中的字符串使用了 UTF-8 编码。假如你曾经使用过其他编程语言，那么这些因素组合起来也许会让你感到有些困惑。

之所以要将字符串放在集合的章节中来学习，是因为字符串本身就是基于字节的集合，并通过功能性方法将字节解析为文本。本节将会介绍一些常见的基于 String 的集合类型的操作，比如创建、更新及访问等。我们也会讨论 String 与其他集合类型不同的地方，比如，尝试通过索引访问 String 中的字符往往是十分复杂的，这是因为人和计算机对 String 数据的解释方式不同。

字符串是什么

我们先来定义术语"字符串"的具体含义。Rust 在语言核心部分只有一种字符串类型，那就是字符串切片 str，它通常以借用的形式（&str）出现。正如在第 4 章中讨论的那样，字符串切片是一些指向存储在别处的 UTF-8 编码字符串的引用。例如，字符串字面量的数据被存储在程序的二进制文件中，而它们本身也是字符串切片的一种。

String 类型被定义在 Rust 标准库中，而没有被内置在语言核心部分，它是一种可增长的、可变的、自持有的、基于 UTF-8 编码的字符串类型。当 Rust 开发者提到"字符串"时，他们通常指的是 String 与字符串切片&str 这两种类型，而不仅仅是其中的一种。虽然本节会着重介绍 String，但是这两种类型都被广泛地应用于 Rust 标准库中，并且都采用了 UTF-8 编码。

创建一个新的字符串

许多对于 Vec<T>可用的操作也同样可用于 String，因为 String 的实现正是基于一个字节动态数组，并在它的基础上提供了额外的保证、限制与功能。其中一个在 String 与 Vec<T>中都存在的函数便是 new，你可以使用它来创建新的字符串实例，如示例 8-11 所示。

```
let mut s = String::new();
```

示例 8-11：创建一个新的空字符串

这行代码创建了一个名为 s 的空字符串，之后我们可以将数据填入该字符串中。但是一般而言，字符串在创建的时候都会有一些初始数据。对于这种情况，我们可以对那些实现了 Display trait 的类型调用 to_string 方法，如同字符串字面量一样。示例 8-12 展示了两个例子。

```
let data = "initial contents";

let s = data.to_string();

// 这个方法同样可以直接作用于字面量
let s = "initial contents".to_string();
```

示例 8-12：使用 to_string 方法基于字符串字面量创建 String

这段代码所创建的字符串会拥有 initial contents 作为内容。

我们同样可以使用 String::from 函数基于字符串字面量来生成 String。示例 8-13 中的代码等价于示例 8-12 中使用 to_string 方法的代码。

```
let s = String::from("initial contents");
```

示例 8-13：使用 String::from 函数基于字符串字面量创建 String

由于字符串被如此广泛地使用，因此在它的实现中提供了许多不同的通用 API 供我们选择。某些函数初看起来也许会有些多余，但是请相信它们自有妙用。在以上的例子中，`String::from` 和 `to_string` 实际上完成了相同的工作，你可以根据自己对风格与可读性的偏好来选择使用哪种方法。

记住，字符串是基于 UTF-8 编码的，我们可以将任何合法的数据编码进字符串中，如示例 8-14 所示。

```
let hello = String::from("السلام عليكم");
let hello = String::from("Dobrý den");
let hello = String::from("Hello");
let hello = String::from("שלום");
let hello = String::from("नमस्ते");
let hello = String::from("こんにちは");
let hello = String::from("안녕하세요");
let hello = String::from("你好");
let hello = String::from("Olá");
let hello = String::from("Здравствуйте");
let hello = String::from("Hola");
```

示例 8-14：存储在字符串中的不同语言的问候

所有这些问候短语都是合法的 `String` 值。

更新字符串

`String` 的大小可以增减，其中的内容也可以修改，正如我们将数据推入其中时 Vec<T>内部数据所发生的变化一样。此外，我们还可以方便地使用+运算符或 `format!`宏来拼接 `String`。

使用 push_str 或 push 向字符串中添加内容

我们可以使用 `push_str` 方法向 `String` 中添加一个字符串切片，如示例 8-15 所示。

```
let mut s = String::from("foo");
s.push_str("bar");
```

示例 8-15：使用 `push_str` 方法向 `String` 中添加字符串切片

执行完上面的代码后，s 中的字符串会被更新为 foobar。因为我们并不需要获得参数的所有权，所以这里的 push_str 方法只需要接收一个字符串切片作为参数。示例 8-16 中的代码首先将 s2 中的内容拼接至 s1 中，随后又尝试继续使用 s2。

```
let mut s1 = String::from("foo");
let s2 = "bar";
s1.push_str(s2);
println!("s2 is {s2}");
```

示例 8-16：将字符串切片拼接至 String 中后继续使用它

假如 push_str 方法取得了 s2 的所有权，我们就无法在最后一行打印出它的值了。好在这些代码按照预期运行了！

push 方法接收单个字符作为参数，并将它添加到 String 中。示例 8-17 展示了如何使用 push 方法向 String 的尾部添加字母 l。

```
let mut s = String::from("lo");
s.push('l');
```

示例 8-17：使用 push 方法将一个字符添加到 String 中

这段代码执行完毕后，s 中的内容会变为 lol。

使用+运算符或 format! 宏拼接字符串

你也许经常需要在代码中将两个已经存在的字符串组合在一起。一种方法是像示例 8-18 那样使用+运算符。

```
let s1 = String::from("Hello, ");
let s2 = String::from("world!");
let s3 = s1 + &s2; // 注意这里的 s1 被移动了且再也不能使用了
```

示例 8-18：使用+运算符将两个 String 合并到一个新的 String 中

执行完这段代码后，字符串 s3 中的内容会变为 Hello, world!。值得注意的是，我们在加法操作中仅对 s2 采用了引用，而 s1 在加法操作之后不再有效。产生这一现象的原因与使用+运算符时调用的方法签名有关。这里的+运算符会调用一个 add 方法，它的签名看起来像下面这样：

```
fn add(self, s: &str) -> String {
```

当然，这与标准库中实际的签名有些许差别：在标准库中，add 函数使用了泛型来定义。此处展示的 add 函数将泛型替换为具体的类型，这是我们使用 String 值调用 add 时使用的签名。我们将在第 10 章中继续讨论泛型。这个签名应该能够帮助你理解+运算符的微妙之处。

首先，代码中的 s2 使用了&符号，这意味着实际上是将第二个字符串的引用与第一个字符串相加了，正如 add 函数中的 s 参数所指明的那样：只能将&str 与 String 相加，而不能将两个 String 相加。但是等等，&s2 的类型是&String，而 add 函数中的第二个参数的类型是&str。为什么示例 8-18 依然能够通过编译呢？

我们能够使用&s2 来调用 add 函数的原因在于：编译器可以自动将&String 类型的参数转换为&str 类型。当我们调用 add 函数时，Rust 使用了一种被称作解引用转换的技术，将&s2 转换为&s2[..]。我们将在第 15 章中更加深入地讨论解引用转换这一概念。由于 add 不会取得函数签名中 s 参数的所有权，所以 s2 变量在执行完操作后依旧是一个有效的 String 值。

其次，我们可以看到 add 函数签名中的 self 并没有&标记，所以 add 函数会取得 self 的所有权。这也意味着示例 8-18 中的 s1 将会被移动至 add 函数调用中，并在调用后失效。所以，即便 let s3 = s1 + &s2;看起来像是复制两个字符串并创建一个新的字符串，但实际上这条语句会取得 s1 的所有权，然后将 s2 中的内容复制到其中，最后将 s1 的所有权作为结果返回。换句话说，它看起来好像进行了很多复制，但实际上并没有，这种实现要比单纯的复制更加高效。

假如你需要拼接多个字符串，那么使用+运算符可能就会显得十分笨拙了：

```
let s1 = String::from("tic");
let s2 = String::from("tac");
let s3 = String::from("toe");

let s = s1 + "-" + &s2 + "-" + &s3;
```

这里 s 的内容将是 tic-tac-toe。在有这么多+及"字符的情况下，你很难分析其中的具体实现。对于这种复杂一些的字符串合并，我们可以使用 format! 宏：

```
let s1 = String::from("tic");
let s2 = String::from("tac");
let s3 = String::from("toe");

let s = format!("{s1}-{s2}-{s3}");
```

这段代码同样会在 s 中生成 tic-tac-toe。format!宏与 println!宏的工作原理完全相同，不过不同于 println!将结果打印到屏幕上，format!会将结果包含在一个 String 中返回。这段使用了 format!的代码要更加易读，并且不会夺取任何参数的所有权，因为 format!生成的代码使用了引用。

索引字符串

在许多其他编程语言中，通过索引来访问字符串内独立的字符是一个合法且常用的操作。但假如你在 Rust 中使用同样的索引语法去访问 String 中的内容，那么就会得到一个错误提示。下面来看一下示例 8-19 中的这段非法代码。

```
let s1 = String::from("hello");
let h = s1[0];
```

示例 8-19：尝试对字符串使用索引语法

这段代码会导致如下错误：

```
error[E0277]: the type `String` cannot be indexed by `{integer}`
 --> src/main.rs:3:13
```

```
  |
3 |     let h = s1[0];
  |             ^^^^^ `String` cannot be indexed by `{integer}`
  |
  = help: the trait `Index<{integer}>` is not implemented for `String`
```

这里的错误日志和提示信息说明了其中的缘由：Rust 中的字符串并不支持索引。但为什么不支持呢？为了回答这个问题，我们来看一看 Rust 是如何在内存中存储字符串的。

内部布局

String 实际上是一个基于 Vec<u8>的封装类型。下面来看一看示例 8-14 中展示的基于 UTF-8 编码的字符串的例子。

```
let hello  = String::from("Hola").len();
```

在这行代码中，len 方法将会返回 4，这意味着动态数组中存储的字符串 "Hola"占用了 4 字节。每个字符在 UTF-8 编码中会分别占用 1 字节。那么，下面这个例子是否也符合这样的规律呢？（注意，这个字符串中的首字母是西里尔字母中的 *Ze*，而不是阿拉伯数字 3。）

```
let hello = String::from("Здравствуйте").len();
```

首先来猜一下这个字符串的长度，你给出的答案也许是 12。但实际上，Rust 返回的结果是 24：这就是使用 UTF-8 编码来存储"Здравствуйте"所需要的字节数，因为这个字符串中的每个 Unicode 标量值都需要占用 2 字节。由此可以发现，对字符串中字节的索引并不总是能对应到一个有效的 Unicode 标量值。为了演示这一行为，我们来看一看下面这段非法的 Rust 代码：

```
let hello = "Здравствуйте";
let answer = &hello[0];
```

这段代码中的 answer 值会是多少呢？它应该是首字母 3 吗？3 在 UTF-8 编码中需要使用连续的 208 和 151 两个字节来表示，所以这里的 answer 应该是 208

吧，但 208 本身又不是一个合法的字符。请求字符串中首字母的用户不会希望获得一个 208 的返回值，可这又偏偏是 Rust 在索引 0 处取到的唯一字节数据。用户想要的结果通常不会是一个字节值，即便这个字符串只由拉丁字母组成：如果将&"hello"[0]视为合法的代码，那么它会返回一个字节值 104，而不是 h。

为了避免返回意想不到的值，以及防止出现在运行时才会暴露的错误，Rust 会直接拒绝编译这段代码，在开发阶段提前杜绝可能的误解。

字节、标量值和字形簇

使用 UTF-8 编码还会引发一个问题。在 Rust 中，我们实际上可以通过 3 种不同的方式来看待字符串中的数据：字节、标量值和字形簇（接近人们眼中字母的概念）。

假如我们尝试存入一个使用梵文书写的印度语单词"नमस्ते"，那么在动态数组中存储该单词的 u8 值看起来会像下面这样：

```
[224, 164, 168, 224, 164, 174, 224, 164, 184, 224, 165, 141, 224, 164, 164, 224,
165, 135]
```

这里有 18 字节，也是计算机最终存储数据的样子。假如将它们视作 Unicode 标量值，也就是 Rust 中的 char 类型，那么这些字节看起来会像下面这样：

```
['न', 'म', 'स', '्', 'त', 'े']
```

这里有 6 个 char 值，但实际上第四个与第六个并不能算作字母：它们本身没有任何意义，只是作为音标存在。最后，假如将它们视作字形簇，就会得到通常意义上的印度语字符：

```
["न", "म", "स्", "ते"]
```

Rust 中提供了不同的方式来解析存储在计算机中的字符串数据，以便于程序员自行选择所需的解释方式，而不用关心具体的语言类型。

Rust不允许我们通过索引来获得 String 中的字符还有一个原因，那就是索引操作的复杂度往往会被预期为常数时间（$O(1)$）。但在 String 中，我们无法对索引操作提供类似的性能保证，因为 Rust 必须要遍历从头至索引位置的整个内容来确定究竟有多少合法的字符存在。

字符串切片

尝试通过索引访问字符串通常是一个坏主意，因为字符串索引操作应当返回的类型是不明确的：究竟应该是字节，还是字符，抑或是字形簇，甚至是字符串切片呢？因此，如果真的想要使用索引来创建字符串切片，Rust 会要求你做出更加明确的标记。

为了明确表明需要一个字符串切片，你需要在索引的[]中填写范围来指定所需的字节内容，而不是在[]中使用单个数字进行索引：

```
let hello = "Здравствуйте";

let s = &hello[0..4];
```

在这段代码中，s 将会是一个包含了字符串前 4 字节的&str。前面提到过，这里的每个字符都会占用 2 字节，这也意味着 s 中的内容将是 Зд。

假如我们尝试获取字符的部分字节，比如&hello[0..1]，那么 Rust 就会在运行时触发 panic，就像在动态数组中使用非法索引一样。

```
thread 'main' panicked at 'byte index 1 is not a char boundary;
it is inside 'З' (bytes 0..2) of `Здравствуйте`', src/main.rs:4:14
```

切记，要小心谨慎地使用范围语法来创建字符串切片，因为错误的指令会导致程序崩溃。

遍历字符串的方法

为了能够更好地处理字符串中的每一个部分，你需要显式地表明自己想要处理的对象是字符还是字节。对于单个 Unicode 标量值，你可以选择使用 chars 方法。针对字符串"Зд"调用 chars 会分别返回两个类型为 char 的值，接着就可以遍历这个结果来访问每个元素了：

```
for c in "Зд".chars() {
    println!("{c}");
}
```

这段代码的输出如下所示：

```
З
д
```

或者，你可以使用 bytes 方法来依次返回每个原始字节，这在某些场景下可能会有用：

```
for b in "Зд".bytes() {
    println!("{b}");
}
```

这段代码会打印出组成这个字符串的 4 个字节值：

```
208
151
208
180
```

但是请记住，合法的 Unicode 标量值可能会需要占用 1 字节以上的空间。

从字符串中获取字形簇相对复杂一些，所以标准库中也没有提供这个功能。如果你有这方面的需求，那么可以在 *crates.io* 上获取相关的开源库。

字符串的确没那么简单

总而言之，字符串确实是挺复杂的。不同的编程语言会做出不同的设计抉择，来确定将何种程度的复杂性展现给程序员。Rust 选择了将正确的 String 数据处理方法作为所有 Rust 程序的默认行为，这也就意味着程序员需要提前理解 UTF-8 数据的处理流程。与某些编程语言相比，这一设计暴露了字符串中更多的复杂性，但它也避免了在开发周期临近结束时再去处理那些涉及非 ASCII 字符的错误。

好消息是，标准库提供了许多基于 String 和 &str 类型构建的功能，来帮助我们正确地处理这些复杂情形。请务必去查阅文档，在其中可以找到更多有用的工具，比如在字符串中进行搜索的 contains 方法，以及使用一个字符串来替换另一个字符串中某些部分的 replace 方法。

下面要学习的这种集合类型要稍微简单一些，它就是哈希映射！

在哈希映射中存储键值对

我们将要学习的最后一种集合类型就是哈希映射：HashMap<K, V>，它存储了从 K 类型键到 V 类型值之间的映射关系。哈希映射在内部实现中使用了哈希函数，这同时决定了它在内存中存储键值对的方式。许多编程语言都支持这种类型的数据结构，只是使用了不同的名称，例如：哈希（hash）、映射（map）、对象（object）、哈希表（hash table）、字典（dictionary）或关联数组（associative array）等。

当你不仅仅满足于使用索引——就像使用动态数组一样，而需要使用某些特定的类型作为键来搜索数据时，哈希映射就会显得特别有用。例如，在一个游戏中，你可以将团队的名称作为键，将团队获得的分数作为值，并将所有团队的分数存储在哈希映射中。随后只要给出一个团队的名称，你就可以获得其当前的分数值。

我们会在本节介绍一些哈希映射的常用 API，但是，此处无法覆盖标准库为 HashMap<K, V> 定义的全部有趣的功能。你可以通过查阅标准库文档来获得更多信息。

创建一个新的哈希映射

你可以使用 new 来创建一个空的哈希映射，并通过 insert 方法来添加元素。在示例 8-20 中，我们记录了两个团队的分数，它们分别被称作蓝队和黄队。蓝队的起始分数为 10 分，黄队的起始分数为 50 分。

```
use std::collections::HashMap;

let mut scores = HashMap::new();

scores.insert(String::from("Blue"), 10);
scores.insert(String::from("Yellow"), 50);
```

示例 8-20：创建一个新的哈希映射并插入一些键值对

注意，我们首先需要使用 use 将 HashMap 从标准库的集合部分引入当前作用域。由于哈希映射的使用频率相比本章介绍的动态数组和字符串低一些，所以它没有被包含在预导入模块内。标准库对哈希映射的支持也不如动态数组和字符串，例如，它没有提供一个用于构建哈希映射的内置宏。

和动态数组一样，哈希映射也将其数据存储在堆上。上面例子中的 HashMap 拥有类型为 String 的键和类型为 i32 的值。依然和动态数组一样，哈希映射也是同质的：它要求所有的键必须拥有相同的类型，所有的值也必须拥有相同的类型。

访问哈希映射中的值

我们可以将键传入 get 方法来获得哈希映射中的值，如示例 8-21 所示。

```
use std::collections::HashMap;

let mut scores = HashMap::new();

scores.insert(String::from("Blue"), 10);
scores.insert(String::from("Yellow"), 50);

let team_name = String::from("Blue");
let score = scores.get(&team_name).copied().unwrap_or(0);
```

示例 8-21：访问存储在哈希映射中的蓝队分数

上面这段代码中的 score 将拥有与蓝队相关联的值，也就是 10。get 方法会返回一个 Option<&V>；假如这个哈希映射中没有键所对应的值，那么 get 就会返回 None。这段程序调用了 Option 的 copied 方法来获得 Option<i32>，而不是 Option<&i32>，接着使用参数 0 调用了 unwrap_or，它会在 scores 中缺少对应项将 0 绑定到 score 上。

类似于动态数组，我们同样可以使用一个 for 循环来遍历哈希映射中所有的键值对：

```
use std::collections::HashMap;

let mut scores = HashMap::new();

scores.insert(String::from("Blue"), 10);
scores.insert(String::from("Yellow"), 50);

for (key, value) in &scores {
    println!("{key}: {value}");
}
```

这段代码会将每个键值对以非特定的顺序打印出来：

```
Yellow: 50
Blue: 10
```

哈希映射与所有权

对于那些实现了 Copy trait 的类型，例如 i32，它们的值会被简单地复制到哈希映射中。而对于 String 这种持有所有权的类型，它们的值会在插入过程中发生移动，并将所有权转移给哈希映射，如示例 8-22 所示。

```
use std::collections::HashMap;

let field_name = String::from("Favorite color");
let field_value = String::from("Blue");

let mut map = HashMap::new();
map.insert(field_name, field_value);
// filed_name 和 field_value 从这一刻开始失效，若尝试使用它们，则会导致编译错误
```

示例 8-22：键值对被插入后，其所有权会转移至哈希映射中

我们不能在调用 insert 方法后继续使用 field_name 变量与 field_value 变量，因为它们被移动到了哈希映射中。

假如只是将值的引用插入哈希映射中，那么这些值是不会被移动到哈希映射中的。而这些引用所指向的值，必须在哈希映射有效时它们也是有效的。我们会在第 10 章的"使用生命周期保证引用的有效性"一节中详细地讨论这个问题。

更新哈希映射

尽管键值对的数量是可增长的，但是在任意时刻，每个键都只能对应一个值（反之则不然，比如，蓝队和绿队都可以在哈希映射中存储同样的比分 10）。

当你想要修改哈希映射中的数据时，必须要处理某些键已经被关联到值的情况。你可以完全忽略旧值，并用新值去替换它。你也可以保留旧值，只在键没有对应值时添加新值。你还可以将新值与旧值合并到一起。让我们来看一看应该如何处理这些情况！

覆盖旧值

假如我们将一个键值对插入哈希映射中，接着使用同样的键并配以不同的值来继续插入，那么之前的键所关联的值就会被替换掉。即便示例 8-23 中的代码调用了两次 insert，这里的哈希映射也只会包含一个键值对，因为在插入值时所用的键是一样的。

```
use std::collections::HashMap;

let mut scores = HashMap::new();

scores.insert(String::from("Blue"), 10);
scores.insert(String::from("Blue"), 25);

println!("{:?}", scores);
```

示例 8-23：替换使用特定键存储的值

原来的值 10 已经被覆盖掉了，这段代码会打印出{"Blue": 25}。

只在键没有对应值时添加新值

在实际工作中，我们常常需要检测一个键是否存在对应值，并根据结果执行对应的操作：假如哈希映射中已经存在这个键，那么就保留它所对应的值；假如这个键不存在，那么就插入它并为它插入一个值。

哈希映射提供了一个被称为 entry 的专用 API 来处理这种情况，它接收我们想要检测的键为参数，并返回一个叫作 Entry 的枚举作为结果。这个枚举指明了键所对应的值是否存在。比如，我们想要分别检查黄队和蓝队是否拥有一个关联的分数值，如果该分数值不存在，就将 50 作为初始值插入。使用 entry API 的代码如示例 8-24 所示。

```
use std::collections::HashMap;

let mut scores = HashMap::new();
scores.insert(String::from("Blue"), 10);
```

```
scores.entry(String::from("Yellow")).or_insert(50);
scores.entry(String::from("Blue")).or_insert(50);

println!("{:?}", scores);
```

示例 8-24：使用 entry 方法，在键不存在对应值时插入数据

Entry 的 or_insert 方法被定义为返回一个 Entry 键所指向值的可变引用，假如这个值不存在，就将参数作为新值插入哈希映射中，并把这个新值的可变引用返回。使用这个功能要比我们自己编写逻辑代码更加简单，且能够更好地利用借用检查器。

运行示例 8-24 中的代码，将会打印出{"Yellow": 50, "Blue": 10}。由于黄队的分数值还不存在，所以对 entry 的第一次调用会将分数 50 插入哈希映射中；而由于蓝队已经存储了分数值 10，所以对 entry 的第二次调用不会改变哈希映射。

基于旧值来更新值

哈希映射的另一种常见用法是查找某个键所对应的值，并基于这个值来进行更新。比如，示例 8-25 中的代码用于计算一段文本中每个单词所出现的次数。我们使用了一个以单词作为键的哈希映射来记录它们所出现的次数。在遍历的过程中，假如出现了一个新的单词，我们就先将值 0 插入哈希映射中。

```
use std::collections::HashMap;

let text = "hello world wonderful world";

let mut map = HashMap::new();

for word in text.split_whitespace() {
    let count = map.entry(word).or_insert(0);
    *count += 1;
}

println!("{:?}", map);
```

示例 8-25：使用哈希映射来存储并计算单词出现的次数

运行这段代码，会输出{"world": 2, "hello": 1, "wonderful": 1}。你也许会在输出中看到键值对以不同的顺序出现：我们在"访问哈希映射中的值"一节中提到过，对一个哈希映射的遍历会以不定序的方式发生。

split_whitespace 方法返回的迭代器会以空白符分隔来生成 text 的子切片。or_insert 方法则为我们传入的键返回了一个指向关联值的可变引用（&mut V），并进而将其存储到 count 变量中。为了对这个值进行赋值操作，我们必须首先使用星号（*）对 count 进行解引用。由于这个可变引用会在 for 循环的结尾处离开作用域，所以我们在代码中的所有修改都是安全且满足借用规则的。

哈希函数

为了提供抵御拒绝服务（Denial of Service，DoS）攻击的能力，HashMap 默认使用了一个在密码学上安全的哈希函数 *SipHash*。这确实不是最快的哈希算法，但为了更高的安全性付出一些性能代价通常是值得的。假如在对代码进行性能分析的过程中，你发现默认的哈希函数成为热点并导致性能受损，那么也可以指定不同的哈希计算工具来使用其他函数。这里的哈希计算工具特指实现了 BuildHasher trait 的类型。我们会在第 10 章中讨论 trait，以及如何实现它们。你并不一定非要从头实现自己的哈希工具，Rust 开发者已经在 *crates.io* 上分享了许多基于不同哈希算法的开源项目。

总结

动态数组、字符串和哈希映射为我们提供了很多用于存储、访问或修改数据的功能，你可以非常方便地将它们应用到自己的程序中。掌握了这些知识，你应该可以完成下面的练习了：

1. 给定一组整数，使用动态数组来计算该组整数的平均数、中位数（对数组进行排序后位于中间的值）和众数（出现次数最多的值；哈希映射在这里可以帮上忙）。

2. 将给定的字符串转换为 Pig Latin 格式。在这种格式中，每个单词的第一个辅音字母都会被移动到单词的结尾并添加 *ay* 后缀，例如，*first* 就会变为 *irst-fay*。以元音字母开头的单词则需要在结尾拼接上 *hay*（例如，*apple* 就会变为 *apple-hay*）。要牢记我们讨论过的关于 UTF-8 编码的内容！

3. 使用哈希映射和动态数组来创建一个将员工名字添加到公司部门的文本接口。例如，"将 Sally 添加到项目部门"或"将 Amir 添加到销售部门"。除此之外，该文本接口还应该允许用户获得某个部门所有员工或公司中所有部门员工的列表，列表按照字母顺序进行排序。

标准库的 API 文档包含了动态数组、字符串和哈希映射的所有方法，它们可以帮助你解决上述问题！

我们已经开始接触到一些可能会导致操作失败的复杂程序了，现在正是讨论如何进行错误处理的绝佳时机。让我们继续学习下一章吧！

9

错误处理

Rust 对可靠性的执着同样延伸到了错误处理领域。为了应对软件中那些几乎无法避免的错误，Rust 提供了许多特性来处理这类出了问题的场景。在大部分情形下，Rust 会迫使你意识到可能出现错误，并在编译阶段确保它们得到妥善的处理。这些特性使你能够在代码最终被部署到生产环境之前，发现并合理地处理错误，从而使程序更加健壮！

在 Rust 中，我们将错误分为两大类：可恢复错误与不可恢复错误。对于可恢复错误，比如文件未找到等，一般需要将它们报告给用户并再次尝试进行操作。而不可恢复错误往往就是 bug 的另一种说法，比如尝试访问超出数组结尾的位置等，我们希望在这种情形下立即停止程序。

其他大部分的编程语言都没有刻意地区分这两种错误，而是通过异常之类的机制来统一处理它们。虽然 Rust 没有类似的异常机制，但它提供了用于可恢复错误的 Result<T, E>类型，以及在程序出现不可恢复错误时中止运行的 panic!宏。本章会依次介绍调用 panic!宏及返回 Result<T, E>类型的值。另外，我们还会讨论什么时候应该尝试从错误中恢复，而什么时候应该中止程序的运行。

不可恢复错误与 panic!

代码中总是会出现一些令你束手无策的糟糕情形。为了应对这样的场景，Rust 提供了一个特殊的 panic!宏。在实践中，一般有两种产生 panic 的方法：执行某些可能会导致代码发生 panic 的行为（比如越界访问一个数组），或者显式地调用 panic!宏。在这两种情形下，我们都在自己的程序中触发了 panic。作为默认行为，这些 panic 会打印出一段错误提示信息，展开并清理当前的调用栈，然后退出程序。通过设置一个环境变量，还可以让 Rust 打印出 panic 发生时的调用栈，这可以帮助我们追踪 panic 发生的源头。

panic 中的栈展开与中止

当 panic 发生时，程序会默认开始执行栈展开。这意味着 Rust 会沿着调用栈的反向顺序遍历所有的调用函数，并依次清理这些函数中的数据。但是，为了支持这种遍历和清理操作，我们需要在二进制文件中存储许多额外信息。除了栈展开，我们还可以选择立即中止程序，它会直接结束程序且不进行任何清理操作。

程序使用过的内存只能由操作系统来进行回收。假如你的项目需要使最终的二进制包尽可能小，那么可以通过在 *Cargo.toml* 文件中的[profile]区域添加 panic = 'abort'，将 panic 的默认行为从栈展开切换为中止程序。例如，如果你想要在发布模式中使用中止模式，那么可以在配置文件中加入：

```
[profile.release]
panic = 'abort'
```

让我们先在简单的程序中调用 panic!宏试试看：

src/main.rs
```
fn main() {
    panic!("crash and burn");
}
```

当你运行这段程序时，会看到如下所示的输出：

```
thread 'main' panicked at 'crash and burn', src/main.rs:2:5
note: run with `RUST_BACKTRACE=1` environment variable to display a backtrace
```

调用 panic!输出了如上所示的两行错误提示信息。第一行显示了我们向 panic 所提供的信息，并指出了源代码中 panic 出现的位置：*src/main.rs:2:5*，它表明 panic 发生在 *src/main.rs* 文件中第 2 行的第 5 个字符处。

在本例中，日志所指出的行正处于我们自己的代码内，如果跳转到这一行，就可以看到对应的 panic!宏调用。而在其他某些情况下，panic!调用可能会出现在我们的代码所调用的某些代码里，并使得错误信息中的文件名和行号对应到那些被依赖的代码中发生 panic!调用的地方。

我们可以根据 panic!调用发生时的函数回溯信息来定位代码出现问题的地方。为了学会如何使用 panic!的回溯信息，让我们来看另一个例子，它没有直接在代码中调用 panic!，但会因为其中代码的 bug 而导致标准库中产生 panic!调用。示例 9-1 中的代码会尝试使用越界的索引来访问动态数组中的元素。

src/main.rs
```
fn main() {
    let v = vec![1, 2, 3];

    v[99];
}
```

示例 9-1：尝试越界访问动态数组中的元素，会导致调用 panic!

在这段代码中，动态数组只有 3 个元素，但我们却尝试访问它的第 100 个元素（由于索引是从 0 开始的，所以第 100 个元素的索引为 99）。在这种情况下，Rust 会触发 panic。使用[]意味着可以返回一个元素，但如果传入了一个非法的索引，那么它指向的位置就没有可供 Rust 返回的合法元素了。

在类似于 C 这样的语言中，程序在这种情况下依然会尝试返回你所请求的值，即便这可能会与你所期望的结果不相符：你会得到动态数组中对应于这个索引位置的内存，而这块内存可能存储了其他数据，甚至它都不属于动态数组本身。这种情形也被称为缓冲区溢出（buffer overread），并可能导致严重的安全性问题。攻击者可以通过操纵索引来访问那些存储在动态数组后面的、不被允许读取的数据。

为了保护程序，避免出现类似的漏洞，当你尝试读取一个非法索引指向的元素时，Rust 会拒绝继续执行代码，并中止程序。我们尝试运行一下，可以看到：

```
thread 'main' panicked at 'index out of bounds: the len is 3 but the index is
99', src/main.rs:4:5
note: run with `RUST_BACKTRACE=1` environment variable to display a backtrace
```

这段错误提示信息指向了 *main.rs* 文件中的第 4 行，在我们尝试访问动态数组的地方。随后的输出行提示我们可以通过设置 RUST_BACKTRACE 环境变量来得到回溯信息，进而确定触发错误的原因。回溯信息中包含了到达错误点的所有调用函数列表。在 Rust 中使用回溯的方式与在其他语言中使用的方式类似：从头开始查看回溯列表，直至定位到自己所编写代码的文件，而这也正是产生问题的地方。从定位到文件的那一行往上是我们的代码所调用的代码，往下则是调用了我们的代码的代码。这些调用中可能会包含 Rust 核心库、标准库，以及你所使用的第三方包。我们将 RUST_BACKTRACE 环境变量设置为一个非 0 值，从而获得回溯信息。输出如示例 9-2 所示。

```
$ RUST_BACKTRACE=1 cargo run
thread 'main' panicked at 'index out of bounds: the len is 3 but the index is
99', src/main.rs:4:5
stack backtrace:
   0: rust_begin_unwind
             at /rustc/e092d0b6b43f2de967af0887873151bb1c0b18d3/library/std
```

```
/src/panicking.rs:584:5
   1: core::panicking::panic_fmt
            at /rustc/e092d0b6b43f2de967af0887873151bb1c0b18d3/library/core
/src/panicking.rs:142:14
   2: core::panicking::panic_bounds_check
            at /rustc/e092d0b6b43f2de967af0887873151bb1c0b18d3/library/core
/src/panicking.rs:84:5
   3: <usize as core::slice::index::SliceIndex<[T]>>::index
            at /rustc/e092d0b6b43f2de967af0887873151bb1c0b18d3/library/core
/src/slice/index.rs:242:10
   4: core::slice::index::<impl core::ops::index::Index<I> for [T]>::index
            at /rustc/e092d0b6b43f2de967af0887873151bb1c0b18d3/library/core
/src/slice/index.rs:18:9
   5: <alloc::vec::Vec<T,A> as core::ops::index::Index<I>>::index
            at /rustc/e092d0b6b43f2de967af0887873151bb1c0b18d3/library/alloc
/src/vec/mod.rs:2591:9
   6: panic::main
            at ./src/main.rs:4:5
   7: core::ops::function::FnOnce::call_once
            at /rustc/e092d0b6b43f2de967af0887873151bb1c0b18d3/library/core
/src/ops/function.rs:248:5
note: Some details are omitted, run with `RUST_BACKTRACE=full` for a verbose backtrace.
```

示例 9-2：当 RUST_BACKTRACE 环境变量被设置好后，调用 panic!生成的回溯信息

这里输出的日志包含了不少内容！当然，你所看到的信息可能会因操作系统的不同或 Rust 版本的不同而产生一些区别。另外，为了获取这些带有调试信息的回溯信息，你必须启用调试符号（debug symbol）。在运行 cargo build 或 cargo run 命令时，如果没有附带--release 标志，那么调试符号默认是开启的，正如这里的一样。

在示例 9-2 的输出中，回溯信息的第 6 行指向了项目中导致错误的地方：*src/main.rs* 文件的第 4 行。假如不想让程序出现这种 panic，那么就应该从我们编写的代码中首个被提到的文件开始调查。在示例 9-1 中，我们特意编写了可能会导致 panic 的代码来演示如何使用回溯，而修复这个 panic 的方式就是避免在只拥有 3 个元素的动态数组中尝试引用第 100 个元素。当你将来编写的代码发生 panic 时，就需要搞清楚代码中的哪些操作或哪些值导致了 panic，并思考应该如何修改代码以避免出现问题。

我们将在本章后面的"要不要使用 panic!"一节中来继续讨论使用 panic! 进行错误处理的最佳时机。接下来，让我们继续学习如何使用 Result 从错误中恢复。

可恢复错误与 Result

大部分错误其实都没有严重到需要整个程序停止运行的地步。函数常常会由于一些可以简单解释并做出响应的原因而运行失败。例如，尝试打开文件的操作会因为文件不存在而失败。在这种情形下，你也许会考虑创建该文件而不是中止进程。

还记得我们在第 2 章的"使用 Result 类型处理可能失败的情况"一节中所讨论的内容吗？其中的 Result 枚举被定义为有两个变体——Ok 和 Err，如下所示：

```
enum Result<T, E> {
    Ok(T),
    Err(E),
}
```

这里的 T 和 E 是泛型参数：我们将在第 10 章中深入地讨论泛型。现在只需要知道：T 代表了 Ok 变体中包含的值类型，该变体中的值会在执行成功时返回；E 则代表了 Err 变体中包含的错误类型，该变体中的值会在执行失败时返回。正是因为 Result 拥有这些泛型参数，我们才得以将 Result 类型及标准库中为它编写的函数应用于众多场景中，这些场景往往会需要返回不同的成功值与错误值。

让我们调用一个可能会运行失败的函数，它会返回 Result 值作为结果。在示例 9-3 中，我们试着打开一个文件。

```
use std::fs::File;

fn main() {
    let greeting_file_result = File::open("hello.txt");
}
```

示例 9-3：打开一个文件

  File::open 函数的返回类型是 Result<T, E>。这里的泛型参数 T 被替换为成功值的类型 std::fs::File，也就是文件句柄，而错误值所对应的类型 E 被替换为 std::io::Error。这个返回类型意味着 File::open 的调用可能会成功，并返回用于读/写文件的句柄。同时，它的调用也可能会失败，例如，当文件不存在或我们没有访问文件的权限时。File::open 函数需要借助某种方法在通知用户是否调用成功的同时，返回文件句柄或错误提示信息。这也正是 Result 枚举所能够提供的功能。

  当 File::open 函数运行成功时，greeting_file_result 变量中的值将会是一个包含了文件句柄的 Ok 实例。当它运行失败时，greeting_file_result 变量中的值则会是一个 Err 实例，其中的值包含了有关错误类型的信息。

  现在，我们需要基于 File::open 函数的返回值，向示例 9-3 的代码中添加不同的处理逻辑。示例 9-4 使用了我们在第 6 章中讨论过的 match 表达式作为工具来处理 Result。

```
use std::fs::File;

fn main() {
    let greeting_file_result = File::open("hello.txt");

    let greeting_file = match greeting_file_result {
        Ok(file) => file,
        Err(error) => {
            panic!("Problem opening the file: {:?}", error);
        }
    };
}
```

示例 9-4：使用 match 表达式来处理所有可能的 Result 变体

注意，与 Option 枚举一样，Result 枚举及其变体已经通过预导入模块被自动地引入当前作用域，所以我们不需要在 match 分支中的 Ok 与 Err 变体前显式地指明 Result::。

当结果是 Ok 的时候，这段代码会将 Ok 变体内部的 file 值移出，并将这个文件句柄重新绑定到 greeting_file 变量上。这样在执行完 match 表达式之后，我们就能够使用这个句柄来进行读/写操作了。

而 match 的另一个分支处理了 File::open 返回 Err 值的情形。在本例中，我们选择通过调用 panic!宏来处理该情形。当我们运行代码，且当前目录中还不存在一个名为 *hello.txt* 的文件时，就会看到来自 panic!宏的输出，如下所示：

```
thread 'main' panicked at 'Problem opening the file: Os { code:
 2, kind: NotFound, message: "No such file or directory" }',
src/main.rs:8:23
```

如同往常一样，这里的输出明确地指出了错误的原因。

匹配不同的错误

不管 File::open 是因为何种原因而运行失败的，示例 9-4 中的代码都会触发 panic!。但我们想要的其实是根据不同的失败原因做出不同的反应：当 File::open 因为文件不存在而运行失败时，我们可以创建文件并返回这个新文件的句柄；而当 File::open 因为诸如没有访问权限之类的原因而运行失败时，我们才会需要像示例 9-4 一样直接触发 panic!。为了实现这个需求，我们增加了一个内部 match 表达式，如示例 9-5 所示。

src/main.rs
```
use std::fs::File;
use std::io::ErrorKind;

fn main() {
    let greeting_file_result = File::open("hello.txt");

    let greeting_file = match greeting_file_result {
        Ok(file) => file,
```

```
        Err(error) => match error.kind() {
            ErrorKind::NotFound => {
                match File::create("hello.txt") {
                    Ok(fc) => fc,
                    Err(e) => panic!(
                        "Problem creating the file: {:?}",
                        e
                    ),
                }
            }
            other_error => {
                panic!(
                    "Problem opening the file: {:?}",
                    other_error
                );
            }
        },
    };
}
```

示例 9-5：以不同的方式处理不同的错误类型

当 File::open 返回 Err 变体时，会包含一个被定义在标准库中的结构体类型 io::Error。我们可以通过该结构体的 kind 方法来获得 io::ErrorKind 值。而这个 io::ErrorKind 是一个被定义在标准库中的枚举类型，它的变体被用于描述 io 操作所可能导致的不同错误。我们在代码中使用的变体是 ErrorKind::NotFound，它表示我们尝试打开的文件不存在。所以，我们不但对 greeting_file_result 变量使用了 match 表达式，还在内部对 error.kind() 使用了 match 表达式。

在这个匹配分支中，我们需要检查 error.kind() 返回的值是不是 ErrorKind 枚举的 NotFound 变体。如果是的话，就接着使用 File::create 函数来创建这个文件。然而，由于 File::create 本身也有可能会运行失败，所以也需要对它的返回值添加一个 match 表达式。如果文件创建失败，那么就打印出一条不同的错误提示信息。外部 match 的第二个分支保持不变，用于在出现其余错误时让程序触发 panic。

除 match 外，其他处理 Result<T, E>的方法

这里出现了很多 match！match 表达式确实非常有用，但它也十分基础。你会在第 13 章中学习如何使用闭包，而 Result<T, E>基于闭包实现了许多有用的方法。相较于 match，这些方法可以帮助你更为简洁地处理代码中出现的 Result<T, E>。

下面的代码实现了与示例 9-5 所示相同的逻辑，但它使用了闭包和 unwrap_or_else 方法：

src/main.rs

```
use std::fs::File;
use std::io::ErrorKind;

fn main() {
    let greeting_file = File::open("hello.txt").unwrap_or_else(|error| {
        if error.kind() == ErrorKind::NotFound {
            File::create("hello.txt").unwrap_or_else(|error| {
                panic!("Problem creating the file: {:?}", error);
            })
        } else {
            panic!("Problem opening the file: {:?}", error);
        }
    });
}
```

虽然这段代码与示例 9-5 拥有完全一致的行为，但它却没有使用任何 match 表达式，并且更为清晰、易读。你可以在阅读完第 13 章后再回到这个例子，并到标准库文档中查看 unwrap_or_else 方法所起的作用。在处理错误时，有许多类似的方法可以简化嵌套的 match 表达式。

失败时触发 panic 的快捷方式：unwrap 和 expect

虽然 match 可以很好地完成工作，但使用它编写的代码可能会显得有些冗长，且无法较好地表明其意图。Result<T，E>类型本身也定义了许多辅助方法来应对各式各样的特定任务。其中一个被称为 unwrap 的方法实现了我们在示例 9-4 中编写的 match 表达式的效果。当 Result 的返回值是 Ok 变体时，unwrap 方法就会返回 Ok 内部的值。而当 Result 的返回值是 Err 变体时，unwrap 方法

就会替我们调用 panic!宏。下面是一个在实际代码中使用 unwrap 方法的例子：

src/main.rs
```
use std::fs::File;

fn main() {
    let greeting_file = File::open("hello.txt").unwrap();
}
```

假如在不存在 *hello.txt* 文件的前提下运行这段代码，就会触发 unwrap 方法中产生的 panic!调用，并产生如下所示的错误提示信息：

```
thread 'main' panicked at 'called `Result::unwrap()` on an `Err` value: Os {
code: 2, kind: NotFound, message: "No such file or directory" }',
src/main.rs:4:49
```

类似地，另一个名为 expect 的方法允许我们指定 panic!所附带的错误信息。使用 expect 替代 unwrap，附带上一段清晰的错误信息可以阐明你的意图，并使你更容易追踪到 panic 的起源。下面演示了 expect 的使用语法：

src/main.rs
```
use std::fs::File;

fn main() {
    let greeting_file = File::open("hello.txt")
        .expect("hello.txt should be included in this project");
}
```

我们使用 expect 所实现的功能与 unwrap 的完全一样：要么返回指定的文件句柄，要么触发 panic!宏调用。唯一的区别在于，expect 触发 panic!时会将传入的参数字符串作为错误提示信息输出，而 unwrap 触发的 panic!只会携带一段简短的默认信息。新产生的错误信息如下所示：

```
thread 'main' panicked at 'hello.txt should be included in this project: Os {
code: 2, kind: NotFound, message: "No such file or directory" }',
src/main.rs:5:10
```

在实际的生产环境中，绝大多数的 Rust 老手都会选择使用 expect 而不是 unwrap，因为它可以提供更多的信息来描述操作为什么应该是成功的。通过这一方式，当你的假设被证明为错误时，你就可以拥有更多的信息来消除错误。

传播错误

当函数中包含了一些可能会执行失败的调用时，除了可以在函数内部处理错误，我们还可以将这个错误返回给调用者，让其决定应该如何做进一步处理。这个过程也被称作传播错误（propagating error），它给予代码的调用者更多的控制能力。与编写代码时的上下文环境相比，调用者可能会拥有更多的信息和逻辑来决定应该如何处理错误。

示例9-6展示了一个从文件中读取用户名的函数。当文件不存在或无法读取时，这个函数会将错误作为结果返回给自己的调用者：

```
use std::fs::File;
use std::io::{self, Read};

❶fn read_username_from_file() -> Result<String, io::Error> {
  ❷ let username_file_result = File::open("hello.txt");

  ❸ let mut username_file = match username_file_result {
      ❹ Ok(file) => file,
      ❺ Err(e) => return Err(e),
     };

  ❻ let mut username = String::new();

  ❼ match username_file.read_to_string(&mut username) {
      ❽ Ok(_) => Ok(username),
      ❾ Err(e) => Err(e),
     }
}
```

src/main.rs

示例9-6：使用 match 将错误返回给调用者的函数

这个函数其实能够以更加简捷的方式被编写出来，但我们刻意保留了其中的冗余代码来解释错误处理流程；我们会在后面展示它的简单写法。让我们先将注意力放在这个函数的返回类型 Result<String, io::Error> ❶ 上。它意味着这个函数的返回值的类型是 Result<T, E>，其中的泛型参数 T 被替换为具体的 String 类型，泛型 E 则被替换为具体的 io::Error 类型。

当这个函数顺利运行时，调用这个函数的代码将会获得一个被包裹在 Ok 中的 String 值，也就是这个函数从文件中读取的用户名 ❽。而假如这个函数遇到了某个问题，函数的调用者就会获得一个包含了 io::Error 实例的 Err 值，这个实例中会包含问题相关信息。我们之所以选择 io::Error 作为函数的返回类型，是因为在函数中调用的另外两个可能会失败的操作，File::open 函数 ❷ 和 read_to_string 方法 ❼，恰好同样使用了 io::Error 作为错误类型。

函数体中的代码从调用 File::open 函数开始 ❷。接着，我们采用类似于示例 9-4 中的方式，使用 match 表达式来处理返回的 Result 值。假如 File::open 运行成功，那么模式变量中存储的文件句柄 file ❹ 就会被赋值给可变变量 username_file ❸，并继续执行函数余下的代码。而假如出现了 Err 的情形，相较于调用 panic!，我们使用了 return 关键字来提前跳出整个函数，并将 File::open 返回的错误值，也就是模式变量 e，作为本次函数调用的错误值返回给调用者 ❺。

那么，当我们已经在 username_file 中获得了一个文件句柄时，这个函数就会接着在 username 变量 ❻ 中创建一个新的 String，然后调用文件句柄 username_file 中的 read_to_string 方法将文件内容读取到 username 中 ❼。即便 File::open 调用成功，这里的 read_to_string 方法也可能会运行失败，所以它也返回了一个 Result。为了处理这个 Result，我们还需要一个 match：假如 read_to_string 运行成功，我们就会将从文件中读取的用户名 username 封装到 Ok 中，并返回给调用者；假如 read_to_string 运行失败，我们就可以像之前处理 File::open 时一样，将这个错误值作为结果返回。但需要注意的是，由于这里是函数的最后一个表达式，所以不再需要显式地添加 return ❾。

这段代码的调用者将需要处理包含了用户名的 Ok 值，或者包含了 io::Error 实例的 Err 值。我们无从得知调用者处理这些值的方式。当调用者获得了一个 Err 值时，其可能会调用 panic! 来直接中止程序，也可能会使用一个默认用户名，或者从另外的文件中尝试查找用户名。我们没有足够的上下文信息来知晓调用者会如何处理返回值，所以我们将成功信息和错误信息都向上传播，让调用者自行决定自己的处理方式。

在 Rust 编程中，传播错误的模式非常常见，所以 Rust 专门提供了一个问号运算符（?）来简化它的语法。

传播错误的快捷方式：?运算符

示例 9-7 展示了一个与示例 9-6 中的 read_username_from_file 函数拥有相同功能，但使用了?运算符的版本。

src/main.rs
```
use std::fs::File;
use std::io::{self, Read};

fn read_username_from_file() -> Result<String, io::Error> {
    let mut username_file = File::open("hello.txt")?;
    let mut username = String::new();
    username_file.read_to_string(&mut username)?;
    Ok(username)
}
```

示例 9-7：一个使用?将错误返回给调用者的函数

本例通过将?放置于 Result 值之后，实现了与在示例 9-6 中使用 match 表达式来处理 Result 时一样的功能。假如这个 Result 的值是 Ok，那么被包含在 Ok 中的值就会作为这个表达式的结果返回并继续执行程序。假如值是 Err，那么这个值就会被作为整个程序的结果返回，如同使用了 return 一样将错误传播给调用者。

不过，我们还是需要指出示例 9-6 中的 match 表达式与?运算符的一个区别：使用?运算符接收的错误值会隐式地被 from 函数处理，这个函数被定义在标准库的 From trait 中，用于在错误类型之间进行转换。当?运算符调用 from 函数时，它会尝试将传入的错误类型转换为当前函数的返回错误类型。当一个函数拥有不同的失败原因，却使用了统一的错误返回类型来进行表达时，这个功能就会十分有用。

例如，我们可以将示例 9-7 中 read_username_from_file 函数的返回类型修改为自定义错误类型 OurError。只要定义了 impl From<io::Error> for OurError，从 io::Error 实例中构建 OurError 实例，read_username_from_file 中的?运算符就会调用 from 函数进行错误类型转换，而无须添加额外的代码。

在示例 9-7 的上下文中，位于 File::open 句尾的?会将存储在 Ok 内部的值返回给 username_file 变量。如果出现了错误，?就会提前结束整个函数的运行，并将任何可能的 Err 值返回给函数调用者。同样的过程也适用于 read_to_string 句尾的?。

?运算符帮助我们消除了大量的模板代码，使得函数实现更为简单。我们甚至可以通过链式方法调用来进一步简化这些代码，如示例 9-8 所示。

src/main.rs
```
use std::fs::File;
use std::io::{self, Read};

fn read_username_from_file() -> Result<String, io::Error> {
    let mut username = String::new();

    File::open("hello.txt")?.read_to_string(&mut username)?;

    Ok(username)
}
```

示例 9-8：?运算符后的链式方法调用

我们将创建新的 String 并赋值给 username 的语句移动到了函数开始的地方，这一部分没有任何改变。但接下来，我们并没有创建 username_file 变量，而是直接将 read_to_string 链接至 File::open("hello.txt")?所产生的结果处来进行调用。我们依然在 read_to_string 调用的尾部保留了?，并依然会在 File::open 和 read_to_string 运行成功时，返回一个包含了用户名 username 的 Ok 值。示例 9-8 所实现的功能与示例 9-6 和示例 9-7 的完全一致，不过它使用了一种更符合人体工程学的写法。

如果只是单纯地想要缩短代码，那么使用 fs::read_to_string 可以使代码更短，如示例 9-9 所示。

```
use std::fs;
use std::io;

fn read_username_from_file() -> Result<String, io::Error> {
    fs::read_to_string("hello.txt")
}
```

示例 9-9：使用 fs::read_to_string 读取文件

从文件中读取字符串可以说是一种相当常见的操作了，所以 Rust 提供了一个 fs::read_to_string 函数，用于打开文件，创建一个新的 String，并将文件的内容读入这个 String 中，接着返回给调用者。当然，直接使用这个函数无法给我们展示所有错误处理的机会，所以我们一开始选择了较为复杂的方法。

?运算符可以被用于哪些情形

只有当函数的返回类型与?运算符作用的值相兼容时，我们才可以在函数中使用?运算符。这是因为?运算符被用来从函数中提前返回一个值，它的功能类似于示例 9-6 中定义的 match 表达式。在示例 9-6 中，match 输入了一个 Result 值，并在提前返回分支中返回了一个 Err(e)值。为了与此处的 return 相兼容，函数的返回类型也必须是 Result 才行。

在示例 9-10 中，main 函数与?运算符作用的值拥有不相兼容的返回类型，让我们看一看运行这段代码会产生什么样的错误：

```
use std::fs::File;

fn main() {
    let greeting_file = File::open("hello.txt")?;
}
```

示例 9-10：尝试在返回()类型的 main 函数中使用?将无法通过编译

如上所示的代码打开了一个文件，这个操作是有可能失败的。我们在 File::open 函数返回的 Result 值后使用了?运算符，但 main 函数的返回类型却是()，而不是 Result。当我们编译这段代码时，会看到如下所示的错误提示信息：

```
error[E0277]: the `?` operator can only be used in a function that returns
`Result` or `Option` (or another type that implements `FromResidual`)
 --> src/main.rs:4:48
  |
3 | / fn main() {
4 | |     let greeting_file = File::open("hello.txt")?;
  | |                                                ^ cannot use the `?`
operator in a function that returns `()`
5 | | }
  | |_- this function should return `Result` or `Option` to accept `?`
  |
  = help: the trait `FromResidual<Result<Infallible, std::io::Error>>` is not
implemented for `()`
```

这段错误提示信息指出，使用了?运算符的函数必须返回 Result、Option
或任何实现了 FromResidual 的类型。

为了修正这一错误，你有两种选择。假如你的函数签名没有其他限制，那
么其中一种选择是更改函数的返回类型，使其与?运算符作用的值相兼容。而另
一种更通用的选择就是使用 match 或 Result<T, E>的方法来手动进行相应的处
理。

这里的错误提示信息还提到，?同样可以被用于 Option<T>值。与作用于
Result 值的?操作类似，你只能在一个返回 Option 的函数中对 Option 值使用?。
在 Option<T>上使用?运算符的行为与在 Result<T, E>上使用?的行为类似：当
值是 None 时，这个值会被作为函数的结果提前返回；当值是 Some 时，Some 中
持有的值则会被用作当前表达式的结果，并继续执行函数随后的代码。示例 9-11
展示了一个查找给定的文本中第一行最后一个字符的函数。

```
fn last_char_of_first_line(text: &str) -> Option<char> {
    text.lines().next()?.chars().last()
}
```

示例 9-11：在 Option<T>值后使用?运算符

由于给定的文本中可能含有，也可能不含有对应的字符，所以这个函数使

用了 Option<char> 作为返回类型。这段代码接收一个字符串切片作为参数，并调用了它的 lines 方法，这个方法会返回一个遍历字符串中所有行的迭代器。由于这个函数想要查找的是第一行文本，所以它调用了迭代器的 next 方法来获得迭代器的一个返回值。当给定的文本是空字符串时，此处的 next 会返回 None，而我们使用的?会中止函数并返回 None 作为 last_char_of_first_line 的结果。当给定的文本不是一个空字符串时，next 会返回一个包含了 text 中第一行字符串切片的 Some 值。

?运算符会提取出这个字符串切片，然后我们可以调用这个字符串切片的 chars 方法来获得一个遍历其所有字符的迭代器。由于我们感兴趣的是最后一个字符，所以调用了这个迭代器的 last 方法来获得最后一个条目。这个方法同样会返回一个 Option，因为第一行也可能是一个空的字符串；例如，text 可能会由一个空行作为起始，并带有其他的非空行，如"\nhi"等。不管怎么样，假如第一行确实存在最后一个字符，那么它就会以 Some 变体的形式返回。这个表达式中的?运算符为我们提供了一种简单的方式来表达逻辑，从而在一行代码内实现了整个函数。如果不能在 Option 值上使用?运算符，那么就必须调用更多的方法或 match 表达式来实现这一逻辑。

需要注意的是，你可以在一个返回 Result 的函数中为 Result 值使用?表达式，也可以在一个返回 Option 的函数中为 Option 值使用?表达式，但不能混合使用它们。?表达式不会自动将一个 Result 转换为 Option，反之亦然。在这样的情形中，你可以使用某些方法，比如 Result 上的 ok 方法或 Option 上的 ok_or 方法，来显式地进行转换操作。

到目前为止，我们使用的所有 main 函数都会返回()。由于 main 函数是一个可执行程序的入口点与退出点，所以为了使程序可以正常工作，它的返回类型是存在限制的。

幸运的是，main 函数同样可以返回一个 Result<T, E>。示例 9-12 基于示例 9-11 中的代码，将 main 函数的返回类型修改为 Result<(), Box<dyn Error>>，并在结尾处添加了一个返回值 Ok(())。现在这段代码可以通过编译了：

src/main.rs
```
use std::error::Error;
use std::fs::File;

fn main() -> Result<(), Box<dyn Error>> {
    let greeting_file = File::open("hello.txt")?;

    Ok(())
}
```

示例 9-12：将 main 函数的返回类型修改为 Result<(), E>，使?运算符可以被用在 Result 值上

这里的 Box<dyn Error> 被称作 trait 对象，我们将在第 17 章的"使用 trait 对象存储不同类型的值"一节中讨论它。现在，你可以简单地将 Box<dyn Error> 理解为"任何可能的错误类型"。由于 main 函数使用了 Box<dyn Error>作为错误类型，它允许任意的 Err 值提前返回，所以我们可以在 Result 值的后面使用?运算符。尽管这个 main 函数只会返回 std::io::Error 这一种错误类型，但通过签名中指定的 Box<dyn Error>，我们可以合法地在 main 函数中返回其他错误类型。

假如 main 函数的返回类型是 Result<(), E>，那么可执行文件会在 main 函数返回 Ok(())时以 0 值退出，而在 main 函数返回 Err 值时以非 0 值退出。使用 C 语言编写的可执行文件会在它们退出时返回一个整数：成功运行并退出的程序返回 0，产生了错误的程序则会返回一个非 0 整数。为了与这种惯例相兼容，Rust 同样会在可执行文件退出时返回整数。

main 函数可以返回任何实现了 std::process::Termination trait 的类型，它包含了一个 report 函数来指定 ExitCode。你可以参考标准库文档来学习如何为自己的类型实现 Termination trait。

至此，我们已经讨论了足够多关于调用 panic!或返回 Result 的内容。让我们再来看一看它们各自的适用场景吧。

要不要使用 panic!

什么时候应该调用 panic!，而什么时候又应该返回 Result 呢？代码一旦发生 panic，就再也没有恢复的可能了。只要你认为自己可以代替调用者决定某种情形是不可恢复的，就可以使用 panic!，而不用考虑错误是否存在可以恢复的机会。当你选择返回一个 Result 值时，就将这种选择权交给了调用者。调用者可以根据自己的实际情况来决定是否要尝试进行恢复，或者干脆认为 Err 是不可恢复的，并使用 panic!将可恢复错误转变为不可恢复错误。因此，我们会在定义一个可能失败的函数时优先考虑使用返回 Result 方案。

但对于另外一些场景，诸如示例、原型代码和测试等，直接触发panic 要比返回 Result 更为合适一些。让我们来看一看做出这种判断的原因，然后讨论某些编程者确信错误不会发生，但编译器却无法做出合理推断的场景。最后，我们会总结一些在库代码中是否应当使用 panic 的通用指导原则。

示例、原型代码和测试

当你编写示例用于演示某些概念时，为了增强健壮性而添加的错误处理代码，往往会减弱示例的可读性。在示例代码中，大家能够约定俗成地将 unwrap 之类可能会导致 panic 的方法理解为某种占位符，用来标明那些需要应用程序进一步处理的错误，并且根据上下文环境的不同，具体的处理方法也会不同。

类似地，在原型中使用 unwrap 与 expect 方法也会非常方便，此时往往还无法决定具体的错误处理方式。当你准备好开始增强程序的健壮性时，就可以使用它们在代码中留下的那些明显记号作为参考。

假如测试代码中的某个方法调用失败了，那么即便这个方法并不是需要测试的功能，我们也可以认为整个测试都失败了。测试的失败状态正是通过 panic 进行标记的，所以在这种场景下也是应该调用 unwrap 或 expect 的。

当你比编译器拥有更多信息时

当你拥有某种逻辑可以确保 Result 是一个 Ok 值时，调用 unwrap 或 expect 也是非常合理的，虽然编译器无法理解这种逻辑。总是会有这样的 Result 值需要处理：调用操作虽然有失败的可能性，但在某些特定的场景下，逻辑上不可能出现错误。假如你可以通过人工检查确保代码永远不会出现 Err 变体，那就放心大胆地使用 unwrap 吧，或者使用 expect 来表明你认为不可能出现 Err 变体的原因。下面就是一个例子：

```
use std::net::IpAddr;

let home: IpAddr = "127.0.0.1"
    .parse()
    .expect("Hardcoded IP address should be valid");
```

在这段代码中，我们通过解析一个硬编码的字符串来创建 IpAddr 实例。可以看到，127.0.0.1 是一个有效的 IP 地址，所以在这里使用 expect 是合理的。但是，拥有一个硬编码的、合法的字符串并不能改变 parse 方法的返回类型：我们依然会得到一个 Result 值，编译器依然会要求我们处理 Err 变体可能出现的情形，编译器还没聪明到能够直接判断出这个字符串是一个合法的 IP 地址的程度。当这个 IP 地址字符串来自用户输入而不是硬编码，进而存在解析失败的可能时，我们就需要使用一种更加健壮的方式来处理 Result。在 expect 的文本中表明这个 IP 地址是硬编码的，可以提醒我们将来需要接收其他 IP 地址输入源时提供更好的错误处理代码。

错误处理指导原则

当某个错误可能会导致代码处于损坏状态时，建议你在代码中使用 panic 来处理错误。在这种情形下，损坏状态意味着设计中的一些假设、保证、约定或不可变性出现了被打破的情形。比如，当某些非法的值、自相矛盾的值或不存在的值被传入代码，且满足下列某个条件时：

- 损坏状态是指一些不可预期的事情，而不是偶尔会发生的事情，比如用户输入错误格式的数据。
- 随后代码的正常运行依赖损坏状态不会发生，而不是在每一步都去检查是否存在问题。
- 没有合适的方法来将"处于损坏状态"这一信息编码至我们所使用的类型中。我们会在第 17 章的"将状态和行为编码成类型"一节中通过一个示例来解释这一含义。

假如用户在调用你的代码时传入了一些毫无意义的值，那么你可以尽可能地返回一个错误信息，并允许用户根据具体的情况自行决定处理方案。假如继续运行代码可能会导致出现不安全或有害的状态，那么最好的办法也许就是调用 panic!来警告用户代码中出现了 bug，以便他们提前在开发过程中发现并解决这些问题。类似地，当你调用某些不可控制的外部代码，且这些代码出现了无法修复的非法状态时，也可以直接调用 panic!。

但是，假如失败是可预期的，那么就应该返回一个 Result，而不是调用 panic!。这样的例子包括解析器接收到错误数据的场景、HTTP 请求返回限流状态的场景等。在这些例子中，返回 Result 作为结果，表明失败是一种可预期的状态，调用者必须决定如何处理这些失败。

假如你的代码在接收某些非法输入值时可能会导致用户陷入风险中，那么你就应该首先验证值的有效性，并在其无效时触发 panic。这主要是出于安全性的考虑：尝试基于某些非法值进行操作可能会暴露代码中的漏洞。这也是我们尝试进行越界访问时，标准库会触发 panic 的主要原因：尝试访问不属于当前数据结构的内存是一个常见的安全性问题。函数通常都有某种约定：它们只在输入数据满足某些特定条件时才能正常运行。当约定被违反时，触发 panic 是合理的，因为破坏约定往往预示着调用产生了 bug，而这不是我们希望调用者去显式处理的错误类型。事实上，调用者很难使用合理的方式对程序进行恢复；调用代码的程序员需要自行解决这些问题。函数的约定，尤其是在违反时会触发

panic 的那些约定，应该在 API 文档中被详细注明。

在所有的函数中都进行错误检测与处理可能会有些冗长和麻烦。但幸运的是，你可以借助 Rust 的类型系统（也就是编译器所做的类型检查）来自动完成某些检测工作。假如你的函数拥有某个特定类型的参数，那么在知道编译器会确保值的有效性后，你就可以安全地基于它来继续编写代码了。例如，当你拥有一个不同于 Option 的类型，而你的程序期望接收一个非空值时，你的代码就无须处理 Some 和 None 两种变体的状态：它永远只会面对确定有值这一种情形。那些尝试传递空值给函数的代码根本就无法通过编译，所以你没有必要去编写代码用于运行时空值检测。另一个例子是，使用 u32 这样的无符号整型可以保证参数永远不会为负。

创建自定义类型进行有效性验证

Rust 的类型系统可以确保我们获得一个有效值。现在让我们更进一步，看一看如何创建一个自定义类型来进行有效性验证。还记得我们在第 2 章中编写的猜数游戏吗？在那里，我们请求玩家输入一个 1～100 之间的数字。在将这个数字与保密数字进行比较之前，我们从未验证过玩家的猜测是否处于这两个数字之间，而只是检查了数字是否为正。在这个场景中，缺少值检测的后果还没有那么严重：最终产生的 "Too high" 或 "Too low" 输出依然是正确的。但是，这种值检测可以被用于引导玩家做出正确的选择，并在玩家尝试越界猜测或输入字符时给出不同的响应。

值检测的一种实现方式是将玩家的输入解析为 i32（而不仅仅是 u32）来允许玩家输入负数，并接着检查数字是否处于 1～100 之间：

src/main.rs
```
loop {
    // --略--

    let guess: i32 = match guess.trim().parse() {
        Ok(num) => num,
        Err(_) => continue,
    };
```

```
    if guess < 1 || guess > 100 {
        println!("The secret number will be between 1 and 100.");
        continue;
    }

    match guess.cmp(&secret_number) {
        // --略--
}
```

这里的 if 表达式被用于检测传入的值是否处于 1~100 之间，告知玩家出现的问题，并调用 continue 继续请求玩家输入，开始下一次的循环迭代。在 if 表达式执行结束后，我们就可以在确保 guess 处于 1~100 之间的前提下，进行 guess 与保密数字的比较了。

不过，这并不是一个完美的解决方案：假设程序中有许多函数都强制要求参数值处于 1~100 之间，那么在每个对应的函数中都编写检查代码可能会相当麻烦（并可能影响性能）。

相比于到处重复验证代码，我们可以创建一个新的类型，并在创建类型实例的函数中对值进行有效性检查。这样就可以在函数签名中安全地使用新类型，而无须担心它们所接收的值的有效性了。示例 9-13 展示了定义 Guess 类型的一种方法，只有在 new 函数接收到一个 1~100 之间的数字时才会创建 Guess 实例。

```
src/main.rs ❶ pub struct Guess {
        value: i32,
    }

    impl Guess {
      ❷ pub fn new(value: i32) -> Guess {
          ❸ if value < 1 || value > 100 {
              ❹ panic!(
                    "Guess value must be between 1 and 100, got {}.",
                    value
                );
            }

          ❺ Guess { value }
        }

      ❻ pub fn value(&self) -> i32 {
```

```
        self.value
    }
}
```

示例 9-13：只有在值位于 1～100 之间时才创建 Guess 实例

　　首先，我们定义了一个名为 Guess 的结构体，其中包含了一个类型为 i32 的 value 字段 ❶，用于存储数字。

　　接着，我们为 Guess 实现了一个关联函数 new，用于创建新的 Guess 实例 ❷。根据这个 new 函数的定义，它会接收一个 i32 类型的参数 value 并返回 Guess。处于 new 函数体中的代码则会测试 value 是否处于 1～100 之间 ❸。假如 value 没有通过测试，我们就触发 panic! 调用 ❹。这会警告调用这段代码的程序员出现了一个需要修复的 bug，因为使用超出范围的 value 来创建 Guess 违反了 Guess::new 所依赖的约定。这会使得 Guess::new 触发 panic 的条件被详细地注释在这个函数所对应的公共 API 文档中。我们将在第 14 章中讨论 API 文档中一些用于标明 panic! 触发条件的习惯用法。假如 value 通过了这个测试，我们就会创建一个新的 Guess，并将其 value 字段设置为对应的参数 value，最后将 Guess 类型的实例返回给调用者 ❺。

　　最后，我们实现了一个 value 方法，它仅有一个参数用于借用 self，并返回一个 i32 类型的值 ❻。这类方法有时也被称作读取接口（getter），因为其功能就在于读取相应字段内的数据并返回。因为 Guess 中的 value 字段是私有的，所以我们有必要提供这类公共方法用于访问数据。而之所以将 value 字段设置为私有的，是因为我们不允许使用 Guess 结构体的代码随意修改 value 中的值：模块外的代码必须使用 Guess::new 函数来创建新的 Guess 实例，这就确保了所有 Guess 实例中的 value 都可以在 Guess::new 函数中进行有效性检查。

　　现在，如果一个函数需要将 1～100 之间的数字作为参数或返回值，那么它就可以在自己的签名中使用 Guess（而不是 i32），并且再也不需要在函数体内做任何额外的检查了。

总结

  Rust 中的错误处理功能旨在帮助你编写更加健壮的代码。panic!宏表示程序正处于一个无法处理的状态下，你需要中止进程运行，而不是基于无效或非法的值继续执行命令。Result 枚举可以借助 Rust 的类型系统表明某个操作有失败的可能，并且代码能够从这种失败中恢复过来。你也可以使用 Result 来强制代码的调用者对可能的成功或失败情形都做出处理。合理地搭配使用 panic!和 Result，可以让代码在面对无法避免的错误时显得更加可靠。

  到目前为止，你已经通过标准库中的 Option 与 Result 枚举见到了泛型的一些使用场景，我们会在下一章中详细介绍泛型的工作机制，以及如何在代码中使用它们。

10

泛型、trait 与生命周期

所有的编程语言都会致力于高效地处理重复概念，并为此提供各种各样的工具。在 Rust 中，泛型（generics）就是这样一种工具。泛型是具体类型或其他属性的抽象替代。在编写代码时，我们可以直接描述泛型的行为，或者它与其他泛型产生的联系，而无须知晓它在编译和运行代码时采用的具体类型。

函数可以使用参数中未知的具体值来执行相同的代码，与之类似，函数也可以使用泛型参数，而不是 i32 或 String 之类的具体类型。事实上，我们已经在不少地方使用过泛型了，如第 6 章中的 Option<T>、第 8 章中的 Vec<T> 与 HashMap<K, V>，以及第 9 章中的 Result<T, E>。在本章中，你将进一步学习如何在声明自定义类型、函数与方法时使用泛型！

首先，我们会复习如何将代码提取为函数来减少代码重复。接着，我们将使用同样的技术从两个仅仅是参数类型不同的函数中提取出泛型函数。另外，我们还会介绍如何在结构体与枚举中使用泛型。

然后，你将学习如何使用 trait 来定义通用行为。在定义泛型时，使用 trait 可以将其限制为拥有某些特定行为的类型，而不是任意类型。

最后，我们还会讨论生命周期：这类泛型可以向编译器提供引用之间的相互关系。生命周期允许我们向编译器提供有关借用值的充分信息，让它在更多的情形下确保引用的有效性，而不需要我们的帮助。

通过将代码提取为函数来减少重复工作

泛型允许我们将特定的类型替换为可以代表多种不同类型的占位符，从而减少代码重复。在介绍泛型语法之前，让我们先来复习一下如何将代码提取为函数以减少重复工作。虽然这一过程不会涉及泛型概念，但在随后的一节中，我们会用同样的技术将代码提取为泛型函数！如同你识别出可以被提取为函数的重复代码一样，你也会识别出能够使用泛型的重复代码。

我们将从示例 10-1 中简短的程序开始，该程序用来在一个数字列表中找到最大值。

```
src/main.rs   fn main() {
            ❶ let number_list = vec![34, 50, 25, 100, 65];

            ❷ let mut largest = &number_list[0];

            ❸ for number in &number_list {
                ❹ if number > largest {
                    ❺ largest = number;
                }
            }

              println!("The largest number is {largest}");
          }
```

示例 10-1：在一个数字列表中找到最大值

这段代码首先在 number_list 变量中保存了一个整数列表 ❶，并将列表中的首个数字赋值给 largest 变量 ❷。随后它又遍历了列表中的所有数字 ❸，如果当前的数字大于 largest 中的数字 ❹，就将 largest 中的数字替换为当前的数字 ❺；而如果当前的数字小于 largest 中的数字，就保持 largest 中的数字不变，并移动至列表中的下一个数字，继续执行代码。在比较完列表中的全部数字后，存储在 largest 中的数字就是最大值了，在本例中就是 100。

如果需要在两个不同的列表中找到各自的最大值，那么可以复制示例 10-1 中的代码，并在两个不同的地方使用相同的逻辑，如示例 10-2 所示。

src/main.rs

```rust
fn main() {
    let number_list = vec![34, 50, 25, 100, 65];

    let mut largest = &number_list[0];

    for number in &number_list {
        if number > largest {
            largest = number;
        }
    }

    println!("The largest number is {largest}");

    let number_list = vec![102, 34, 6000, 89, 54, 2, 43, 8];

    let mut largest = &number_list[0];

    for number in &number_list {
        if number > largest {
            largest = number;
        }
    }

    println!("The largest number is {largest}");
}
```

示例 10-2：在两个数字列表中分别找到最大值

尽管这段代码能够正常工作，但重复的代码既乏味又易于出错。一旦我们想要修改任何逻辑，就需要同时更新多个地方的代码。

为了消除这种重复的代码，我们可以通过定义函数来创建抽象，它可以接收任意的整数列表作为参数并进行求值。这将使我们的代码更加整洁，并可以让我们更加抽象地表达在整数列表中找到最大值的概念。

如示例 10-3 所示，我们把在整数列表中找到最大值的代码提取到了 largest 函数中。接着，我们分别调用这个函数来求得示例 10-2 中两个列表内的最大值。除此之外，我们还可以调用 largest 函数来求得任何一个 i32 列表中的最大值。

src/main.rs

```
fn largest(list: &[i32]) -> &i32 {
    let mut largest = &list[0];

    for item in list {
        if item > largest {
            largest = item;
        }
    }

    largest
}

fn main() {
    let number_list = vec![34, 50, 25, 100, 65];

    let result = largest(&number_list);
    println!("The largest number is {result}");

    let number_list = vec![102, 34, 6000, 89, 54, 2, 43, 8];

    let result = largest(&number_list);
    println!("The largest number is {result}");
}
```

示例 10-3：提取在两个列表中找到最大值的代码

这里的 largest 函数拥有一个 list 参数，它代表了所有可能会传递给函数的具体 i32 值切片。因此，当我们调用函数时，这段代码会基于我们所传入的特定值来运行。

总的来说，为了将示例 10-2 中的代码修改为示例 10-3 中的代码，大致需要经过下面几步：

1. 定位到重复的代码。

2. 将重复的代码提取至函数体中，并在函数签名中指定代码的输入和返回值。

3. 将两段重复代码的实例改为调用函数。

接下来，我们将会针对泛型使用同样的步骤，以一种不同的方式来减少代码重复。与这个函数体作用于抽象的 `list` 而不是具体值一样，泛型允许代码作用于抽象的类型。

假设我们拥有两个不同的函数：一个用于在 `i32` 切片中找到最大值，另一个用于在 `char` 切片中找到最大值。这里的重复性应当怎样消除呢？让我们拭目以待！

泛型数据类型

我们可以在声明函数签名或结构体等元素时使用泛型，并随后搭配不同的具体类型来使用这些元素。本节首先会介绍如何使用泛型来定义函数、结构体、枚举及方法，然后讨论泛型对代码性能所产生的影响。

在函数定义中

当使用泛型来定义一个函数时，我们需要将泛型放置在函数签名中通常用于指定参数和返回值类型的地方。以这种方式编写的代码更加灵活，并可以在不引入重复代码的同时向函数调用者提供更多的功能。

回到 `largest` 函数，示例 10-4 展示了两个同样用于在切片中找到最大值的函数。我们会在接下来的示例中使用泛型将它们合并为单一函数。

src/main.rs
```
fn largest_i32(list: &[i32]) -> &i32 {
    let mut largest = &list[0];

    for item in list {
        if item > largest {
            largest = item;
        }
    }
```

```
        largest
}

fn largest_char(list: &[char]) -> &char {
    let mut largest = &list[0];

    for item in list {
        if item > largest {
            largest = item;
        }
    }

    largest
}

fn main() {
    let number_list = vec![34, 50, 25, 100, 65];

    let result = largest_i32(&number_list);
    println!("The largest number is {result}");

    let char_list = vec!['y', 'm', 'a', 'q'];

    let result = largest_char(&char_list);
    println!("The largest char is {result}");
}
```

示例 10-4：两个只在名称和签名类型上有所区别的函数

这里的 `largest_i32` 函数正是我们在示例 10-3 中提取的用于找到 i32 切片中最大值的函数。`largest_char` 函数则是 `largest` 函数作用于 char 切片的版本。因为这两个函数拥有完全相同的代码，所以我们可以通过在一个函数中使用泛型来消除重复的代码。

为了参数化这个新函数所使用的类型，我们首先需要为类型参数命名，就像为函数中的值参数命名一样。你可以使用任何合法的标识符作为类型参数名称。按照惯例，我们使用了 T。在 Rust 中，我们倾向于使用简短的泛型参数名称，通常仅仅是一个字母。另外，Rust 采用了驼峰命名法（CamelCase）作为类型的命名规范。T 作为 "type" 的缩写，往往是大部分 Rust 程序员在命名类型参数时的默认选择。

当我们需要在函数体中使用参数时，必须在签名中声明对应的参数名称，以便编译器知晓这个名称的含义。类似地，当我们需要在函数签名中使用类型参数时，也必须在使用前声明这个类型参数的名称。为了定义泛型版本的 largest 函数，必须将类型名称的声明放置在函数名称与参数列表之间的一对尖括号（<>）中，如下所示：

```
fn largest<T>(list: &[T]) -> &T {
```

这个定义可以被理解为：largest 函数拥有泛型参数 T，它接收一个名为 list 的 T 值切片作为参数，并返回一个 T 类型值的引用作为结果。

示例 10-5 展示了如何在签名中使用泛型数据类型并合并不同的 largest 函数。该示例同样向我们展示了如何分别使用 i32 切片与 char 切片来调用函数。注意，这段代码目前还无法通过编译，我们会在本章后面的部分来修复它。

src/main.rs
```
fn largest<T>(list: &[T]) -> &T {
    let mut largest = &list[0];

    for item in list {
        if item > largest {
            largest = item;
        }
    }

    largest
}

fn main() {
    let number_list = vec![34, 50, 25, 100, 65];

    let result = largest(&number_list);
    println!("The largest number is {result}");

    let char_list = vec!['y', 'm', 'a', 'q'];

    let result = largest(&char_list);
    println!("The largest char is {result}");
}
```

示例 10-5：使用泛型参数定义的 largest 函数；目前还无法通过编译

假如我们立即尝试编译这段代码，就会出现如下所示的错误提示信息：

```
error[E0369]: binary operation `>` cannot be applied to type `&T`
 --> src/main.rs:5:17
  |
5 |         if item > largest {
  |            ---- ^ ------- &T
  |            |
  |            &T
  |
help: consider restricting type parameter `T`
  |
1 | fn largest<T: std::cmp::PartialOrd>(list: &[T]) -> &T {
  |           ++++++++++++++++++++++++
```

这段错误提示信息中提到的 std::cmp::PartialOrd 是一个 trait，我们将在下一节中来讨论它。简单来讲，这个错误表明，largest 函数体中的代码不能适用于 T 所有可能的类型。因为函数体中的相关语句需要比较类型 T 的值，这个操作只能适用于可排序的值类型。我们可以通过实现标准库中的 std::cmp::PartialOrd trait 来为类型实现比较功能（在附录 C 中，更加详细地介绍了这个 trait）。遵循提示信息中的建议，我们只需要将 T 限制为那些实现了 PartialOrd 的类型，便可以让这段程序通过编译，因为标准库已经为 i32 和 char 实现了 PartialOrd。

在结构体定义中

同样地，我们也可以使用<>语法来定义在一个或多个字段中使用泛型参数的结构体。示例 10-6 展示了如何定义一个可以存储任意类型 x、y 坐标值的 Point<T>结构体。

src/main.rs ❶ struct Point<T> {
  ❷ x: T,
  ❸ y: T,
  }

  fn main() {
      let integer = Point { x: 5, y: 10 };

```
    let float = Point { x: 1.0, y: 4.0 };
}
```

示例 10-6：存储了 T 类型值 x 与 y 的 Point<T>结构体

在结构体定义中使用泛型语法的方式与在函数定义中使用的方式类似。在结构体名称后的尖括号中声明泛型参数 ❶ 后，我们就可以在结构体定义中那些通常用于指定具体数据类型的位置使用泛型了 ❷❸。

注意，我们在定义 Point<T>时仅使用了一个泛型，这个定义表明 Point<T>结构体对某个类型 T 是通用的。而无论具体的类型是什么，字段 x 与 y 都同时属于这个类型。假如像示例 10-7 一样使用不同的值类型来创建 Point<T>实例，那么代码是无法通过编译的。

src/main.rs
```
struct Point<T> {
    x: T,
    y: T,
}

fn main() {
    let wont_work = Point { x: 5, y: 4.0 };
}
```

示例 10-7：字段 x 和 y 必须是相同的类型，因为它们拥有相同的泛型 T

在这个例子中，当我们将整数 5 赋值给 x 时，编译器就会将这个 Point<T>实例中的泛型 T 识别为整数类型。但是，我们接着为 y 指定了浮点数 4.0，而这个变量被定义为与 x 拥有相同的类型，因此这段代码就会触发一个类型不匹配错误：

```
error[E0308]: mismatched types
 --> src/main.rs:7:38
  |
7 |     let wont_work = Point { x: 5, y: 4.0 };
  |                                      ^^^ expected integer, found floating-
point number
```

为了在保持泛型状态的前提下，让 Point 结构体中的 x 和 y 能够被实例化为不同的类型，我们可以使用多个泛型参数。例如，在示例 10-8 中，我们使 Point 的定义中拥有两个泛型参数 T 与 U，其中 x 字段属于类型 T，而 y 字段属于类型 U。

src/main.rs
```
struct Point<T, U> {
    x: T,
    y: U,
}

fn main() {
    let both_integer = Point { x: 5, y: 10 };
    let both_float = Point { x: 1.0, y: 4.0 };
    let integer_and_float = Point { x: 5, y: 4.0 };
}
```

示例 10-8：使用了两个泛型的 Point<T, U>，x 和 y 可以拥有不同类型的值

现在，所有的这些 Point 实例都是合法的了！你可以在定义中使用任意多个泛型参数，但要注意，过多的泛型会使代码难以阅读。通常来讲，当你需要在代码中使用很多泛型时，可能就意味着你的代码需要被重构为更小的片段。

在枚举定义中

类似于结构体，枚举定义也可以在它们的变体中存放泛型数据。让我们再来看一看标准库中提供的 Option<T>枚举，我们在第 6 章中使用过它：

```
enum Option<T> {
    Some(T),
    None,
}
```

你现在应该能够理解这个定义了。正如你所见，Option<T>是一个拥有泛型 T 的枚举。它拥有两个变体：一个持有 T 类型值的 Some 变体和一个不持有任何值的 None 变体。Option<T>被我们用来表示一个值可能存在的抽象概念。也正是因为 Option<T>使用了泛型，所以无论这个可能存在的值是什么类型，我们都可以通过 Option<T>来表达这种抽象。

枚举同样可以使用多个泛型参数。我们在第 9 章中使用过的 Result 枚举就是一个非常好的例子：

```
enum Result<T, E> {
    Ok(T),
    Err(E),
}
```

Result 枚举拥有两个泛型：T 和 E。它同样拥有两个变体：一个持有 T 类型值的 Ok 和一个持有 E 类型值的 Err。这个定义使得 Result 枚举可以很方便地被用在操作可能成功（返回某个 T 类型的值），也可能失败（返回某个 E 类型的错误）的场景。实际上，我们在第 9 章的示例 9-3 中打开文件时就曾经使用过它，其中的泛型参数 T 被替换为 std::fs::File 类型，用来在文件成功打开时返回；而泛型参数 E 被替换为 std::io::Error 类型，用来描述在打开文件的过程中触发的问题。

当你意识到自己的代码拥有多个结构体或枚举定义，且只有值类型不同时，就可以通过使用泛型来避免代码重复。

在方法定义中

如同第 5 章所介绍的，我们可以为结构体或枚举实现方法，而方法也可以在自己的定义中使用泛型。示例 10-9 基于示例 10-6 中定义的 Point<T>结构体实现了一个名为 x 的方法。

src/main.rs
```
struct Point<T> {
    x: T,
    y: T,
}

impl<T> Point<T> {
    fn x(&self) -> &T {
        &self.x
    }
}
```

```
fn main() {
    let p = Point { x: 5, y: 10 };

    println!("p.x = {}", p.x());
}
```

示例 10-9：为 Point<T>结构体实现一个名为 x 的方法，它会返回一个指向 x 字段中 T 类型值的引用

在上面的代码中，我们为 Point<T>结构体定义了一个名为 x 的方法，它会返回一个指向字段 x 中数据的引用。

注意，必须紧跟着 `impl` 关键字来声明 T，以便能够在实现方法时指定类型 Point<T>。通过在 `impl` 之后将 T 声明为泛型，Rust 能够识别出 Point 尖括号内的类型是泛型而不是具体类型。我们可以为这里的泛型参数选择一个与结构体定义中泛型参数不同的名称，但按照惯例，使用了相同的名称。泛型 `impl` 块中声明的方法会被定义在所有的类型实例上面，而不管替换泛型类型的具体类型是什么。

我们也可以在定义类型方法时为泛型类型指定约束。比如，可以单独为 Point<f32>实例而不是所有的 Point<T>泛型实例来实现方法。在示例 10-10 中，我们使用了这个具体的类型 f32，这也意味着无须在 `impl` 之后声明任何类型。

src/main.rs
```
impl Point<f32> {
    fn distance_from_origin(&self) -> f32 {
        (self.x.powi(2) + self.y.powi(2)).sqrt()
    }
}
```

示例 10-10：这里的 `impl` 块只作用于使用具体类型替换了泛型参数 T 的结构体

这段代码意味着，类型 Point<f32>将会拥有一个名为 distance_from_origin 的方法，而其他的 Point<T>实例没有该方法的定义。方法本身被用于计算当前点与原点坐标(0.0, 0.0)的距离，它使用了只能被用于浮点数类型的数学操作。

结构体定义中的泛型参数并不总是与我们在方法签名中使用的类型参数一致。例如，示例 10-11 使用了 X1、Y1 作为 Point 结构体的泛型参数，并在 mixup

方法中使用了另外的泛型参数 X2、Y2。这个方法会在运行结束后创建一个新的 Point 实例，这个实例的 x 值来自 self 所绑定的 Point（拥有类型 X1），而 y 值来自传入的 Point（拥有类型 Y2）。

```
src/main.rs   struct Point<X1, Y1> {
                  x: X1,
                  y: Y1,
              }

          ❶ impl<X1, Y1> Point<X1, Y1> {
              ❷ fn mixup<X2, Y2>(
                      self,
                      other: Point<X2, Y2>,
                  ) -> Point<X1, Y2> {
                      Point {
                          x: self.x,
                          y: other.y,
                      }
                  }
              }

              fn main() {
              ❸ let p1 = Point { x: 5, y: 10.4 };
              ❹ let p2 = Point { x: "Hello", y: 'c' };

              ❺ let p3 = p1.mixup(p2);

              ❻ println!("p3.x = {}, p3.y = {}", p3.x, p3.y);
              }
```

示例 10-11：方法使用了与结构体定义不同的泛型参数

在 main 中，我们定义了一个 Point，它的 x 拥有类型为 i32 的值 5，y 则拥有类型为 f64 的值 10.4 ❸。接下来的 p2 变量同样是一个 Point 结构体，其中 x 的类型为字符串切片（值为"Hello"），y 的类型则为 char（值为'c'）❹。在 p1 上调用 mixup 并传入 p2 作为参数，返回值为 p3 ❺。p3 会拥有类型为 i32 的字段 x，因为 x 来自 p1；它还会拥有类型为 char 的字段 y，因为 y 来自 p2。最后调用的 println!宏会输出 p3.x = 5, p3.y = c ❻。

这个例子说明，在某些情况下可能会有一部分泛型参数被声明于 impl 关键字后，而另一部分被声明于方法定义中。在这里，泛型参数 X1 与 Y1 被声明在

impl 之后 ❶，因为它们是结构体定义的一部分；泛型参数 X2 与 Y2 则被定义在 fn mixup 中 ❷，因为它们仅仅与方法本身相关。

泛型代码的性能问题

当你使用泛型参数时，也许会好奇这种机制是否存在一定的运行时消耗。好消息是，Rust 实现泛型的方式，决定了使用泛型的代码与使用具体类型的代码相比不会有任何速度上的差异。

为了实现这一点，Rust 会在编译时执行泛型代码的单态化（monomorphization）。单态化是一个在编译期将泛型代码转换为特定代码的过程，它会将所有使用过的具体类型填入泛型参数中，从而得到有具体类型的代码。在这个过程中，编译器所做的工作与在示例 10-5 中创建泛型函数时的相反：它会寻找所有泛型代码被调用过的地方，并基于该泛型代码所使用的具体类型来生成代码。

让我们看一看这种机制是如何在标准库的 Option<T>枚举上生效的：

```
let integer = Some(5);
let float = Some(5.0);
```

当 Rust 编译这段代码时，就会开始执行单态化。编译器首先会读取在 Option<T>实例中使用过的值，进而确定存在两种 Option<T>：一种是 i32，另一种是 f64。因此，它会将 Option<T>的泛型定义展开为 Option_i32 与 Option_f64，接着再将泛型定义替换为这两个具体类型的定义。

单态化后的代码类似于如下所示的代码（编译器使用的名称会与此处演示的不同）：

```
src/main.rs    enum Option_i32 {
                   Some(i32),
                   None,
               }
```

```
enum Option_f64 {
    Some(f64),
    None,
}

fn main() {
    let integer = Option_i32::Some(5);
    let float = Option_f64::Some(5.0);
}
```

泛型 Option<T>被编译器生成的特定定义替换了。正是由于 Rust 会将每一个实例中的泛型代码都编译为特定类型的代码，所以我们无须为泛型的使用付出任何运行时的代价。泛型代码运行时的效果，和我们手动重复每个定义的运行效果一样。单态化使 Rust 的泛型代码在运行时极其高效。

trait：定义共享行为

trait（特征）被用来向 Rust 编译器描述某些特定类型拥有的且能够被其他类型共享的功能，它使我们可以以一种抽象的方式来定义共享行为。我们还可以使用 trait 约束将泛型参数指定为实现了某些特定行为的类型。

注意 trait 与其他语言中常被称为接口（interface）的功能类似，但也不尽相同。

定义 trait

类型的行为由该类型本身可供调用的方法组成。当我们可以在不同的类型上调用相同的方法时，就称这些类型共享了相同的行为。trait 提供了一种将特定方法签名组合起来的途径，它定义了为达到某种目的所必需的行为集合。

打个比方，假如我们拥有多个结构体，它们分别持有不同类型、不同数量的文本字段，其中的 NewsArticle 结构体保存了某地发生的新闻故事，Tweet 结构体则包含了最多 280 个字符的推文，以及用于描述该推文是一条新推文、一条转发推文还是一条回复的元数据。

此时，我们想要创建一个名为 aggregator 的多媒体聚合库，用来显示存储在 NewsArticle 或 Tweet 结构体实例中的数据摘要。为了实现这一目标，我们需要为每个类型都实现摘要行为，从而可以在实例上调用统一的 summarize 方法来请求摘要内容。示例 10-12 展示了用于表达这一行为的公共 Summary trait 的定义。

src/lib.rs

```
pub trait Summary {
    fn summarize(&self) -> String;
}
```

示例 10-12：Summary trait 由 summarize 方法所提供的行为组成

在这里，我们使用了 trait 关键字来声明 trait，紧随 trait 关键字的是该 trait 的名称，在本例中就是 Summary。为了允许其他依赖这个单元包的代码使用 Summary trait，我们将它声明为 pub。在其后的花括号中，我们声明了用于定义类型行为的方法签名，也就是本例中的 fn summarize(&self) -> String。

在方法签名后，省略了花括号及具体的实现，直接使用分号终结了当前的语句。任何想要实现这个 trait 的类型都需要为上述方法提供自定义行为。编译器会确保每一个实现了 Summary trait 的类型都定义了与这个签名完全一致的 summarize 方法。

一个 trait 可以包含多个方法：每个方法签名都单独占据一行并以分号结尾。

为类型实现 trait

现在，我们已经在 Summary trait 的方法中定义了期望的签名。接着，我们就可以在多媒体聚合中依次为每个类型实现这个 trait 了。示例 10-13 展示了 NewsArticle 结构体的 Summary trait 实现，该结构体使用了标题、作者及位置来创建 summarize 方法的返回值。而对于 Tweet 结构体，我们选择了将用户名和全部推文作为 summarize 的返回值，并假设推文内容已经被限制在 280 个字符以内。

```
src/lib.rs   pub struct NewsArticle {
                 pub headline: String,
                 pub location: String,
                 pub author: String,
                 pub content: String,
             }

             impl Summary for NewsArticle {
                 fn summarize(&self) -> String {
                     format!(
                         "{}, by {} ({})",
                         self.headline,
                         self.author,
                         self.location
                     )
                 }
             }

             pub struct Tweet {
                 pub username: String,
                 pub content: String,
                 pub reply: bool,
                 pub retweet: bool,
             }

             impl Summary for Tweet {
                 fn summarize(&self) -> String {
                     format!("{}: {}", self.username, self.content)
                 }
             }
```

示例 10-13：为 NewsArticle 与 Tweet 类型实现 Summary trait

　　为类型实现 trait 与实现普通方法的步骤十分类似。区别在于，必须在 impl
关键字后提供我们想要实现的 trait 名称，然后是 for 关键字及当前的类型名称。
在 impl 块中，我们同样需要填入 trait 中的方法签名。但在每个签名的结尾不再
使用分号，而是使用花括号并在其中编写函数体来为这个特定类型实现该 trait
的方法所应具有的行为。

　　现在，我们的库为 NewsArticle 和 Tweet 实现了 Summary trait，单元包的用
户可以在 NewsArticle 或 Tweet 的实例上调用 trait 的方法，正如调用普通方法
一样。唯一的区别在于，用户需要将 trait 本身像类型一样引入当前的作用域。

如下所示的代码演示了一个二进制单元包会如何使用 aggregator 库。

```
use aggregator::{Summary, Tweet};


fn main() {
    let tweet = Tweet {
        username: String::from("horse_ebooks"),
        content: String::from(
            "of course, as you probably already know, people",
        ),
        reply: false,
        retweet: false,
    };

    println!("1 new tweet: {}", tweet.summarize());
}
```

这段代码会打印出 1 new tweet: horse_ebooks: of course, as you probably already know, people。

依赖 aggregator 的其他单元包也可以将 Summary trait 引入作用域来为自己的类型实现 Summary。但需要注意的是，实现 trait 有一个限制：只有当 trait 或类型被定义在我们的单元包中时，才能为该类型实现对应的 trait。例如，我们可以为自定义类型 Tweet 等实现标准库中的 Display trait 等，来作为 aggregator 库提供的功能。之所以可以这样做，正是因为类型 Tweet 被定义在了 aggregator 库中。同样地，我们也可以在 aggregator 库中为 Vec<T> 实现 Summary，因为 Summary trait 被定义在了 aggregator 库中。

但是，我们不能为外部类型实现外部 trait。例如，不能在 aggregator 库内为 Vec<T> 实现 Display trait，因为 Display 与 Vec<T> 都被定义在了标准库中，而没有被定义在 aggregator 库中。由于这种情形下的父类型都没有被定义在本地，所以我们把这个限制称为孤儿规则（orphan rule）。这条规则是程序一致性（coherence）的组成部分，它确保了其他人编写的内容不会破坏你的代码，反之亦然。如果没有这条规则，那么两个库可以分别对相同的类型实现相同的 trait，

Rust 将无法确定应该使用哪一个版本。

默认实现

有时候，为 trait 中的某些或所有方法提供的默认行为会非常有用，因为它使我们无须为每一个类型的实现都提供自定义行为。当为某个特定类型实现 trait 时，我们可以选择保留或重载每个方法的默认行为。

示例 10-14 展示了如何为 Summary trait 中的 summarize 方法指定一个默认的字符串返回值，而不是如示例 10-12 一样仅仅定义方法签名本身。

src/lib.rs
```
pub trait Summary {
    fn summarize(&self) -> String {
        String::from("(Read more...)")
    }
}
```

示例 10-14：拥有默认 summarize 方法实现的 Summary trait 定义

假如我们决定在 NewsArticle 的实例中使用这种默认实现，而不是自定义实现，那么可以使用 impl Summary for NewsArticle {}指定一个空的 impl 块。

即便此时没有直接为 NewsArticle 定义 summarize 方法，我们也提供了一个默认实现，并指定 NewsArticle 实现 Summary trait。于是，我们依然可以在 NewsArticle 的实例上调用 summarize 方法，如下所示：

```
let article = NewsArticle {
    headline: String::from(
        "Penguins win the Stanley Cup Championship!"
    ),
    location: String::from("Pittsburgh, PA, USA"),
    author: String::from("Iceburgh"),
    content: String::from(
        "The Pittsburgh Penguins once again are the best \
         hockey team in the NHL.",
    ),
};
```

```
println!("New article available! {}", article.summarize());
```

这段代码会打印出 New article available! (Read more...)。

为 summarize 提供一个默认实现并不会影响示例 10-13 中为 Tweet 实现 Summary 时所编写的代码。这是因为重载默认实现与实现 trait 方法的语法完全一致。

我们还可以在默认实现中调用相同 trait 中的其他方法，即使这些方法没有默认实现。基于这一规则，trait 可以在只需要实现一小部分方法的前提下，提供许多有用的功能。例如，我们可以为 Summary trait 定义一个需要被实现的方法 summarize_author，这样就可以通过调用 summarize_author 来为 summarize 方法提供一个默认实现了：

```
pub trait Summary {
    fn summarize_author(&self) -> String;

    fn summarize(&self) -> String {
        format!(
            "(Read more from {}...)",
            self.summarize_author()
        )
    }
}
```

为了使用这个版本的 Summary，只需要在为类型实现这一 trait 时定义 summarize_author：

```
impl Summary for Tweet {
    fn summarize_author(&self) -> String {
        format!("@{}", self.username)
    }
}
```

在定义了 summarize_author 之后，我们就可以在 Tweet 结构体的实例上调用 summarize 了。这个 summarize 的默认实现会进一步调用我们提供的

summarize_author 定义。因为实现了 summarize_author，所以 Summary trait 可以为我们提供 summarize 方法的行为，而不需要我们编写额外的代码。调用的过程如下所示：

```
let tweet = Tweet {
    username: String::from("horse_ebooks"),
    content: String::from(
        "of course, as you probably already know, people",
    ),
    reply: false,
    retweet: false,
};

println!("1 new tweet: {}", tweet.summarize());
```

这段代码会打印出 1 new tweet: (Read more from @horse_ebooks...)。

注意，我们是无法在重载方法实现的过程中调用该方法的默认实现的。

使用 trait 作为参数

现在，你应该已经学会如何定义 trait 并为类型实现 trait 了。接下来，我们会继续讨论如何使用 trait 来定义接收不同类型参数的函数。在示例 10-13 中，我们为 NewsArticle 与 Tweet 类型实现了 Summary trait。我们可以定义一个 notify 函数来调用其 item 参数的 summarize 方法，这里的 item 参数可以是任何实现了 Summary trait 的类型。为了达到这一目的，我们需要像下面一样使用 impl Trait 语法：

```
pub fn notify(item: &impl Summary) {
    println!("Breaking news! {}", item.summarize());
}
```

这里没有为 item 参数指定具体的类型，而是使用了 impl 关键字及对应的 trait 名称。这个参数可以接收任何实现了指定 trait 的类型。在 notify 的函数体内，我们可以调用来自 Summary trait 的任何方法，当然也包括 summarize。我们可以在调用 notify 时向其中传入任意一个 NewsArticle 或 Tweet 实例。尝试使用其他类型（如 String 或 i32）来调用函数则无法通过编译，因为这些类型没有实现 Summary。

trait 约束

这里的 impl Trait 语法常被用在一些较短的示例中，但它其实只是较长形式的 trait 约束（trait bound）的一种语法糖。它的完整形式如下所示：

```
pub fn notify<T: Summary>(item: &T) {
    println!("Breaking news! {}", item.summarize());
}
```

这种较长的形式完全等价于之前的示例，只是后面的写法会稍显臃肿一些。我们将泛型参数与 trait 约束同时放置在尖括号中，并使用冒号分隔。

impl Trait 语法在一些简单的情形中使用会更加方便且使代码更加简洁，而完整的 trait 约束语法可以在另外一些场景中表达更加复杂的含义。例如，假设需要接收两个都实现了 Summary 的参数，那么使用 impl Trait 语法的写法如下所示：

```
pub fn notify(item1: &impl Summary, item2: &impl Summary) {
```

只要 item1 和 item2 可以使用不同的类型（且同时实现了 Summary），这行代码就没有任何问题。但是，如果想强迫两个参数使用相同的类型，又应当怎么处理呢？此时就只能使用 trait 约束了：

```
pub fn notify<T: Summary>(item1: &T, item2: &T) {
```

泛型 T 指定了 item1 与 item2 参数的类型，它同时决定了函数为 item1 与 item2 接收的参数值必须拥有相同的类型。

通过+语法来指定多个 trait 约束

我们可以同时指定多个 trait 约束。假如 notify 函数需要在调用 summarize 方法的同时显示格式化后的 item，那么 item 就必须实现两个不同的 trait：Summary 和 Display。我们可以使用+语法做到这一点：

```
pub fn notify(item: &(impl Summary + Display)) {
```

+语法在泛型的 trait 约束中同样有效：

```
pub fn notify<T: Summary + Display>(item: &T) {
```

通过指定的两个 trait 约束，notify 函数体便可以在调用 summarize 的同时使用{}来格式化 item。

使用 where 从句来简化 trait 约束

使用过多的 trait 约束也有一些缺点。因为每个泛型都拥有自己的 trait 约束，定义了多个泛型参数的函数可能会有大量的 trait 约束信息需要被填写在函数名称与参数列表之间。这往往会使函数签名变得难以理解。为了解决这一问题，Rust 提供了一种替代语法，使我们可以在函数签名之后使用 where 从句来指定 trait 约束。所以，对于下面的代码：

```
fn some_function<T: Display + Clone, U: Clone + Debug>(t: &T, u: &U) -> i32 {
```

我们可以使用 where 从句将其改写为：

```
fn some_function<T, U>(t: &T, u: &U) -> i32
where
    T: Display + Clone,
    U: Clone + Debug,
{
```

这时的函数签名就没有那么杂乱了。函数名称、参数列表及返回类型的排布要紧密得多，与没有 trait 约束的函数相差无几。

返回实现了 trait 的类型

我们同样可以在返回值的签名中使用 impl Trait 语法，用于返回某种实现了 trait 的类型，如下所示：

```
fn returns_summarizable() -> impl Summary {
    Tweet {
        username: String::from("horse_ebooks"),
        content: String::from(
            "of course, as you probably already know, people",
        ),
        reply: false,
        retweet: false,
    }
}
```

通过在返回类型中使用 impl Summary，我们指定 returns_summariazable 函数返回一个实现了 Summary trait 的类型作为结果，而无须显式地声明具体的类型名称。在本例中，returns_summarizable 返回了一个 Tweet，但调用者却无法知晓这一信息。

我们为什么需要这样的功能呢？在第 13 章中，我们将会学习两个重度依赖 trait 的功能：闭包（closure）与迭代器（iterator）。它们会创建出只有编译器才知道的或签名长到难以想象的类型。impl Trait 语法允许你简洁地声明一个函数会返回某个实现了 Iterator 的类型，而不需要写出具体的、冗长的类型名称。

但是，你只能在返回单一类型时使用 impl Trait。例如，下面这段代码中返回的 NewsArticle 和 Tweet 都实现了 impl Summary，却依然无法通过编译：

```
fn returns_summarizable(switch: bool) -> impl Summary {
    if switch {
        NewsArticle {
            headline: String::from(
                "Penguins win the Stanley Cup Championship!",
            ),
            location: String::from("Pittsburgh, PA, USA"),
            author: String::from("Iceburgh"),
```

```
            content: String::from(
                "The Pittsburgh Penguins once again are the best \
                 hockey team in the NHL.",
            ),
        }
    } else {
        Tweet {
            username: String::from("horse_ebooks"),
            content: String::from(
                "of course, as you probably already know, people",
            ),
            reply: false,
            retweet: false,
        }
    }
}
```

在上面的代码中，尝试返回 NewsArticle 或 Tweet 类型，但由于 impl Trait 工作方式的限制，Rust 并不支持这样的写法。在第 17 章的"使用 trait 对象存储不同类型的值"一节中，我们会讲到如何编写具有类似功能的函数。

使用 trait 约束有条件地实现方法

通过在带有泛型参数的 impl 块中使用 trait 约束，我们可以单独为实现了指定 trait 的类型编写方法。例如，示例 10-15 中的类型 Pair<T>总是会实现 new 函数来返回一个 Pair<T>的新实例（回忆一下我们在第 5 章的"定义方法"一节中讲过的知识，impl 块中的 Self 是当前类型的一个类型别名）。但在接下来的 impl 块中，Pair<T>只会在内部类型 T 实现了 PartialOrd（用于比较）与 Display（用于打印）这两个 trait 的前提下，才会实现 cmd_display 方法。

src/lib.rs
```
use std::fmt::Display;

struct Pair<T> {
    x: T,
    y: T,
}

impl<T> Pair<T> {
```

```
    fn new(x: T, y: T) -> Self {
        Self { x, y }
    }
}

impl<T: Display + PartialOrd> Pair<T> {
    fn cmp_display(&self) {
        if self.x >= self.y {
            println!("The largest member is x = {}", self.x);
        } else {
            println!("The largest member is y = {}", self.y);
        }
    }
}
```

示例 10-15：根据泛型的 trait 约束来有条件地实现方法

我们同样可以为实现了某个 trait 的类型有条件地实现另一个 trait。对满足 trait 约束的所有类型实现 trait 也被称作覆盖实现（blanket implementation），这一机制被广泛地应用于 Rust 标准库中。例如，标准库对所有满足 Display trait 约束的类型实现了 ToString trait。标准库中的 impl 块类似于如下所示的代码：

```
impl<T: Display> ToString for T {
    // --略--
}
```

由于标准库提供了上面的覆盖实现，所以我们可以为任何实现了 Display trait 的类型调用 ToString trait 中的 to_string 方法。例如，我们可以像下面一样将整数转换为对应的 String 值，因为整数实现了 Display：

```
let s = 3.to_string();
```

有关覆盖实现的描述信息，在对应 trait 文档中的 "Implementors" 部分可以找到。

借助 trait 和 trait 约束，我们可以在使用泛型参数来消除重复代码的同时，向编译器指明自己希望泛型拥有的功能。而编译器可以利用这些 trait 约束信息来确保代码中使用的具体类型提供了正确的行为。在动态类型语言中，尝试调用一个类型没有实现的方法会导致在运行时出现错误。但是，Rust 将这些错误出现的时间转移到了编译期，并迫使我们在运行代码之前修复问题。我们无须编写那些用于在运行时检查行为的代码，因为这些工作已经在编译期完成了。这一机制在保持泛型灵活性的同时提升了代码的性能。

使用生命周期保证引用的有效性

生命周期是我们已经使用过的另一种泛型。相较于确保一个类型拥有我们期望的行为，生命周期确保了引用在我们需要使用时始终是有效的。

我们在第 4 章的"引用与借用"一节中有意地跳过了一些细节：Rust 的每个引用都有自己的生命周期（lifetime），它对应着引用保持有效性的作用域。在大多数时候，生命周期都是隐式的且可以被推导出来，就如同大部分时候类型都是可以被推导出来的一样。当出现了多个可能的类型时，我们就必须手动声明类型。类似地，当引用的生命周期可能以不同的方式相互关联时，我们就必须手动标注生命周期。Rust 需要我们注明泛型生命周期参数之间的关系，来确保在运行时实际使用的引用一定是有效的。

生命周期这一概念在绝大多数语言中都不存在，所以这也许会让你感到十分陌生。尽管我们无法在本章中介绍所有与生命周期相关的内容，但会讨论一些常见的生命周期语法来帮助你熟悉这一概念。

使用生命周期来避免悬垂引用

生命周期最主要的目标在于避免悬垂引用，进而避免程序引用到非预期的数据。看一下示例 10-16 中的程序，它包含了一个外部作用域和一个内部作用域。

```
fn main() {
❶ let r;

    {
```

```
    ❷ let x = 5;
    ❸ r = &x;
  ❹ }

  ❺ println!("r: {r}");
}
```

示例 10-16：尝试在值离开作用域时使用指向它的引用

注意 示例 10-16、示例 10-17 及示例 10-23 中的代码声明了一些未被初始化的变量，以便这些变量名称可以存在于外部作用域中。初看起来，这好像与 Rust 中不存在空值的设计相矛盾。但实际上，只要尝试在赋值前使用这些变量，就会触发编译时错误。Rust 中确实不允许空值存在！

上面的代码在外部作用域中声明了一个名为 r 的未被初始化的变量 ❶，而在内部作用域中声明了一个初始值为 5 的变量 x ❷。在内部作用域中，我们尝试将 r 的值设置为指向 x 的引用 ❸。接着，当内部作用域结束时 ❹，尝试打印出 r 所指向的值 ❺。这段代码将无法通过编译，因为在使用 r 时，它所指向的值已经离开了作用域。下面是相关的错误提示信息：

```
error[E0597]: `x` does not live long enough
 --> src/main.rs:6:13
  |
6 |         r = &x;
  |             ^^ borrowed value does not live long enough
7 |     }
  |     - `x` dropped here while still borrowed
8 |
9 |     println!("r: {r}");
  |                   - borrow later used here
```

上面的错误提示信息指出，变量 x 的存活周期不够长。这是因为 x 在到达第 7 行，也就是内部作用域结束时离开了自己的作用域。而 r 对于整个外部作用域来说始终是有效的，它的作用域要更大一些，也就是我们所说的"存活得更久一些"。假如 Rust 允许这段代码运行，r 就会引用到在 x 离开作用域时已经释放的内存，这时任何基于 r 所进行的操作都无法正确地执行。那么，Rust 是如何确定这段代码并不合法的呢？它使用了一个叫作借用检查器的工具。

借用检查器

Rust 编译器拥有一个借用检查器（borrow checker），它被用于比较不同的作用域并确定所有借用的合法性。示例 10-17 针对示例 10-16 中的代码增加了用于说明变量生命周期的注释。

```
fn main() {
    let r;                  // ---------+-- 'a
                            //          |
    {                       //          |
        let x = 5;          // -+-- 'b  |
        r = &x;             //  |       |
    }                       // -+       |
                            //          |
    println!("r: {r}");     //          |
}                           // ---------+
```

示例 10-17：r 与 x 的生命周期标注，它们分别对应 'a 与 'b

在这里，我们将 r 的生命周期标注为 'a，并将 x 的生命周期标注为 'b。如你所见，内部的 'b 代码块要小于外部的 'a 生命周期代码块。在编译过程中，Rust 会比较两个生命周期的大小，并发现 r 拥有生命周期 'a，但却指向了拥有生命周期 'b 的内存。这段程序会由于 'b 比 'a 短而被拒绝通过编译：被引用对象的存活时间短于引用者的存活时间。

示例 10-18 解决了这段代码中可能产生悬垂引用的问题，使代码可以成功通过编译。

```
fn main() {
    let x = 5;              // ----------+-- 'b
                            //           |
    let r = &x;             // --+-- 'a  |
                            //   |       |
    println!("r: {r}");     //   |       |
```

```
                              //  --+          |
}                             //  ----------+
```

示例 10-18：这里的引用是有效的，因为数据的生命周期要比引用更长

这里的 x 拥有长于 'a 的生命周期 'b。这就意味着 r 可以引用 x 了，因为 Rust 知道 r 中的引用在 x 有效时会始终有效。

现在，你应该已经清楚引用的生命周期所存在的范围，以及 Rust 会如何通过分析生命周期来确保引用的合法性了。接下来，让我们看一看在函数上下文中那些被用于参数和返回值的泛型生命周期。

函数中的泛型生命周期

我们来编写一个函数，用于返回两个字符串切片中较长的一个。这个函数会接收两个字符串切片作为参数，并返回一个字符串切片作为结果。我们在实现了 longest 函数之后，示例 10-19 中的代码应该会打印出 The longest string is abcd。

src/main.rs
```rust
fn main() {
    let string1 = String::from("abcd");
    let string2 = "xyz";

    let result = longest(string1.as_str(), string2);
    println!("The longest string is {result}");
}
```

示例 10-19：main 函数会调用 longest 函数来找到两个字符串切片中较长的一个

需要注意的是，由于我们不希望 longest 取得参数的所有权，所以它会接收字符串切片（也就是引用），而不是字符串。如果你还不太清楚我们为什么这样设计参数类型，那么可以参考第 4 章的"将字符串切片作为参数"一节。

不过，假如试着像示例 10-20 一样来实现 longest 函数，那么它将无法通过编译。

```
src/main.rs    fn longest(x: &str, y: &str) -> &str {
                   if x.len() > y.len() {
                       x
                   } else {
                       y
                   }
               }
```

示例 10-20：用于返回两个字符串切片中较长的那一个的 `longest` 函数，但目前还无法通过编译

在编译过程中会触发涉及生命周期的错误：

```
error[E0106]: missing lifetime specifier
 --> src/main.rs:9:33
  |
9 | fn longest(x: &str, y: &str) -> &str {
  |               ----     ----     ^ expected named lifetime parameter
  |
  = help: this function's return type contains a borrowed value,
but the signature does not say whether it is borrowed from `x` or `y`
help: consider introducing a named lifetime parameter
  |
9 | fn longest<'a>(x: &'a str, y: &'a str) -> &'a str {
  |           ++++     ++          ++           ++
```

帮助文本解释了具体的错误原因：我们需要给返回类型标注一个泛型生命周期参数，因为 Rust 并不能确定返回的引用是指向 x 还是指向 y。实际上，即便是编写代码的我们也无法做出这个判断，因为函数体中的 `if` 代码块返回了 x 的引用，而 `else` 代码块返回了 y 的引用。

我们在定义这个函数时，并不知道会被传入函数的具体值，所以也不能确定到底是 `if` 分支还是 `else` 分支会得到执行。我们同样无法知晓传入的引用的具体生命周期，所以也就无法像示例 10-17 和示例 10-18 那样，通过分析作用域来确定返回的引用是否有效。借用检查器自然也无法确定这一点，因为它不知道 x 与 y 的生命周期是如何与返回值的生命周期相关联的。为了解决这个问题，我们会添加一个泛型生命周期参数，并用它来定义引用之间的关系，进而使借

用检查器可以正常地进行分析。

生命周期标注语法

生命周期的标注并不会改变引用存活时间的长短。在不影响生命周期的前提下，标注本身会被用于描述多个引用生命周期之间的关系。正如使用了泛型参数的函数可以接收任何类型一样，使用了泛型生命周期参数的函数也可以接收带有任何生命周期的引用。

生命周期的标注使用了一种明显不同的语法：生命周期参数的名称必须以撇号（'）开头，且通常使用小写字母。与泛型一样，它们的名称通常也会非常简短。'a 被大部分开发者选择作为默认使用的名称。我们会将生命周期参数的标注填写在&（引用运算符）之后，并通过一个空格符将标注与引用类型分隔开。

这里有一些例子：一个指向 i32 且不带生命周期参数的引用、一个指向 i32 且带有名为'a 的生命周期参数的引用，以及一个指向 i32 且同样拥有生命周期'a 的可变引用。

```
&i32        // 引用
&'a i32     // 拥有显式生命周期的引用
&'a mut i32 // 拥有显式生命周期的可变引用
```

单个生命周期的标注本身并没有太多的含义，标注之所以存在，是为了向 Rust 描述多个泛型生命周期参数之间的关系。在 longest 函数的上下文中，我们来看看生命周期的标注之间是如何相互关联的。

函数签名中的生命周期标注

为了在函数签名中使用生命周期标注，我们需要在函数名称与参数列表之间的尖括号内声明泛型生命周期参数，如同泛型参数一样。

我们想要在这个签名中表达的意思是：只要参数是有效的，返回的引用就一定是有效的。而这也正是参数与返回值各自生命周期之间的关系。我们将这个生命周期命名为'a 并将它添加至每个引用中，如示例 10-21 所示。

src/main.rs
```
fn longest<'a>(x: &'a str, y: &'a str) -> &'a str {
    if x.len() > y.len() {
        x
    } else {
        y
    }
}
```

示例 10-21：`longest` 函数的定义指定了签名中所有的引用都必须拥有相同的生命周期'a

当我们在示例 10-19 的 main 函数中使用上述代码时，它们应该能够正常通过编译，并产出预期的结果。

这段代码中的函数签名向 Rust 表明，函数所获取的两个字符串切片参数的存活时间，必须不短于给定的生命周期'a。这个函数签名同时意味着，从这个函数返回的字符串切片也可以获得不短于'a 的生命周期。在实践中，这意味着 longest 函数返回的引用的生命周期与函数参数引用的值的生命周期中较短的那个相同。而这些正是我们需要 Rust 在分析这段代码时使用的关系。

记住，当我们在函数签名中指定生命周期参数时，并没有改变任何传入或返回的值的生命周期。我们只是向借用检查器指出了一些可以用于检查非法调用的约束。注意，longest 函数本身并不需要知道 x 与 y 的具体存活时长，只要某些作用域可以被用来替换'a 并满足约束就行了。

当我们在函数中标注生命周期时，这些标注会出现在函数签名中，而不是函数体中。这些生命周期标注会成为函数约定的一部分，正如签名中的类型一样。在函数签名中包含生命周期约定可以简化 Rust 编译器所需要执行的分析。假如一个函数在标注时或调用时出现问题，那么编译器错误就可以更精确地指向出现问题的代码或约束关系。但假如不这样做的话，Rust 编译器就需要对我们想要实现的生命周期关系做出更多的猜测，从而使得编译器指出的错误代码离真正出现问题的地方也许相距甚远。

当我们将具体的引用传入 longest 时，被用于替代'a 的具体生命周期就是 x 作用域与 y 作用域重叠的那一部分。换句话说，泛型生命周期'a 会被具体化为 x 与 y 两者中生命周期较短的那一个。因为我们将返回的引用也标注为生命周期参数'a，所以返回的引用在具体化后的生命周期范围内都是有效的。

让我们通过一个示例来看一看生命周期标注是如何对 longest 函数的调用进行限制的。在示例 10-22 中，我们向函数中传入了拥有不同具体生命周期的引用。

src/main.rs
```
fn main() {
    let string1 = String::from("long string is long");

    {
        let string2 = String::from("xyz");
        let result = longest(string1.as_str(), string2.as_str());
        println!("The longest string is {result}");
    }
}
```

示例 10-22：使用具有不同生命周期的 String 来调用 longest 函数

在这个示例中，string1 在外部作用域结束之前都会是有效的，而 string2 的有效性只持续到内部作用域结束的地方。运行这段代码，它可以正常地通过借用检查器进行编译，并最终输出 The longest string is long string is long。

接下来的这个示例演示了 result 引用中的生命周期必须要短于两个参数的生命周期。我们会将对 result 变量的声明移出内部作用域，只将 result 变量的赋值操作与 string2 一同保留在内部作用域中。接着，我们将使用 result 的 println!移动到内部作用域结束后的地方。示例 10-23 中的代码将无法通过编译。

src/main.rs
```
fn main() {
    let string1 = String::from("long string is long");
    let result;
    {
        let string2 = String::from("xyz");
        result = longest(string1.as_str(), string2.as_str());
```

```
        }
        println!("The longest string is {result}");
}
```

示例 10-23：尝试在 string2 离开作用域后使用 result

当我们尝试编译这段代码时，就会出现如下所示的错误提示信息：

```
error[E0597]: `string2` does not live long enough
 --> src/main.rs:6:44
  |
6 |         result = longest(string1.as_str(), string2.as_str());
  |                                             ^^^^^^^^^^^^^^^^^ borrowed value
does not live long enough
7 |     }
  |     - `string2` dropped here while still borrowed
8 |     println!("The longest string is {result}");
  |                                      ------ borrow later used here
```

这里的错误提示信息的意思是，为了使 println!语句中的 result 是有效的，string2 需要一直保持有效，直到外部作用域结束。因为我们在函数参数与返回值中使用了同样的生命周期参数'a，所以 Rust 才会指出这些问题。

作为人类，我们可以确定 string1 中的字符要长于 string2 中的字符，进而确定 result 中将会持有指向 string1 的引用。由于 string1 在我们使用 println!语句时还没有离开自己的作用域，所以这个指向 string1 的引用应该是完全合法的才对。但是，编译器无法在这种情形下得出引用一定有效的结论。不过，我们曾经告诉过 Rust，longest 函数返回的引用的生命周期与传入的引用的生命周期中较短的那一个相同。仅在这一约束下，还是有可能出现非法引用的，因此借用检查器拒绝编译示例 10-23 中的代码。

在开始下一节之前，请尝试将不同的值、具有不同生命周期的引用传入 longest 函数，并改变返回引用的使用方式；接着，提前对代码能否通过借用检查器的编译做出判断；最后，借助编译来验证自己的猜想！

深入理解生命周期

指定生命周期的方式往往取决于函数的具体功能。打个比方，假如将 longest 函数的实现修改为返回第一个而不是最长的那个字符串切片参数，那么就无须再为 y 参数指定生命周期了。下面的代码是可以通过编译的：

```
src/main.rs    fn longest<'a>(x: &'a str, y: &str) -> &'a str {
                   x
               }
```

在这个例子中，我们为参数 x 与返回类型指定了相同的生命周期参数 'a，却有意忽略了参数 y，这是因为 y 的生命周期与 x 和返回值的生命周期没有任何关系。

当函数返回一个引用时，返回类型的生命周期参数必须要与其中一个参数的生命周期参数相匹配。当返回的引用没有指向任何参数时，它只可能是指向了一个创建于函数内部的值。但是，由于这个值会因为函数的结束而离开作用域，所以返回的内容也就变成了悬垂引用。下面来看一个无法通过编译的 longest 函数实现：

```
src/main.rs    fn longest<'a>(x: &str, y: &str) -> &'a str {
                   let result = String::from("really long string");
                   result.as_str()
               }
```

在上面的代码中，即便为返回类型指定了生命周期参数 'a，这个实现也无法通过编译，因为返回值的生命周期没有与任何参数的生命周期产生关联。下面是编译后产生的错误提示信息：

```
error[E0515]: cannot return reference to local variable `result`
  --> src/main.rs:11:5
   |
11 |     result.as_str()
   |     ^^^^^^^^^^^^^^^^ returns a reference to data owned by the
current function
```

这里的问题在于，result 在 longest 函数结束时就离开了作用域，并被清理。但我们依然尝试从函数中返回一个指向 result 的引用。无论我们怎么改变生命周期参数，都无法阻止悬垂引用的产生，而 Rust 并不允许创建悬垂引用。在本例中，最好的解决办法就是返回一个持有自身所有权的数据类型而不是引用，这样就可以将清理值的责任转移给函数调用者了。

从根本上说，生命周期语法就是用来关联一个函数中不同参数及返回值的生命周期的。一旦它们形成了某种联系，Rust 就获得了足够的信息来支持保障内存安全的操作，并阻止那些可能会导致创建悬垂指针或其他违反内存安全的行为。

结构体定义中的生命周期标注

到目前为止，我们只在结构体中定义过自持有类型。实际上，我们也可以在结构体中存储引用，不过需要为结构体定义中的每一个引用都添加生命周期标注。示例 10-24 定义了一个存储字符串切片的 ImportantExcerpt 结构体。

```
src/main.rs  ❶ struct ImportantExcerpt<'a> {
             ❷     part: &'a str,
             }

             fn main() {
             ❸     let novel = String::from(
                        "Call me Ishmael. Some years ago..."
                    );
             ❹     let first_sentence = novel
                        .split('.')
                        .next()
                        .expect("Could not find a '.'");
             ❺     let i = ImportantExcerpt {
                        part: first_sentence,
                    };
             }
```

示例 10-24：结构体中持有了引用，需要添加生命周期标注

这个结构体仅有一个字段 part，用于存储一个字符串切片，也就是一个引

用 ❷。如同泛型数据类型一样，为了在结构体定义中使用生命周期参数，我们需要在结构体名称后的尖括号内声明泛型生命周期参数的名称 ❶。这个标注意味着 ImportantExcerpt 实例的存活时间不能超过存储在 part 字段中的引用的存活时间。

在 main 函数中，我们首先创建了一个 String 实例 novel ❸，接着创建了一个 ImportantExcerpt 结构体的实例 ❺，它存储了 novel 变量中第一个句子的引用 ❹。在 ImportantExcerpt 实例创建之前，novel 中的数据就已经生成了，而且 novel 会在 ImportantExcerpt 离开作用域后才离开作用域，所以 ImportantExcerpt 实例中的引用总是有效的。

生命周期省略

到目前为止，你应该已经知道，任何引用都有一个生命周期，并且需要为使用引用的函数或结构体指定生命周期参数。然而，在第 4 章的示例 4-9 中我们曾经编写过一个函数，它在没有任何生命周期标注的情况下正常地通过了编译，示例 10-25 展示了该函数的详细版本。

src/lib.rs
```
fn first_word(s: &str) -> &str {
    let bytes = s.as_bytes();

    for (i, &item) in bytes.iter().enumerate() {
        if item == b' ' {
            return &s[0..i];
        }
    }

    &s[..]
}
```

示例 10-25：即便参数和返回类型都是引用，示例 4-9 中定义的这个函数也没有使用生命周期标注

这个函数之所以能够在没有生命周期标注的情况下通过编译，是出于一些历史原因：在 Rust 的早期版本（pre-1.0）中，这样的代码确实无法通过编译，

因为每个引用都必须有一个显式的生命周期。当时的函数签名会被写为：

```
fn first_word<'a>(s: &'a str) -> &'a str {
```

在编写了相当多的 Rust 代码后，Rust 团队发现，在某些特定情况下，Rust 程序员总是在一遍又一遍地编写同样的生命周期标注。这样的场景是可预测的，而且有一些明确的模式。于是，Rust 团队决定将这些模式直接写入编译器代码中，使借用检查器在这些情况下可以自动对生命周期进行推导，而无须显式标注。

了解这段 Rust 历史是有必要的，因为随着 Rust 自身的开发，可能会有更多确定性的模式被添加到编译器中。在未来，需要手动标注的生命周期也许会越来越少。

这些被写入 Rust 引用分析部分的模式，就是所谓的生命周期省略规则。这些规则并不需要程序员去遵守；它们只是指明了编译器会考虑的某些场景，当你的代码符合这些场景时，就无须再显式地为代码注明相关生命周期了。

省略规则并不能提供完整的推断。假如 Rust 在确定性地应用了规则后，仍然对引用的生命周期存在歧义的话，那么编译器不会去猜测剩余引用所拥有的生命周期是怎样的。在这种情况下，编译器会直接抛出错误，而不是进行随意猜测。你可以通过添加生命周期标注，显式地注明引用之间的关系，来处理这些错误。

函数参数或方法参数中的生命周期被称为输入生命周期（input lifetime），而返回值的生命周期被称为输出生命周期（output lifetime）。

在没有显式标注的情况下，编译器使用了 3 条规则来计算引用的生命周期。第一条规则作用于输入生命周期，第二条和第三条规则作用于输出生命周期。当编译器检查完这 3 条规则后仍有无法计算出生命周期的引用时，编译器就会停止运行并抛出错误。这些规则既对 fn 定义生效，也对 impl 块生效。

第一条规则是，每一个引用参数都会拥有自己的生命周期参数。换句话说，单参数函数拥有一个生命周期参数：fn foo<'a>(x: &'a i32)；双参数函数拥有两个不同的生命周期参数：fn foo<'a, 'b>(x: &'a i32, y: &'b i32)；以此类推。

第二条规则是，当只存在一个输入生命周期参数时，这个生命周期会被赋给所有的输出生命周期参数，例如 fn foo<'a>(x: &'a i32) -> &'a i32。

第三条规则是，当有多个输入生命周期参数，而其中一个是&self 或&mut self 时，self 的生命周期会被赋给所有的输出生命周期参数。这条规则使方法更加易于阅读和编写，因为它省略了一些不必要的符号。

现在，让我们假设自己就是编译器。我们会尝试应用这些规则来计算出示例 10-25 中的 first_word 函数签名中引用的生命周期。这个签名中的引用刚开始时还没有关联任何生命周期：

```
fn first_word(s: &str) -> &str {
```

接着，编译器开始应用第一条规则，为每个参数指定生命周期。按照惯例，我们使用'a，所以签名如下所示：

```
fn first_word<'a>(s: &'a str) -> &str {
```

因为这里只有一个输入生命周期，所以第二条规则也是适用的。根据第二条规则，输入参数的生命周期将被赋给输出生命周期参数，所以签名如下所示：

```
fn first_word<'a>(s: &'a str) -> &'a str {
```

现在，函数签名中所有的引用都已经有了生命周期，因此编译器可以继续分析代码，而不需要程序员标注这个函数签名中的生命周期。

再来看一个例子。这次，我们使用示例 10-20 中没有生命周期参数的 longest 函数来分析：

```
fn longest(x: &str, y: &str) -> &str {
```

依然应用第一条规则，即每一个参数都有自己的生命周期。因为这次我们有两个参数，所以产生了两个生命周期：

```
fn longest<'a, 'b>(x: &'a str, y: &'b str) -> &str {
```

这时你会发现，由于函数中的输入生命周期个数超过一个，所以第二条规则不再适用。此外，由于 longest 是一个函数而不是方法，其中并没有 self 参数，所以第三条规则也不再适用。在遍历完所有的 3 条规则后，我们依然无法计算出返回类型的生命周期。这也是我们尝试去编译示例 10-20 中的代码时会出现错误的原因：编译器已经使用了全部生命周期省略规则，却依然无法计算出签名中所有引用的生命周期。

因为第三条规则实际上只适用于方法签名，所以我们会接着来学习这一上下文环境中的生命周期，并了解为什么第三条规则可以让我们在大部分的方法签名中省略生命周期标注。

方法定义中的生命周期标注

当我们需要为某个拥有生命周期的结构体实现方法时，可以使用与示例 10-11 中展示的泛型参数相似的语法。声明和使用生命周期参数的位置取决于它们是与结构体字段相关，还是与方法参数、返回值相关。

结构体字段中的生命周期名称总是需要被声明在 impl 关键字之后，并被用于结构体名称之后，因为这些生命周期是结构体类型的一部分。

在 impl 块的方法签名中，引用可能是独立的，也可能会与结构体字段中的引用的生命周期相关联。另外，在大部分情况下，生命周期省略规则都可以帮我们免去方法签名中的生命周期标注。让我们来看一些使用了示例 10-24 中定义的 ImportantExcerpt 结构体的例子。

我们先来定义一个名为 level 的方法，它仅有一个指向 self 的参数，并返回 i32 类型的值作为结果，这个结果并不会引用任何东西：

```
impl<'a> ImportantExcerpt<'a> {
    fn level(&self) -> i32 {
        3
    }
}
```

在 impl 及类型名称之后声明的生命周期是不能省略的，但根据第一条省略规则，我们可以不用为方法中的 self 引用标注生命周期。

下面是一个应用了第三条生命周期省略规则的例子：

```
impl<'a> ImportantExcerpt<'a> {
    fn announce_and_return_part(&self, announcement: &str) -> &str {
        println!("Attention please: {announcement}");
        self.part
    }
}
```

这里有两个输入生命周期，所以 Rust 通过应用第一条生命周期省略规则赋予了&self 和 announcement 各自的生命周期。接着，由于其中一个参数是&self，返回类型被赋予了&self 的生命周期，因此所有的生命周期就都被计算出来了。

静态生命周期

Rust 中还存在一种特殊的生命周期，即'static，它意味着受到标记的引用可以在整个程序的执行期内存在。所有的字符串字面量都拥有'static 生命周期，我们可以像下面一样显式地把它们标注出来：

```
let s: &'static str = "I have a static lifetime.";
```

字符串的文本被直接存储在二进制程序中，并总是可用的。因此，所有字符串字面量的生命周期都是'static。

你可能在错误提示信息中看到过关于使用'static 生命周期的建议。不过，在将引用的生命周期指定为'static 之前，记得要思考一下，你所持有的引用是否真的可以在整个程序的生命周期内都有效。即便它可以，你也需要考虑一下它是否真的需要存活那么长时间。在大部分情况下，错误的原因都在于尝试创建一个悬垂引用或可用的生命周期不匹配。这时，应该去解决这些问题，而不是指定'static 生命周期。

同时使用泛型参数、trait 约束与生命周期

让我们来简单地看一下在单个函数中同时指定泛型参数、trait 约束与生命周期的语法：

```
use std::fmt::Display;

fn longest_with_an_announcement<'a, T>(
    x: &'a str,
    y: &'a str,
    ann: T,
) -> &'a str
where
    T: Display,
{
    println!("Announcement! {ann}");
    if x.len() > y.len() {
        x
    } else {
        y
    }
}
```

这是示例 10-21 中用于返回两个字符串切片中较长者的 longest 函数。但是现在，它多了一个额外的 ann 参数，这个参数的类型为泛型 T。根据 where 从句中的约束，该参数的类型可以被替换为任何实现了 Display trait 的类型。由于这个额外的参数会使用{}来进行打印，所以我们需要将 Display 作为它的

trait 约束。因为生命周期也是泛型的一种，所以生命周期参数'a 和泛型参数 T 都被放置到了函数名称后的尖括号列表中。

总结

在这一章中，我们学习了不少内容！现在，你应该对泛型参数、trait 与 trait 约束，以及泛型生命周期参数等概念比较熟悉了，也应该可以在没有重复代码的前提下编写出适用于多种场景的代码了。泛型参数可以让你将代码应用于不同的类型，而 trait 与 trait 约束可以用来在代码中指定泛型的行为。除此之外，你还学到了如何使用生命周期标注来确保这些灵活的代码不会产生任何悬垂引用。所有的这些分析都将发生在编译过程中，而不会对运行时性能造成任何影响！

无论你是否相信，我们在本章中讨论的内容还有更多值得深入的细节：第 17 章将会讨论 trait 对象，这是使用 trait 的另一种方式。还有一些涉及生命周期标注更为复杂的用法，只会在一些极其高级的场景中使用到；你可以阅读 Rust 参考手册来获得这些知识。不过接下来，你会先学习如何在 Rust 中编写测试，它们可以确保你的代码能够按照预期的方式运行。

11

编写自动化测试

Edsger W. Dijkstra[1]在 1972 年发表的文章《谦逊的程序员》（*The Humble Programmer*）中指出："虽然测试可以高效地暴露程序中的 bug，但在证明 bug 不存在方面却无能为力。"尽管测试有着这样的局限性，但是我们作为开发者，仍然应该竭尽全力地去进行测试！

程序的正确性被用来衡量一段代码的实际行为与设计目标之间的一致程度。从设计之初，Rust 就将程序的正确性作为一项非常优先的考量因素，但是一个程序最终是否正确，终究是复杂且难以证明的。虽然 Rust 的类型系统为我们提供了相当多的安全保障，但还是不足以防止所有的错误。因此，Rust 在语言层面内置了编写测试代码、执行自动化测试任务的功能。

假设我们需要编写一个 **add_two** 函数，将传入函数的任意数值加 2。这个函数的签名会接收一个整型作为参数，并返回一个整型作为结果。当我们编译这

1　译者注：艾兹赫尔·韦伯·戴克斯特拉（1930—2002），荷兰计算机科学家，1972 年获得图灵奖。

个函数时，Rust 会按照前面章节中所介绍的规则进行完整的类型检查和借用检查。这样可以杜绝将 String 值或无效引用误传入函数中这样的错误。但是，Rust 无法确定这个函数是否能够按照我们的意图来运行。它可能会返回输入值加 2，也可能会返回输入值加 10，甚至是返回输入值减 50！这种场景正是测试的用武之地。

我们可以编写测试用例进行断言，例如，只要给 add_two 函数传入 3，它就必定返回 5。然后，我们就可以在每次修改代码时都运行测试，并利用断言确保所有已经存在的正确行为不会受到改动的影响。

测试是一门复杂的技术：虽然本章无法覆盖关于如何编写优秀测试的每一个细节，但是我们会讨论 Rust 测试工具的运行机制。我们将介绍编写测试时常用的标注和宏、运行测试的默认行为和选项参数，以及如何将测试用例组织为单元测试与集成测试。

如何编写测试

Rust 中的测试是一个函数，用于验证非测试代码是否按照预期的方式运行。测试函数的函数体一般包含 3 个部分：

- 准备所需的数据或状态。
- 调用需要测试的代码。
- 断言运行结果与我们所期望的一致。

接下来，我们来一起学习用于编写测试代码的相关功能，它们包含 test 属性、一些测试宏及 should_panic 属性。

测试函数的构成

在最简单的情形下，Rust 中的测试就是一个标注有 test 属性的函数。属性

（attribute）是一种用于修饰 Rust 代码的元数据；我们在第 5 章中为结构体标注的 derive 就是一种属性。你只需要将#[test]添加到 fn 关键字的上一行，便可以将函数转变为测试函数。当测试编写完成后，我们可以使用 cargo test 命令来运行测试。这个命令会构建并执行一个用于测试的可执行文件，该文件在执行的过程中会逐一调用所有标注了 test 属性的函数，并生成统计测试运行成功或运行失败的相关报告。

当我们使用 Cargo 新建一个库项目时，它会自动为我们生成一个带有测试函数的测试模块。默认的测试模板使你可以在启动新项目时立即开始编写测试代码，而无须查阅与测试相关的具体结构和语法。当然，你也可以额外增加任意多的测试函数与测试模块。

我们会先在这个生成的模板测试上进行实验，并介绍一些有关测试的基本概念。接着，我们会编写一些真实场景下的测试，它们会调用相关代码并对行为的正确性做出断言。

让我们新建一个名为 adder 的库项目来将两个数相加：

```
$ cargo new adder --lib
    Created library `adder` project
$ cd adder
```

这个 adder 库会自动生成一个 *src/lib.rs* 文件，其中的内容如示例 11-1 所示。

src/lib.rs
```
#[cfg(test)]
mod tests {
❶ #[test]
    fn it_works() {
        let result = 2 + 2;
      ❷ assert_eq!(result, 4);
    }
}
```

示例 11-1：运行 cargo new 命令自动生成的测试模块和测试函数

我们先忽略最上方的两行代码，并将注意力集中到测试函数部分。你可以看到❶这一行出现了#[test]标注：它将当前的函数标记为一个测试，并使该函数可以在测试运行过程中被识别出来。要知道，即便在 tests 模块中也可能会存在普通的非测试函数，它们通常被用来执行初始化操作或一些常用指令，所以我们必须要将测试函数标记为#[test]。

示例函数中使用了 assert_eq!宏 ❷ 断言 2+2 和 4 相等，这是一种典型的测试用例编写方式。让我们运行这个显然会通过的测试试试看。

执行 cargo test 命令会运行项目中的所有测试，如示例 11-2 所示。

```
$ cargo test
   Compiling adder v0.1.0 (file:///projects/adder)
    Finished test [unoptimized + debuginfo] target(s) in 0.57s
     Running unittests src/lib.rs (target/debug/deps/adder-92948b65e88960b4)

❶ running 1 test
❷ test tests::it_works ... ok

❸ test result: ok. 1 passed; 0 failed; 0 ignored; 0 measured; 0
filtered out; finished in 0.00s

   ❶ Doc-tests adder

running 0 tests

test result: ok. 0 passed; 0 failed; 0 ignored; 0 measured; 0
filtered out; finished in 0.00s
```

示例 11-2：运行生成的模板测试后所输出的结果

Cargo 成功编译并运行了这个测试，紧接着输出的行 running 1 test ❶，表示当前正在执行 1 个测试。下一行显示的是生成的测试函数名称 it_works，以及相对应的测试结果 ok ❷。再下一行是该测试集的摘要，其中 test result: ok.❸表示该集合中的所有测试均成功通过，1 passed; 0 failed 则统计了通过和失败的测试总数。

你可以将一个测试标记为忽略，从而使得它不在某些特定的测试过程中运行；我们会在本章的"通过显式指定忽略某些测试"一节中讨论这一主题。由于我们没有将任何测试标记为忽略，所以摘要中出现了 `0 ignored` 信息。你还可以在运行 `cargo test` 命令时传入一个字符串参数，从而只运行那些名称可以匹配上这个字符串的测试；这个功能被称为过滤，我们会在本章的"运行部分特定名称的测试"一节中讨论这一主题。同样，由于我们没有对运行的测试进行过滤，所以摘要的末尾处输出了 `0 filtered out`。

另一处信息 `0 measured` 则统计了用于测量性能的测试数量。在编写此书时，性能测试（benchmark test）还只能用于 Rust 的 nightly 版本，请参阅 Rust 官方文档来了解更多关于性能测试的信息。

接下来以 `Doc-tests adder` ❹ 开头的部分是文档测试（documentation test）的结果。虽然我们还未编写过这种测试，但是要知道 Rust 能够编译在 API 文档中出现的任何代码示例。这一特性可以帮助我们保证文档总会与实际代码同步！我们将在第 14 章的"将文档注释用作测试"一节中讨论这部分内容，现在先暂时忽略与 `Doc-tests` 相关的输出。

让我们修改测试函数的名称来看一看输出结果会有怎样的变化。下面的代码将 *src/lib.rs* 文件中的 `it_works` 函数重命名为 `exploration`：

src/lib.rs
```
#[cfg(test)]
mod tests {
    #[test]
    fn exploration() {
        let result = 2 + 2;
        assert_eq!(result, 4);
    }
}
```

再次运行 `cargo test`，输出中的测试函数名称从 `it_works` 变成了 `exploration`：

```
running 1 test
test tests::exploration ... ok
```

```
test result: ok. 1 passed; 0 failed; 0 ignored; 0 measured; 0
filtered out; finished in 0.00s
```

现在我们来添加一个新的测试，并故意使它成为一个会导致失败的案例！

在 Rust 中，一旦测试函数触发 panic，该测试就被视为执行失败。每个测试在运行时都处于独立的线程中，主线程在监视测试线程时，一旦发现测试线程意外中止，就会将对应的测试标记为失败。而触发 panic 最简单的方法就是调用我们在第 9 章中讨论过的 panic!宏。在 *src/lib.rs* 文件中增加一个新的测试 another，如示例 11-3 所示。

src/lib.rs
```
#[cfg(test)]
mod tests {
    #[test]
    fn exploration() {
        assert_eq!(2 + 2, 4);
    }

    #[test]
    fn another() {
        panic!("Make this test fail");
    }
}
```

示例 11-3：增加一个新的测试，它会因为调用 panic!宏而运行失败

再次使用 cargo test 运行测试，输出的结果如示例 11-4 所示。它表明 exploration 通过了测试，而 another 却失败了：

```
running 2 tests
test tests::exploration ... ok
❶ test tests::another ... FAILED

❷ failures:

---- tests::another stdout ----
thread 'main' panicked at 'Make this test fail', src/lib.rs:10:9
note: run with `RUST_BACKTRACE=1` environment variable to display
a backtrace
```

❸ failures:
    tests::another

❹ test result: FAILED. 1 passed; 1 failed; 0 ignored; 0 measured; 0
filtered out; finished in 0.00s

error: test failed, to rerun pass '--lib'

示例 11-4：测试结果显示 1 个测试通过，1 个测试失败

与之前的输出结果不同，这里的结果中 test tests::another 字段后出现了 FAILED ❶ 而不是 ok。另外，在测试结果与摘要之间新增了两段信息。第一段 ❷ 展示了每个测试失败的详细原因。在本例中，测试 another 因为在 *src/lib.rs* 文件的第 10 行发生了 panicked at 'Make this test fail'而导致失败。第二段 ❸ 则列出了所有失败测试的名称，它可以帮助我们在输出的众多信息中定位到具体的失败测试。我们可以通过指定的名称来单独运行对应的测试，以便更容易地定位错误。我们会在本章的"控制测试的运行方式"一节中讨论这部分内容。

测试摘要依旧显示在输出结尾处 ❹：总的来说，我们的测试结果为 FAILED。其中有 1 个测试通过了，1 个测试失败了。

至此，你已经见过在不同的场景下可能输出的测试结果了。接下来，让我们继续讨论除 panic!之外的一些在测试工作中十分有用的宏。

使用 assert!宏检查结果

assert!宏由标准库提供，它可以确保测试中某些条件的值为 true。任何可以被计算为布尔值的表达式都可以作为参数传递给 assert!宏。当这个值为 true 时，assert!宏什么都不用做，正常通过测试。而当值为 false 时，assert!宏就会调用 panic!宏，进而导致测试失败。使用 assert!宏可以检查代码是否按照预期的方式运行。

在第 5 章的示例 5-15 中，我们使用过 Rectangle 结构体及其 can_hold 方法。我们将它们加入 *src/lib.rs* 文件中，并利用 assert!宏来为它们编写一些测试，如示例 11-5 所示。

src/lib.rs
```
#[derive(Debug)]
struct Rectangle {
    width: u32,
    height: u32,
}

impl Rectangle {
    fn can_hold(&self, other: &Rectangle) -> bool {
        self.width > other.width && self.height > other.height
    }
}
```

示例 11-5：使用第 5 章中的 Rectangle 结构体及其 can_hold 方法

can_hold 方法会返回一个布尔值，这意味着它完美地符合使用 assert!宏的场景。在示例 11-6 中，我们针对 can_hold 方法编写了一个测试。它会创建一个宽度为 8、高度为 7 的 Rectangle 实例，并断言自身可以容纳另一个宽度为 5、高度为 1 的 Rectangle 实例。

src/lib.rs
```
#[cfg(test)]
mod tests {
  ❶ use super::*;

    #[test]
  ❷ fn larger_can_hold_smaller() {
      ❸ let larger = Rectangle {
            width: 8,
            height: 7,
        };
        let smaller = Rectangle {
            width: 5,
            height: 1,
        };

      ❹ assert!(larger.can_hold(&smaller));
    }
}
```

示例 11-6：这个测试会调用 can_hold 来检查一个矩形是否可以容纳另一个较小的矩形

注意，我们在 tests 模块中新增加了一行：use super::*;❶。tests 模块与其他模块没有任何区别，它同样遵循第 7 章的"用于在模块树中指明条目的路径"一节中介绍的可见性规则。因为 tests 是一个内部模块，所以我们必须将外部模块中的代码导入内部模块的作用域中。这里使用了通配符（*），让在外部模块中定义的全部内容在 tests 模块中都可用。

我们将这个测试命名为 larger_can_hold_smaller ❷，并在测试中按需创建了两个 Rectangle 实例 ❸。接着，我们又将 larger.can_hold(&smaller) 表达式的结果作为参数传递给了 assert!宏 ❹。由于这个表达式理论上会返回 true，所以示例 11-6 中的测试应该可以顺利通过。让我们试试看吧：

```
running 1 test
test tests::larger_can_hold_smaller ... ok

test result: ok. 1 passed; 0 failed; 0 ignored; 0 measured; 0
filtered out; finished in 0.00s
```

测试顺利通过了！我们不妨再来增加一个测试用例，并断言较小的矩形不能容纳较大的矩形：

src/lib.rs
```
#[cfg(test)]
mod tests {
    use super::*;

    #[test]
    fn larger_can_hold_smaller() {
        // --略--
    }

    #[test]
    fn smaller_cannot_hold_larger() {
        let larger = Rectangle {
            width: 8,
            height: 7,
        };
        let smaller = Rectangle {
            width: 5,
```

```
            height: 1,
        };

        assert!(!smaller.can_hold(&larger));
    }
}
```

由于新测试用例中的 can_hold 函数应当返回 false 作为结果，所以我们需要在将它传递给 assert! 宏之前执行取反操作。这个测试会在 can_hold 返回 false 时顺利通过：

```
running 2 tests
test tests::larger_can_hold_smaller ... ok
test tests::smaller_cannot_hold_larger ... ok

test result: ok. 2 passed; 0 failed; 0 ignored; 0 measured; 0
filtered out; finished in 0.00s
```

两个测试都通过了！但如果测试结果出现错误的话，输出日志又会是怎样的呢？修改 can_hold 方法的实现，将代码中用于比较长度的大于号更换为小于号：

```
// --略--

impl Rectangle {
    fn can_hold(&self, other: &Rectangle) -> bool {
        self.width < other.width && self.height > other.height
    }
}
```

再次运行测试，你将会看到如下所示的输出：

```
running 2 tests
test tests::smaller_cannot_hold_larger ... ok
test tests::larger_can_hold_smaller ... FAILED

failures:

---- tests::larger_can_hold_smaller stdout ----
```

```
thread 'main' panicked at 'assertion failed:
larger.can_hold(&smaller)', src/lib.rs:28:9
note: run with `RUST_BACKTRACE=1` environment variable to display
a backtrace


failures:
    tests::larger_can_hold_smaller

test result: FAILED. 1 passed; 1 failed; 0 ignored; 0 measured; 0
filtered out; finished in 0.00s
```

我们的测试成功捕捉到了代码错误！因为 larger.width 等于 8，smaller.width 等于 5，而 8 并不小于 5，所以 can_hold 中比较长度的判断返回了 false 并导致断言失败。

使用 assert_eq!和 assert_ne!宏判断相等性

在对功能进行测试时，常常需要将被测试代码的结果与我们所期望的结果相比较，并检查它们是否相等。你可以使用 assert!宏，给它传入一个使用了==运算符的判断表达式来完成这项测试。因为这项测试比较常见，所以标准库中专门提供了一对可以简化编程的宏：assert_eq!和 assert_ne!。这两个宏分别用于比较并断言两个参数相等或不相等。在断言失败时，它们还可以自动打印出两个参数的值，从而方便我们观察测试失败的原因；相反，使用 assert!宏则只能得知==判断表达式失败的事实，而无法知晓被用于比较的值。

在示例 11-7 中，我们编写了一个名为 add_two 的函数，它会将输入的参数加 2 并返回结果。接下来，我们使用 assert_eq!宏对这个函数进行测试。

```
src/lib.rs   pub fn add_two(a: i32) -> i32 {
                 a + 2
             }

             #[cfg(test)]
             mod tests {
                 use super::*;
```

```
    #[test]
    fn it_adds_two() {
        assert_eq!(4, add_two(2));
    }
}
```

示例 11-7：使用 assert_eq!宏对 add_two 函数进行测试

让我们检查一下测试是否通过：

```
running 1 test
test tests::it_adds_two ... ok

test result: ok. 1 passed; 0 failed; 0 ignored; 0 measured; 0
filtered out; finished in 0.00s
```

我们传入 assert_eq!宏的第一个参数是 4，而它和第二个参数，也就是 add_two(2)的返回值相等。输出日志 test tests::it_adds_two ... ok 中的 ok 表明，这个测试顺利地通过了检查！

接下来，让我们在代码中引入错误，并看一看 assert_eq!宏断言失败后的结果。修改 add_two 函数的实现，让它加 3：

```
pub fn add_two(a: i32) -> i32 {
    a + 3
}
```

再次运行测试：

```
running 1 test
test tests::it_adds_two ... FAILED

failures:

---- tests::it_adds_two stdout ----
❶ thread 'main' panicked at 'assertion failed: `(left == right)`
  ❷ left: `4`,
❸ right: `5`', src/lib.rs:11:9
   note: run with `RUST_BACKTRACE=1` environment variable to display
```

```
a backtrace

failures:
    tests::it_adds_two

test result: FAILED. 0 passed; 1 failed; 0 ignored; 0 measured; 0
filtered out; finished in 0.00s
```

我们的测试成功捕捉到了代码错误！这段信息指出 it_adds_two 测试失败，它不但显示了失败原因 assertion failed:`(left == right)`❶，还将对应的参数值打印了出来：left 为 4 ❷，right 为 5 ❸。这样的日志可以帮助我们立即开始调试工作：它意味着传递给 assert_eq!宏的 left 参数为 4，而 right 参数，也就是 add_two(2)的返回值，是 5。当我们有一大堆需要处理的测试时，这样的信息将是非常有用的。

注意，在某些语言或测试框架中，这两个被用于相等性判断函数的参数常常被命名为 expected（期望值）和 actual（实际值），你需要在指定参数时留意它们的先后顺序。不过在 Rust 中，它们被称为 left（左值）和 right（右值），你无须在意指定期望值和实际值时的具体顺序。将上面代码中的断言写成 assert_eq!(add_two(2), 4)也没有任何问题，它在运行时依然会输出错误提示信息 assertion failed: `(left == right)`，并指明 left 为 5，而 right 为 4。

相对应地，assert_ne!宏在两个值不相等时通过，相等时失败。当我们无法预测程序的运行结果，却可以确定它绝不可能是某些值的时候，就可以使用这个宏来进行断言。例如，假设被测试的函数保证自己会以某种方式修改输入的值，但这种修改方式是由运行代码时所处的日期来决定的，那么在这种情形下，最好的测试方式就是断言函数的输出结果和输入的值不相等。

从本质上看，assert_eq!和 assert_ne!宏分别使用了==和!=运算符来进行判断，并在断言失败时使用调试格式（{:?}）将参数值打印出来。这意味着它们的参数必须同时实现 PartialEq 和 Debug 这两个 trait。所有的基本类型和绝大多数标准库定义的类型都是符合这一要求的。而对于自定义的结构体和枚举来说，你需要自行实现 PartialEq 来判断两个值是否相等，并实现 Debug 来保证值可以在断言失败时被打印出来。第 5 章的示例 5-12 中曾提到过，由于这两个 trait 都是可派生 trait，所以一般可以通过在自定义的结构体或枚举的定义的上方添加#[derive(PartialEq, Debug)]标注来自动实现这两个 trait。你可以参阅附录 C 来了解有关自动实现 trait 的更多细节。

添加自定义的错误提示信息

你也可以添加自定义的错误提示信息，将其作为可选的参数传入 assert!、assert_eq!或 assert_ne!宏。实际上，任何在 assert!、assert_eq!或 assert_ne!的必要参数之后出现的参数都会一起被传递给 format!宏（我们在第 8 章的 "使用+运算符或 format!宏拼接字符串" 一节中讨论过）。因此，你甚至可以将一个包含{}占位符的格式化字符串及相对应的填充值作为参数一起传递给这些宏。自定义的错误提示信息可以很方便地记录当前断言的含义；这样一来，当测试失败时，我们就可以更容易地知道代码到底出了什么问题。

例如，假设有一个函数会接收客人姓名作为参数，并返回拼接的问候语作为结果。现在，我们需要通过测试来确定姓名确实出现在了问候语中：

src/lib.rs
```
pub fn greeting(name: &str) -> String {
    format!("Hello {name}!")
}

#[cfg(test)]
mod tests {
    use super::*;

    #[test]
    fn greeting_contains_name() {
        let result = greeting("Carol");
        assert!(result.contains("Carol"));
    }
}
```

对这个程序的需求还未最终确定，问候语起始处的 Hello 文本极有可能会发生改变。我们希望在每次修改需求时都要避免修改对应的测试用例，因此在测试的断言问候语中仅包含了正确的姓名，而不要求输出结果和某个正确答案完全相等。

接下来，让我们在代码中引入 bug，并观察测试失败时会发生什么。修改代码，把姓名从问候语中去掉：

```
pub fn greeting(name: &str) -> String {
    String::from("Hello!")
}
```

运行测试，会得到如下所示的结果：

```
running 1 test
test tests::greeting_contains_name ... FAILED

failures:

---- tests::greeting_contains_name stdout ----
thread 'main' panicked at 'assertion failed:
result.contains(\"Carol\")', src/lib.rs:12:9
note: run with `RUST_BACKTRACE=1` environment variable to display
a backtrace


failures:
    tests::greeting_contains_name
```

这个测试结果仅仅表明在代码的某一行发生了断言失败。在本例中，更加友好的错误提示信息应该将我们从 greeting 函数中获得的结果值打印出来。现在我们来修改测试函数，指定自定义的错误提示信息。该信息由一个包含占位符的格式化字符串，以及 greeting 函数的实际返回值组成：

```
#[test]
fn greeting_contains_name() {
    let result = greeting("Carol");
    assert!(
        result.contains("Carol"),
        "Greeting did not contain name, value was `{result}`"
```

```
    );
}
```

再次运行测试，我们应该可以看到更具有实际意义的错误提示信息：

```
---- tests::greeting_contains_name stdout ----
thread 'main' panicked at 'Greeting did not contain name, value
was `Hello!`', src/lib.rs:12:9
note: run with `RUST_BACKTRACE=1` environment variable to display
a backtrace
```

这次测试的输出中包含了实际的值，它能帮助我们观察程序真正的行为，并迅速定位与预期产生差异的地方。

使用 should_panic 检查 panic

除了检查代码是否返回了正确的结果，确认代码能否按照预期处理错误状况同样重要。以第 9 章的示例 9-13 中的 Guess 类型为例：使用 Guess 类型的相关代码的前提是 Guess 实例只会包含处于 1 至 100 范围内的值。那么，我们可以编写一个测试来检查使用了非法值的 Guess 实例的创建过程是否会按照预期发生 panic。

我们需要为测试函数添加一个额外的新属性：should_panic。标注了这个属性的测试函数会在代码发生 panic 时顺利通过，而在代码不发生 panic 时执行失败。

示例 11-8 展示了一个用于检测 Guess::new 是否按照预期处理错误状况的测试用例。

```
src/lib.rs  pub struct Guess {
                value: i32,
            }

            impl Guess {
                pub fn new(value: i32) -> Guess {
                    if value < 1 || value > 100 {
                        panic!(
```

```
                    "Guess value must be between 1 and 100, got {}.",
                    value
            );
        }

        Guess { value }
    }
}

#[cfg(test)]
mod tests {
    use super::*;

    #[test]
    #[should_panic]
    fn greater_than_100() {
        Guess::new(200);
    }
}
```

示例 11-8：测试一个应当引发 panic！的条件

我们将#[should_panic]属性放在了#[test]属性之后、对应的测试函数之前。让我们看一看测试顺利通过时的结果：

```
running 1 test
test tests::greater_than_100 - should panic ... ok

test result: ok. 1 passed; 0 failed; 0 ignored; 0 measured; 0
filtered out; finished in 0.00s
```

非常好！接下来，让我们在代码中引入 bug，删除 new 函数中值大于 100 时发生 panic 的判断条件：

Src/lib.rs
```
// --略--

impl Guess {
    pub fn new(value: i32) -> Guess {
        if value < 1 {
            panic!(
                "Guess value must be between 1 and 100, got {}.",
                value
            );
        }
```

```
        Guess { value }
    }
}
```

当我们再次运行示例 11-8 中的测试时，它应该会输出测试失败的结果：

```
running 1 test
test tests::greater_than_100 - should panic ... FAILED

failures:

---- tests::greater_than_100 stdout ----
note: test did not panic as expected

failures:
    tests::greater_than_100

test result: FAILED. 0 passed; 1 failed; 0 ignored; 0 measured; 0
filtered out; finished in 0.00s
```

这次测试的输出中似乎并没有包含太多有用的信息，但是当我们观察测试函数时，会发现它被标注了#[should_panic]。这就意味着测试函数中的代码并没有按照预期发生 panic。

使用 should_panic 进行的测试可能会有些含糊不清，因为它们仅仅能够说明被检查的代码会发生 panic。即便函数中发生 panic 的原因与预期的不同，使用 should_panic 进行的测试也会顺利通过。为了让 should_panic 测试更加精确一些，我们可以在 should_panic 属性中添加可选参数 expected。它会检查 panic 发生时输出的错误提示信息是否包含了指定的文本。仍然以 Guess 类型为例，我们稍微修改一下 new 函数，使 new 函数根据其参数值过大或过小而提供不同的 panic 信息，如示例 11-9 所示。

src/lib.rs `// --略--`

```
impl Guess {
    pub fn new(value: i32) -> Guess {
        if value < 1 {
```

```
            panic!(
                "Guess value must be greater than or equal to 1, got {}.",
                value
            );
        } else if value > 100 {
            panic!(
                "Guess value must be less than or equal to 100, got {}.",
                value
            );
        }

        Guess { value }
    }
}

#[cfg(test)]
mod tests {
    use super::*;

    #[test]
    #[should_panic(expected = "less than or equal to 100")]
    fn greater_than_100() {
        Guess::new(200);
    }
}
```

示例 11-9：测试某个条件会触发带有特定错误提示信息的 panic!

　　因为 Guess::new 函数在发生 panic 的输出消息中包含了 should_panic 属性的 expected 参数指定的文本，所以该示例中的测试会顺利通过。实际上，我们在测试时匹配完整的 panic 信息（Guess value must be less than or equal to 100, got 200）也是可以的。一般来说，expected 参数中的内容既取决于 panic 信息是明确的还是易变的，也取决于测试本身需要准确到何种程度。在本例中，panic 信息的子字符串就足以确保测试函数中的代码运行的是 else if value > 100 分支中的。

　　为了观察指定了 expected 参数的 should_panic 测试在失败时会发生什么，我们再次在代码中引入 bug，将 if value < 1 与 else if value > 100 两个分支中的代码块交换一下：

src/lib.rs
```
// --略--
if value < 1 {
    panic!(
        "Guess value must be less than or equal to 100, got {}.",
        value
    );
} else if value > 100 {
    panic!(
        "Guess value must be greater than or equal to 1, got {}.",
        value
    );
}
// --略--
```

这时再次运行 should_panic 测试就会失败：

```
running 1 test
test tests::greater_than_100 - should panic ... FAILED

failures:

---- tests::greater_than_100 stdout ----
thread 'main' panicked at 'Guess value must be greater than or equal to 1, got
200.', src/lib.rs:13:13
note: run with `RUST_BACKTRACE=1` environment variable to display a backtrace
note: panic did not contain expected string
      panic message: `"Guess value must be greater than or equal to 1, got 200."`,
 expected substring: `"less than or equal to 100"`

failures:
    tests::greater_than_100

test result: FAILED. 0 passed; 1 failed; 0 ignored; 0 measured; 0 filtered out;
finished in 0.00s
```

这段错误提示信息表明，测试确实按照预期发生了 panic，但 panic 所附带的消息却没有包含期望的字符串 'Guess value must be less than or equal to 100'。实际上，本例中我们所获得的 panic 信息是 Guess value must be greater than or equal to 1, got 200。我们可以从这些信息着手来排查 bug！

使用 Result<T, E>编写测试

到目前为止，我们编写的测试都会在运行失败时触发 panic。不过，我们也可以使用 Result<T, E>来编写测试！在这里，我们使用 Result<T, E>重写示例 11-1 中的测试，让它在运行失败时返回一个 Err 值，而不是触发 panic：

src/lib.rs
```
#[cfg(test)]
mod tests {
    #[test]
    fn it_works() -> Result<(), String> {
        if 2 + 2 == 4 {
            Ok(())
        } else {
            Err(String::from("two plus two does not equal four"))
        }
    }
}
```

it_works 函数现在会返回一个 Result<(), String>类型的值。相较于在函数体中调用 assert_eq!宏，新的代码会在测试通过时返回 Ok(())，并在测试失败时返回一个带有 String 的 Err 值。

像这样编写测试函数返回 Result<T, E>，使我们可以在测试函数体中使用问号运算符，更加便捷地编写某些测试函数。这些测试函数会在任何一个步骤返回 Err 值时执行失败。

请不要在那些使用 Result<T, E>作为返回类型的测试上使用 #[should_panic] 标注。为了断言某个操作一定会失败，请不要在它的 Result<T, E>值上使用问号运算符，直接调用 assert!(value.is_err())就好。

在本节中，我们学习了几种编写测试的方法。接下来，我们还会讨论在运行测试时会发生什么，并介绍更多可用于 cargo test 命令的选项。

控制测试的运行方式

正如 cargo run 会编译代码并运行生成的二进制文件一样，cargo test 同样会在测试模式下编译代码，并运行生成的测试二进制文件。你可以通过指定命令行参数来改变 cargo test 的默认行为。例如，cargo test 生成的二进制文件默认会并行运行所有的测试，并截获在测试运行过程中产生的输出，让与测试结果相关的内容更加易读。

我们既可以为 cargo test 指定命令行参数，也可以为生成的测试二进制文件指定参数。为了区分两种不同类型的参数，你需要在传递给 cargo test 的参数后使用分隔符--，并在其后指定需要传递给测试二进制文件的参数。例如，运行 cargo test --help 会显示出 cargo test 的可用参数，而运行 cargo test -- --help 会显示出所有可以用在--之后的参数。

并行或串行地运行测试

当你尝试运行多个测试时，Rust 会默认使用多线程来并行地运行它们。这样可以让测试更快地运行完毕，从而尽早得到代码是否能够正常工作的反馈。但由于测试是同时运行的，所以开发者必须保证测试之间不会相互依赖，也不会依赖同一个共享状态或共享环境，例如当前工作目录、环境变量等。

举一个例子，假设当前所有的测试都会运行代码来创建名为 *test-output.txt* 的文本文件并写入不同的数据，紧接着它们又会读取文件中的内容，并断言该内容与自己写入的数据相等。如果并行运行这些测试，那么可能就会出现测试 A 覆盖了测试 B 所写入的数据，进而导致测试 B 在随后的指令中发生断言失败。但这并不是因为测试 B 的代码真的有错，而是因为多个测试并行运行时相互产生了影响。一种解决方案是使不同的测试指向不同的文件，另一种解决方案则是顺序运行这些测试。

如果你不想并行地运行测试，或者希望精确地控制测试时启动的线程数量，那么可以通过给测试二进制文件传入--test-threads 标记及期望的具体线程数量来控制这一行为。看下面的例子：

```
$ cargo test -- --test-threads=1
```

在上面的命令中，我们将线程数量限制为 1，这就意味着程序不会使用任何并行操作。使用单线程运行测试会比并行运行测试花费更多的时间，但顺序运行的测试不会再因为共享状态而出现可能的干扰情形了。

显示函数输出

在默认情况下，Rust 的测试库会在测试通过时捕获所有被打印到标准输出流中的消息。例如，即便我们在测试中调用了 println!，但只要测试顺利通过，它所打印的内容就无法显示在终端上；我们只能看到一条用于表明测试通过的消息。只有在测试失败时，我们才能在错误提示信息的上方观察到被打印到标准输出流中的内容。

举一个例子，示例 11-10 中包含了一个没有实际用处的函数，它会打印出输入的参数值并返回一个固定值 10；另外还包含了两个测试，其中一个会顺利通过，另一个则会失败。

src/lib.rs
```
fn prints_and_returns_10(a: i32) -> i32 {
    println!("I got the value {a}");
    10
}

#[cfg(test)]
mod tests {
    use super::*;

    #[test]
    fn this_test_will_pass() {
        let value = prints_and_returns_10(4);
        assert_eq!(10, value);
```

```
    }

    #[test]
    fn this_test_will_fail() {
        let value = prints_and_returns_10(8);
        assert_eq!(5, value);
    }
}
```

示例 11-10：测试一个调用了 println! 的函数

使用 cargo test 运行测试，会得到如下所示的结果：

```
running 2 tests
test tests::this_test_will_pass ... ok
test tests::this_test_will_fail ... FAILED

failures:

---- tests::this_test_will_fail stdout ----
```
❶ `I got the value 8`
```
thread 'main' panicked at 'assertion failed: `(left == right)`
  left: `5`,
 right: `10`', src/lib.rs:19:9
note: run with `RUST_BACKTRACE=1` environment variable to display
a backtrace

failures:
    tests::this_test_will_fail

test result: FAILED. 1 passed; 1 failed; 0 ignored; 0 measured; 0
filtered out; finished in 0.00s
```

注意，我们无法在这段输出中找到 I got the value 4 信息，它虽然在通过的测试样例中被打印了出来，但却被 Rust 截获并丢弃了。而 I got the value 8 ❶ 正常出现在了测试失败的摘要中，和测试失败的原因一起显示出来。

如果你也希望观察那些通过的测试的打印值，那么可以传入--show-output 标记来通知 Rust 显示所有的输出：

```
$ cargo test -- --show-output
```

在示例 11-10 中传入--show-output 标记后，再次运行测试，输出的结果如下所示：

```
running 2 tests
test tests::this_test_will_pass ... ok
test tests::this_test_will_fail ... FAILED

successes:

---- tests::this_test_will_pass stdout ----
I got the value 4


successes:
    tests::this_test_will_pass

failures:

---- tests::this_test_will_fail stdout ----
I got the value 8
thread 'main' panicked at 'assertion failed: `(left == right)`
  left: `5`,
 right: `10`', src/lib.rs:19:9
note: run with `RUST_BACKTRACE=1` environment variable to display
a backtrace

failures:
    tests::this_test_will_fail

test result: FAILED. 1 passed; 1 failed; 0 ignored; 0 measured; 0
filtered out; finished in 0.00s
```

运行部分特定名称的测试

运行全部的测试用例有时会花费很长的时间。而你在编写某个特定部分的代码时，也许只需要运行与代码相对应的那部分测试。我们可以通过向 cargo test 中传入测试名称来指定需要运行的测试。

为了演示如何运行部分测试，我们在示例 11-11 中为 add_two 函数创建了 3 个测试，并选择其中之一来运行。

```
src/lib.rs    pub fn add_two(a: i32) -> i32 {
                  a + 2
              }

              #[cfg(test)]
              mod tests {
                  use super::*;

                  #[test]
                  fn add_two_and_two() {
                      assert_eq!(4, add_two(2));
                  }

                  #[test]
                  fn add_three_and_two() {
                      assert_eq!(5, add_two(3));
                  }

                  #[test]
                  fn one_hundred() {
                      assert_eq!(102, add_two(100));
                  }
              }
```

示例 11-11：3 个不同名称的测试

如果在运行测试时不传入任何参数，那么正如之前所看到的一样，所有的测试都会并行运行：

```
running 3 tests
test tests::add_three_and_two ... ok
test tests::add_two_and_two ... ok
test tests::one_hundred ... ok

test result: ok. 3 passed; 0 failed; 0 ignored; 0 measured; 0
filtered out; finished in 0.00s
```

运行单个测试

我们可以给 cargo test 传入一个测试函数的名称来单独运行该测试：

```
$ cargo test one_hundred
   Compiling adder v0.1.0 (file:///projects/adder)
    Finished test [unoptimized + debuginfo] target(s) in 0.69s
     Running unittests src/lib.rs (target/debug/deps/adder-92948b65e88960b4)

running 1 test
test tests::one_hundred ... ok

test result: ok. 1 passed; 0 failed; 0 ignored; 0 measured; 2
filtered out; finished in 0.00s
```

只有名为 one_hundred 的测试得到了运行，而其余两个测试的名称无法匹配我们传入的参数。同时，测试输出还通过最后一行中的 **2 filtered out** 表明部分测试被过滤掉了。

需要注意的是，我们不能通过指定多个参数来运行多个测试；只有传入 cargo test 的第一个参数才会生效。运行多个测试需要使用其他方法。

通过过滤名称来运行多个测试

实际上，我们可以指定测试名称的一部分来作为参数，任何匹配这一名称的测试都会得到运行。例如，因为有两个测试的名称包含 add，所以我们可以通过 cargo test add 命令来同时运行它们。

```
$ cargo test add
   Compiling adder v0.1.0 (file:///projects/adder)
    Finished test [unoptimized + debuginfo] target(s) in 0.61s
     Running unittests src/lib.rs (target/debug/deps/adder-92948b65e88960b4)

running 2 tests
test tests::add_three_and_two ... ok
test tests::add_two_and_two ... ok

test result: ok. 2 passed; 0 failed; 0 ignored; 0 measured; 1
```

```
filtered out; finished in 0.00s
```

这个命令运行了所有名称中带有 add 的测试，并将名为 one_hundred 的测试过滤掉了。另外要注意，测试所在的模块的名称也是测试名称的一部分，所以我们可以通过模块名称来运行特定模块内的所有测试。

通过显式指定来忽略某些测试

有时，一些特定的测试运行起来会非常耗时，所以你可能会想要在大部分的 cargo test 命令中忽略它们。除了手动将想要运行的测试列举出来，你也可以使用 ignore 属性来标记这些耗时的测试，将这些测试排除在正常运行的测试之外，如下所示：

src/lib.rs
```
#[test]
fn it_works() {
    let result = 2 + 2;
    assert_eq!(result, 4);
}

#[test]
#[ignore]
fn expensive_test() {
    // 需要运行 1 小时的代码
}
```

对于想要剔除的测试，我们会在#[test]标记的下方添加#[ignore]行。现在，当我们运行测试时，只有 it_works 得到了运行，而 expensive_test 被跳过了：

```
$ cargo test
   Compiling adder v0.1.0 (file:///projects/adder)
    Finished test [unoptimized + debuginfo] target(s) in 0.60s
     Running unittests src/lib.rs (target/debug/deps/adder-92948b65e88960b4)

running 2 tests
test expensive_test ... ignored
test it_works ... ok
```

```
test result: ok. 1 passed; 0 failed; 1 ignored; 0 measured; 0
filtered out; finished in 0.00s
```

expensive_test 函数被放到了 ignored 类别下。我们可以使用 cargo test --
--ignored 来单独运行这些被忽略的测试：

```
$ cargo test -- --ignored
    Finished test [unoptimized + debuginfo] target(s) in 0.61s
     Running unittests src/lib.rs (target/debug/deps/adder-92948b65e88960b4)

running 1 test
test expensive_test ... ok

test result: ok. 1 passed; 0 failed; 0 ignored; 0 measured; 1
filtered out; finished in 0.00s
```

通过控制测试的运行，我们可以保证每次执行 cargo test 命令时都能迅速
得到结果。而对于被忽略的测试，我们可以在时间充裕时通过执行 cargo test --
--ignored 命令来运行它们。假如你希望运行所有的测试，不论它们是否是被忽
略的，那么都可以使用 cargo test -- --include-ignored 命令。

测试的组织结构

正如本章开头所述，测试是一门复杂的学科，测试的技术名词和组织方法
也因人而异。Rust 社区主要从两个分类来讨论测试：单元测试（unit test）和集
成测试（integration test）。单元测试小而专注，每次只单独测试一个模块或私有
接口。而集成测试完全位于代码库之外，它们使用代码的方式，与其他外部代
码的使用方式相同，只能访问公共接口，并可能在一次测试中联用多个模块。

为了确保代码库无论是独立的还是作为一个整体都能按照预期运行，编写
单元测试和集成测试是非常重要的工作。

单元测试

单元测试的目的在于将一小段代码单独隔离出来，从而迅速地确定这段代码的功能是否符合预期。我们一般将单元测试与需要测试的代码存放在 *src* 目录下的同一个文件中。同时，约定俗成地在每个源代码文件中都新建一个 tests 模块来存放测试函数，并使用 cfg(test)对该模块进行标注。

测试模块和#[cfg(test)]

在 tests 模块上标注#[cfg(test)]，可以让 Rust 只在执行 cargo test 命令时编译和运行该部分测试代码，而在执行 cargo build 命令时剔除它们。这样就可以在正常编译时不包含测试代码，从而节省编译时间和产出物所占用的空间。我们不需要对集成测试标注#[cfg(test)]，因为集成测试本身就被存放在独立的目录中。但是，由于单元测试是和业务代码并列存放在同一个文件中的，所以我们必须使用#[cfg(test)]进行标注才能将单元测试的代码排除在编译产出物之外。

回忆一下本章开始时创建的 adder 项目，Cargo 为我们自动生成了如下所示的代码：

src/lib.rs
```
#[cfg(test)]
mod tests {
    #[test]
    fn it_works() {
        let result = 2 + 2;
        assert_eq!(result, 4);
    }
}
```

上述代码就是自动生成的测试模块。其中的 cfg 属性是配置（configuration）一词的英文缩写，它告知 Rust 接下来的条目只有在特定配置下才需要被包含进来。本例中指定的 test 就是 Rust 中用来编译、运行测试的配置选项。通过使用 cfg 属性，Cargo 只在我们执行 cargo test 命令时才会将测试代码纳入编译范围。这一约定不仅针对那些标注了#[test]属性的测试函数，还针对该模块内的其余辅助函数。

测试私有函数

软件测试社区对于是否应当直接测试私有函数一直存在争议。在某些语言中，测试私有函数往往是困难的，甚至是不可能的。不过，无论你在软件测试上持有何种观点，Rust 都通过私有性规则的设计，允许测试私有函数。示例 11-12 中的代码测试了一个私有函数 internal_adder。

src/lib.rs

```rust
pub fn add_two(a: i32) -> i32 {
    internal_adder(a, 2)
}

fn internal_adder(a: i32, b: i32) -> i32 {
    a + b
}

#[cfg(test)]
mod tests {
    use super::*;

    #[test]
    fn internal() {
        assert_eq!(4, internal_adder(2, 2));
    }
}
```

示例 11-12：测试一个私有函数

注意，上面代码中的 internal_adder 函数没有被标注为 pub。测试代码同样是 Rust 代码，测试模块也不过是另外一个模块而已。正如我们在第 7 章的"用于在模块树中指明条目的路径"一节中所讨论的那样，子模块中的条目可以使用它们的祖先模块中的条目。在本例中，我们使用 use super::*将测试模块的父模块中的所有条目引入作用域，从而允许测试用例直接调用 internal_addr。当然，如果你认为不应当测试私有函数，那么 Rust 也不会强迫你做这些事情。

集成测试

在 Rust 中，集成测试是完全位于代码库之外的。集成测试调用库的方式，与其他代码的调用方式没有任何不同，这就意味着它们只能调用对外公开提供的那部分接口。集成测试的目的在于验证库的不同部分能否协同起来正常工作。能够独立正常工作的单元代码在集成运行时也会发生各种问题，所以集成测试的覆盖率同样是非常重要的。为了创建集成测试，你首先需要建立一个 *tests* 目录。

tests 目录

我们需要在项目根目录下创建 *tests* 目录，它与 *src* 目录并列。Cargo 会自动在这个目录下寻找集成测试文件。我们可以在这个目录下创建任意多个测试文件，Cargo 在编译时会将每个文件都处理成一个独立的单元包。

现在，让我们开始创建一个集成测试。保留示例 11-12 中的 *src/lib.rs* 文件，创建一个 *tests* 目录，接着创建 *tests/integration_test.rs* 文件。这时的目录结构应该类似于这样：

```
adder
├── Cargo.lock
├── Cargo.toml
├── src
│   └── lib.rs
└── tests
    └── integration_test.rs
```

将示例 11-13 中的代码输入 *tests/integration_test.rs* 文件中：

tests/
integration
_test.rs

```
use adder;

#[test]
fn it_adds_two() {
    assert_eq!(4, adder::add_two(2));
}
```

示例 11-13：adder 包中函数的集成测试

tests 目录下的每一个文件都是一个独立的单元包，所以需要在每一个测试

包中将我们的库引入作用域。出于这个原因，这段代码在顶部添加了 use adder 语句。

我们不需要为 *tests/integration_test.rs* 中的任何代码标注#[cfg(test)]。Cargo 对 *tests* 目录进行了特殊处理，它只在我们执行 cargo test 命令时才会编译这个目录下的文件。现在，我们来执行 cargo test 命令并观察输出结果：

```
$ cargo test
   Compiling adder v0.1.0 (file:///projects/adder)
    Finished test [unoptimized + debuginfo] target(s) in 1.31s
     Running unittests src/lib.rs (target/debug/deps/adder-1082c4b063a8fbe6)

❶ running 1 test
  test tests::internal ... ok

  test result: ok. 1 passed; 0 failed; 0 ignored; 0 measured; 0
  filtered out; finished in 0.00s

    ❷ Running tests/integration_test.rs
  (target/debug/deps/integration_test-1082c4b063a8fbe6)

  running 1 test
❸ test it_adds_two ... ok

❶ test result: ok. 1 passed; 0 failed; 0 ignored; 0 measured; 0
  filtered out; finished in 0.00s

    Doc-tests adder

running 0 tests

test result: ok. 0 passed; 0 failed; 0 ignored; 0 measured; 0
filtered out; finished in 0.00s
```

上面的输出中出现了单元测试、集成测试和文档测试这 3 个区域。需要注意的是，如果某个区域中的任何测试失败了，那么接下来的区域将不会得到运行。例如，假设一个单元测试失败了，那么集成测试或文档测试就不会输出任何内容，因为这些测试只在所有单元测试都通过后才会运行。

第一个区域中的单元测试 ❶ 与我们之前见到的一样：每行输出一个单元测试结果（这个被称为 internal 的测试是我们在示例 11-12 中添加的），并在后面给出单元测试的摘要。

集成测试区域从输出行 Running tests/integration_test.rs ❷ 开始。接着，当前集成测试中的每一个测试函数都有一行输出结果 ❸，并在 Doc-tests addr 区域开始前给出集成测试的摘要 ❹。

每一个集成测试文件在输出中都会拥有自己独立的区域，所以我们在 *tests* 目录下添加的文件越多，出现的集成测试区域就越多。

我们仍然可以在 cargo test 命令中指定测试函数名称作为参数，来运行特定的集成测试函数。另外，在执行 cargo test 命令时使用--test 并指定文件名称，可以单独运行某个特定集成测试文件中的所有测试：

```
$ cargo test --test integration_test
    Finished test [unoptimized + debuginfo] target(s) in 0.64s
     Running tests/integration_test.rs
(target/debug/deps/integration_test-82e7799c1bc62298)

running 1 test
test it_adds_two ... ok

test result: ok. 1 passed; 0 failed; 0 ignored; 0 measured; 0
filtered out; finished in 0.00s
```

这条命令只运行了 *tests/integration_test.rs* 文件中的测试。

在集成测试中使用子模块

随着集成测试的增加，你也许希望在 *tests* 目录下创建更多的文件，将它们分离到多个文件中，以便更好地进行管理。例如，你可以根据待测函数的功能将测试函数分组。就像之前提到的一样，*tests* 目录下的每一个文件都会被编译成各自独立的单元包，这有助于隔离作用域，并使集成测试环境更加贴近用户的使用场景。但是，这也意味着我们在第 7 章中学习如何将代码分离为模块和文件时，所学到的 *src* 目录下的文件处理规则并不完全适用于 *tests* 目录。

当你有一些可用于多个集成测试文件的辅助函数，且想要尝试按照第 7 章的"将模块拆分为不同的文件"一节中的步骤将它们提取到通用的模块中时，*tests* 目录的这种特殊行为就会显得异常明显。例如，假设我们创建了一个新文件 *tests/common.rs*，在该文件中编写了一个名为 **setup** 的函数，并希望在多个不同的集成测试文件中调用它：

tests/
common.rs

```
pub fn setup() {
    // 一些测试工作中可能会用到的初始化代码
}
```

即便这个文件中没有包含任何测试函数，我们也没有在任何地方调用过 **setup** 函数，也依然会在运行测试后的测试输出中观察到一个与 *common.rs* 文件相关的区域：

```
running 1 test
test tests::internal ... ok

test result: ok. 1 passed; 0 failed; 0 ignored; 0 measured; 0
filtered out; finished in 0.00s

    Running tests/common.rs (target/debug/deps/common-92948b65e88960b4)

running 0 tests

test result: ok. 0 passed; 0 failed; 0 ignored; 0 measured; 0
filtered out; finished in 0.00s

    Running tests/integration_test.rs
(target/debug/deps/integration_test-92948b65e88960b4)

running 1 test
test it_adds_two ... ok

test result: ok. 1 passed; 0 failed; 0 ignored; 0 measured; 0
filtered out; finished in 0.00s

    Doc-tests adder
```

```
running 0 tests

test result: ok. 0 passed; 0 failed; 0 ignored; 0 measured; 0
filtered out; finished in 0.00s
```

让 common 出现在测试输出中，并显示毫无意义的 running 0 tests 消息可不是我们想要的，我们只是想要在多个集成测试文件之间共享一些代码而已。

为了避免 common 出现在测试结果中，我们可以创建 *tests/common/mod.rs* 文件，而不再创建 *tests/common.rs* 文件。修改后的项目目录结构如下所示：

```
├── Cargo.lock
├── Cargo.toml
├── src
│   └── lib.rs
└── tests
    ├── common
    │   └── mod.rs
    └── integration_test.rs
```

这是另一种可以被 Rust 理解的命名规范。采用这种文件命名方式，Rust 就不会再将 common 模块视为一个集成测试文件了。我们将 setup 函数移动至 *tests/common/mod.rs* 中并删除 *tests/common.rs* 文件后，在测试输出中就再也不会出现与 common 相关的区域了。*tests* 的子目录中的文件不会被视为独立的单元包进行编译，更不会在测试输出中拥有自己的区域。

创建 *tests/common/mod.rs* 后，我们就可以将其视为一个普通的模块并应用到不同的集成测试文件中了。接下来的示例在 *tests/integration_test.rs* 文件的集成测试函数 it_adds_two 中调用了 setup 函数：

tests/
integration
_test.rs

```
use adder;

mod common;

#[test]
fn it_adds_two() {
    common::setup();
    assert_eq!(4, adder::add_two(2));
}
```

就像第 7 章的示例 7-21 中的模块声明一样，这段代码中的 mod common;语句声明了需要引用的模块。接着，我们就可以在测试函数中正常调用 common::setup()函数了。

二进制单元包的集成测试

如果我们的项目是一个只有 *src/main.rs* 文件而没有 *src/lib.rs* 文件的二进制单元包，那么就无法在 *tests* 目录中创建集成测试，也无法使用 use 语句将 *src/main.rs* 中定义的函数导入作用域。只有代码包（library crate，也叫库单元包）才可以将函数暴露给其他包来调用，而二进制单元包只被用于独立执行。

这就是 Rust 的二进制项目经常会把逻辑编写在 *src/lib.rs* 文件中，而只在 *src/main.rs* 文件中进行简单调用的原因。这种组织结构使得集成测试可以将我们的项目视为一个代码包，并能够使用 use 访问包中的核心功能。只要我们能够保证核心功能一切正常，*src/main.rs* 文件中少量的胶水代码就应该可以正常工作了，而无须进行测试。

总结

Rust 的测试功能提供了一种可以指定函数行为的方式。即便具体实现发生了改变，它也能够保证函数会继续按照我们期望的方式去工作。单元测试可以独立地验证库中的不同部分，并可以测试私有实现细节。集成测试则可以检查库内的各个部分能否正确地协同工作，它们与外部代码一样，只会访问库中的公共 API。尽管 Rust 的类型系统和所有权规则能够帮助我们避免一些 bug，但测试依旧必不可少，它对于减少代码中的逻辑错误并避免不符合预期的行为非常重要。

接下来，让我们结合在本章和前几章中学到的内容来编写一个实际的项目吧！

12

I/O 项目：编写一个命令行程序

在本章中，我们不仅会回顾此前学习过的众多知识，还会介绍一些新的标准库功能。我们将开发一个能够和文件系统交互并处理命令行输入/输出的工具。在这个过程中，你会不断地复习到那些已经接触过的 Rust 概念。

Rust 语言非常适合用来编写命令行工具，因为它具有快速、安全、跨平台及产出物为单一二进制文件的特点。在本章的实践项目中，我们会重新实现经典的命令行工具 grep（globally search a regular expression and print，全局正则表达式搜索与输出），而它最简单的使用场景就是在特定文件中搜索指定的字符串。为此，grep 会接收一个文件路径和一个字符串作为参数，然后在执行时读取文件来搜索包含指定字符串的行，最后将这些行打印输出。

在本章中，将会演示如何使我们的命令行工具像其他命令行工具一样使用各种终端特性。我们会读取环境变量，使用户可以对工具的行为进行配置。我们还会学习如何将信息打印到标准错误流（stderr）而不是标准输出流（stdout），这一功能使用户可以将正常输出重定向到文件的同时，仍然可以在屏幕上看到错误提示信息。

值得一提的是，Rust 社区成员 Andrew Gallant 已经实现了一个功能完备且性能极佳的 grep 替代品：ripgrep。相比之下，我们所编写的 grep 要简单得多，但本章会试图让你接触到足够多的背景知识，为理解现实世界中像 ripgrep 这样复杂的项目做好准备。

我们的 grep 项目将会包含到目前为止你学习过的一些概念：

- 组织代码（通过使用在第 7 章中接触到的模块）
- 使用动态数组和字符串（第 8 章，集合类型）
- 错误处理（第 9 章）
- 合理地使用 trait 和生命周期（第 10 章）
- 编写测试（第 11 章）

我们还会简要地介绍闭包、迭代器和 trait 对象。有关这些知识的详细内容，可以在第 13 章和第 17 章中找到。

接收命令行参数

让我们一如既往地使用 cargo new 来建立一个新的项目。为了避免和系统中可能已经内置的 grep 工具相混淆，我们将这个项目命名为 minigrep。

```
$ cargo new minigrep
    Created binary (application) `minigrep` project
$ cd minigrep
```

实现这一工具的首要任务是让 minigrep 接收两个命令行参数：文件路径和用于搜索的字符串。也就是说，我们希望通过依次输入 cargo run、两个连字符（表示随后的参数应该被用于我们的程序而不是 Cargo）、用于搜索的字符串和文件路径的命令行来运行程序，例如：

```
$ cargo run -- searchstring example-filename.txt
```

通过 cargo new 自动生成的初始程序不会处理任何传递给它的参数。*crates.io* 上有一些现成的库可以帮助开发者编写接收命令行参数的程序，但是由于你刚开始学习这些概念，所以我们会从零开始自行实现相关功能。

读取参数值

为了使 minigrep 可以读取传递给它的命令行参数值，我们需要使用 Rust 标准库提供的 std::env::args 函数。这个函数返回的迭代器可以遍历所有传递给 minigrep 的命令行参数。我们会在第 13 章中深入介绍迭代器。目前，你只需要知道两个有关它的细节：迭代器会产出一系列的值，而我们可以通过调用迭代器的 collect 方法来生成一个包含所有产出值的集合，比如动态数组。

示例 12-1 中的代码可以使 minigrep 程序读取所有传递它的命令行参数值，并将它们收集到一个动态数组中。

Src/main.rs
```
use std::env;

fn main() {
    let args: Vec<String> = env::args().collect();
    dbg!(args);
}
```

示例 12-1：将命令行参数值收集到一个动态数组中并打印出来

首先，使用 use 语句将 std::env 模块引入当前作用域，以便我们调用其中的 args 函数。注意，std::env::args 函数被嵌套于两层模块中。正如我们在第 7 章中所讨论的，当所需函数被嵌套于不止一层模块中时，通常只将父模块引入作用域，而不将函数本身引入。这便于我们使用 std::env 模块中的其他函数。另外，使用 use std::env::args;，然后直接调用 args 函数的做法也容易引发歧义，因为单独的 args 容易被误认为是定义于当前模块中的函数。

args 函数与非法的 Unicode 字符

注意，std::env::args 函数会因为命令行参数中包含了非法的 Unicode 字符而发生 panic。如果你确实需要程序接收包含非法的 Unicode 字符的参数，那么请使用 std::env::args_os 函数。这个函数会返回一个产出 OsString 值（而不是 String 值）的迭代器。为简单起见，我们在本章中选择使用 std::env::args，因为 OsString 值会因平台而异，处理起来也会比 String 值更加复杂。

在 main 函数的第一行，我们调用了 env::args，并立刻使用 collect 函数将迭代器转换成一个包含所有迭代器产出值的动态数组。由于 collect 函数可以被用来创建多种不同的集合，所以我们显式地标注了 args 的类型来获得一个包含字符串的动态数组。尽管在 Rust 中极少需要标注类型，但因为 Rust 无法推断出具体的集合类型，所以我们常常需要为 collect 函数进行手动标注。

最后，我们使用了调试宏来打印动态数组中的内容。现在，我们试着先运行不带参数的代码，然后再运行带两个参数的代码：

```
$ cargo run
// --略--
[src/main.rs:5] args = [
    "target/debug/minigrep",
]
$ cargo run -- needle haystack
// --略--
[src/main.rs:5] args = [
    "target/debug/minigrep",
    "needle",
    "haystack",
]
```

注意，动态数组中的第一个值是"target/debug/minigrep"，也就是当前执行的二进制文件名称。这与在 C 语言中处理参数列表时的行为是一致的，程序可以通过这个参数在运行时获得自己的名称。这一功能可以让我们方便地在输出信息中打印程序名称，或者根据程序名称的不同而改变行为等。但是考虑到本章的目的，我们将会忽略这个参数并只存储所需要的两个参数。

将参数值存入变量中

程序当前已经可以获取命令行参数指定的值了。现在，将两个参数的值保存至变量中，以便在程序的其余部分使用它们，如示例 12-2 所示。

src/main.rs
```
use std::env;

fn main() {
    let args: Vec<String> = env::args().collect();

    let query = &args[1];
    let file_path = &args[2];

    println!("Searching for {}", query);
    println!("In file {}", file_path);
}
```

示例 12-2：创建变量来存储查询参数和文件路径参数

正如在打印动态数组时我们所观察到的，程序名称占据了动态数组中的第一个元素，也就是 args[0]，所以需要从 1 开始计算数组下标。minigrep 接收的第一个参数是待搜索的字符串，我们将它的引用存入了 query 变量中；第二个参数是文件路径，我们将它的引用存入了 file_path 变量中。

我们临时将这两个变量的值打印出来，以便检查程序工作是否正常。现在使用 test 和 sample.txt 作为参数，再次运行这个程序：

```
$ cargo run -- test sample.txt
   Compiling minigrep v0.1.0 (file:///projects/minigrep)
    Finished dev [unoptimized + debuginfo] target(s) in 0.0s
     Running `target/debug/minigrep test sample.txt`
Searching for test
In file sample.txt
```

很好，程序工作正常！这些必要的参数值已经被存入对应的变量中。稍后我们将增加错误处理以应对可能出现的异常情况，比如用户没有输入任何参数的情况等。现在，我们暂时忽略这类问题，开始为程序添加读取文件的功能。

读取文件

在获取了指定文件的命令行参数 file_path 后，我们现在来添加读取文件的功能。首先，我们需要一个可供测试的样例文件。对于开发 minigrep 来说，这个文件最好拥有多行文本，但字符量不要太大，且各行文本中存在重复的单词。示例 12-3 中是一首 Emily Dickinson[1]的诗，它恰好满足了我们对样例文件的所有要求。在项目根目录下创建 *poem.txt* 文件，并将 "I'm Nobody! Who are you?" 这首诗的内容输入其中。

poem.txt
```
I'm nobody! Who are you?
Are you nobody, too?
Then there's a pair of us - don't tell!
They'd banish us, you know.

How dreary to be somebody!
How public, like a frog
To tell your name the livelong day
To an admiring bog!
```

示例 12-3：Emily Dickinson 的诗，同时也是一个不错的测试用例

有了测试文本后，就可以开始编辑 *src/main.rs* 并添加读取文件的代码了，如示例 12-4 所示。

src/main.rs
```
use std::env;
❶ use std::fs;

fn main() {
    // --略--
```

---

1 译者著：艾米莉·狄金森（1830—1886），美国诗人。

```
    println!("In file {}", file_path);

❷ let contents = fs::read_to_string(file_path)
        .expect("Should have been able to read the file");

❸ println!("With text:\n{contents}");
}
```

示例 12-4：读取第二个参数所指定文件中的内容

首先，这段代码额外地增加了一条 use 语句来引入标准库中的 std::fs 模块，它被用来处理与文件相关的事务 ❶。

随后，我们在 main 中新增了一条语句，其中的 fs::read_to_string 函数接收 file_path 作为参数，它会打开对应的文件并使用 Result<String> 类型返回文件中的内容 ❷。

最后，为了检查程序工作是否正常，我们增加了一条临时的 println! 语句，它会在读取文件后打印出 contents 变量中的值 ❸。

尝试运行这段代码，先随便指定一个字符串作为命令行的第一个参数（因为还没有实现搜索功能），并指定 *poem.txt* 文件作为第二个参数：

```
$ cargo run -- the poem.txt
   Compiling minigrep v0.1.0 (file:///projects/minigrep)
    Finished dev [unoptimized + debuginfo] target(s) in 0.0s
     Running `target/debug/minigrep the poem.txt`
Searching for the
In file poem.txt
With text:
I'm nobody! Who are you?
Are you nobody, too?
Then there's a pair of us - don't tell!
They'd banish us, you know.

How dreary to be somebody!
How public, like a frog
To tell your name the livelong day
To an admiring bog!
```

很好！这段代码成功地读取并打印出了文件中的内容。但需要注意的是，它依然存在不少瑕疵。目前，main 函数中实现了多个功能，但通常而言，只负责单个功能的函数会更加简洁并易于维护。另外，我们还没有尽可能地处理各种错误。虽然现在的程序还比较小，这些瑕疵处理起来也不算棘手，但随着程序规模的逐渐增长，我们将会越来越难以用简单的方式去修复它们。尽早重构是软件开发中的最佳实践，毕竟代码越少，重构就越简单。接下来，我们就要做这件事情。

重构代码以增强模块化程度和错误处理能力

为了改进当前的程序，我们计划解决 4 个涉及程序架构及错误处理的问题。首先，我们的 main 函数同时负责解析命令行参数和读取文件两项任务。随着程序的进一步开发，main 函数需要处理的独立任务就会越来越多。而随着函数功能的增多，它也会变得越来越令人难以理解，难以测试，也难以在不破坏其他部分的情况下修改代码。因此，最好将函数功能拆分开来，让一个函数只负责一项任务。

这同时也关系到第二个问题：虽然 query 和 file_path 变量是用来存储程序配置的，但与它们同为变量的 contents 等却是用于执行业务逻辑的。随着 main 中的代码越来越长，我们需要引入的变量势必越来越多。而当作用域中的变量越来越多时，我们就越难以追踪每个变量的实际含义。因此，最好将多个配置变量合并至一个结构体内，从而让它们的用途变得更加清晰。

第三个问题，我们在处理文件读取失败的情况时选择了使用 expect 输出错误提示信息，但它语焉不详，只打印出了 Should have been able to read the file。读取文件失败有许多不同的原因，例如文件不存在或缺少相关权限等。但就目前而言，无论发生了什么情况，我们都只能打印出同样的错误提示信息，它没有办法给用户提供任何有用的排错信息！

第四个问题，我们广泛地使用 expect 来处理不同的错误，当用户运行程序却没有指定参数时，他们只会得到来自 Rust 语言内部的错误提示信息：index out of bounds，却无法清晰地理解问题本身。最好将用于错误处理的代码集中放置，以便使将来的维护者在需要修改错误处理相关逻辑时只用考虑这一处代码。另外，将它们放置到一处也能确保我们为终端用户打印出的错误提示信息是有意义的、便于理解的。

让我们针对这 4 个问题开始重构项目。

二进制项目的关注点分离

很多二进制项目都会面临同样的组织结构问题：它们将过多的功能、过多的任务放到了 main 函数中。为此，Rust 社区开发了一套为将会逐渐臃肿的二进制程序进行关注点分离的指导性原则：

- 将程序拆分为 *main.rs* 和 *lib.rs*，并将实际的业务逻辑放入 *lib.rs* 中。
- 当命令行解析逻辑相对简单时，将它留在 *main.rs* 中也无妨。
- 当命令行解析逻辑开始变得复杂时，同样需要将它从 *main.rs* 提取至 *lib.rs* 中。

经过这样的拆分之后，保留在 main 函数中的功能应当只有：

- 调用命令行解析的代码处理参数值。
- 准备所有其他的配置。
- 调用 *lib.rs* 中的 run 函数。
- 处理 run 函数可能出现的错误。

这种模式正是关注点分离思想的体现：*main.rs* 负责运行程序，而 *lib.rs* 负责处理所有真正的业务逻辑。虽然你无法直接测试 main 函数，但因为大部分代码都被移动到了 *lib.rs* 中，你依然可以测试几乎所有的程序逻辑。依然保留在 *main.rs* 中的代码应该少到可以直接通过阅读来进行正确性检查。下面让我们按照以上原则来重构程序。

提取解析参数的代码

我们首先需要把解析参数的功能提取为单独的函数，以便 main 函数调用，并为随后将它转移至 *src/lib.rs* 中做好准备。示例 12-5 展示了新的 main 函数的开头部分，它调用了一个暂时定义在 *src/main.rs* 文件中的新函数 parse_config。

src/main.rs
```
fn main() {
    let args: Vec<String> = env::args().collect();

    let (query, file_path) = parse_config(&args);

    // --略--
}

fn parse_config(args: &[String]) -> (&str, &str) {
    let query = &args[1];
    let file_path = &args[2];

    (query, file_path)
}
```

示例 12-5：将 main 函数中的部分代码提取为 parse_config 函数

这段代码依然将所有的命令行参数收集到一个动态数组中，但不同于在 main 函数中将索引为 1 的参数赋值给 query 变量、将索引为 2 的参数赋值给 file_path 变量，这里直接将整个动态数组传递给了 parse_config 函数。接着，再由 parse_config 函数中的逻辑来决定将哪个参数赋值给哪个变量，并将结果传递给 main 函数。虽然我们还是在 main 函数中定义了 query 和 file_path 变量，但 main 函数已经不需要再关心变量和命令行参数之间的关系了。

这样的重写步骤对于小程序来说也许会有些大材小用，但重构工作正是需要这样小步、递进地完成。在修改之后，请记得重新运行程序并确认参数解析的功能仍然能够正常工作。经常检查你的工作进展是一个好习惯，它可以帮助你在发生问题时迅速找到具体原因。

组合配置值

我们还可以稍微改进一下 parse_config 函数。目前的函数返回了一个元组，但我们在使用时又立即将元组拆分为独立的变量。这种迹象说明当前程序中建立的抽象结构也许是不对的。

另外值得注意的是 parse_config 名称中的 config 部分，它暗示我们返回的两个值是彼此相关的，并且都是配置值的一部分。单纯地将这两个值存放在元组中并不足以表达出这些含义。我们可以将这两个值存放在一个结构体中，并给予每个字段一个有意义的名字。这样可以让未来的维护者更加容易地理解不同值之间的关系及其各自的用处。

示例 12-6 展示了改进后的 parse_config 函数。

src/main.rs
```
fn main() {
    let args: Vec<String> = env::args().collect();

  ❶ let config = parse_config(&args);

    println!("Searching for {}", ❷ config.query);
    println!("In file {}", ❸ config.file_path);


    let contents = fs::read_to_string(❹ config.file_path)
        .expect("Should have been able to read the file");

    // --略--
}

❺ struct Config {
    query: String,
    file_path: String,
}

❻ fn parse_config(args: &[String]) -> Config {
  ❼ let query = args[1].clone();
  ❽ let file_path = args[2].clone();

    Config { query, file_path }
}
```

示例 12-6：重构 parse_config 函数以返回一个 Config 结构体的实例

这段代码新增了一个包含 query 和 file_path 字段的结构体 Config ❺。parse_config 函数的签名意味着它现在会返回一个 Config 类型的值 ❻。而在 parse_config 的函数体内，相较于返回指向 args 参数中 String 值的字符串切片，我们现在定义的 Config 包含了拥有自身所有权的 String 值。main 函数中的 args 变量是程序参数值的所有者，而 parse_config 函数只是借用了这个值。如果 Config 试图在运行过程中获取 args 中某个值的所有权，那么就会违反 Rust 的借用规则。

有许多不同的方法可以用来处理 String 类型的输入值，但其中最简单的莫过于调用 clone 方法进行复制 ❼ ❽，尽管它可能会有些低效。这个方法会将输入值完整复制一份，从而方便 Config 实例取得新值的所有权。这样做确实比存储字符串的引用消耗了更多的时间和内存，但同时也省去了管理引用的生命周期的麻烦，从而让代码更加简单、直接。在这个场景中，用少许的性能换取更大的简捷性是非常值得的取舍。

使用 clone 的取舍

许多 Rust 爱好者由于担心增加运行时代价，所以会避免使用 clone 来解决所有权问题。在第 13 章中，我们会学习如何高效地处理这种情形。但是对于本例来说，使用复制字符串的方式来改进程序是没有任何问题的，因为我们只会执行一次相关的复制操作，并且文件路径和搜索字符串都只会占用相当小的空间。在首次编写程序时，先完成一个运行正常但效率有待改进的程序，比尝试过度优化代码更好一些。另外，随着你越来越熟悉 Rust，你也会越来越容易地一次性写出高效率的代码，但就目前而言，使用 clone 是完全可以接受的。

我们更新了 main 函数，它会将 parse_config 返回的 Config 实例放入 config 变量中 ❶，并将之前独立使用 query 和 file_path 的地方相应地修改为使用 Config 结构体中的字段 ❷ ❸ ❹。

更新后的代码清晰地表明了我们的意图：query 和 file_path 是相关联的，它们被用于控制程序的运作方式。那些用到这些值的代码，现在知道该去 config 实例中寻找对应名称的字段了。

为 Config 创建一个构造器

到目前为止，我们已经将解析命令行参数的逻辑从 main 函数中分离出来并放于 parse_config 函数中。这一过程帮助我们厘清了 query 与 file_path 之间的关系，并将这种关系在代码中体现出来。接着，我们增加了一个名为 Config 的结构体来描述 query 和 file_path 之间的相关性，并能够从 parse_config 函数中将这些值的名称作为结构体的字段名称返回。

实际上，parse_config 函数的功能正是创建一个新的 Config 实例，所以我们可以使用一种更符合 Rust 惯例的方式，把 parse_config 从一个普通函数改写成一个与 Config 结构体相关联的 new 函数。对于标准库中像 String 这样的类型，我们可以通过调用 String::new 来创建新的实例。同样，如果将 parse_config 改写成 Config 的 new 函数，我们就能通过调用 Config::new 来创建新的 Config 实例。示例 12-7 展示了需要对代码做出的修改。

src/main.rs
```
fn main() {
    let args: Vec<String> = env::args().collect();

❶  let config = Config::new(&args);

    // --略--
}

    // --略--

❷ impl Config {
❸   fn new(args: &[String]) -> Config {
        let query = args[1].clone();
        let file_path = args[2].clone();

        Config { query, file_path }
    }
}
```

示例 12-7：将 parse_config 函数改写为 Config::new

这段代码将 main 函数中调用 parse_config 的地方改为调用 Config::new ❶，而 parse_config 函数的名称被改写为 new ❸，并被关联到 Config 的 impl 块 ❷。现在可以尝试编译这段代码，以确保它可以正常运行。

修正错误处理逻辑

现在，我们开始修复错误处理相关逻辑。之前，我们曾经尝试在动态数组 args 的元素不足 3 个时使用索引 1 或索引 2 来访问其中的值，从而导致代码产生了 panic。你可以再试一下不带任何参数来运行这段程序，运行结果会如下所示：

```
$ cargo run
   Compiling minigrep v0.1.0 (file:///projects/minigrep)
    Finished dev [unoptimized + debuginfo] target(s) in 0.0s
     Running `target/debug/minigrep`
thread 'main' panicked at 'index out of bounds: the len is 1 but
the index is 1', src/main.rs:27:21
note: run with `RUST_BACKTRACE=1` environment variable to display
a backtrace
```

其中，index out of bounds: the len is 1 but the index is 1 这一行是用于提醒程序员的错误提示信息，它不会帮助终端用户了解发生了什么或接下来应该怎么做。现在，让我们来修复这条逻辑。

改进错误提示消息

在示例 12-8 中，我们在 new 函数中添加了一段用于确认切片长度是否充足的语句，以便在访问索引为 1 或索引为 2 的数据之前进行检查。如果切片长度不足，程序就会引发 panic 并显示一条比 index out of bounds 更为有用的错误提示信息。

```
src/main.rs    // --略--
               fn new(args: &[String]) -> Config {
                   if args.len() < 3 {
                       panic!("not enough arguments");
```

```
    }
    // --略--
```

示例 12-8：增加对参数数量的检查

这段代码与在第 9 章的示例 9-13 中编写的 Guess::new 函数有些相似，当时我们在 value 参数超出有效值范围时调用了 panic!。不过，在本例中，我们检查的不再是值的范围，而是 args 的长度是否达到了 3，从而使函数的剩余部分可以在满足该条件的基础上继续运行。假设 args 中的元素数量不足 3，那么条件为真，我们会调用 panic! 立刻中止程序。

在 new 函数中添加了上面的错误处理代码后，在不输入任何参数的情况下，再次运行程序并观察会出现怎样的错误：

```
$ cargo run
   Compiling minigrep v0.1.0 (file:///projects/minigrep)
    Finished dev [unoptimized + debuginfo] target(s) in 0.0s
     Running `target/debug/minigrep`
thread 'main' panicked at 'not enough arguments',
src/main.rs:26:13
note: run with `RUST_BACKTRACE=1` environment variable to display
a backtrace
```

这次的输出就好多了，我们得到了一段合理的错误提示信息。但是，输出中仍然有一些我们不希望暴露给用户的信息。实际上，在示例 9-13 中使用过的这种方法已经不再适用于当前的场景了：正如在第 9 章中所讨论的那样，我们更倾向于使用 panic! 来暴露程序的内部问题而非用法问题。因此，我们改为使用在第 9 章中学过的另一种方法：返回一个可以表明结果成功或失败的 Result。

从 new 中返回 Result，而不是调用 panic!

我们可以返回一个 Result 值，它在成功的情况下包含 Config 实例，而在失败的情况下携带具体的问题描述。另外，我们还准备将函数名称从 new 修改为 build，因为大部分程序员都会假定 new 函数永远不会失败。当 main 函数调用 Config::build 时，我们就可以使用 Result 类型来表明当前是否存在问题。

接着，我们还可以在 main 函数中将可能出现的 Err 变体转换为一种更加友好的形式来通知用户。使用这种方法可以避免在调用 panic! 时，在错误提示信息前后产生 thread 'main' 和 RUST_BACKTRACE 等内部信息。

示例 12-9 展示了需要对函数体进行的修改，以便在被称为 Config::build 的函数中返回 Result。注意，因为我们还没有对 main 函数做出对应的调整，所以这段代码暂时无法通过编译。

src/main.rs
```
impl Config {
    fn build(args: &[String]) -> Result<Config, &'static str> {
        if args.len() < 3 {
            return Err("not enough arguments");
        }

        let query = args[1].clone();
        let file_path = args[2].clone();

        Ok(Config { query, file_path })
    }
}
```

示例 12-9：让 Config::build 返回一个 Result

现在的 build 函数会返回 Result，它在运行成功时带有一个 Config 实例，而在运行失败时带有一个 &'static str。我们在第 10 章的"静态生命周期"一节中曾经指出 &'static str 是字符串字面量的类型，这也正是我们目前使用的错误提示信息类型。

我们还在函数体中做了两处改动：一是当用户输入参数不足时，返回 Err 值，而不是调用 panic!；二是将 Config 返回值放于 Ok 变体中。这些改动使函数的实现符合新修改的函数签名。

Config::build 在运行失败时返回的 Err 值，使 main 函数可以对 Result 值做进一步处理，以便它能够在出错时更加干净地退出进程。

调用 Config::build 并处理错误

为了处理错误情形并打印出对用户友好的信息，我们需要修改 main 函数来处理 Config::build 返回的 Result 值，如示例 12-10 所示。另外，相较于使用 panic! 来退出命令行工具并返回一个非 0 的错误码，我们会手动实现这一功能。程序在退出时向调用者（父进程）返回非 0 的状态码是一种惯用的信号，它表明当前程序的退出是由某种错误状态导致的。

src/main.rs ❶
```
use std::process;

fn main() {
    let args: Vec<String> = env::args().collect();

❷  let config = Config::build(&args).❸ unwrap_or_else(|❹ err| {
❺      println!("Problem parsing arguments: {err}");
❻      process::exit(1);
    });

    // --略--
```

示例 12-10：在创建 Config 实例失败时使用错误码退出程序

在这段代码中，我们使用了一个尚未接触过的 unwrap_or_else 方法，它被定义于标准库的 Result<T, E> 中 ❷。使用 unwrap_or_else 可以让我们执行一些自定义的且不会产生 panic! 的错误处理策略。当 Result 的值为 Ok 时，这个方法的行为与 unwrap 的相同：它会返回 Ok 中的值。但是，当 Result 的值为 Err 时，这个方法则会调用闭包（closure）中的代码，也就是我们定义出来并通过参数传入 unwrap_or_else 的一个匿名函数 ❸。我们将在第 13 章中学习有关闭包的更多知识。目前，你只需要知道闭包的参数被写在两条竖线之间，而 unwrap_or_else 会将 Err 中的值，也就是示例 12-9 中添加的 "ot enough arguments" 作为参数 err 传递给闭包 ❹。闭包中的代码可以在随后运行时使用参数 err 中的值。

新增的那一行 use 语句用来将标准库中的 process 引入作用域 ❶。只会在错误情形下调用的闭包代码仅有两行：打印 err 的值 ❺ 并接着调用 process::exit 函数 ❻。调用 process::exit 函数会立刻中止程序运行，并将我们指定的状态码返回给调用者。这类似于示例 12-8 中基于 panic!的处理流程，但此时的错误提示信息中再也不会出现之前的那些额外信息了。让我们试试看：

```
$ cargo run
   Compiling minigrep v0.1.0 (file:///projects/minigrep)
    Finished dev [unoptimized + debuginfo] target(s) in 0.48s
     Running `target/debug/minigrep`
Problem parsing arguments: not enough arguments
```

非常棒！现在的错误提示信息对用户友好多了。

从 main 中分离逻辑

现在，我们已经完成了对配置解析的重构工作，接下来就轮到程序的逻辑了。正如在本章的"二进制项目的关注点分离"一节中所讨论的那样，我们会把 main 函数中除配置解析和错误处理之外的所有逻辑都提取到单独的 run 函数中。一旦完成这项工作，main 函数本身就会精简得足以通过阅读来检查其正确性，而对于其他所有的逻辑都能够通过测试代码进行检验。

分离出来的 run 函数如示例 12-11 所示。目前只是做了一些较小的、增量式的提取改进，所以仍然需要在 *src/main.rs* 中定义这个函数。

src/main.rs
```
fn main() {
    // --略--

    println!("Searching for {}", config.query);
    println!("In file {}", config.file_path);

    run(config);
}

fn run(config: Config) {
    let contents = fs::read_to_string(config.file_path)
```

```
        .expect("Should have been able to read the file");

    println!("With text:\n{contents}");
}
```

```
// --略--
```

示例 12-11：将其他所有的逻辑分离为 run 函数

这个 run 函数包含了 main 函数中从读取文件处开始的所有逻辑，它会接收一个 Config 实例作为参数。

从 run 函数中返回错误

通过将剩余的程序逻辑全部提取到 run 函数中，我们现在可以像示例 12-9 中的 Config::build 函数那样来改进错误处理了。run 函数应当在发生错误时返回 Result<T, E>，而不是调用 expect 引发 panic。这让我们可以进一步在 main 函数中统一处理错误情形，从而给用户一个友好的反馈。示例 12-12 展示了对 run 函数的签名和函数体做出的修改。

src/main.rs ❶ `use std::error::Error;`

```
// --略--
```

❷ `fn run(config: Config) -> Result<(), Box<dyn Error>> {`
    `let contents = fs::read_to_string(config.file_path)` ❸ `?;`

    `println!("With text:\n{contents}");`

    ❹ `Ok(())`
`}`

示例 12-12：修改 run 函数使其返回 Result

在这段代码中，主要有 3 处改动。首先，我们将 run 函数的返回类型修改为 Result<(), Box<dyn Error>> ❷。之前，这个函数返回的是空元组()，它被保留在 Ok 情形中作为返回值使用。

而对于错误类型，我们使用了 trait 对象（trait object）Box<dyn Error>（我们已经通过 use 语句将 std::error::Error 引入了作用域 ❶）。第 17 章将对 trait 对象进行详细的介绍。现在，只需要知道 Box<dyn Error>意味着函数会返回一个实现了 Error trait 的类型，但并不需要指定具体的类型。这意味着我们可以在不同的错误场景下返回不同的错误类型，语句中的 dyn 关键字所表达的正是这种"动态"（dynamic）的含义。

其次，我们使用在第 9 章中讨论过的?运算符取代了 expect ❸。不同于 panic!宏对错误的处理方式，?运算符可以将错误值返回给函数的调用者来进行处理。

最后，修改后的 run 函数会在运行成功时返回 Ok ❹。由于在函数签名中指定了运行成功时的数据类型是()，所以需要把空元组的值包裹在 Ok 变体中。初看 Ok(())的写法可能会有些奇怪，但这样使用()其实可以更清楚地表明函数的编写意图：调用 run 函数只是为了产生函数副作用，而不是为了返回任何有用的值。

假如现在运行这段代码，你会发现它虽然能够成功通过编译，但却输出了一条警告消息：

```
warning: unused `Result` that must be used
  --> src/main.rs:19:5
   |
19 |     run(config);
   |     ^^^^^^^^^^^^
   |
   = note: `#[warn(unused_must_use)]` on by default
   = note: this `Result` may be an `Err` variant, which should be handled
```

Rust 告诉我们代码中忽略了对 Result 值的处理。一个函数返回 Result 值，表明它在运行时可能发生了错误。但是，我们没有检查错误是否发生，于是编译器通过警告提醒我们需要在该处添加错误处理代码！现在就让我们来处理这个问题。

在 main 中处理 run 函数返回的错误

我们将检查并处理错误，此处用到的技术有些类似于示例 12-10 中处理 Config::build 返回值的方法，当然也会有少许差异：

src/main.rs
```
fn main() {
    // --略--

    println!("Searching for {}", config.query);
    println!("In file {}", config.file_path);

    if let Err(e) = run(config) {
        println!("Application error: {e}");
        process::exit(1);
    }
}
```

我们使用了 if let 而不是 unwrap_or_else 来检查 run 函数的返回值，并在其返回 Err 值的情况下调用 process::exit(1)。与 Config::build 返回一个 Config 实例不同，run 函数并不会返回一个需要进行 unwrap 的值。因为 run 函数在运行成功时返回的是()，而我们只关注产生错误时的情形，所以没有必要调用 unwrap_or_else 把这个必定是()的值取出来。

不过，在这两个例子中，if let 和 unwrap_or_else 的函数体是一样的：打印错误并退出程序。

将代码分离为独立的代码包

现在，我们的 minigrep 项目看起来好多了！接下来，我们需要拆分 *src/main.rs* 文件并将部分代码移入 *src/lib.rs* 文件中，这使我们可以正常进行测试并减少 *src/main.rs* 负责的功能。

让我们将所有非 main 函数的代码从 *src/main.rs* 转移至 *src/lib.rs* 中，它们包括：

- run 函数的定义
- 相关的 use 语句
- Config 的定义
- Config::build 函数的定义

转移完毕后， *src/lib.rs* 文件中应该包含示例 12-13 所示的各种签名（为了使代码看起来比较简洁，这里省略了函数体）。注意，只有在示例 12-14 中修改了 *src/main.rs* 后，整个项目才能通过编译。

```
src/lib.rs   use std::error::Error;
             use std::fs;

             pub struct Config {
                 pub query: String,
                 pub file_path: String,
             }

             impl Config {
                 pub fn build(
                     args: &[String],
                 ) -> Result<Config, &'static str> {
                     // --略--
                 }
             }

             pub fn run(config: Config) -> Result<(), Box<dyn Error>> {
                 // --略--
             }
```

示例 12-13：将 Config 和 run 转移至 *src/lib.rs* 中

在新的代码中，我们广泛地在 Config 结构体、结构体内各个字段、build 方法及 run 函数上使用了 pub 关键字。现在，我们拥有一个可以进行测试的公共 API 代码包了！

我们还需要将那些转移至 *src/lib.rs* 的代码引入 *src/main.rs* 二进制单元包的作用域，如示例 12-14 所示。

```
Src/main.rs    use std::env;
               use std::process;

               use minigrep::Config;

               fn main() {
                   // --略--
                   if let Err(e) = minigrep::run(config) {
                       // --略--
                   }
               }
```

示例 12-14：在 *src/main.rs* 中使用 minigrep 库单元包

为了将代码包中的 Config 类型引入二进制单元包的作用域，我们增加了
use minigrep::Config;这行语句。另外，我们还将包的名称作为前缀添加到了
run 函数前。现在，所有的功能组件应该都可以连接到一起并顺利运行了。让我
们使用 cargo run 来运行程序并确保一切正常。

这可真是一个大工程！但这样做是值得的，因为它为我们将来的成功打下
了基础。现在的代码更加模块化了，也更容易对错误情形做出响应。剩下的几
乎所有的工作都可以只在 *src/lib.rs* 中进行了。

接下来，让我们利用模块化的便利来完成一个曾经很难做到，但现在却轻
而易举的任务：编写测试！

使用测试驱动开发编写库功能

现在，我们已经把主要的逻辑提取到了 *src/lib.rs* 中，并将参数解析和错误
处理留在了 *src/main.rs* 中。这为编写测试来验证程序的核心功能提供了很大的
便利。我们可以直接使用不同的参数来调用功能函数并检验其返回值，而不需
要在命令行下运行二进制程序。

在本节中，我们会按照测试驱动开发（Test-Driven Development，TDD）的流程来为 minigrep 程序添加搜索逻辑。这一软件开发技术需要遵循如下步骤：

1. 编写一个会失败的测试，运行该测试，确保它会按照预期运行失败。
2. 编写或修改刚好足够多的代码，让新测试通过。
3. 在保证测试始终通过的前提下，重构刚刚编写的代码。
4. 返回步骤 1，进行下一轮开发。

虽然测试驱动开发只是众多软件开发技术中的一种，但它对代码的设计工作能够起到指导和帮助的作用。优先编写测试，然后编写能够使测试通过的代码，也有助于在开发过程中保持较高的测试覆盖率。

我们将通过测试驱动来实现具体的搜索功能，它会在文件内容中搜索指定的字符串，并生成一个包含所有匹配行的列表。这些代码会被放置在一个名为 search 的函数中。

编写一个会失败的测试

让我们移除 *src/lib.rs* 和 *src/main.rs* 中那些用来检查程序行为的 println! 语句，因为新的程序不再需要它们了。接着，我们会像在第 11 章中做过的那样，在 *src/lib.rs* 中添加一个附带测试函数的 tests 模块。这个测试函数指定了我们期望 search 函数所拥有的行为：它会接收一个查询字符串和一段用于查询的文本，并返回文本中包含查询字符串的所有行。示例 12-15 展示了这个暂时还无法通过编译的测试：

src/lib.rs
```
#[cfg(test)]
mod tests {
    use super::*;

    #[test]
    fn one_result() {
        let query = "duct";
        let contents = "\
```

```
Rust:
safe, fast, productive.
Pick three.";

        assert_eq!(
            vec!["safe, fast, productive."],
            search(query, contents)
        );
    }
}
```

示例 12-15：基于我们对 search 函数行为的预期，创建一个暂时会失败的测试

这个测试要求搜索字符串"duct"。因为在被搜索的 3 行文本中只有第二行包含"duct"（注意，开始双引号后的反斜杠告诉 Rust，不要在字符串内容的开头添加换行符），所以我们断言 search 函数的返回值只会包含这一行。

我们现在无法运行这个测试并观察其失败的结果，因为它调用的 search 函数还没有被编写出来，此时的程序甚至连编译都无法通过！为了遵循测试驱动开发原则，我们会添加一个返回空动态数组的 search 函数的定义，如示例 12-16 所示。这一修改恰好使测试可以编译和运行。因为新函数的返回值是一个空动态数组，它并不会包含我们期待的"safe, fast, productive."行，所以示例中的测试暂时会运行失败。

```
src/lib.rs   pub fn search<'a>(
                 query: &str,
                 contents: &'a str,
             ) -> Vec<&'a str> {
                 vec![]
             }
```

示例 12-16：定义一个恰好能够让测试编译通过的 search 函数

注意，search 函数的签名中需要有一个显式的生命周期'a,它会被 contents 参数与返回值所使用。我们在第 10 章中曾经说过，生命周期参数指定了哪一个参数的生命周期会和返回值的生命周期产生关联。在本例中，我们指定返回的动态数组应当包含从 contents 参数（而不是 query 参数）中取得的字符串切片。

换句话说，我们告诉 Rust，search 函数返回的数据将与 contents 参数中的数据拥有同样的生命周期。这一点非常重要！只有当切片引用的数据有效时，引用本身才是有效的。如果编译器误认为我们在获取 query 的字符串切片而不是 contents 的字符串切片，那么就无法进行正确的安全检查。

假如我们忘记标注生命周期并直接尝试编译这个函数，那么就会产生如下所示的错误：

```
error[E0106]: missing lifetime specifier
  --> src/lib.rs:31:10
   |
29 |     query: &str,
   |            ----
30 |     contents: &str,
   |               ----
31 | ) -> Vec<&str> {
   |         ^ expected named lifetime parameter
   |
   = help: this function's return type contains a borrowed value, but the
signature does not say whether it is borrowed from `query` or `contents`
help: consider introducing a named lifetime parameter
   |
28 ~ pub fn search<'a>(
29 ~     query: &'a str,
30 ~     contents: &'a str,
31 ~ ) -> Vec<&'a str> {
   |
```

Rust 不可能知道返回值究竟需要关联两个参数中的哪一个，我们必须明确指出这一点。因为 contents 参数中包含了所有待查找及返回的文本内容，所以我们知道 contents 正是可以通过生命周期语法与返回值相关联的那个参数。

其他编程语言并不需要你在签名中关联参数与返回值。尽管这一设计初看上去会有些奇怪，但通过不断的练习，相信你一定会逐渐习惯它。你可以将这个例子与第 10 章的"使用生命周期保证引用的有效性"一节相互参照着学习。

现在，我们来运行这个测试：

```
$ cargo test
   Compiling minigrep v0.1.0 (file:///projects/minigrep)
    Finished test [unoptimized + debuginfo] target(s) in 0.97s
     Running unittests src/lib.rs (target/debug/deps/minigrep-9cd200e5fac0fc94)

running 1 test
test tests::one_result ... FAILED

failures:

---- tests::one_result stdout ----
thread 'tests::one_result' panicked at 'assertion failed: `(left == right)`
  left: `["safe, fast, productive."]`,
 right: `[]`', src/lib.rs:47:9
note: run with `RUST_BACKTRACE=1` environment variable to display a backtrace


failures:
    tests::one_result

test result: FAILED. 0 passed; 1 failed; 0 ignored; 0 measured; 0 filtered out;
finished in 0.00s

error: test failed, to rerun pass '--lib'
```

很好！测试正如所期待的那样运行失败了。让我们来修复这个测试吧！

编写可以通过测试的代码

目前的测试之所以会失败，是因为我们总是返回一个空动态数组。我们需要按照以下步骤来修复并真正实现 search 函数：

1. 遍历内容的每一行。
2. 检查当前行是否包含查询字符串。
3. 如果包含，则将其添加到返回值列表中。
4. 如果不包含，则忽略。
5. 返回匹配到的结果列表。

我们会从遍历开始，依次编写上面每一步的代码。

使用 lines 方法逐行遍历文本

Rust 有一个可以逐行遍历字符串的方法，被命名为 lines，其用法如示例 12-17 所示。注意，这段代码暂时还不能通过编译。

```
src/lib.rs   pub fn search<'a>(
                 query: &str,
                 contents: &'a str,
             ) -> Vec<&'a str> {
                 for line in contents.lines() {
                     // 使用 line 完成某些操作
                 }
             }
```

示例 12-17：逐行遍历 contents 的内容

lines 方法会返回一个迭代器。我们会在第 13 章中深入地讨论迭代器，但回忆一下，我们已经在第 3 章的示例 3-5 中见识过类似的迭代器的使用方法了，那时我们结合使用迭代器与 for 循环遍历了集合中的每一个元素。

在每一行中搜索查询字符串

接下来，我们会检查当前行是否包含查询字符串。幸运的是，字符串类型有一个名为 contains 的实用方法可以帮助我们完成这项工作！在 search 函数中加入调用 contains 方法的代码，如示例 12-18 所示。注意，此时的代码依然无法通过编译。

```
src/lib.rs   pub fn search<'a>(
                 query: &str,
                 contents: &'a str,
             ) -> Vec<&'a str> {
                 for line in contents.lines() {
                     if line.contains(query) {
                         // 使用 line 完成某些操作
                     }
                 }
             }
```

示例 12-18：添加判断当前行是否包含 query 参数指定的字符串的功能

到目前为止，我们已经构建起了主要的功能点。为了让代码得以编译通过，我们需要从函数体中返回一个值，正如在函数签名中指出的那样。

存储匹配的行

为了完成这个函数，我们需要将包含查询字符串的行存储起来。为此，我们可以在 for 循环之前创建一个可变的动态数组，并在循环过程中使用 push 方法将 line 变量存入其中。在 for 循环结束之后，就直接返回这个动态数组，如示例 12-19 所示。

```
pub fn search<'a>(
    query: &str,
    contents: &'a str,
) -> Vec<&'a str> {
    let mut results = Vec::new();

    for line in contents.lines() {
        if line.contains(query) {
            results.push(line);
        }
    }

    results
}
```

src/lib.rs

示例 12-19：存储匹配的行并将其返回

现在，我们的测试应该可以通过了，search 函数的返回值中包含了所有与 query 相匹配的行。运行测试：

```
$ cargo test
--略--
running 1 test
test tests::one_result ... ok

test result: ok. 1 passed; 0 failed; 0 ignored; 0 measured; 0
filtered out; finished in 0.00s
```

测试顺利通过，也就是说，我们的程序可以正常运行了！

此时，我们可以考虑一下 search 函数的实现是否还存在重构的余地。在重构的过程中，只要始终确保测试通过，就可以保证功能不会受到影响。search 函数中的代码看上去还不算太坏，但它还没有用到迭代器的一些实用功能。我们会在第 13 章中更深入地介绍迭代器时再来讨论这个示例，并研究如何继续改进代码。

在 run 函数中调用 search 函数

search 函数经过测试可以正常运行了，现在让我们来调用它。我们需要向 search 函数中传入 config.query 的值，以及 run 函数从文件中读取的 contents 文本。接着，run 函数还会打印出 search 函数返回的每一行内容：

src/lib.rs
```
pub fn run(config: Config) -> Result<(), Box<dyn Error>> {
    let contents = fs::read_to_string(config.file_path)?;

    for line in search(&config.query, &contents) {
        println!("{line}");
    }

    Ok(())
}
```

在这段代码中，我们再次使用了 for 循环来获取并打印 search 返回值中的每一行。

我们终于编写完了所有的代码！现在，我们使用"frog"来试着运行程序，这个单词只会匹配到 Emily Dickinson 的诗中的一行。

```
$ cargo run -- frog poem.txt
   Compiling minigrep v0.1.0 (file:///projects/minigrep)
    Finished dev [unoptimized + debuginfo] target(s) in 0.38s
     Running `target/debug/minigrep frog poem.txt`
How public, like a frog
```

接下来，搜索一个反复出现在很多行中的单词"body"：

```
$ cargo run -- body poem.txt
    Finished dev [unoptimized + debuginfo] target(s) in 0.0s
     Running `target/debug/minigrep body poem.txt`
I'm nobody! Who are you?
Are you nobody, too?
How dreary to be somebody!
```

最后，搜索一个诗中没有出现过的单词"monomorphization"：

```
$ cargo run -- monomorphization poem.txt
    Finished dev [unoptimized + debuginfo] target(s) in 0.0s
     Running `target/debug/minigrep monomorphization poem.txt`
```

非常好！我们已经实现了迷你版的经典命令行工具，同时也掌握了如何搭建一个应用程序的方法。另外，我们还了解了一些有关文件输入/输出、生命周期、测试和命令行参数解析的知识。

为了进一步完善这个项目，我们接下来还会简要地演示如何处理环境变量，以及如何将信息打印到标准错误流。这两种方法都是在编写命令行工具时经常会用到的。

处理环境变量

我们将增加一项额外的功能来继续完善 minigrep：用户可以通过设置环境变量来进行不区分大小写的搜索。我们当然可以将这个选项做成命令行参数，并要求用户每次运行 minigrep 时都手动添加这一参数。但在本节中，我们选择使用环境变量来实现这项功能。另外，这样也可以允许用户只配置一次环境变量，就能让配置选项在整个终端会话中一直有效。

为不区分大小写的 search 函数编写一个会失败的测试

为了应对设置环境变量后的情形，我们计划增加一个新的 search_case_insensitive 函数。为了继续遵循测试驱动开发的流程，我们首先需要为

search_case_insensitive 函数编写一个暂时会失败的测试。在示例 12-20 中，为 search_case_insensitive 函数添加了一个新的测试，并将旧测试的名称从 one_result 改为 case_sensitive 以突显两个测试之间的区别。

src/lib.rs
```
#[cfg(test)]
mod tests {
    use super::*;

    #[test]
    fn case_sensitive() {
        let query = "duct";
        let contents = "\
Rust:
safe, fast, productive.
Pick three.
Duct tape.";

        assert_eq!(
            vec!["safe, fast, productive."],
            search(query, contents)
        );
    }

    #[test]
    fn case_insensitive() {
        let query = "rUsT";
        let contents = "\
Rust:
safe, fast, productive.
Pick three.
Trust me.";

        assert_eq!(
            vec!["Rust:", "Trust me."],
            search_case_insensitive(query, contents)
        );
    }
}
```

示例 12-20：为我们计划添加的不区分大小写的函数编写一个暂时会失败的测试

注意，我们同时修改了旧测试中 contents 的值，它新增了一行包含大写 D

的文本"Duct tape."，该行文本无法在区分大小写的模式下匹配到查询字符串"duct"。这样修改测试用例，可以帮助我们确保已经实现的区分大小写的搜索功能不会遭到意外损坏。在我们编写新功能的过程中，这个测试应当是一直保持通过的。

为不区分大小写的搜索编写的新测试使用了"rUsT"作为查询字符串。在我们计划添加的 search_case_insensitive 函数中，这一查询字符串应该会匹配到带有大写 R 的"Rust:"和"Trust me."两行，即便它们都拥有与查询字符串不一样的大小写字母。这个测试暂时还不能通过编译，因为我们尚未定义search_case_insensitive 函数。你可以像在示例 12-16 中编写 search 函数那样，定义一个返回空动态数组的假实现，并观察测试编译和运行失败的过程。

实现 search_case_insensitive 函数

search_case_insensitive 函数的实现和之前的 search 函数的实现几乎一致，如示例 12-21 所示。唯一的区别在于，我们将 query 和每一行的 line 都转换成了小写的，这样一来，无论输入的参数是大写的还是小写的，当我们检查某行文本中是否包含查询字符串时，它们都会拥有相同的大小写模式。

```
src/lib.rs    pub fn search_case_insensitive<'a>(
                  query: &str,
                  contents: &'a str,
              ) -> Vec<&'a str> {
              ❶ let query = query.to_lowercase();
                  let mut results = Vec::new();

                  for line in contents.lines() {
                      if ❷ line.to_lowercase().contains(❸ &query) {
                          results.push(line);
                      }
                  }

                  results
              }
```

示例 12-21：在比较查询字符串和文本前，将它们转换为小写的，以实现 search_case_insensitive 函数首先，我们将 query 字符串转换为小写的，并把结果存储到同名变量中 ❶。调用 to_lowercase 函数将查询字符串转换为小写的后，无论用户搜索的是 "rust"、"RUST"、"Rust"还是"rUsT"，我们都可以将它们统一视为"rust"来处理，而不区分字符串中的字母是大写的还是小写的。需要注意的是，即便 to_lowercase 可以处理一些基本的 Unicode 字符，但它并不会保证有百分之百的准确性。假如你想要编写一个实际应用程序，那么就需要在这个问题上花费更多的时间。但由于我们现在关注的是环境变量，而不是 Unicode，所以先忽略这一问题。

注意，现在的 query 是一个拥有数据所有权的 String，而不再是一个字符串切片。因为调用 to_lowercase 函数必定会创建新的数据，而不可能去引用现有的数据。以测试用的"rUsT"为例，现有的字符串切片中并没有小写的 u 和 t 可以使用，所以我们必须分配新的 String 才能存储"rust"这个结果。当我们将新的 query 作为参数传递给 contains 时，必须添加一个&符号 ❸，因为 contains 函数的签名只会接收一个字符串切片作为参数。

接着，在每次检查行文本是否包含 query 前，我们都要使用 to_lowercase 将 line 转换为小写字符串 ❷。由于 line 和 query 都被转换为小写的，所以随后进行的匹配操作就不再区分大小写了。

让我们看一下这个实现是否能够通过测试：

```
running 2 tests
test tests::case_insensitive ... ok
test tests::case_sensitive ... ok

test result: ok. 2 passed; 0 failed; 0 ignored; 0 measured; 0
filtered out; finished in 0.00s
```

很好，测试通过了！现在，我们需要在 run 函数中调用新的 search_case_insensitive 函数。首先，我们将为 Config 结构体增加一个新的配置选项，以切换区分大小写的搜索和不区分大小写的搜索。只是简单地将这个字段添加到代码中会引起编译错误，因为这个字段尚未在任何地方被初始化：

```
src/lib.rs    pub struct Config {
                  pub query: String,
                  pub file_path: String,
                  pub ignore_case: bool,
              }
```

注意，我们增加的这个 `ignore_case` 字段是布尔类型的。接下来，我们需要在 `run` 函数中根据这个字段的值来决定调用 `search` 函数还是 `search_case_insensitive` 函数，如示例 12-22 所示。注意，这段代码目前还无法通过编译。

```
src/lib.rs    pub fn run(config: Config) -> Result<(), Box<dyn Error>> {
                  let contents = fs::read_to_string(config.file_path)?;

                  let results = if config.ignore_case {
                      search_case_insensitive(&config.query, &contents)
                  } else {
                      search(&config.query, &contents)
                  };

                  for line in results {
                      println!("{line}");
                  }

                  Ok(())
              }
```

示例 12-22：根据 `config.ignore_case` 的值决定调用 search 函数还是 search_case_ insensitive 函数

最后，我们还需要检查当前设置的环境变量。因为用于处理环境变量的相关函数被放置在标准库的 env 模块中，所以需要在 *src/lib.rs* 文件的起始处添加 use std::env;语句将该模块引入当前作用域。接着，我们会使用 env 模块中的 var 函数来检查名为 `IGNORE_CASE` 的环境变量是否存在任意值，如示例 12-23 所示。

```
src/lib.rs    use std::env;
              // --略--

              impl Config {
```

```
pub fn build(
    args: &[String]
) -> Result<Config, &'static str> {
    if args.len() < 3 {
        return Err("not enough arguments");
    }

    let query = args[1].clone();
    let file_path = args[2].clone();

    let ignore_case = env::var("IGNORE_CASE").is_ok();

    Ok(Config {
        query,
        file_path,
        ignore_case,
    })
}
}
```

示例 12-23：检查 `IGNORE_CASE` 环境变量是否存在任意值

在这段代码中，我们创建了一个新的变量 `ignore_case`。为了给它赋值，我们调用了 `env::var` 函数，并将 `IGNORE_CASE` 环境变量的名称作为参数传递给该函数。`env::var` 函数会返回一个 Result 作为结果，只有在环境变量被设置时，该结果才会是包含环境变量值的 `Ok` 变体，而在环境变量未被设置时，该结果会是一个 `Err` 变体。

我们使用了 Result 的 `is_ok` 方法来检查环境变量是否被设置，也就是程序应当进行区分大小写搜索的情况。如果 `IGNORE_CASE` 环境变量没有被设置为某个值，那么 `is_ok` 就会返回 `false`，也就意味着程序会进行区分大小写的搜索。因为我们不关心环境变量的具体值，只关心其存在与否，所以直接使用了 `is_ok`，而不是 unwrap、expect 或其他曾经接触过的 Result 的方法。

我们随后将 `ignore_case` 变量的值传递给 Config 实例，以便 run 函数可以读取这个值，以此决定是否调用 search 或示例 12-22 中实现的 `search_case_insensitive`。

让我们试一试吧！首先，不设置环境变量并使用 to 作为查询字符串，运行程序，我们会看到程序找出了所有带有小写 *to* 的行：

```
$ cargo run -- to poem.txt
   Compiling minigrep v0.1.0 (file:///projects/minigrep)
    Finished dev [unoptimized + debuginfo] target(s) in 0.0s
     Running `target/debug/minigrep to poem.txt`
Are you nobody, too?
How dreary to be somebody!
```

看起来程序依旧能够正常工作！现在，将 IGNORE_CASE 设置为 1 并继续运行程序搜索字符串 to：

```
$ IGNORE_CASE=1 cargo run -- to poem.txt
```

如果你现在正在使用 PowerShell，那么就需要分别设置环境变量和运行程序：

```
PS> $Env:IGNORE_CASE=1; cargo run -- to poem.txt
```

这会让 IGNORE_CASE 在 shell 会话的剩余时间内持续存在，你可以使用 Remove-Item 命令来取消设置：

```
PS> Remove-Item Env:IGNORE_CASE
```

即便文本中包含的 *to* 是大写的，我们也应该能够将它们全部搜索出来：

```
Are you nobody, too?
How dreary to be somebody!
To tell your name the livelong day
To an admiring bog!
```

非常好！我们还获取到了包含 *To* 的文本行，新的 minigrep 程序可以在环境变量的控制下进行不区分大小写的搜索。现在，你就知道如何通过命令行参数或环境变量来控制程序选项了。

某些程序允许用户同时使用命令行参数和环境变量来设置同一个选项。在这种情况下，程序需要确定不同设置方式的启用优先级。作为练习，你可以同时使用命令行参数和环境变量来设置不区分大小写的选项，并在两种设置方式不一致时决定命令行参数和环境变量的优先级。

std::env 模块中还有很多用于处理环境变量的实用功能，你可以查看它的文档来了解可用的功能。

将错误提示信息打印到标准错误流而不是标准输出流

目前，我们将所有的输出信息都通过 println!宏打印到了终端。大多数终端都提供了两种输出：用于输出一般信息的标准输出流（stdout）和用于输出错误提示信息的标准错误流（stderr）。这种区分可以使用户将正常输出重定向到文件的同时，仍然将错误提示信息打印到屏幕上。

println!宏只能用来打印到标准输出流，我们需要使用其他工具将信息打印到标准错误流。

确认错误被写到了哪里

首先，让我们观察一下minigrep输出的信息是如何被打印到标准输出流的，包括那些应该被写入标准错误流的错误提示信息。我们可以将标准输出流重定向到一个文件，并故意触发错误来观察这一现象。由于我们没有重定向标准错误流，所以被打印到标准错误流的那些内容仍然会输出到屏幕上。

命令行程序本应该将错误提示信息输出到标准错误流，这样我们就能够在将标准输出流重定向到文件的同时，仍然在屏幕上看到错误提示信息。但由于目前我们的程序行为还不够标准，所以将会看到错误提示信息也被输出并保存到了文件中。

为了演示这一行为，我们可以在运行程序时使用>运算符与文件名称

output.txt，这个文件名称指定了标准输出流重定向的目标。由于我们没有传入任何参数，所以程序在运行时应该会引发一个错误：

```
$ cargo run > output.txt
```

这里的>语法会告知终端，将标准输出流中的内容写入 *output.txt* 文件中而不是打印到屏幕上。运行程序后，屏幕上没有出现我们期待的错误提示信息，这意味着错误提示信息可能被写入了文件中。现在，*output.txt* 文件中应该会包含以下内容：

```
Problem parsing arguments: not enough arguments
```

没错，错误提示信息被打印到了标准输出流。将类似的错误提示信息打印到标准错误流可能会更加实用，这样可以让文件内容保持整洁，只包含正常的运行结果数据。接下来我们就要改变这种行为。

将错误提示信息打印到标准错误流

我们将使用示例 12-24 中的代码来演示如何修改错误提示信息的输出方式，它使用了一个由标准库提供的 eprintln!宏将信息打印到标准错误流。在本章前面的重构中，我们已经把所有打印错误提示信息的代码都放到了 main 函数中，因此这里只需要将打印错误提示信息的两处 println!改为 eprintln!即可。

src/main.rs
```
fn main() {
    let args: Vec<String> = env::args().collect();

    let config = Config::build(&args).unwrap_or_else(|err| {
        eprintln!("Problem parsing arguments: {err}");
        process::exit(1);
    });

    if let Err(e) = minigrep::run(config) {
        eprintln!("Application error: {e}");
        process::exit(1);
    }
}
```

示例 12-24：使用 eprintln!将错误提示信息打印到标准错误流而不是标准输出流

将 println! 修改为 eprintln! 之后，让我们再次以同样的方式来运行这段程序：

```
$ cargo run > output.txt
Problem parsing arguments: not enough arguments
```

现在，我们可以看到错误提示信息被打印到了屏幕上，而 *output.txt* 中没有任何内容，这才是符合我们期望的命令行程序的行为。

接下来，让我们使用正常的参数运行程序，依然将标准输出流重定向到文件：

```
$ cargo run -- to poem.txt > output.txt
```

我们可以看到，在终端没有打印出任何信息，而 *output.txt* 中包含了正确的输出结果：

```
output.txt   Are you nobody, too?
             How dreary to be somebody!
```

这就表明我们合理地使用了标准输出流和标准错误流来区分正常结果与错误提示信息。

总结

在本章中，我们回顾了曾经学习过的一些主要概念，并掌握了如何在 Rust 环境中进行常用的 I/O 操作。通过使用命令行参数、文件、环境变量及用于打印错误提示信息的 eprintln! 宏，你现在已经为编写命令行程序做好了一切准备。通过结合前几章的相关知识，你将能够有序地组织代码、高效地运用数据结构存储数据、优雅地处理错误并保证程序会经过充分的测试。

接下来，我们将要讨论一些受函数式语言影响的 Rust 特性：闭包和迭代器。

13

函数式语言特性：迭代器与闭包

 Rust 的设计从许多现有的语言和技术中获得了启发，函数式编程（functional programming）就是其中之一，它对 Rust 产生了非常显著的影响。常见的函数式风格编程通常包括将函数当作参数、将函数作为其他函数的返回值或将函数赋给变量以备之后执行等。

在本章中，我们不会讨论究竟什么才是函数式编程，而是将讨论的重点放在 Rust 与其他函数式语言相似的特性上。具体来说，本章会涉及以下几方面内容：

- 闭包（closure），一种类似于函数且可以存储在变量中的结构。
- 迭代器（iterator），一种处理一系列元素的方法。
- 使用闭包和迭代器来改善第 12 章中的 I/O 项目。
- 讨论闭包和迭代器的运行时性能。（悄悄透露一下：它们比你想象的还要快！）

其他一些 Rust 特性其实也同样深受函数式风格的影响，例如，我们在其他章节中提到过的模式匹配和枚举。掌握闭包和迭代器对于编写风格地道、运行迅速的 Rust 程序相当重要，所以我们专门用这一整章的内容来详细地讲解它们。

闭包：能够捕获环境的匿名函数

Rust 中的闭包是一种可以存入变量或作为参数传递给其他函数的匿名函数。你可以在一个地方创建闭包，然后在不同的上下文环境中调用该闭包来完成运算。与一般的函数不同，闭包可以从定义它的作用域中捕获值。我们将展示如何运用闭包的这些特性来实现代码复用和行为自定义。

使用闭包捕获环境

我们将首先研究如何使用闭包从定义它们的环境中捕获值，以便之后使用。考虑这样一个场景：每隔一段时间，我们的 T 恤公司就需要给邮件列表中的某个用户赠送一件独家限量版 T 恤作为促销活动。而邮件列表中的用户可以选择将他们喜欢的颜色添加到个人资料中。假如被抽中的用户填写了颜色偏好，我们就会送出这样颜色的 T 恤。而假如被抽中的用户没有填写颜色偏好，我们就会送出当前库存最多的颜色。

有许多方法可以实现这样的需求。对于本例来说，我们将使用一个名为 ShirtColor 的枚举，它拥有 Red 与 Blue（为简单起见，限制了可用颜色的数量）两个变体。我们还会使用一个 Inventory 结构体来代表公司的仓库，该结构体有一个名为 shirts 的字段，它包含的 Vec<ShirtColor>代表着当前库存的 T 恤颜色。Inventory 中定义的 giveaway 方法会基于免费 T 恤获得者可能的颜色偏好，计算出这个用户将会获得的 T 恤颜色。代码如示例 13-1 所示。

```
src/main.rs    #[derive(Debug, PartialEq, Copy, Clone)]
               enum ShirtColor {
                   Red,
                   Blue,
```

```
    }

    struct Inventory {
        shirts: Vec<ShirtColor>,
    }

    impl Inventory {
        fn giveaway(
            &self,
            user_preference: Option<ShirtColor>,
        ) -> ShirtColor {
    ❶      user_preference.unwrap_or_else(|| self.most_stocked())
        }

        fn most_stocked(&self) -> ShirtColor {
            let mut num_red = 0;
            let mut num_blue = 0;

            for color in &self.shirts {
                match color {
                    ShirtColor::Red => num_red += 1,
                    ShirtColor::Blue => num_blue += 1,
                }
            }
            if num_red > num_blue {
                ShirtColor::Red
            } else {
                ShirtColor::Blue
            }
        }
    }

    fn main() {
        let store = Inventory {
    ❷      shirts: vec![
                ShirtColor::Blue,
                ShirtColor::Red,
                ShirtColor::Blue,
            ],
        };

        let user_pref1 = Some(ShirtColor::Red);
```

```
❸ let giveaway1 = store.giveaway(user_pref1);
  println!(
      "The user with preference {:?} gets {:?}",
      user_pref1, giveaway1
  );

  let user_pref2 = None;
❹ let giveaway2 = store.giveaway(user_pref2);
  println!(
      "The user with preference {:?} gets {:?}",
      user_pref2, giveaway2
  );
}
```

示例 13-1：T 恤公司的赠送方案

main 函数中定义的 store 中还有两件蓝色的 T 恤和一件红色的 T 恤，可被用来在此次限量版促销活动中分发 ❷。我们分别为一个拥有红色 T 恤偏好的用户 ❸ 和一个没有颜色偏好的用户 ❹ 调用了 giveaway 方法。

这段代码确实可以用许多种方法来实现，但为了把注意力集中到闭包上，除了 giveaway 方法体中使用闭包的部分，我们还采用了之前已经学习过的诸多概念。在 giveaway 方法中，我们通过 Option<ShirtColor>参数来获得用户的颜色偏好，并在 user_preference 上调用了 unwrap_or_else 方法 ❶。Option<T>上的 unwrap_or_else 方法被定义于标准库中，它接收的参数是一个闭包，这个闭包没有任何参数且返回一个 T 类型的值作为结果（与 Option<T>在 Some 变体中存储值的类型相同，也就是本例中的 ShirtColor）。假如 Option<T>是一个 Some 变体，unwrap_or_else 就会返回 Some 中的值；假如 Option<T>是一个 None 变体，unwrap_or_else 就会调用闭包，并返回闭包给出的结果值。

我们指定了闭包表达式|| self.most_stocked()作为 unwrap_or_else 的参数。这是一个本身没有任何参数的闭包（假如闭包有参数的话，这些参数将出现在两条竖线之间），闭包的主体调用了 self.most_stocked()。我们在这里定义了闭包，而 unwrap_or_else 的实现会在之后需要返回值时执行闭包。

运行这段代码，会输出如下所示的内容：

```
The user with preference Some(Red) gets Red
The user with preference None gets Blue
```

有意思的一点是：我们传入的闭包在当前的 Inventory 实例上调用了 self.most_stocked()，而标准库却并不需要知晓任何有关 Inventory、ShirtColor 的信息，或者任何我们想要在当前场景下使用的逻辑。这个闭包捕获了一个 self 作为 Inventory 实例的不可变引用，并将它传递给了 unwrap_or_else 方法。但是，函数却不能以这样的方式来捕获它们的环境。

闭包的类型推断和类型标注

函数与闭包之间还有很多不同之处。与函数不同，闭包并不强制要求你标注参数和返回值的类型。Rust 之所以要求我们在函数定义中进行类型标注，是因为类型信息是暴露给用户的显式接口的一部分。严格定义接口有助于所有人对参数和返回值的类型取得明确共识。但是，闭包并不会被用于这样的暴露接口中：它们被存储在变量中，在使用时既不需要命名，也不会被暴露给代码库的用户。

闭包通常都相当短小，且只会被使用在代码上下文中，而不会被应用在广泛的场景下。在这种限定环境下，编译器能够可靠地推断出闭包参数的类型及返回类型，就像编译器能够推断出大多数变量的类型一样（在某些极为罕见的场景下，编译器也会需要闭包的类型标注）。

不过，与变量一样，假如你愿意为了明确性而接受不必要的繁杂作为代价，那么仍然可以为闭包手动添加类型标注。为闭包标注类型的定义方式如示例 13-2 所示。在这个示例中，我们定义了一个闭包，并将它存储在变量中，而不是像示例 13-1 那样直接将它作为参数传递给其他代码。

src/main.rs
```
let expensive_closure = |num: u32| -> u32 {
    println!("calculating slowly...");
```

```
        thread::sleep(Duration::from_secs(2));
        num
};
```

示例 13-2：为闭包的参数和返回值添加可选的类型标注

在添加了类型标注后，闭包的语法和函数的语法就更加相似了。下面的列表纵向对比了函数和闭包的定义语法，它们都实现了为参数加 1 并返回的行为。出于演示的目的，我们额外添加了一些空格来对齐相关部分。你可以从这个展示中看到，除了使用竖线及省略某些语法的部分，闭包与函数的语法是多么类似啊：

```
fn   add_one_v1   (x: u32) -> u32 { x + 1 }
let add_one_v2 = |x: u32| -> u32 { x + 1 };
let add_one_v3 = |x|            { x + 1 };
let add_one_v4 = |x|              x + 1  ;
```

第一行展示的是函数定义，第二行则是一个完整标注了类型的闭包定义。第三行省去了闭包定义中的类型标注，而第四行是在闭包块只有一个表达式的前提下省去了可选的花括号。这些定义都是合法且完全等效的。其中的 add_one_v3 与 add_one_v4 需要在被调用后才能够通过编译，因为它们的类型需要从其用例中推导出来。这与 let v = Vec::new() 有些相似，Rust 需要通过类型标注或将某个值插入 Vec 中才能推导出动态数组的类型。

闭包定义中的每一个参数及返回值都会被推导出对应的具体类型。例如，示例 13-3 展示了一个直接将参数作为结果返回的闭包。当然，这个闭包除了用来演示并不是很实用。注意，我们并没有为它添加类型标注。也正因为没有类型标注，我们可以使用任意类型来调用这个闭包，也就是使用 String 值完成的操作。但假如我们尝试使用整型来调用 example_closure，那么就会发生编译错误。

src/main.rs
```
let example_closure = |x| x;

let s = example_closure(String::from("hello"));
let n = example_closure(5);
```

示例 13-3：试图使用两种不同的类型来调用同一个需要类型推导的闭包

编译器报告的错误如下所示：

```
error[E0308]: mismatched types
 --> src/main.rs:5:29
  |
5 |     let n = example_closure(5);
  |                             ^- help: try using a conversion method:
`.to_string()`
  |                             |
  |                             expected struct `String`, found integer
```

当我们第一次使用 String 值调用 example_closure 时，编译器将闭包的 x
参数的类型和返回类型都推导为 String 类型。接着，这些类型信息就被绑定到
了 example_closure 闭包，当我们尝试使用其他类型来调用这个闭包时，就会
触发类型不匹配的错误。

捕获引用或移动所有权

闭包有三种捕获环境的值的方法，这直接对应了函数获取参数的三种方法：
不可变借用、可变借用及获取所有权。闭包将会根据函数体中针对捕获的值的
使用策略来决定应用何种方式。

在示例 13-4 中，我们定义的闭包会捕获动态数组 list 的不可变引用，因
为它只需要一个不可变引用来打印值。

src/main.rs
```rust
fn main() {
    let list = vec![1, 2, 3];
    println!("Before defining closure: {:?}", list);

❶   let only_borrows = || println!("From closure: {:?}", list);

    println!("Before calling closure: {:?}", list);
❷   only_borrows();
    println!("After calling closure: {:?}", list);
}
```

示例 13-4：定义并调用一个捕获不可变引用的闭包

这个示例还演示了变量是能够绑定一个闭包定义的 ❶，我们可以随后使用变量名称和括号来调用这个闭包，就好像变量名称是函数名称一样 ❷。

由于我们可以同时持有 list 的多个不可变引用，所以不管是在闭包定义之前，还是在闭包定义之后，list 依然是可以正常访问的。这段代码能够编译、运行并打印出：

```
Before defining closure: [1, 2, 3]
Before calling closure: [1, 2, 3]
From closure: [1, 2, 3]
After calling closure: [1, 2, 3]
```

接下来，在示例 13-5 中，我们会修改闭包体，以便让它向 list 中添加元素。这个闭包现在会捕获可变引用了：

src/main.rs
```
fn main() {
    let mut list = vec![1, 2, 3];
    println!("Before defining closure: {:?}", list);

    let mut borrows_mutably = || list.push(7);

    borrows_mutably();
    println!("After calling closure: {:?}", list);
}
```

示例 13-5：定义并调用一个捕获可变引用的闭包

编译并运行这段代码，可以看到如下所示的打印信息：

```
Before defining closure: [1, 2, 3]
After calling closure: [1, 2, 3, 7]
```

注意，在 borrows_mutably 闭包的定义与调用之间不再有 println!，因为 borrows_mutably 在定义时捕获了 list 的可变引用。我们在闭包调用后完成了对闭包的使用，这个可变借用也就随之结束了。之所以不能在闭包的定义与调用之间使用 list 的不可变借用来进行打印，是因为可变借用存在时不允许有其他的借用。你可以自行尝试在这里添加 println!，来看看会得到什么样的错误提示信息！

假如你希望强制闭包取得它在环境中捕获的值的所有权（即便闭包体并不需要所有权），那么可以在它的参数列表前添加 move 关键字。

这个技术在使用闭包创建新的线程时十分有用，它可以将在闭包内捕获数据的所有权转移给新的线程。我们会在第 16 章中讨论并发时再来了解为什么需要使用这样的方式，但就目前而言，让我们先来简单地看一看闭包使用 move 关键字创建新线程的示例。示例 13-6 将示例 13-4 中打印动态数组的部分从主线程移动到了新的线程中。

src/main.rs
```
use std::thread;

fn main() {
    let list = vec![1, 2, 3];
    println!("Before defining closure: {:?}", list);

❶ thread::spawn(move || {
    ❷ println!("From thread: {:?}", list)
    }).join().unwrap();
}
```

示例 13-6：使用 move 来强制闭包为线程取得 list 的所有权

我们使用闭包作为参数，启动了一个新的线程。这里的闭包体会打印出动态数组 list。在示例 13-4 中，闭包仅仅使用不可变引用捕获了 list，因为这恰好能够满足打印 list 的访问需求。而在本例中，即便闭包体本身只需要不可变引用 ❷，我们也仍然需要在闭包定义的起始处 ❶ 使用 move 关键字将 list 移动到闭包内。新线程既可能在主线程的剩余部分完成之前结束，也可能在主线程完成之后继续运行。假如主线程持有 list 的所有权，却在新线程开始之前结束并丢弃 list，那么线程中的不可变引用就会失效。因此，编译器要求闭包在传递给新线程时捕获 list 的所有权，从而使得引用始终是有效的。你可以试着移除 move 关键字，或者在主线程定义闭包后使用 list 来看看会出现什么样的编译错误！

将捕获的值移出闭包及 Fn 系列 trait

闭包的定义决定了它会从环境中捕获哪些引用或值的所有权（也就因此决定了哪些东西会被移入闭包），闭包体中的代码则确定了闭包在计算时对引用或值的处理方式（也就因此决定了哪些东西会被移出闭包）。

闭包体可以执行如下任意操作：将捕获的值移出闭包、修改捕获的值、既不移动也不修改值，或者根本就不从环境中捕获值。

闭包从环境中捕获及处理值的方式影响到它会实现哪些 Fn 系列 trait。这一系列 trait 可以被函数或结构体用来指定它们所需要的闭包类型。根据具体的情形，闭包会自动渐进式地实现一种、两种或全部三种 Fn 系列 trait，它们包括：

- FnOnce，适用于那些可以被调用一次的闭包。所有的闭包都至少会实现这个 trait，因为所有的闭包都可以被调用。一个会将捕获的值移出自身的闭包只能实现 FnOnce，而不能实现其他的 Fn 系列 trait，因为它也只能被调用一次。
- FnMut，适用于那些不会移出捕获的值，但可能会修改捕获的值的闭包。这些闭包可以被调用多次。
- Fn，适用于那些不会移出捕获的值，也不会修改捕获的值的闭包，以及那些根本就不从它们的环境中捕获任何东西的闭包。这些闭包可以被调用多次而不会改变它们的环境，这在某些情形下非常重要，比如并发地多次调用闭包等。

让我们来看看示例 13-1 中 Option<T>对于 unwrap_or_else 方法的定义：

```
impl<T> Option<T> {
    pub fn unwrap_or_else<F>(self, f: F) -> T
    where
        F: FnOnce() -> T
    {
        match self {
            Some(x) => x,
            None => f(),
```

```
        }
    }
}
```

回忆一下，这里的 T 作为泛型类型代表了 Option 的 Some 变体的值类型。而这个类型 T 也正是 unwrap_or_else 函数的返回类型，例如，在 Option<String> 上调用 unwrap_or_else 会返回一个 String。

接下来，注意 unwrap_or_else 还拥有一个额外的泛型参数 F。我们为一个名为 f 的参数使用了 F 类型，而 f 正是我们调用 unwrap_or_else 时提供的闭包。

在泛型类型 F 上指定的 trait 约束是 FnOnce() -> T，这就意味着 F 必须能够被调用一次，不接收任何参数，且返回一个 T。在 trait 约束中使用 FnOnce，意味着 unwrap_or_else 最多只能调用一次 f。在 unwrap_or_else 的函数体中，我们可以看到：当 Option 是 Some 时，f 将不会被调用；只有当 Option 是 None 时，f 才会被调用一次。由于所有的闭包都实现了 FnOnce，所以 unwrap_or_else 可以接收最多种类的闭包，从而尽可能地保证它的灵活性。

注意　函数也可以实现全部三种 Fn 系列 trait。假如我们想要完成的任务不需要从环境中捕获值，那么也可以在某些需要实现 Fn 系列 trait 的场合中使用函数而不是闭包。例如，对于一个 Option<Vec<T>> 值，我们可以通过调用 unwrap_or_else(Vec::new) 在值为空时得到一个新的空动态数组。

现在，让我们来看看标准库中被定义在切片上的 sort_by_key 方法，观察它与 unwrap_or_else 之间的差异，以及为什么它需要使用 FnMut 而不是 FnOnce 来作为 trait 约束。sort_by_key 使用的闭包会接收一个参数，也就是在切片排序过程中正在被评估的那个条目，并返回一个可排序类型 K 的值。这个函数可以帮助你基于每个条目特定的属性来对切片进行排序。在示例 13-7 中，我们创建了一个 Rectangle 实例的列表，并使用 sort_by_key 基于它们的 width 属性从低到高进行排序。

```
src/main.rs    #[derive(Debug)]
               struct Rectangle {
                   width: u32,
                   height: u32,
               }

               fn main() {
                   let mut list = [
                       Rectangle { width: 10, height: 1 },
                       Rectangle { width: 3, height: 5 },
                       Rectangle { width: 7, height: 12 },
                   ];

                   list.sort_by_key(|r| r.width);
                   println!("{:#?}", list);
               }
```

示例 13-7：使用 sort_by_key 基于 width 对矩形进行排序

　　这段代码会打印出如下所示的内容：

```
[
    Rectangle {
        width: 3,
        height: 5,
    },
    Rectangle {
        width: 7,
        height: 12,
    },
    Rectangle {
        width: 10,
        height: 1,
    },
]
```

　　sort_by_key 之所以被定义为获取一个 FnMut 的闭包，是因为它需要多次调用这个闭包：针对切片中的每个条目调用一次。由于我们传入的闭包|r| r.width 没有捕获、修改或从它的环境中移出任何东西，所以它可以满足这样的 trait 约束要求。

　　相反，示例 13-8 中创建的闭包仅仅实现了 FnOnce，因为它会将一个值移出环境。编译器不允许我们在 sort_by_key 中使用这样的闭包：

src/main.rs

```
// --略--

fn main() {
    let mut list = [
        Rectangle { width: 10, height: 1 },
        Rectangle { width: 3, height: 5 },
        Rectangle { width: 7, height: 12 },
    ];

    let mut sort_operations = vec![];
    let value = String::from("by key called");

    list.sort_by_key(|r| {
        sort_operations.push(value);
        r.width
    });
    println!("{:#?}", list);
}
```

示例 13-8：尝试在 sort_by_key 中使用 FnOnce 闭包

　　这段代码使用了一种刻意的、复杂的方法（当然也无法正常工作）来统计
sort_by_key 在排列 list 时调用闭包的次数。它计数的方式是在每一次调用闭
包的过程中，都将一个 String 类型的 value 值推入 sort_operations 动态数组。
代码中的闭包捕获了 String 值，然后把它的所有权转移给了 sort_operations
动态数组，从而也将 String 值移出了闭包。这个闭包可以被调用一次，尝试再
次调用它则无法生效，因为它在环境中捕获的 value 已经不存在了！因此，这
个闭包仅仅实现了 FnOnce。当我们尝试编译这段代码时，会看到如下所示的错
误提示信息，value 不能被移出闭包，因为这个闭包必须要实现 FnMut：

```
error[E0507]: cannot move out of `value`, a captured variable in an `FnMut`
closure
  --> src/main.rs:18:30
   |
15 |         let value = String::from("by key called");
   |             ----- captured outer variable
```

```
16 |
17 |          list.sort_by_key(|r| {
   | _____-
18 | |            sort_operations.push(value);
   | |                              ^^^^^ move occurs because `value` has
type `String`, which does not implement the `Copy` trait
19 | |            r.width
20 | |        });
   | |_____- captured by this `FnMut` closure
```

这段错误提示信息指向了闭包体中将 value 移出环境的行。为了解决这个
问题，我们需要修改闭包体，从而使它不会将值移出环境。为了统计 sort_by_key
调用闭包的次数，我们可以选择另一种更加直观的方法：在环境中保存计数器，
并在闭包体中增加计数值。示例 13-9 中的闭包可以合法地在 sort_by_key 中使
用，因为它仅仅捕获了 num_sort_operations 计数器的可变引用，所以可以被
调用多次。

src/main.rs
```
// --略--

fn main() {
    // --略--

    let mut num_sort_operations = 0;
    list.sort_by_key(|r| {
        num_sort_operations += 1;
        r.width
    });
    println!(
        "{:#?}, sorted in {num_sort_operations} operations",
        list
    );
}
```

示例 13-9：允许在 sort_by_key 中使用 FnMut 闭包

　　Fn 系列 trait 在定义、使用函数或那些基于闭包的类型时十分重要。接下来，
我们会讨论迭代器。许多迭代器方法都会接收闭包作为参数，因此，请在继续
学习下一节前牢记这些与闭包相关的细节。

使用迭代器处理元素序列

迭代器模式允许你依次为序列中的每个元素执行某些任务。迭代器会在这个过程中负责遍历每个元素并决定序列何时结束。只要使用了迭代器，我们就可以避免手动实现这些逻辑。

在 Rust 中，迭代器是惰性的（lazy）。这就意味着在创建迭代器后，除非你主动调用方法来消耗并使用迭代器，否则它们不会产生任何实际效果。例如，示例 13-10 中的代码通过调用 Vec<T> 的 iter 方法创建了一个用于遍历动态数组 v1 的迭代器。这段代码本身并不会产生任何影响。

```
let v1 = vec![1, 2, 3];

let v1_iter = v1.iter();
```

示例 13-10：创建一个迭代器

迭代器被存储在 v1_iter 变量中。一旦创建了迭代器，我们就可以通过多种方式来使用它。在第 3 章的示例 3-5 中，我们曾经使用 for 循环来依次遍历数组的每个元素并执行相关的代码。我们当时一笔带过了它的工作原理，但这段代码实际上隐式地创建并使用了一个迭代器。

示例 13-11 中的代码将迭代器的创建和它在 for 循环中的使用分离开来。当 for 循环开始使用 v1_iter 中的迭代器时，迭代器中的每个元素都会被用于循环中的一次迭代，并打印出每个值。

```
let v1 = vec![1, 2, 3];

let v1_iter = v1.iter();

for val in v1_iter {
    println!("Got: {val}");
}
```

示例 13-11：在 for 循环中使用迭代器

对于那些没有在标准库中提供迭代器的语言而言，为了实现类似的功能，你通常需要定义一个从 0 开始的变量作为索引来获得动态数组中的值，并在循环中逐次递增这个变量的值，直到它达到动态数组的总长度为止。

迭代器会为我们处理所有上述逻辑，这减少了重复代码并消除了潜在的混乱。另外，迭代器还可以用统一的逻辑来灵活处理各种不同种类的序列，而不仅仅是像动态数组一样可以进行索引的数据结构。让我们来看一看迭代器是如何做到这一点的。

Iterator trait 和 next 方法

所有的迭代器都实现了在标准库中定义的 Iterator trait。该 trait 的定义类似于下面这样：

```
pub trait Iterator {
    type Item;

    fn next(&mut self) -> Option<Self::Item>;

    // 这里省略了由 Rust 给出的默认实现方法
}
```

注意，这个定义使用了两种新语法：type Item 和 Self::Item，它们定义了 trait 的关联类型（associated type）。我们会在第 19 章中深入讨论关联类型。现在，你只需要知道这段代码表明：为了实现 Iterator trait，必须要定义一个具体的 Item 类型，而这个 Item 类型会被用作 next 方法的返回值类型。换句话说，Item 类型将是迭代器返回的元素的类型。

Iterator trait 只要求实现者手动定义一个方法：next 方法，它在每次被调用时都会返回一个包裹在 Some 中的迭代器元素，并在迭代结束时返回 None。

我们可以直接在迭代器上调用 next 方法。示例 13-12 中创建了一个动态数组的迭代器，并演示了重复调用迭代器的 next 方法会得到什么样的返回值。

```
src/lib.rs   #[test]
             fn iterator_demonstration() {
                 let v1 = vec![1, 2, 3];

                 let mut v1_iter = v1.iter();

                 assert_eq!(v1_iter.next(), Some(&1));
                 assert_eq!(v1_iter.next(), Some(&2));
                 assert_eq!(v1_iter.next(), Some(&3));
                 assert_eq!(v1_iter.next(), None);
             }
```

示例 13-12：手动调用迭代器的 next 方法

注意，这里的 v1_iter 必须是可变的，因为调用 next 方法改变了迭代器内部用来记录序列位置的状态。换句话说，这段代码消耗或使用了迭代器，每次调用 next 时都吃掉了迭代器中的一个元素。在上面的 for 循环中，我们之所以不要求 v1_iter 是可变的，是因为循环取得了 v1_iter 的所有权并在内部使它可变了。

另外，还需要注意到，iter 方法生成的是一个不可变引用的迭代器，我们通过调用 next 取得的值实际上是指向动态数组中各个元素的不可变引用。如果你需要创建一个取得 v1 的所有权并返回元素本身的迭代器，那么可以使用 into_iter 方法。类似地，如果你需要可变引用的迭代器，那么可以使用 iter_mut 方法。

消耗迭代器的方法

标准库为 Iterator trait 提供了许多包含默认实现的方法，你可以在标准库的 API 文档中查询 Iterator trait 相关页面来进一步了解它们。这些方法中的一部分会在它们的定义中调用 next 方法，这也是我们需要在实现 Iterator trait 时手动定义 next 方法的原因。

这些调用 next 的方法也被称为消耗适配器（consuming adaptor），因为它们同样消耗了迭代器本身。以 sum 方法为例，这个方法会获取迭代器的所有权并反复调用 next 来遍历元素，进而导致迭代器被消耗。在迭代过程中，它会对所有的元素进行求和并在迭代结束后将总和作为结果返回。示例 13-13 中的测试展示了 sum 方法的使用场景。

```
src/lib.rs   #[test]
             fn iterator_sum() {
                 let v1 = vec![1, 2, 3];

                 let v1_iter = v1.iter();

                 let total: i32 = v1_iter.sum();

                 assert_eq!(total, 6);
             }
```

示例 13-13：调用 sum 方法来得到迭代器中所有元素的总和

由于我们在调用 sum 的过程中获取了迭代器 v1_iter 的所有权，所以该迭代器无法继续被随后的代码使用。

生成其他迭代器的方法

迭代器适配器（iterator adaptor）是一些在 Iterator trait 中定义的方法。相较于消耗迭代器本身，这些方法允许你将已有的迭代器转换成其他不同类型的迭代器。

示例 13-14 展示了一个名为 map 的迭代器适配器方法，它接收一个闭包作为参数，并在生成的新迭代器被遍历时，逐一在返回的条目上调用这个闭包。新的迭代器同样会遍历动态数组中的所有元素并返回经过闭包处理后增加了 1 的值。

```
src/main.rs   let v1: Vec<i32> = vec![1, 2, 3];

              v1.iter().map(|x| x + 1);
```

示例 13-14：调用 map 方法来创建新的迭代器

这段代码会产生如下所示的警告信息：

```
warning: unused `Map` that must be used
 --> src/main.rs:4:5
  |
4 |     v1.iter().map(|x| x + 1);
  |     ^^^^^^^^^^^^^^^^^^^^^^^^
  |
  = note: `#[warn(unused_must_use)]` on by default
  = note: iterators are lazy and do nothing unless consumed
```

实际上，示例 13-14 中的代码没有执行任何操作；我们定义的闭包一次都没有被调用过。编译器通过警告提示我们：迭代器适配器是惰性的，除非我们消耗迭代器，否则什么事情都不会发生。

为了修复这一警告并消耗迭代器，我们可以使用 collect 方法。在第 12 章的示例 12-1 中，我们曾经配合 env::args 使用过这个方法，它会消耗迭代器并将结果值收集到某种集合数据类型中。

在示例 13-15 中，我们遍历了通过 map 方法生成的新迭代器并将返回的结果收集到一个动态数组中。最终，这个动态数组会包含原数组中的所有元素加 1 之后的值。

src/main.rs

```
let v1: Vec<i32> = vec![1, 2, 3];

let v2: Vec<_> = v1.iter().map(|x| x + 1).collect();

assert_eq!(v2, vec![2, 3, 4]);
```

示例 13-15：调用 map 方法创建新的迭代器，接着调用 collect 方法将其消耗掉并得到一个动态数组

由于 map 接收一个闭包作为参数，所以我们可以对每个元素指定想要执行的任何操作。这个示例很好地演示了如何在复用 Iterator trait 提供的迭代功能的同时，通过闭包来自定义部分具体行为。

你可以链式调用多个迭代器适配器来执行一些更加复杂的操作。但由于所

有的迭代器都是惰性的，所以你必须要调用某个消耗适配器的方法才可以从迭代器适配器中获取结果。

使用闭包捕获环境

许多迭代器适配器都使用了闭包作为参数，并且就一般情况而言，我们为迭代器适配器指定的闭包参数都会捕获它们的环境。

作为示例，我们会使用接收闭包参数的 `filter` 方法，这个闭包需要从迭代器中获取条目并返回一个布尔值。假如闭包返回的是 `true`，那么这个值就会被包含在 `filter` 产生的迭代中。假如闭包返回的是 `false`，那么这个值就会被简单地忽略掉。

在示例 13-16 中，我们通过传入一个从环境中捕获了 `shoe_size` 变量的闭包来使用 `filter` 方法，这个闭包会遍历一个由 Shoe 结构体实例组成的集合，并返回集合中拥有特定尺寸的鞋子。

src/lib.rs
```rust
#[derive(PartialEq, Debug)]
struct Shoe {
    size: u32,
    style: String,
}

fn shoes_in_size(shoes: Vec<Shoe>, shoe_size: u32) -> Vec<Shoe> {
    shoes.into_iter().filter(|s| s.size == shoe_size).collect()
}

#[cfg(test)]
mod tests {
    use super::*;

    #[test]
    fn filters_by_size() {
        let shoes = vec![
            Shoe {
                size: 10,
                style: String::from("sneaker"),
            },
            Shoe {
```

```
            size: 13,
            style: String::from("sandal"),
        },
        Shoe {
            size: 10,
            style: String::from("boot"),
        },
    ];

    let in_my_size = shoes_in_size(shoes, 10);

    assert_eq!(
        in_my_size,
        vec![
            Shoe {
                size: 10,
                style: String::from("sneaker")
            },
            Shoe {
                size: 10,
                style: String::from("boot")
            },
        ]
    );
}
```

示例 13-16：通过传入一个捕获了 shoe_size 变量的闭包来使用 filter 方法

shoes_in_size 函数接收一个由鞋子组成的动态数组和一个鞋子的尺寸作为参数，它会返回一个只包含指定尺寸鞋子的动态数组。

在 shoes_in_size 函数体中，我们调用了 into_iter 来创建可以获取动态数组所有权的迭代器。接着，我们调用了 filter 将这个迭代器适配成一个新的迭代器，新的迭代器只会包含闭包返回值为 true 的那些元素。

闭包从环境中捕获了 shoe_size 参数并将它的值与每个鞋子的尺寸进行比较，这一过程会过滤掉所有不符合尺寸的鞋子。接着，调用 collect 将迭代器适配器返回的值收集到动态数组中，并将其作为函数的结果返回。

最后的断言表明，我们在调用 shoes_in_size 时只会得到符合指定尺寸的鞋子。

改进 I/O 项目

在了解了迭代器方面的知识后，我们现在可以使用迭代器来改进第 12 章中的 I/O 项目了，它会使项目中的代码变得更加简单明了。让我们看一看迭代器会如何改进 Config::build 函数和 search 函数的实现。

使用迭代器代替 clone

在第 12 章的示例 12-6 中，我们获取了 String 值的一个切片，随后又利用索引访问并克隆这些值来创建新的 Config 结构体实例，从而使 Config 结构体可以拥有这些值的所有权。在示例 13-17 中，重现了示例 12-23 中 Config::build 函数的实现。

```
src/lib.rs   impl Config {
                 pub fn build(
                     args: &[String]
                 ) -> Result<Config, &'static str> {
                     if args.len() < 3 {
                         return Err("not enough arguments");
                     }

                     let query = args[1].clone();
                     let file_path = args[2].clone();

                     let ignore_case = env::var("IGNORE_CASE").is_ok();

                     Ok(Config {
                         query,
                         file_path,
                         ignore_case,
                     })
                 }
             }
```

示例 13-17：重构示例 12-23 中实现的 Config::build 函数

我们在编写这个函数时，曾经让你不要在意 clone 引发的性能损耗，因为在将来会改进这一行为。好吧，就是现在了！

之所以需要在这里使用 clone，是因为 build 函数并不持有 args 参数内元素的所有权，我们获得的仅仅是 String 序列的一个切片。为了返回 Config 实例的所有权，我们必须要克隆 Config 的 query 字段和 file_path 字段中的值，只有这样，Config 才能拥有这些值的所有权。

有了关于迭代器的新知识，我们可以修改 build 函数的参数来接收一个拥有所有权的迭代器，而不再借用切片。我们还可以使用迭代器附带的功能来进行长度检查和索引。这将使 Config::build 函数的责任范围更加明确，因为我们通过迭代器将读取具体值的工作分离出去了。

只要 Config::build 能够获取迭代器的所有权，我们就可以将迭代器产生的 String 值移动到 Config 中，而无须调用 clone 进行二次分配。

直接使用返回的迭代器

打开 I/O 项目中的 *src/main.rs* 文件，其中的代码应该如下所示：

src/main.rs
```
fn main() {
    let args: Vec<String> = env::args().collect();

    let config = Config::build(&args).unwrap_or_else(|err| {
        eprintln!("Problem parsing arguments: {err}");
        process::exit(1);
    });

    // --略--
}
```

我们首先会将示例 12-24 中 main 函数的起始部分改写为示例 13-18 中使用迭代器的样子。在修改完 Config::build 之前，这段代码暂时还不能通过编译。

src/main.rs
```
fn main() {
    let config =
        Config::build(env::args()).unwrap_or_else(|err| {
            eprintln!("Problem parsing arguments: {err}");
            process::exit(1);
        });
```

```
    // --略--
}
```

示例 13-18：将 env::args 的返回值传递给 Config::build

env::args 函数的返回值其实就是一个迭代器！与其将迭代器产生的值收集到动态数组中后再作为切片传递给 Config::build，不如选择直接传递迭代器本身。

接下来，我们需要更新 Config::build 的定义。在 I/O 项目的 *src/lib.rs* 文件中，将 Config::build 的签名修改为示例 13-19 中的样子。注意，在函数体修改完毕之前，这段代码仍然不能通过编译。

src/lib.rs
```
impl Config {
    pub fn build(
        mut args: impl Iterator<Item = String>,
    ) -> Result<Config, &'static str> {
        // --略--
```

示例 13-19：修改 Config::build 的签名来接收一个迭代器

env::args 函数的标准库文档显示，它会返回一个名为 std::env::Args 的类型，这个类型实现了 Iterator trait 并会返回 String 类型的值。

我们还更新了 Config::build 函数的签名，从而使得 args 参数的类型从 &[String]变为一个拥有 trait 约束 impl Iterator<Item = String>的泛型类型。我们曾经在第 10 章的"使用 trait 作为参数"一节中讨论过这里的 impl Trait 语法，它意味着 args 可以是任何实现了 Iterator 来返回 String 条目的类型。

由于我们获得了 args 的所有权并会在函数体中通过迭代来改变它，所以需要在 args 参数前指定 mut 关键字来使其可变。

使用 Iterator trait 方法来替代索引

接下来，我们会对应地修复 Config::build 函数体。因为标准库文档指出

std::env::Args 实现了 Iterator trait，所以我们能够基于它的实例调用 next 方法。在示例 13-20 中，使用 next 方法更新了示例 12-23 中的代码。

```
impl Config {
    pub fn build(
        mut args: impl Iterator<Item = String>,
    ) -> Result<Config, &'static str> {
        args.next();

        let query = match args.next() {
            Some(arg) => arg,
            None => return Err("Didn't get a query string"),
        };

        let file_path = match args.next() {
            Some(arg) => arg,
            None => return Err("Didn't get a file path"),
        };

        let ignore_case = env::var("IGNORE_CASE").is_ok();

        Ok(Config {
            query,
            file_path,
            ignore_case,
        })
    }
}
```

src/lib.rs

示例 13-20：使用迭代器的方法重新实现 Config::build 函数

请记住，env::args 的返回值的第一个值是程序本身的名称。为了忽略它，我们必须先调用一次 next 并忽略返回值。随后，我们再次调用 next 来填充 Config 中的 query 字段。如果 next 返回一个 Some 变体，我们就会使用 match 来提取这个值；而如果它返回的是 None，则表明用户没有提供足够的参数，我们需要让整个函数提前返回 Err 值。接下来，我们还对 file_path 字段进行了类似的处理。

使用迭代器适配器让代码更加清晰

我们还可以在这个 I/O 项目的 search 函数中使用迭代器，在示例 13-21 中，重现了示例 12-19 中的代码。

src/lib.rs
```
pub fn search<'a>(
    query: &str,
    contents: &'a str,
) -> Vec<&'a str> {
    let mut results = Vec::new();

    for line in contents.lines() {
        if line.contains(query) {
            results.push(line);
        }
    }

    results
}
```

示例 13-21：示例 12-19 中的 search 函数实现

我们可以通过迭代器适配器方法以更简洁的方式来编写这段代码。另外，这样做还能避免使用可变的临时变量 results。函数式编程风格倾向于在程序中最小化可变状态的数量来使代码更加清晰。消除可变状态也使我们可以在未来通过并行化来提高搜索效率，因为不再需要考虑并发访问 results 动态数组时的安全问题了。修改后的代码如示例 13-22 所示。

src/lib.rs
```
pub fn search<'a>(
    query: &str,
    contents: &'a str,
) -> Vec<&'a str> {
    contents
        .lines()
        .filter(|line| line.contains(query))
        .collect()
}
```

示例 13-22：使用迭代器适配器方法实现 search 函数

search 函数被用来返回 contents 中包含 query 的所有行。与示例 13-16 中使用 filter 的例子类似,这段代码使用了 filter 适配器来进行过滤,从而只保留满足 line.contains(query) 条件的行。接着,我们使用 collect 方法将所有匹配的行收集到一个动态数组中。这样一来,代码就简单多了!类似地,你可以自行将 search_case_insensitive 函数也修改成使用迭代器适配器的形式。

在循环与迭代器之间做出选择

你会喜欢什么样的代码风格呢?是示例 13-21 中平铺直叙的原始实现,还是示例 13-22 中使用迭代器的版本?在这个问题上,大多数 Rust 开发者都更倾向于使用迭代器风格。初学时,你也许会觉得迭代器有些难以理解,而一旦你了解并习惯了各种迭代器适配器的使用方法,理解迭代器就会变得相当简单。迭代器可以让开发者专注于高层的业务逻辑,而不必陷入编写循环、维护中间变量这些具体的细节中。通过高层次的抽象去消除一些惯例化的模板代码,也可以让代码的重点逻辑(例如 filter 方法的过滤条件)更加突出。

不过,这两种实现真的等价吗?仅从直觉上看,你也许会觉得更接近底层的循环实现要快一些。接下来,我们就来讨论一下性能问题。

比较循环和迭代器的性能

为了确定是使用循环还是迭代器,你需要知道哪个版本的 search 函数要更快一些:是直接使用 for 循环的版本,还是使用迭代器的版本。

我们使用 Sir Arthur Conan[1] 的小说 *The Adventures of Sherlock Holmes*(《福尔摩斯探案集》)来进行一次性能测试。这个测试会将整本小说读入一个 String

---

1 译者注:阿瑟·柯南·道尔(1859—1930),英国作家、医生。创造了著名侦探人物"夏洛克·福尔摩斯"。

中，并搜索所有包含了单词 *the* 的文本行。使用 for 循环和迭代器分别实现的 search 函数的测试结果如下：

```
test bench_search_for  ... bench:  19,620,300 ns/iter (+/- 915,700)
test bench_search_iter ... bench:  19,234,900 ns/iter (+/- 657,200)
```

性能测试显示出来的结果竟然是迭代器版本要稍微快一些！我们就不在这里深入分析测试代码本身了，因为我们的目的并不是证明两个版本是等价的，而只是想让你了解评判这两种实现的基本方法。

为了让性能测试更加全面，你也可以使用不同内容的文本、不同的搜索单词及其他所有的可变情况来检验比较结果。这里的重点在于：尽管迭代器是一种高层次的抽象，但它在编译后生成了与手写底层代码几乎一样的产物。迭代器是 Rust 语言中的一种零开销抽象（zero-cost abstraction），这意味着我们在使用这些抽象时不会引入额外的运行时开销。它与 Bjarne Stroustrup，也就是 C++ 最初的设计者和实现者，在 *Foundations of C++*（2012）中定义的零开销（zero-overhead）如出一辙：

> C++的实现大体上遵从了零开销原则：你无须为自己没有使用过的功能付出代价。甚至更进一步，你无法为自己使用的那些功能编写出更好的代码。

作为另一个示例，如下所示的代码来自一个实际的音频解码器。这个解码算法基于线性预测将之前的样本拟合成一个线性函数，并用它来预测未来可能出现的样本。这段代码使用了链式迭代器来对作用域中的以下 3 个变量进行数学计算：buffer（一段数据的切片）、coefficients（一个长度为 12 的数组）和 qlp_shift（需要移动的二进制位数）。注意，我们只在例子中声明了变量而没有赋值。尽管这段代码在脱离了原有的上下文环境后没有太大的意义，但它仍然可以作为一个简洁、真实的案例来演示 Rust 是如何将高层概念转换为底层代码的。

```
let buffer: &mut [i32];
let coefficients: [i64; 12];
let qlp_shift: i16;

for i in 12..buffer.len() {
    let prediction = coefficients.iter()
                                 .zip(&buffer[i - 12..i])
                                 .map(|(&c, &s)| c * s as i64)
                                 .sum::<i64>() >> qlp_shift;

    let delta = buffer[i];
    buffer[i] = prediction as i32 + delta;
}
```

为了计算 prediction 的值，这段代码遍历了 coefficients 中所有的 12 个元素，并使用 zip 方法将其与 buffer 的前 12 个值一一配对。接着，将每一对数值相乘并对所有得到的乘积求和，最后将总和右移 qlp_shift 位得到结果。

音频解码器这类程序往往非常看重计算过程的性能表现。我们在这里创建了 1 个迭代器和 2 个适配器，并消耗了它们产出的值。Rust 会将这段代码编译成什么样的汇编代码呢？我们在编写本书的时候，它已经能够被编译成与手写汇编代码几乎一样的产出物了。遍历 coefficients 根本不会用到循环：因为 Rust 知道这里会迭代 12 次，所以它直接"展开"（unroll）了循环。展开是一种优化策略，它通过将循环代码展开成若干份重复的代码来消除循环控制语句带来的性能开销。

这样就能让所有 coefficients 中的值都存储在寄存器中，进而使得对它们的访问变得异常快速。同时，我们也就无须在运行时浪费时间对数组访问进行边界检查了。Rust 引入的所有这些优化使最终产出的代码极为高效。现在你知道了，你完全可以无所畏惧地使用迭代器和闭包！它们既能够让代码在观感上保持高层次的抽象，又不会因此带来任何运行时性能损失。

总结

闭包和迭代器是 Rust 受函数式编程语言启发而实现的功能。它们帮助 Rust 在清晰地表达出高层次抽象概念的同时兼顾了底层性能。闭包和迭代器的实现保证了运行时性能不会受到影响。这是 Rust 努力实现零开销抽象这个目标的重要一环。

现在，我们已经提高了 I/O 项目中代码的表达力，接下来会开始讨论 cargo 工具的一些高级特性，并利用它来帮助我们更方便地与世界分享这个项目。

14

进一步认识 Cargo 及 crates.io

到目前为止，我们仅仅使用过 Cargo 的一些基础特性来构建、运行及测试代码，但它其实还有相当多的其他特性。在本章中，我们将讨论一些更为高级的特性，并展示如何完成下面这些事情：

- 通过发布配置来定制构建。
- 将代码库发布到 *crates.io* 上。
- 使用工作空间来组织更大的项目。
- 下载并安装 *crates.io* 提供的二进制文件。
- 使用自定义命令来扩展 Cargo 的功能。

当然，Cargo 还有很多本章没有机会介绍的特性，你可以在 Rust 官方网站查看它的文档来获得更为全面细致的介绍。

使用发布配置定制构建

Rust 中的发布配置（release profile）是一系列预定义好的配置方案，它们的配置选项各有不同，但都允许程序员对细节进行定制修改。这些配置方案使得程序员可以更好地来控制各种编译参数。另外，每一套配置都是独立的。

Cargo 常用的配置有两种：运行 cargo build 时使用的 dev 配置，以及运行 cargo build --release 时使用的 release 配置。dev 配置中的默认选项适合在开发过程中使用，而 release 配置中的默认选项适合在正式发布时使用。

你也许会觉得这些配置的名称非常眼熟，因为在构建的输出中已经多次见过它们了：

```
$ cargo build
    Finished dev [unoptimized + debuginfo] target(s) in 0.0s
$ cargo build --release
    Finished release [optimized] target(s) in 0.0s
```

以上输出中的 dev 和 release 表明编译器正在使用不同的配置。

当项目的 *Cargo.toml* 文件中没有任何[profile.*]区域时，Cargo 针对每个配置都会有一套可以应用的默认选项。通过为任意的配置添加[profile.*]区域，我们可以覆盖默认设置的任意子集。例如，下面是 opt-level 选项分别在 dev 配置与 release 配置中的默认值：

Cargo.toml
```
[profile.dev]
opt-level = 0

[profile.release]
opt-level = 3
```

opt-level 选项决定了 Rust 在编译时会对代码执行何种程度的优化，从 0 到 3 都是合法的配置值。越高级的优化需要消耗越多的编译时间，当你处于开发阶段并常常需要编译代码时，也许宁可牺牲编译产出物的运行速度，也要尽可能地缩短编译时间。这就是 dev 配置中的默认 opt-level 值为 0 的原因。而当你准备好最终发布产品时，则最好花费更多的时间来编译程序。因为你只需要在发布时编译一次，但却会多次运行编译后的程序，所以发布模式会使用更长的编译时间来换取更佳的运行时性能。这就是 release 配置中的默认 opt-level 值为 3 的原因。

你可以在 *Cargo.toml* 中指定不同的配置选项值来覆盖其默认设置。例如，假设你希望将 dev 配置中的优化级别修改为 1，那么可以在 *Cargo.toml* 文件中添加下面两行：

Cargo.toml
```
[profile.dev]
opt-level = 1
```

这个配置覆盖了对应选项的默认值 0。当你再次运行 cargo build 时，Cargo 就会使用你所指定的 opt-level 值并在其他选项上保持 dev 配置的默认设置。将 opt-level 值设置为 1，会让 Cargo 比在默认设置下执行更多的优化，但仍然没有发布时执行的优化多。

你可以在 Rust 官方网站参阅 Cargo 的在线文档来获得所有可用的选项及它们在各个配置中的默认值。

将包发布到 crates.io 平台

我们在之前的项目中使用了来自 *crates.io* 的包作为依赖，但你也可以通过发布自己的包与他人分享代码。由于 *crates.io* 的包注册表会以源代码的形式来分发包，所以由它托管的包大部分是开源的。

Rust 和 Cargo 提供了一些功能来帮助人们更轻松地找到并使用你所发布的包。接下来，我们就开始讨论这些功能并演示如何发布一个包。

编写有用的文档注释

准确无误的包文档有助于用户理解这个包的用途及具体使用方式，因此，编写文档是一项值得你投入时间去做的工作。在第 3 章中，我们学习过如何使用双斜线（//）来编写代码注释，除此之外，Rust 还提供了一种特殊的文档注释（documentation comment）。以这种方式编写的注释内容可以生成 HTML 文档。这些 HTML 文档会向感兴趣的用户展示公共 API 的文档注释内容，它的作用在于描述当前包的使用方法，而不是包内部的实现细节。

我们可以使用三斜线（///）而不是双斜线来编写文档注释，并且可以在文档注释中使用 Markdown 语法来格式化内容。文档注释被放置在它所说明的条目之前。示例 14-1 展示了 my_crate 包中为 add_one 函数编写的文档注释：

```
src/lib.rs    /// 将传入的数字加 1
              ///
              /// # Examples
              ///
              /// ```
              /// let arg = 5;
              /// let answer = my_crate::add_one(arg);
              ///
              /// assert_eq!(6, answer);
              /// ```
              pub fn add_one(x: i32) -> i32 {
                  x + 1
              }
```

示例 14-1：为函数编写文档注释

在上面的代码中，我们首先描述了 add_one 函数的用途，接着是一个名为 Examples 的区域并提供了一段演示 add_one 函数使用方式的代码。我们可以通过运行 cargo doc 命令基于这段文档注释来生成 HTML 文档。这条命令会调用 Rust 内置的 rustdoc 工具在 *target/doc* 路径下生成 HTML 文档。

为方便起见，你也可以运行 cargo doc –open 命令来生成并自动在浏览器中打开当前包的文档（以及所有依赖包的文档）。打开浏览器后，导航到 add_one

函数，你应该能够看到文档注释的渲染效果，如图 14-1 所示。

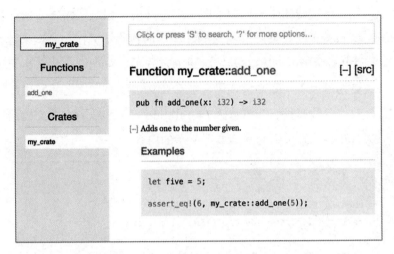

图 14-1：add_one 函数的 HTML 文档

常用的文档注释区域

在示例 14-1 中，我们使用 Markdown 标题语法# Examples 在 HTML 文档中创建了一个标题为"Examples"的区域。除此之外，包的作者还经常会在文档中使用下面一些区域：

- Panics，指出函数可能引发 panic 的场景。不想触发 panic 的调用者，应当确保自己的代码不会在这些场景下调用该函数。
- Errors，当函数返回 Result 作为结果时，这个区域会指出可能出现的错误，以及造成这些错误的具体原因，它可以帮助调用者在编写代码时针对不同的错误采取不同的措施。
- Safety，当函数使用了 unsafe 关键字（将在第 19 章中讨论）时，这个区域会指出当前函数不安全的原因，以及调用者在使用该函数时所应当遵循的约束条件。

大部分文档注释都不需要拥有所有这些区域，但你可以将它作为一个检查列表来提醒自己需要在文档中编写哪几个区域。

将文档注释用作测试

在文档注释中增加示例可以帮助用户理解代码库的使用方式。此外，在运行 cargo test 时，会将文档注释中的代码示例作为测试来运行。没有什么比一个附带示例的文档对开发者更为友好了，但也没有什么比无法正常工作的示例更为糟糕了，要知道代码可能会在文档编写完毕之后发生改动并破坏示例的有效性。假如我们针对示例 14-1 中 add_one 函数所在的文档运行 cargo test，那么在测试结果中会看到如下所示的内容：

```
   Doc-tests my_crate

running 1 test
test src/lib.rs - add_one (line 5) ... ok

test result: ok. 1 passed; 0 failed; 0 ignored; 0 measured; 0
filtered out; finished in 0.27s
```

如果现在改变函数的实现或示例代码来使示例中的 assert_eq!触发 panic，当再次运行 cargo test 时，我们就会看到文档测试捕捉到了示例与文档不再同步的问题！

在条目内部编写注释

还有一种文档注释形式：//!，它可以为包含当前注释的外层条目（而不是紧随注释之后的条目）添加文档。这种文档注释通常被用在包的根文件（也就是惯例上的 *src/lib.rs*）或模块的根文件中，分别为整个包或整个模块提供文档。

例如，假设我们需要为含有 add_one 函数的 my_crate 包添加描述性文档，那么就可以在 *src/lib.rs* 文件的起始处增加以//!开头的文档注释，如示例 14-2 所示。

src/lib.rs
```
//! # My Crate
//!
//! `my_crate` 是一系列工具的集合
//! 这些工具被用来简化特定的计算操作
```

```
///  将传入的数字加 1
//  --略--
```

示例 14-2：为整个 my_crate 包编写的文档

注意，最后一个 //! 注释行的后面没有任何可供注释的代码。因为我们在编写注释时使用了 //! 而不是 ///，所以该注释是为了包含这段注释的条目，而不是为了紧随注释之后的条目编写的。在本例中，包含这段注释的条目就是 *src/lib.rs* 文件，也就是包的根文件。这段注释是用来描述整个包的。

当我们运行 cargo doc --open 时，这些新添加的注释就会出现在 my_crate 文档的首页，显示在包的所有公共条目的上方，如图 14-2 所示。

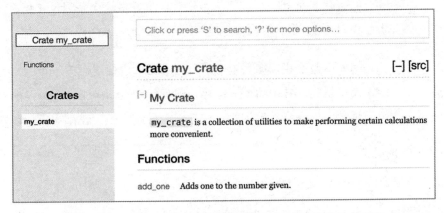

图 14-2：my_crate 文档的渲染效果中显示了整个包的文档注释

条目内部的文档注释对于描述包或模块特别有用，通过它们来描述外部条目的整体意图可以帮助用户理解包的组织结构。

使用 pub use 导出合适的公共 API

在决定发布一个包时，我们必须要考虑好如何组织公共 API。包的使用者没有你那样熟悉代码的内部结构，一旦包的层次结构过于复杂，他们就可能难以找到自己真正需要的部分。

在第 7 章中，我们介绍了如何使用 mod 关键字将代码组织为模块、如何使用 pub 关键字将条目声明为公共的，以及如何使用 use 关键字将条目引入作用域。不管怎么样，对于用户来讲，那些在开发过程中建立起来的组织结构也许并不是特别友好。你的代码模块可能是一个包含多个层次的树状结构，但当用户想要使用某个较深层次中的类型时，就会在查找过程中遇到麻烦。另外，在引入数据时输入 use my_crate::some_module::another_module::UsefulType;，也比使用 use my_crate::UsefulType;要烦琐得多。

幸运的是，即便代码的内部结构对于用户来讲不是特别友好，你也不必为了解决问题而重新组织代码。你可以使用 pub use 重新导出部分条目，从而建立一套和你的代码的内部结构不同的对外结构。重新导出操作会取得某个位置的公共条目并将其公开到另一个位置，就好像这个条目原本就定义在新的位置上一样。

例如，假设我们编写了一个对艺术概念进行建模的 art 库。这个代码库由两个模块组成，其中的 kinds 模块包含了 PrimaryColor 和 SecondaryColor 两个枚举类型，utils 模块则包含了一个 mix 函数，如示例 14-3 所示。

```
src/lib.rs   //! # Art
             //!
             //! 一个用来建模艺术概念的代码库

             pub mod kinds {
                 /// RYB 颜色模型的三原色
                 pub enum PrimaryColor {
                     Red,
                     Yellow,
                     Blue,
                 }

                 /// RYB 颜色模型的调和色
                 pub enum SecondaryColor {
                     Orange,
                     Green,
                     Purple,
```

```
    }
}

pub mod utils {
    use crate::kinds::*;

    /// 将两种等量的原色混合生成调和色
    pub fn mix(
        c1: PrimaryColor,
        c2: PrimaryColor,
    ) -> SecondaryColor {
        // --略--
    }
}
```

示例 14-3：将内部条目组织为 kinds 模块和 utils 模块的 art 库

cargo doc 命令为这个单元包生成的文档首页如图 14-3 所示。

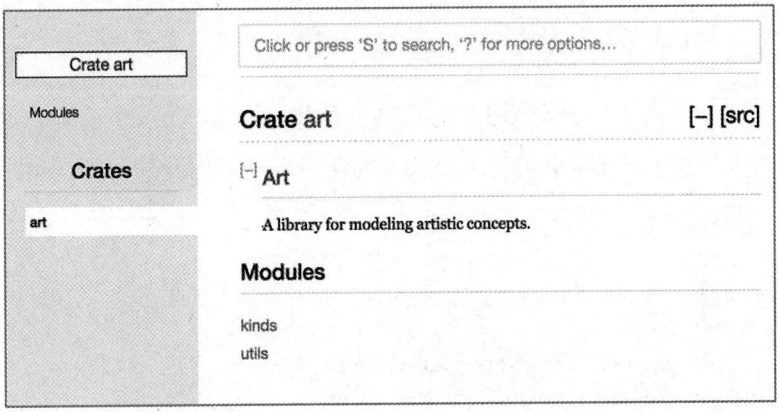

图 14-3：列出了 kinds 模块和 utils 模块的 art 文档首页

注意，PrimaryColor 类型、SecondaryColor 类型及 mix 函数都没有被显示在首页上，我们必须通过点击 kinds 和 utils 进入相应的页面才能看到它们。

如果用户想要使其他的包依赖这个代码库，那么就需要使用 use 语句将 art 中的条目引入作用域。示例 14-4 演示了如何使用 art 包中的 PrimaryColor 和 mix 条目。

```
src/main.rs   use art::kinds::PrimaryColor;
              use art::utils::mix;

              fn main() {
                  let red = PrimaryColor::Red;
                  let yellow = PrimaryColor::Yellow;
                  mix(red, yellow);
              }
```

示例 14-4：通过指定导出的内部结构来使用 art 包中的条目

为了在示例 14-4 中使用 art 包，我们必须搞清楚 PrimaryColor 位于 kinds
模块中，而 mix 位于 utils 模块中。但此处的模块结构其实只是为了方便 art
包的开发者进行维护，对用户却没有太大的用处。这些用于将条目组织到 kinds
模块和 utils 模块的内部结构，并不能为用户理解 art 包的使用方式提供任何
有用的信息。相反，art 包的模块结构还会使用户产生困惑，因为他们不得不搞
清楚功能的实现路径。另外，由于用户需要在使用 use 语句时指定完整的模块
名称，所以这一结构本身也让代码变得更加冗长了。

为了从公共 API 中移除内部结构，我们可以修改示例 14-3 中 art 包的代码，
使用 pub use 语句将需要公开的条目重新导出到顶层结构中，如示例 14-5 所示。

```
src/lib.rs   //! # Art
             //!
             //! 一个用来建模艺术概念的代码库

             pub use self::kinds::PrimaryColor;
             pub use self::kinds::SecondaryColor;
             pub use self::utils::mix;

             pub mod kinds {
                 // --略--
             }

             pub mod utils {
                 // --略--
             }
```

示例 14-5：使用 pub use 语句重新导出一些条目

再次使用 cargo doc 为 art 包生成 API 文档，在新的文档首页上会列出重新导出的条目及指向它们的链接，如图 14-4 所示。这就使得 PrimaryColor 类型、SecondaryColor 类型及 mix 函数更加易于查找了。

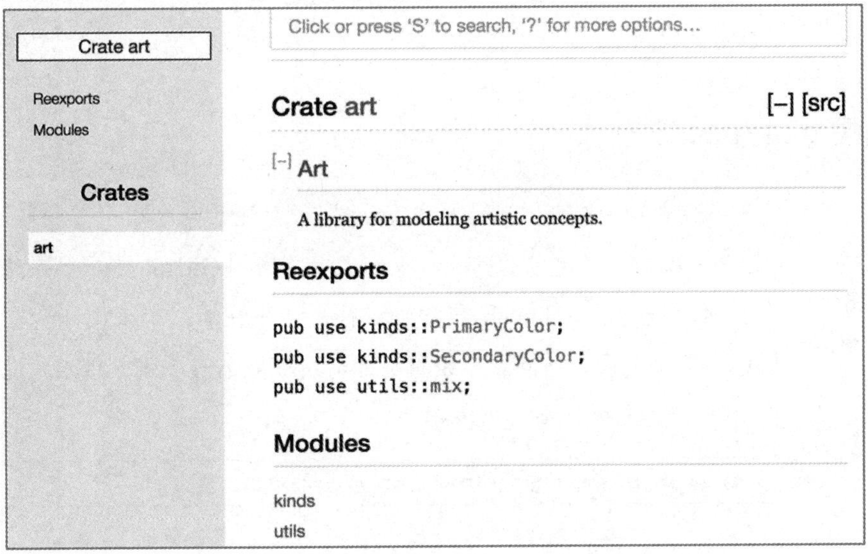

```
Click or press 'S' to search, '?' for more options...

Crate art                                              [–] [src]

Crate art
                        [–] Art
Reexports
Modules                 A library for modeling artistic concepts.

Crates                  Reexports

art                     pub use kinds::PrimaryColor;
                        pub use kinds::SecondaryColor;
                        pub use utils::mix;

                        Modules

                        kinds
                        utils
```

图 14-4：art 文档首页列出了重新导出的条目

此时的用户依然可以看到并使用示例 14-3 中定义的 art 包的内部结构，就如示例 14-4 所演示的那样，但他们也可以选择使用示例 14-5 中更为方便的结构，如示例 14-6 所示。

src/main.rs
```
use art::mix;
use art::PrimaryColor;

fn main() {
    // --略--
}
```

示例 14-6：这段程序使用了 art 包中重新导出的条目

当存在较多的嵌套模块时，使用 pub use 将类型重新导出到顶层模块可以显著地改善用户体验。另一个经常使用 pub use 的地方是重新导出当前包依赖的外部定义，从而使得这些依赖定义成为公共 API 的一部分。

设计公共 API 结构这项工作与其说是一门科学，倒不如说更像是一门艺术。你可以通过不断地迭代实验来找到最适合用户的 API 风格。使用 pub use 可以让你在设计内部结构时拥有更大的灵活性，因为它将内部结构与外部表现进行了解耦。你可以浏览一些已经安装的第三方包，并看一看它们的内部结构是否不同于公共 API。

创建 crates.io 账户

在发布包之前，你需要在 *crates.io* 上注册一个账户并获取一个 API 令牌（API token）。你可以访问 *crates.io* 主页并使用 GitHub 账户登录来完成注册（目前，你只能使用 GitHub 账户来进行登录与注册，未来也许会支持其他认证方式）。登录之后，访问账户设置页面即可获取 API 令牌。接着，像下面一样使用 API 令牌运行 cargo login 命令：

```
$ cargo login abcdefghijklmnopqrstuvwxyz012345
```

这个命令会让 Cargo 将你的 API 令牌存入 *~/.cargo/credentials* 文件中。请小心地保护令牌，不要将它轻易分享给别人。假如你无意间向他人泄露了令牌，那么应该立即到 *crates.io* 上废除该令牌并重新生成一个新的令牌。

为包添加元数据

假设你现在有一个正要准备发布的包。在发布之前，你需要在 *Cargo.toml* 文件的[package]区域中为这个包添加一些元数据（metadata）。

首先，包需要有一个独一无二的名称。当在本地对包进行开发时，你可以使用任何自己喜欢的名称。但是，对于托管到 *crates.io* 平台上的包，就必须按照先来先得的规则取名了。一旦某个包的名称被占用，其他包就不能再使用这个名称了。请记得在尝试发布包之前搜索一下你想要使用的名称，如果这个名称已经存在了，就必须重新命名并修改 *Cargo.toml* 文件的[package]区域中的 name 值，以便使用新的名称进行发布，如下所示：

```
Cargo.toml   [package]
             name = "guessing_game"
```

即便包的名称已经是独一无二的了，当你此时运行 cargo publish 来发布包时，也会触发一个警告，进而导致错误：

```
$ cargo publish
    Updating crates.io index
warning: manifest has no description, license, license-file, documentation,
homepage or repository.
See https://doc.rust-lang.org/cargo/reference/manifest.html#package-metadata
for more info.
--略--
error: failed to publish to registry at https://crates.io

Caused by:
  the remote server responded with an error: missing or empty metadata fields:
description, license. Please see https://doc.rust-lang.org/cargo/reference
/manifest.html for how to upload metadata
```

这里出现错误的原因是缺少了某些关键信息：一个用于介绍包用途的描述（description），以及一个用于声明使用条款的许可协议（license）。你需要在 *Cargo.toml* 文件中添加对应的信息来修正这个错误。

因为描述被用在包的搜索结果或对应页面中，所以它通常只有一两句话的长度。对于 license 字段，你需要填入一个合法的许可协议标识符的值（license identifier value）。Linux 基金会的 Software Package Data Exchange（SPDX）中给出了所有可用的许可协议标识符。假如你想要采用 MIT 协议的话，那么就需要添加 MIT 标识符：

```
Cargo.toml   [package]
             name = "guessing_game"
             license = "MIT"
```

假如你希望使用一个 SPDX 文档范围之外的许可证，那么就需要将许可协议的文本以文件形式放置在项目目录中，并使用 license-file 字段（而不是 license 字段）指定文件名称。

究竟应该在项目中使用什么样的许可协议已经超出了本书的讨论范畴。Rust 社区中的许多开发者会选择在他们的项目中使用与 Rust 的完全一致的许可协议，也就是双许可的 MIT OR Apache-2.0。这个例子表明，你可以使用 OR 语法分隔多个许可协议标识符，使你的项目拥有多个许可证。

在添加了唯一的名称、版本信息、描述及许可协议后，一切准备就绪的 *Cargo.toml* 文件如下所示：

Cargo.toml
```toml
[package]
name = "guessing_game"
version = "0.1.0"
edition = "2021"
description = "A fun game where you guess what number the
computer has chosen."
license = "MIT OR Apache-2.0"

[dependencies]
```

Cargo 的官方文档中列出了其他可添加的元数据，它们可以让你的包更容易被其他人发现与使用。

发布到 crates.io

现在，你已经完成了创建账户、存储 API 令牌、为包选择名称等任务，并指定了必要的元数据，正式发布前的一切准备工作都已经就绪。发布过程会将一个特定版本的包上传到 *crates.io* 以供他人使用。

在发布包的过程中要多加小心，因为这一操作是永久性的。已经上传的版本将无法被覆盖，对应的代码也不能被删除。这种行为正是 *crates.io* 的一个主要设计目标，它希望能够成为一台永久的代码文档服务器，并保证所有依赖 *crates.io* 的包都能够一直被正常构建。如果允许开发者删除已经发布的版本，那么想要实现这一目标是根本不可能的。不过，*crates.io* 对于开发者上传不同版本的包没有数量上的限制。

再次运行 cargo publish 命令，现在应该能够成功了：

```
$ cargo publish
    Updating crates.io index
   Packaging guessing_game v0.1.0 (file:///projects/guessing_game)
   Verifying guessing_game v0.1.0 (file:///projects/guessing_game)
   Compiling guessing_game v0.1.0
(file:///projects/guessing_game/target/package/guessing_game-0.1.0)
    Finished dev [unoptimized + debuginfo] target(s) in 0.19s
   Uploading guessing_game v0.1.0 (file:///projects/guessing_game)
```

恭喜你！你已经与 Rust 社区分享了自己的代码，任何人都可以轻松地将你的包作为依赖来使用了。

发布已有包的新版本

当你修改了代码并准备发布新的版本时，你需要修改 *Cargo.toml* 文件中的 version 字段并重新发布。你应当根据语义化版本规则，基于修改的内容来决定下一个合理的版本号，然后运行 cargo publish 上传新的版本。

使用 cargo yank 命令从 crates.io 上撤回版本

虽然你不能移除某一个老版本的包，但是可以阻止未来的新项目将它们引用为依赖。这在包的版本因为异常问题而损坏时十分有用。对于此类场景，Cargo 支持撤回（yank）某个特定版本。

撤回版本会阻止新项目依赖这个版本的包，而现存的那些依赖当前版本的项目依旧能够下载和依赖它。更具体地说，所有已经产生 *Cargo.lock* 文件的项目都不会受到撤回操作的影响，而所有未来产生的新的 *Cargo.lock* 文件都不会再使用已经撤回的版本。

为了撤回某个版本的包，你需要在之前发布包的目录下运行 cargo yank 命令，并指定希望撤回的版本号。例如，假如我们希望撤回一个版本号为 1.0.1 的

guessing_game 包，那么可以在 guessing_game 的项目目录下运行：

```
$ cargo yank --vers 1.0.1
    Updating crates.io index
        Yank guessing_game@1.0.1
```

通过在命令中添加--undo 参数，你也可以取消撤回操作，从而允许项目再次开始依赖这个版本：

```
$ cargo yank --vers 1.0.1 --undo
    Updating crates.io index
      Unyank guessing_game@1.0.1
```

总之，撤回操作不会删除任何代码。例如，假设你意外地将密钥发布到了版本中，撤回操作并不能帮你删除这个密钥，你只能选择立即重置它。

Cargo 工作空间

在第 12 章中，我们构建了一个既有二进制单元包，又有库单元包的项目。但随着项目规模的逐渐增长，你也许会发现自己的库单元包越来越臃肿，并想要将它进一步拆分为多个库单元包。针对这种需求，Cargo 提供了一个叫作工作空间（workspace）的功能，它可以帮助开发者管理多个相互关联且需要协同开发的包。

创建工作空间

工作空间是由共用同一个 *Cargo.lock* 和输出目录的一系列包所组成的。现在，让我们使用工作空间来创建一个项目。我们会在这个示例中使用一些刻意简化的代码，并将注意力集中于工作空间的结构本身。组织工作空间的方法有许多种，我们先从最常见的着手。假设这个工作空间最终会有一个二进制单元包和两个库单元包。二进制单元包会依赖两个库单元包来实现自己的主要功能。其中一个库单元包会提供 add_one 函数，另一个库单元包则会提供 add_two 函数。这 3 个单元包将会处于同一个工作空间中。我们先来创建工作空间的目录：

```
$ mkdir add
$ cd add
```

随后，在 *add* 目录中添加一个用于配置工作空间的 *Cargo.toml* 文件，它与我们见过的其他 *Cargo.toml* 文件有所不同——它既不包含[package]区域，也不包含之前使用过的那些元数据。这个文件会以[workspace]区域开始，该区域允许我们通过指定二进制单元包的路径来为工作空间添加成员。在本例中，这个路径就是 *adder*：

Cargo.toml
```
[workspace]

members = [
    "adder",
]
```

接下来，我们将使用 cargo new 命令在 *add* 目录下创建 adder 二进制单元包：

```
$ cargo new adder
     Created binary (application) `adder` package
```

现在，我们已经可以使用 cargo build 来构建整个工作空间了。此时，*add* 目录下的文件结构应该如下所示：

```
├── Cargo.lock
├── Cargo.toml
├── adder
│   ├── Cargo.toml
│   └── src
│       └── main.rs
└── target
```

工作空间在根目录下有一个 *target* 目录来存放所有成员的编译产出物，相对应地，adder 包也就没有了自己独立的 *target* 目录。即使我们在 *adder* 目录中运行 cargo build，编译产出物也依然会被输出到 *add/target* 中，而不是 *add/adder/target* 中。Cargo 之所以会将不同的 *target* 目录集中到一处，是因为工作空间中的包往往是相互依赖的。如果每个包都有自己的 *target* 目录，那么它们就不得不在执行各自的构建过程中反复编译工作空间中的其余包。而通过共享一个 *target* 目录，不同的包就可以避免这些不必要的重复编译过程了。

在工作空间中创建第二个包

现在，让我们来创建工作空间中的另一个成员包 add_one。打开根目录下的 *Cargo.toml* 文件，并向 members 列表中添加 *add_one* 路径：

Cargo.toml
```
[workspace]

members = [
    "adder",
    "add_one",
]
```

接着生成一个名为 add_one 的新的库单元包：

```
$ cargo new add_one --lib
    Created library `add_one` package
```

此时，*add* 目录下应该有如下所示的目录和文件：

```
├── Cargo.lock
├── Cargo.toml
├── add_one
│   ├── Cargo.toml
│   └── src
│       └── lib.rs
├── adder
│   ├── Cargo.toml
│   └── src
│       └── main.rs
└── target
```

在 *add_one/src/lib.rs* 文件中添加一个 add_one 函数：

add_one/
src/lib.rs
```
pub fn add_one(x: i32) -> i32 {
    x + 1
}
```

现在，我们可以让二进制单元包 adder 依赖 add_one 库单元包了。首先，

我们需要在 *adder/Cargo.toml* 文件中添加 add_one 的路径作为依赖：

adder/
Cargo.toml

```
[dependencies]
add_one = { path = "../add_one" }
```

由于 Cargo 不会主动去假设工作空间中的包会彼此依赖，所以我们必须要显式地指明包与包之间的依赖关系。

接下来，让我们在 adder 包中使用来自 add_one 包的 add_one 函数。打开 *adder/src/main.rs* 文件，并在文件顶部使用 use 语句将新的 add_one 包引入作用域。随后修改 main 函数来调用 add_one 函数，如示例 14-7 所示。

adder/src/
main.rs

```
use add_one;

fn main() {
    let num = 10;
    println!(
        "Hello, world! {num} plus one is {}!",
        add_one::add_one(num)
    );
}
```

示例 14-7：在 adder 包中使用 add_one 包

在 *add* 根目录下运行 cargo build 来构建整个工作空间：

```
$ cargo build
   Compiling add_one v0.1.0 (file:///projects/add/add_one)
   Compiling adder v0.1.0 (file:///projects/add/adder)
    Finished dev [unoptimized + debuginfo] target(s) in 0.68s
```

为了在 *add* 根目录下运行二进制单元包，我们可以通过在 cargo run 命令中使用-p 参数和包名来指定需要运行的包：

```
$ cargo run -p adder
    Finished dev [unoptimized + debuginfo] target(s) in 0.0s
     Running `target/debug/adder`
Hello, world! 10 plus one is 11!
```

上面的命令运行了 *adder/src/main.rs* 中的代码，而该代码依赖 add_one 包。

在工作空间中依赖外部包

需要注意的是，整个工作空间只在根目录下有一个 *Cargo.lock* 文件，而不是在每个包的目录下都有一个 *Cargo.lock* 文件。这一规则确保了所有的内部包都会使用完全相同的依赖版本。假设我们将 rand 包同时添加到了 *adder/Cargo.toml* 和 *add_one/Cargo.toml* 文件中，那么 Cargo 会将这两个依赖解析为同一个版本的 rand，并将此信息记录在唯一的 *Cargo.lock* 文件中。确保工作空间内所有的包使用相同的依赖，意味着这些包将会是彼此兼容的。

我们在 *add_one/Cargo.toml* 文件的[dependencies]区域中加入 rand 包，以便可以在 add_one 中使用 rand 包的功能：

add_one/
Cargo.toml

```
[dependencies]
rand = "0.8.5"
```

接着在 *add_one/src/lib.rs* 文件中添加 use rand;，并在 *add* 目录下运行 cargo build 来构建整个工作空间。此时，Cargo 就会引入并编译 rand 包。编译中出现警告，是因为我们还没有使用这个刚刚被引入作用域的 rand。

```
$ cargo build
    Updating crates.io index
  Downloaded rand v0.8.5
   --略--
  Compiling rand v0.8.5
  Compiling add_one v0.1.0 (file:///projects/add/add_one)
  Compiling adder v0.1.0 (file:///projects/add/adder)
    Finished dev [unoptimized + debuginfo] target(s) in 10.18s
```

现在，根目录下的 *Cargo.lock* 文件中包含了 add_one 依赖 rand 的记录。但需要注意的是，虽然当前的工作空间已经引用了 rand，但工作空间内其余的包依然不能直接使用它，除非我们将 rand 添加到这些包所对应的 *Cargo.toml* 中。例如，在 *adder/src/main.rs* 文件中为 adder 包添加 use rand;语句，将导致编译时错误：

```
$ cargo build
   --略--
   Compiling adder v0.1.0 (file:///projects/add/adder)
error[E0432]: unresolved import `rand`
 --> adder/src/main.rs:2:5
  |
2 | use rand;
  |     ^^^^ no external crate `rand`
```

为了解决这个问题，只需要在 adder 包的 *Cargo.toml* 文件中添加 rand 依赖即可。再次构建 adder 包时，rand 就会被添加到 *Cargo.lock* 中 adder 的依赖列表中了。但是，再次构建不会重复下载并编译 rand 包，因为 Cargo 保证了工作空间中使用的所有的 rand 包都是同一个版本。使用统一的 rand 版本，不仅避免了多余的拷贝，从而节省了磁盘空间，还确保了工作空间中的包是彼此兼容的。

为工作空间添加测试

接下来进行另一处改进，让我们为 add_one 包的 add_one::add_one 函数添加一个测试：

add_one/
src/lib.rs
```
pub fn add_one(x: i32) -> i32 {
    x + 1
}

#[cfg(test)]
mod tests {
    use super::*;

    #[test]
    fn it_works() {
        assert_eq!(3, add_one(2));
    }
}
```

现在，在 *add* 根目录下运行 cargo test 命令。在这样的结构中运行 cargo test 命令，会一次性运行工作空间中所有包的测试：

```
$ cargo test
    Compiling add_one v0.1.0 (file:///projects/add/add_one)
    Compiling adder v0.1.0 (file:///projects/add/adder)
     Finished test [unoptimized + debuginfo] target(s) in 0.27s
      Running unittests src/lib.rs (target/debug/deps/add_one-f0253159197f7841)

running 1 test
test tests::it_works ... ok

test result: ok. 1 passed; 0 failed; 0 ignored; 0 measured; 0 filtered out;
finished in 0.00s

      Running unittests src/main.rs (target/debug/deps/adder-49979ff40686fa8e)

running 0 tests

test result: ok. 0 passed; 0 failed; 0 ignored; 0 measured; 0 filtered out;
finished in 0.00s

    Doc-tests add_one

running 0 tests

test result: ok. 0 passed; 0 failed; 0 ignored; 0 measured; 0 filtered out;
finished in 0.00s
```

输出的第一部分表明 add_one 包中的 it_works 测试通过了；第二部分表明指令在 adder 包中没有发现可用的测试；第三部分表明指令在 add_one 包中没有发现可用的文档测试。

我们同样可以在工作空间的根目录下，使用-p 参数和指定的包名来运行某个特定包的测试：

```
$ cargo test -p add_one
     Finished test [unoptimized + debuginfo] target(s) in 0.00s
      Running unittests src/lib.rs (target/debug/deps/add_one-b3235fea9a156f74)

running 1 test
test tests::it_works ... ok
```

```
test result: ok. 1 passed; 0 failed; 0 ignored; 0 measured; 0 filtered out;
finished in 0.00s

  Doc-tests add_one

running 0 tests

test result: ok. 0 passed; 0 failed; 0 ignored; 0 measured; 0 filtered out;
finished in 0.00s
```

这段新的输出信息显示，只有 add_one 包的测试得到了运行，而 adder 包
的测试没有被运行。

当你想要将工作空间中的各个包发布到 *crates.io* 上时，必须要将它们分别
发布。与 cargo test 相似，我们可以使用-p 参数和指定的包名来发布工作空间
中某个特定的包。

作为额外的练习，请试着模仿我们添加 add_one 包的方式，将 add_two 包
添加到这个工作空间中。

随着项目规模的逐渐增长，你可以考虑使用工作空间：独立短小的组件要
比繁复冗长的代码更容易理解一些。另外，当经常需要同时修改多个包时，将
它们放于同一个工作空间中也有助于协调同步。

使用 cargo install 安装二进制文件

cargo install 命令使我们可以在自己的计算机设备中安装和使用二进制单
元包。但需要注意的是，它不能被用来代替操作系统的包管理器。这一命令只
是为了便于 Rust 开发者获得其他人在 *crates.io* 上分享的工具。另外，你只能安
装那些带有二进制目标（binary target）的包。二进制目标其实就是一段可执行
程序，它们只有在包内存在 *src/main.rs* 文件或其他被指定为二进制程序入口的
文件时才会生成。这个概念与库目标（library target）相对应，库目标本身无法
单独运行，但非常适合被包含在其他程序中。大部分包都会在 *README* 文件中

说明自己是否拥有库目标，是否拥有二进制目标，或者是否两者皆有。

所有通过 cargo install 命令安装的二进制文件都会被存储在 Rust 安装根目录下的 *bin* 文件夹中。假如你在安装 Rust 的过程中使用了 rustup 且没有指定任何自定义配置，那么 *bin* 的路径就是 *$HOME/.cargo/bin*。为了能够直接运行使用 cargo install 安装的工具程序，我们需要将该路径添加到环境变量 $PATH 中。

例如，我们在第 12 章中曾经提到过一个使用 Rust 实现的 grep 工具 ripgrep（用于搜索文件的工具）。你可以运行如下所示的命令来安装 ripgrep：

```
$ cargo install ripgrep
    Updating crates.io index
 Downloaded ripgrep v13.0.0
 Downloaded 1 crate (243.3 KB) in 0.88s
 Installing ripgrep v13.0.0
  --略--
  Compiling ripgrep v13.0.0
  Finished release [optimized + debuginfo] target(s) in 3m 10s
 Installing ~/.cargo/bin/rg
  Installed package `ripgrep v13.0.0` (executable `rg`)
```

输出结果的倒数第二行显示了二进制文件的安装路径和名称，本例中的 ripgrep 被命名为 rg。只要像上面提到的那样将安装目录加入 $PATH 中，就可以接着运行 rg --help 来开始使用一个更快、更具 Rust 风格的文件搜索工具。

使用自定义命令扩展 Cargo 的功能

Cargo 允许你添加子命令来扩展它的功能而无须修改 Cargo 本身。只要 $PATH 路径中存在名为 cargo-something 的二进制文件，你就可以通过运行 cargo something 来运行该二进制文件，就好像它是 Cargo 的子命令一样。运行 cargo --list 可以列出所有与此类似的自定义命令。借助这一设计，我们可以使用 cargo install 来安装扩展，并把这些扩展视为内建的 Cargo 命令来运行。

总结

    Cargo 和 *crates.io* 共同构建出的代码分享机制，使得 Rust 的生态系统可以被用来应对不同类型的任务。虽然 Rust 的标准库小巧且稳定，但我们拥有的包易于分享与使用，它们可以随着时间不断地演化进步而不拘泥于语言本身的更新频率。请勇敢地将那些对你有用的代码分享到 *crates.io* 上吧，这极有可能会帮助到许许多多和你一样的开发者！

15

智能指针

指针（pointer）是一个通用概念，它指代那些包含内存地址的变量。这个地址被用于索引，或者说用于"指向"内存中的其他数据。Rust 中最常用的指针就是你在第 4 章中学习过的引用。引用是用&符号表示的，会借用它所指向的值。引用除了指向数据外没有任何其他功能，也没有任何额外的开销，它是 Rust 中最为常见的一种指针。

而智能指针（smart pointer）是一些数据结构，它们的行为类似于指针，但拥有额外的元数据和附加功能。智能指针的概念并不是 Rust 所独有的，它起源于 C++并被广泛地应用在多种语言中。Rust 在标准库中定义了一系列的智能指针，它们可以提供比引用更为强大的功能。为了理解其中的基础概念，我们会讨论一些不同的智能指针示例，包括一个基于引用计数的智能指针类型。这种指针会通过记录所有者的数量使一份数据被多个所有者同时持有，并在没有任何所有者时自动清理数据。

在拥有所有权和借用概念的 Rust 中，引用和智能指针之间还有一个差别：

引用是只借用数据的指针，而大多数智能指针本身就拥有它们指向的数据。

实际上，我们已经在本书中接触过好几种不同的智能指针了，例如第 8 章中的 String 与 Vec<T>。虽然我们没有刻意地提及智能指针这个称呼，但这两种类型都可以被算作智能指针，因为它们都拥有一片内存区域并允许用户对其进行操作。它们还拥有元数据，并可以提供额外的功能或保障。例如，String 存储了容量来作为元数据，另外，它还会保障自己的数据必定是合法的 UTF-8 编码。

我们通常会使用结构体来实现智能指针，但区别于一般的结构体，智能指针会实现 Deref 和 Drop 这两个 trait。Deref trait 使得智能指针结构体的实例拥有与引用一致的行为，它使你可以编写出能够同时用于引用和智能指针的代码。Drop trait 则使你可以自定义智能指针离开作用域时运行的代码。在本章中，我们会依次讨论这两个 trait，并通过演示来说明它们对于智能指针的重要性。

由于智能指针作为一种设计模式被相当频繁地应用到了 Rust 中，所以本章无法覆盖所有现存的智能指针类型。事实上，许多代码库都会提供它们自己的智能指针，你也可以选择自己编写用于满足特定用途的智能指针类型。接下来，我们会将讨论的重点集中到标准库中最为常见的那些智能指针上：

- Box<T>，可用于在堆上分配值。
- Rc<T>，允许多重所有权的引用计数类型。
- Ref<T>和 RefMut<T>，通过 RefCell<T>访问，是一种可以在运行时而不是编译时执行借用规则的类型。

另外，我们会在本章中介绍内部可变性（interior mutability）模式，使用了这一模式的不可变类型会暴露出能够改变自己内部值的 API。我们还会讨论循环引用导致内存泄漏的原因，并研究如何规避类似的问题。

让我们开始吧！

使用 Box<T>在堆上分配数据

装箱（box）是最为简单直接的一种智能指针，它的类型被写作 Box<T>。装箱使我们可以将数据存储在堆上，并在栈上保留一个指向堆数据的指针。你可以回顾第 4 章来复习一下栈与堆的区别。

除了将它们的数据存储在堆上而不是栈上，装箱没有其他任何性能开销。当然，它们也无法提供太多的额外功能。装箱常常被用于下面的场景中：

- 当你拥有一个无法在编译时确定大小的类型，但又想要在一个要求固定大小的上下文环境中使用这个类型的值时。
- 当你需要转移大量数据的所有权，但又不希望产生大量数据的复制行为时。
- 当你希望拥有一个实现了指定 trait 的类型值，但又不关心具体的类型时。

我们会在本章随后的"使用装箱定义递归类型"一节中演示第一种场景的应用示例。在第二种场景中，转移大量数据的所有权可能会花费较多的时间，因为需要在栈上对这些数据进行逐一复制。为了提高性能，你可以借助装箱将这些数据存储到堆上。通过这种方式，只需要在转移所有权时复制指针本身即可，而不必复制它指向的全部堆数据。第三种场景也被称作 trait 对象（trait object），我们会在第 17 章的"使用 trait 对象存储不同类型的值"一节中详细讨论它。本节介绍的内容将在第 17 章中再次用到！

使用 Box<T>在堆上存储数据

在开始讨论 Box<T>的堆存储用例前，我们先来了解一下它的语法，并学习如何与存储在其中的值进行交互。

示例 15-1 展示了如何使用装箱在堆上存储一个 i32 值。

```
src/main.rs    fn main() {
                   let b = Box::new(5);
```

```
    println!("b = {b}");
}
```

示例 15-1：使用装箱在堆上存储一个 i32 值

在这个示例中，我们定义了一个持有 Box 的值的变量 b，它指向了堆上的值 5。这段程序会在运行时输出 b = 5。代码中用来访问装箱数据的语法与访问栈数据的语法非常类似。另外，和其他任何拥有所有权的值一样，装箱会在离开自己的作用域时（也就是 b 到达 main 函数的结尾时）被释放。装箱被释放的东西除了有存储在栈上的指针，还有它指向的那些堆数据。

将单个值存放在堆上并没有太大的用处，所以你也不会经常这样使用装箱。在大部分情况下，我们都可以将类似的单个 i32 值默认存放在栈上。现在，让我们再来看一个例子，在该场景下只有使用装箱才能定义出我们所期望的类型。

使用装箱定义递归类型

Rust 必须在编译时知道每一种类型占用的空间大小，但有一种被称作递归类型（recursive type）的特殊类型却无法在编译时被确定具体大小。递归类型的值可以在自身存储另一个相同类型的值，因为这种嵌套在理论上可以无穷无尽地进行下去，所以 Rust 根本无法计算出一个递归类型需要占用的具体空间大小。但是，装箱有一个固定的大小，我们只需要在递归类型的定义中使用装箱便可以创建递归类型了。

下面来看一个递归类型的例子，一个在函数式编程语言中相当常见的数据类型：链接列表（cons list）。除了递归部分，我们将使用较为直接的方式来定义这个链接列表类型。本例中用到的概念，对于设计一些更为复杂的递归类型也是适用的。

有关链接列表的更多信息

链接列表是一种来自 Lisp 编程语言及其方言的数据结构，由嵌套的二元组构成。它的名字来自 Lisp 中的 cons 函数（也就是构造函数的英文缩写），这个函数会将两个参数构造为一个二元组。通过使用一个值和另一个二元组来调用 cons 函数，我们可以构造出一个由递归二元组形成的链接列表。

例如，下面的伪代码展示了一个包含有 1，2，3 的链接列表，其中的每一个二元组都被包裹在一对括号中：

```
(1, (2, (3, Nil)))
```

链接列表的每一项都包含了两个元素：当前项的值及下一项。列表中的最后一项是一个被称作 Nil 且不包含下一项的特殊值。我们通过反复调用 cons 函数来生成链接列表，并使用规范名称 Nil 来作为列表的终止标记。注意，这不同于在第 6 章中讨论过的 "null" 概念，Nil 并不是一个无效的或缺失的值。

尽管你在函数式编程语言中会高频率地用到链接列表，但它在 Rust 中其实并不常见。当你需要在 Rust 中持有一系列的元素时，在大部分情况下，Vec<T> 都会是一个更好的选择。确实有一些比链接列表更具有实用价值的递归数据类型，但它们的具体实现细节也更加复杂。为简单起见，我们就从链接列表着手，并将注意力集中到如何使用装箱来定义递归数据类型上。

示例 15-2 尝试使用枚举来定义一个链接列表。注意，这段代码暂时无法通过编译，因为还不能确定 List 类型的具体大小。

src/main.rs
```
enum List {
    Cons(i32, List),
    Nil,
}
```

示例 15-2：尝试使用枚举来表达一个持有 i32 值的链接列表数据类型

注意　作为示例，上面的代码仅仅实现了一个可以持有 i32 值的链接列表。但是，实际上，我们可以使用在第 10 章中讨论过的泛型来实现这一数据结构，并使它可以存储任意类型的值。

示例 15-3 演示了使用这个 List 类型来存储列表 1，2，3 的方法。

src/main.rs
```
// --略--

use crate::List::{Cons, Nil};

fn main() {
    let list = Cons(1, Cons(2, Cons(3, Nil)));
}
```

示例 15-3：使用 List 类型存储列表 1，2，3

第一个 Cons 变体包含了 1 和另一个 List 值。这个 List 值作为另一个 Cons 变体包含了 2 和另一个 List 值。这个 List 值依然是一个 Cons 变体，它包含了 3 和一个特殊的 List 值，也就是最终的非递归变体 Nil，它代表列表的结束。

如果我们试图编译示例 15-3 中的代码，则会观察到示例 15-4 中显示的错误提示信息。

```
error[E0072]: recursive type `List` has infinite size
 --> src/main.rs:1:1
  |
1 | enum List {
  | ^^^^^^^^^ recursive type has infinite size
2 |     Cons(i32, List),
  |               ---- recursive without indirection
  |
help: insert some indirection (e.g., a `Box`, `Rc`, or `&`) to make `List`
representable
  |
2 |     Cons(i32, Box<List>),
  |               ++++    +
```

示例 15-4：试图定义带有递归的枚举类型时发生的错误

上面的错误提示信息指出这个类型"拥有无限大小"，这是因为我们在定义 List 时引入了一个递归的变体，它直接持有另一个相同类型的值。这意味着 Rust 无法计算出存储一个 List 值需要消耗多大的空间。为了更好地理解这一问题，让我们先来看一看 Rust 是如何计算非递归类型所需占用的存储空间大小的。

计算一个非递归类型的大小

回忆一下我们在第 6 章中讨论枚举定义时示例 6-2 中定义的 Message 枚举：

```
enum Message {
    Quit,
    Move { x: i32, y: i32 },
    Write(String),
    ChangeColor(i32, i32, i32),
}
```

为了计算出 Message 值需要多大的存储空间，Rust 会遍历枚举中的每一个成员来找到需要最大空间的那个变体。在 Rust 看来，Message::Quit 不需要占用任何空间，Message::Move 需要存储两个 i32 值的空间，以此类推。因为在每个时间点只会有一个变体存在，所以 Message 值需要的空间大小也就是能够存储得下最大变体的空间大小。

现在，我们来模拟一下 Rust 在确定递归类型大小时发生的运算过程。以示例 15-2 中的 List 为例，编译器首先会检查 Cons 变体，并发现它持有一个 i32 类型的值和另一个 List 类型的值。因此，Cons 变体需要的空间也就等于一个 i32 值的大小加上一个 List 值的大小。为了确定 List 值所需的空间大小，编译器又会从 Cons 开始遍历其下的所有变体，这样的检查过程将永无尽头，如图 15-1 所示。

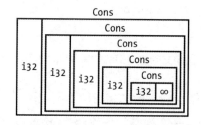

图 15-1：一个包含无限多 Cons 变体的无穷 List

使用 Box<T> 将递归类型的大小固定下来

由于 Rust 无法推断出递归类型需要的空间大小，所以编译器报出了一个错误，在错误信息中包含了一条有用的建议：

```
help: insert some indirection (e.g., a `Box`, `Rc`, or `&`) to make `List`
representable
  |
2 |     Cons(i32, Box<List>),
  |               ++++    +
```

建议中的 *indirection*（间接）意味着，我们应该改变数据结构来存储指向这个值的指针，而不是直接存储这个值。

因为 Box<T> 是一个指针，所以 Rust 总是可以确定一个 Box<T> 的具体大小。指针的大小总是恒定的，不会因为它指向的数据的大小而发生变化。这就意味着我们可以在 Cons 变体中存放一个 Box<T>，而不是直接存放另一个 List 值。Box<T> 则会指向下一个 List 值并将其存放在堆上，而不是直接存放在 Cons 变体中。从理论上讲，我们仍然拥有一个"持有"其他列表的列表，但现在的实现更像是一项挨着一项，而不是一项包含另一项。

修改示例 15-2 中关于 List 枚举的定义及示例 15-3 中有关 List 的用法，代码如示例 15-5 所示。现在，代码可以通过编译了。

src/main.rs
```rust
enum List {
    Cons(i32, Box<List>),
    Nil,
}

use crate::List::{Cons, Nil};

fn main() {
    let list = Cons(
        1,
        Box::new(Cons(
            2,
            Box::new(Cons(
```

```
            3,
            Box::new(Nil)
        ))
    ))
);
}
```

示例 15-5：为了拥有固定大小而使用 Box<T> 的 List 定义

新的 Cons 变体需要一部分存储 i32 的空间和一部分存储装箱指针数据的空间。另外，由于 Nil 变体没有存储任何值，所以它需要的空间比 Cons 变体的小。现在我们知道，任何 List 值都只需要占用一个 i32 值加上一个装箱指针数据的大小。通过使用装箱，我们打破了无限递归的过程，进而使编译器可以计算出存储一个 List 值需要多大的空间。现在，Cons 变体的结构如图 15-2 所示。

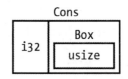

图 15-2：由于 Cons 持有 Box，现在的 List 不再具有无限大小了

与我们即将学习的其他智能指针相比，除了间接访问内存和堆分配，装箱没有提供其他任何特殊功能，也自然没有这些特殊功能附带的性能开销。因此，装箱正好能够被用在类似于链接列表这类仅仅需要间接访问的场景中。我们会在第 17 章中见到有关装箱的更多应用实例。

Box<T> 属于智能指针的一种，因为它实现了 Deref trait，从而允许我们将 Box<T> 的值当作引用来对待。当一个 Box<T> 值离开作用域时，因为它实现了 Drop trait，所以 Box<T> 指向的堆数据会自动地被清理释放掉。这两个 trait 同样被用到了随后讨论的其他智能指针中，它们对实现某些功能起到了至关重要的作用。因此，让我们先来更深入地了解这两个 trait。

通过 Deref trait 将智能指针视作常规引用

实现 Deref trait 使我们可以自定义解引用运算符（dereference operator）*的行为（这个符号也被用作乘法运算符和通配符）。通过实现 Deref，我们可以将智能指针视作常规引用来进行处理。这就意味着，原本用于处理引用的代码可以不加修改地用于处理智能指针。

首先，让我们来看一看解引用运算符作用于常规引用时的效果。然后，我们会尝试编写一个与 Box<T> 拥有类似行为的自定义类型，并进一步分析为什么无法对这个自定义类型进行解引用操作。接着，我们还会学习如何通过实现 Deref trait 使智能指针拥有类似于引用的行为。最后，我们将讨论 Rust 的解引用转换（deref coercion）特性，并观察它会如何影响我们使用引用或智能指针。

注意　本节将要构建的 MyBox<T> 并不会将数据存储在堆上，它与实际的 Box<T> 有着显著的差异。这是因为我们希望在这个示例中专注于讨论有关 Deref 的细节，并模拟类似于指针的行为，至于将数据存储在何处则没有那么重要。

跳转到指针指向的值

常规引用就是一种类型的指针。你可以将指针形象地理解为一个箭头，它会指向存储在别处的某个值。在示例 15-6 中，我们创建了一个 i32 值的引用，然后通过解引用运算符跳转至该引用指向的值。

src/main.rs
```
fn main() {
❶ let x = 5;
❷ let y = &x;

❸ assert_eq!(5, x);
❹ assert_eq!(5, *y);
}
```

示例 15-6：使用解引用运算符跟踪 i32 值的引用

这段代码中的变量 x 存储了一个 i32 值 5 ❶，并在变量 y 中存储了 x 的引

用 ❷。我们可以直接断言，这里的 x 与 5 相等 ❸。但是，当我们想要断言变量 y 中的值时，就必须使用*y 来跟踪引用并跳转到它指向的值（也就是解引用），从而使得编译器可以比较实际的值 ❹。在对 y 进行解引用后，我们得到了 y 指向的整数值，并将它与 5 进行比较。

假如将上面的代码改写为 assert_eq!(5, y);，则会触发编译错误：

```
error[E0277]: can't compare `{integer}` with `&{integer}`
 --> src/main.rs:6:5
  |
6 |     assert_eq!(5, y);
  |     ^^^^^^^^^^^^^^^^ no implementation for `{integer} ==
&{integer}`
  |
  = help: the trait `PartialEq<&{integer}>` is not implemented
for `{integer}`
```

由于数值和引用是两种不同的类型，所以不能直接比较这两者。我们必须使用解引用运算符来跳转到引用指向的值。

把 Box<T>当成引用来操作

我们可以使用 Box<T>来代替示例 15-6 中的引用；示例 15-7 中对 Box<T>进行的解引用操作，就如同示例 15-6 中对引用进行的解引用操作。

src/main.rs
```
fn main() {
    let x = 5;
❶   let y = Box::new(x);

    assert_eq!(5, x);
❷   assert_eq!(5, *y);
}
```

示例 15-7：对 Box<i32>进行解引用操作

示例 15-7 与示例 15-6 之间的主要区别就在于，这里我们将 y 设置为一个指向 x 值拷贝的装箱指针，而不是一个指向 x 值本身的引用 ❶。在最后的断言中

❷，我们依然可以使用解引用运算符来跟踪装箱指针，正如跟踪引用一样。接下来，我们会实现一个自定义的装箱类型，并借此来研究为什么对 Box<T>能够进行解引用操作。

定义我们自己的智能指针

让我们先来构建一个类似于 Box<T>类型的智能指针，并体会在默认行为下智能指针与常规引用之间的差异。接着，我们来学习如何使它可以使用解引用运算符。

Box<T>类型最终被定义为一个拥有单元素的元组结构体，示例 15-8 以相同的方式定义了一个 MyBox<T>类型。除此之外，我们还定义了一个与 Box<T>的 new 函数作用类似的 new 函数。

src/main.rs ❶
```
struct MyBox<T>(T);

impl<T> MyBox<T> {
❷ fn new(x: T) -> MyBox<T> {
❸     MyBox(x)
    }
}
```

示例 15-8：定义一个 MyBox<T>类型

上面的代码定义了一个名为 MyBox 的结构体。在结构体的定义中附带了一个泛型参数 T ❶，因为我们希望它能够存储任意类型的值。MyBox 是一个拥有 T 类型单元素的元组结构体。它的关联函数 MyBox::new 接收一个 T 类型的参数 ❷，并返回一个存储了传入的值的 MyBox 实例作为结果 ❸。

让我们试着将示例 15-7 中的 main 函数添加到示例 15-8 中，并使用新定义的 MyBox<T>类型替换 Box<T>。示例 15-9 中的代码暂时无法通过编译，因为 Rust 还不知道应该如何解引用 MyBox。

src/main.rs
```
fn main() {
    let x = 5;
```

```
    let y = MyBox::new(x);

    assert_eq!(5, x);
    assert_eq!(5, *y);
}
```

示例 15-9：以类似于使用引用和 Box<T> 的方式来使用 MyBox<T>

编译后出现如下所示的错误：

```
error[E0614]: type `MyBox<{integer}>` cannot be dereferenced
  --> src/main.rs:14:19
   |
14 |     assert_eq!(5, *y);
   |                   ^^
```

因为我们没有为 MyBox<T> 类型实现解引用功能，所以这个解引用操作还无法生效。为了使用*运算符完成解引用操作，我们需要实现 Deref trait。

实现 Deref trait

正如在第 10 章的"为类型实现 trait"一节中所讨论的那样，为了实现某个 trait，我们需要为该 trait 的方法指定具体的行为。而标准库中的 Deref trait 要求我们实现一个名为 deref 的方法，该方法会借用 self 并返回一个指向内部数据的引用。示例 15-10 为 MyBox<T> 实现了 Deref。

src/main.rs
```
use std::ops::Deref;

impl<T> Deref for MyBox<T> {
 ❶ type Target = T;

    fn deref(&self) -> &Self::Target {
      ❷ &self.0
    }
}
```

示例 15-10：为 MyBox<T> 实现 Deref

type Target = T;语法 ❶ 定义了 Deref trait 的一个关联类型。关联类型是一种稍微有些不同的泛型参数定义方式，我们会在第 19 章中对这一特性进行深入的讨论，现在先忽略它就好。

我们在 deref 的方法体中填入了&self.0，这意味着 deref 会返回一个指向值的引用，进而允许调用者通过*运算符访问值 ❷。我们在第 5 章的"使用不需要对字段命名的元组结构体来创建不同的类型"一节中提到过，.0 会访问当前元组结构体中的第一个值。示例 15-9 中对 MyBox<T>值调用*的 main 函数，现在可以正常通过编译并断言成功！

在没有 Deref trait 的情形下，编译器只能对&形式的常规引用执行解引用操作。deref 方法使编译器可以从任何实现了 Deref 的类型中获取值，并能够调用 deref 方法来获得一个可以进行解引用操作的引用。

我们在示例 15-9 中编写的*y 会被 Rust 隐式地展开为：

```
*(y.deref())
```

Rust 将*运算符替换为 deref 方法和一个朴素的解引用操作，从而免去了我们思考是否需要调用 deref 方法的必要。这一特性使我们可以用完全相同的方式编写代码来处理常规引用及实现了 Deref trait 的类型。

所有权系统决定了 deref 方法需要返回一个引用，而*(y.deref())的最外层依然需要一个朴素的解引用操作。假设 deref 方法直接返回了值，而不是指向值的引用，那么这个值就会被移出 self。在大多数使用解引用运算符的场景下，我们并不希望获得 MyBox<T>内部值的所有权。

需要注意的是，这种将*运算符替换为 deref 方法和一个朴素的*运算符的过程，对代码中的每个*都只会进行一次。因为对*运算符的替换不会无穷尽地递归下去，所以我们才能在代码中得到 i32 类型的值，并与示例 15-9 中 assert_eq!的 5 相匹配。

函数和方法的隐式解引用转换

解引用转换（deref coercion）可以将某个实现了 Deref trait 的类型的引用转换为另一个类型的引用。比如，解引用转换可以将&String 转换为&str，因为 String 实现了 Deref trait 来返回&str。解引用转换是 Rust 为函数和方法的参数提供的一种便捷特性，并且只作用于那些实现了 Deref trait 的类型。当我们将某个特定类型值的引用作为参数传递给函数或方法，但传入的类型与参数类型不一致时，解引用转换就会自动发生。编译器会插入一系列的 deref 方法调用，将我们提供的类型转换为参数所需的类型。

Rust 通过实现解引用转换功能，使程序员在调用函数或方法时无须多次显式地使用&和*运算符来进行引用与解引用操作。这一特性还使我们可以编写出更多的能够同时作用于常规引用和智能指针的代码。

为了观察解引用转换的实际效果，让我们使用示例 15-8 中的 MyBox<T>类型及示例 15-10 中的 Deref 实现来进行演示。示例 15-11 展示了一个接收字符串切片作为参数的函数定义。

src/main.rs
```
fn hello(name: &str) {
    println!("Hello, {name}!");
}
```

示例 15-11：接收一个类型为&str 的参数 name 的 hello 函数

借助解引用转换特性，我们既可以将字符串切片作为参数传入 hello 函数，例如 hello("Rust")，也可以将 MyBox<String>值的引用传入 hello 函数，如示例 15-12 所示。

src/main.rs
```
fn main() {
    let m = MyBox::new(String::from("Rust"));
    hello(&m);
}
```

示例 15-12：解引用转换特性使我们可以将 MyBox<String>值的引用传入 hello 函数

在上面的代码中，我们将参数&m 传入了 hello 函数，而&m 正是一个指向 MyBox<String>值的引用。因为我们在示例 15-10 中为 MyBox<T>实现了 Deref trait，所以 Rust 可以通过调用 deref 将&MyBox<String>转换为&String。因为标准库为 String 提供的 Deref 实现会返回字符串切片（在 Deref 的 API 文档中可以看到这一信息），所以 Rust 可以继续调用 deref 将&String 转换为&str，并最终与 hello 函数的定义相匹配。

如果 Rust 没有实现解引用转换功能，那么为了将&MyBox<String>类型的值传入 hello 函数，就不得不用示例 15-13 中的代码来代替示例 15-12 中的代码。

src/main.rs
```
fn main() {
    let m = MyBox::new(String::from("Rust"));
    hello(&(*m)[..]);
}
```

示例 15-13：如果 Rust 没有实现解引用转换功能，就必须编写这样的代码

代码中的(*m)首先对 MyBox<String>进行解引用得到 String，然后通过&和[..]来获取包含整个 String 的字符串切片，以便匹配 hello 函数的签名。缺少了解引用转换的代码会充斥着这类符号，从而变得更加难以阅读、编写和理解。解引用转换使 Rust 可以为我们自动处理这些转换过程。

只要代码涉及的类型实现了 Deref trait，Rust 就会自动分析类型并不断尝试插入 Deref::deref 来获得与参数类型匹配的引用。因为这一分析过程会在编译时完成，所以解引用转换不会在运行时产生任何额外的性能开销！

解引用转换与可变性

使用 Deref trait 能够重载不可变引用的*运算符。与之类似，使用 DerefMut trait 能够重载可变引用的*运算符。

Rust 会在类型与 trait 实现满足下面 3 种情形时执行解引用转换：

1. 当出现 T: Deref<Target=U>时，允许&T 转换为&U。

2. 当出现 T: DerefMut<Target=U>时，允许&mut T 转换为&mut U。

3. 当出现 T: Deref<Target=U>时，允许&mut T 转换为&U。

前两种情形除可变性之外是完全相同的。其中，情形一意味着，如果 T 实现了类型 U 的 Deref trait，那么&T 就可以被直接转换为&U；情形二意味着，同样的解引用转换过程会作用于可变引用。

情形三则有些微妙：Rust 会将一个可变引用自动转换为不可变引用。但这个过程绝对不会逆转，也就是说，不可变引用永远不可能转换为可变引用。因为按照借用规则，如果存在一个可变引用，那么它就必须是唯一的引用（否则程序将无法通过编译）。将一个可变引用转换为不可变引用肯定不会破坏借用规则，但将一个不可变引用转换为可变引用则要求这个引用必须是唯一的，而借用规则无法保证这一点。因此，Rust 无法将不可变引用转换为可变引用视为一个合理的操作。

借助 Drop trait 在清理时运行代码

对智能指针模式十分重要的另一个 trait 就是 Drop，它允许我们在变量离开作用域时执行某些自定义操作。你可以为任意类型实现一个 Drop trait，它常常被用来释放诸如文件、网络连接等资源。

我们之所以选择在智能指针的上下文中介绍 Drop，是因为几乎每一种智能指针的实现都会用到这一 trait。例如，Box<T>通过自定义 Drop 来释放装箱指针指向的堆内存空间。

对于某些语言的某些类型而言，开发者必须在使用完这些类型的实例后手动释放内存或资源，比如文件句柄、套接字，或者互斥锁。一旦他们忘记这件事情，系统就可能会出现资源泄漏并最终引发过载崩溃。而在 Rust 中，你可以为值指定其离开作用域时需要运行的代码，而编译器会自动将这些代码插入合适的地方。因此，你不用在程序中众多的实例销毁处放置清理代码——不会产生任何资源泄漏。

你可以通过实现 Drop trait 来指定值离开作用域时需要运行的代码。Drop trait 要求实现一个接收 self 可变引用作为参数的 drop 函数。为了观察 Rust 何时会调用 drop，让我们先来实现一个带有 println! 输出的 drop 函数。

示例 15-14 中定义了一个 CustomSmartPointer 结构体，它唯一的功能是在离开作用域时打印一行文本：Dropping CustomSmartPointer with data `{}`!。通过这个示例，我们可以观察到 Rust 调用 drop 函数的时间。

src/main.rs
```rust
struct CustomSmartPointer {
    data: String,
}

❶ impl Drop for CustomSmartPointer {
    fn drop(&mut self) {
        ❷ println!(
            "Dropping CustomSmartPointer with data `{}`!",
            self.data
        );
    }
}

fn main() {
    ❸ let c = CustomSmartPointer {
        data: String::from("my stuff"),
    };
    ❹ let d = CustomSmartPointer {
        data: String::from("other stuff"),
    };
    ❺ println!("CustomSmartPointers created.");
❻ }
```

示例 15-14：为 CustomSmartPointer 结构体实现存放清理代码的 Drop trait

这段代码没有显式地将 Drop trait 引入作用域，因为它已经被包含在预导入模块中。我们为 CustomSmartPointer 结构体实现了 Drop trait ❶，并在 drop 方法中调用了 println! ❷，打印出来的文本可以用来展示 Rust 调用 drop 函数的时间。实际上，任何你想要在类型实例离开作用域时运行的逻辑都可以放在 drop 函数体内。

在 main 函数中，我们创建了两个 CustomSmartPointer 实例 ❸ ❹ 并打印了一行文本：CustomSmartPointers created.❺。在 main 函数的结尾处 ❻，当两个 CustomSmartPointer 实例离开作用域时，Rust 会自动调用我们在 drop 方法中放置的代码 ❷，打印出最终的信息，而无须显式地调用 drop 方法。

运行这段程序，可以看到如下所示的输出结果：

```
CustomSmartPointers created.
Dropping CustomSmartPointer with data `other stuff`!
Dropping CustomSmartPointer with data `my stuff`!
```

Rust 在实例离开作用域时自动调用了我们编写的 drop 代码。因为变量的丢弃顺序与创建顺序相反，所以 d 在 c 之前被丢弃。这个例子应该能够较为直观地演示出 drop 方法的运行机制；当然，在实际的开发中，你通常需要为指定类型执行清理逻辑，而不是打印文本。

遗憾的是，我们无法直接禁用自动 drop 功能。当然，禁用 drop 通常也没有任何必要，因为 Drop trait 存在的意义就是为了完成自动释放的逻辑。不过，我们倒是常常会碰到需要提前清理一个值的情形。其中一个例子就是使用智能指针管理锁时：我们可能希望强制运行 drop 方法来提前释放锁，从而允许同一作用域内的其他代码来获取它。Rust 并不允许我们手动调用 Drop trait 的 drop 方法；但是，我们可以调用标准库中的 std::mem::drop 函数来提前清理一个值。

假如我们修改了示例 15-14 中的 main 函数，以便手动调用 Drop trait 的 drop 方法，如示例 15-15 所示，那么这段代码就会在编译时出现错误。

src/main.rs
```
fn main() {
    let c = CustomSmartPointer {
        data: String::from("some data"),
    };
```

```
    println!("CustomSmartPointer created.");
    c.drop();
    println!(
        "CustomSmartPointer dropped before the end of main."
    );
}
```

示例 15-15：试图调用 Drop trait 的 drop 方法来提前清理一个值

编译这段代码，会产生如下所示的错误：

```
error[E0040]: explicit use of destructor method
  --> src/main.rs:16:7
   |
16 |     c.drop();
   |     --^^^^--
   |     | |
   |     | explicit destructor calls not allowed
   |     help: consider using `drop` function: `drop(c)`
```

这条错误提示信息表明，我们不能显式地调用 drop。错误提示信息中使用了一个专有名词——析构函数（destructor），这个通用的编程概念被用来指代可以清理实例的函数，它与创建实例的构造函数（constructor）相对应。而 Rust 中的 drop 函数正是这样一个析构函数。

因为 Rust 已经在 main 函数结尾的地方自动调用了 drop，所以它不允许我们再次显式地调用 drop。这种行为会导致重复释放（double free）错误，因为 Rust 试图对同一个值清理两次。

我们既不能在一个值离开作用域时禁止自动插入 drop，也不能显式地调用 drop 方法。因此，如果必须要提前清理一个值，我们就需要使用 std::mem::drop 函数。

std::mem::drop 函数不同于 Drop trait 中的 drop 方法。我们需要手动调用这个函数，并将需要提前丢弃的值作为参数传入。因为该函数被放置在了预导入模块中，所以我们可以修改示例 15-15 中的 main 函数来直接调用 drop 函数，如示例 15-16 所示。

src/main.rs
```
fn main() {
    let c = CustomSmartPointer {
        data: String::from("some data"),
    };
    println!("CustomSmartPointer created.");
    drop(c);
    println!(
        "CustomSmartPointer dropped before the end of main."
    );
}
```

示例 15-16：在值离开作用域前，调用 std::mem::drop 来显式地丢弃它

运行这段代码，会输出如下所示的内容：

```
CustomSmartPointer created.
Dropping CustomSmartPointer with data `some data`!
CustomSmartPointer dropped before the end of main.
```

文本消息 Dropping CustomSmartPointer with data `some data`!被打印在了 CustomSmartPointer created.和 CustomSmartPointer dropped before the end of main.之间，这说明 drop 方法的确被调用了，c 在预期的位置被丢弃了。

你可以使用不同的方式来实现 Drop trait，从而使清理工作更为方便和安全。你甚至可以使用它来实现自定义的内存分配器！借助 Drop trait 和 Rust 的所有权系统，开发者可以将清理现场的工作完全交由 Rust 来执行，它会自动处理好这类琐碎的任务。

你也无须担心正在使用的值会被意外地清理掉：所有权系统会保证所有的引用有效，而 drop 只会在确定不再使用这个值时被调用一次。

现在，我们已经学习了 Box<T>和智能指针的部分特点，接下来，让我们来看一看标准库中提供的一些其他智能指针。

基于引用计数的智能指针 Rc<T>

在大多数情况下，所有权都是清晰的：对于一个给定的值，你可以准确地判断出哪个变量拥有它。但在某些场景中，单个值也可能同时被多个所有者持有。例如，在图数据结构中，多条边可能会指向相同的节点，而这个节点从概念上来讲就同时属于所有指向它的边。一个节点只要有任意指向它的边存在就不应该被清理掉。

你必须显式地使用 Rust 提供的 Rc<T> 类型来支持多重所有权，其名称中的 Rc 是引用计数（reference counting）的英文缩写。Rc<T> 类型的实例会在内部维护一个用于记录值引用次数的计数器，从而确认这个值是否仍在使用。如果一个值的引用次数为零，那么就意味着这个值可以被安全地清理掉，而不会触发引用失效的问题。

你可以将 Rc<T> 想象成客厅中的电视。一个人进入客厅并打开电视后，其他所有进入客厅的人就都可以直接观看电视节目了。电视会一直保持开启状态，直到最后一个人离开时关闭，因为不再需要使用电视了。假如你在其他人观看节目时关闭电视，那么就一定会被这些人声讨！

当你希望将堆上的一些数据分享给程序的多个部分同时使用，而又无法在编译期确定哪一部分会最后释放这些数据时，就可以使用 Rc<T> 类型。相反，如果你能够在编译期确定哪一部分会最后释放数据，那么只需要让这一部分成为数据的所有者即可，仅仅靠编译期的所有权规则也可以保证程序的正确性。

需要注意的是，Rc<T> 只能被用于单线程场景中。我们会在第 16 章中讨论并发时再来研究如何在多线程程序中使用引用计数。

使用 Rc<T>共享数据

我们曾经在示例 15-5 的链接列表程序中使用过 Box<T>。这一次，我们会创建两个列表，并让它们同时持有第三个列表的所有权，结构如图 15-3 所示。

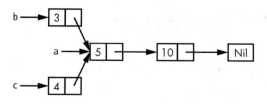

图 15-3：b 和 c 两个列表同时持有第三个列表 a 的所有权

我们首先会创建一个包含 5 和 10 的列表 a，然后创建另外两个列表：以 3 开始的 b 和以 4 开始的 c。b 和 c 两个列表会连接至包含了 5 和 10 的列表 a。换句话说，b 和 c 这两个列表将会共享第一个列表 a 中的 5 和 10。

使用基于 Box<T> 定义的 List 无法实现这样的场景，示例 15-17 中的代码无法正常运行。

src/main.rs

```
enum List {
    Cons(i32, Box<List>),
    Nil,
}

use crate::List::{Cons, Nil};

fn main() {
    let a = Cons(5, Box::new(Cons(10, Box::new(Nil))));
❶ let b = Cons(3, Box::new(a));
❷ let c = Cons(4, Box::new(a));
}
```

示例 15-17：Box<T> 无法让两个列表同时持有第三个列表的所有权

尝试编译这段代码，会出现如下所示的错误：

```
error[E0382]: use of moved value: `a`
  --> src/main.rs:11:30
   |
9  |     let a = Cons(5, Box::new(Cons(10, Box::new(Nil))));
   |         - move occurs because `a` has type `List`, which
does not implement the `Copy` trait
10 |     let b = Cons(3, Box::new(a));
   |                              - value moved here
```

```
11 |        let c = Cons(4, Box::new(a));
   |                              ^ value used here after move
```

Cons 变体持有它所存储的数据。因此，当我们创建列表 b 时 ❶，整个列表 a 会被移动至 b 中。换句话说，列表 b 持有了列表 a 的所有权。当我们随后再次尝试使用 a 来创建列表 c 时 ❷，就会出现编译错误，因为 a 已经被移走了。

我们当然可以改变 Cons 的定义，让它持有一个引用而不是所有权，并为其指定对应的生命周期参数。但这个生命周期参数会要求列表中所有元素的存活时间都至少要和列表本身的一样长。示例 15-17 中的元素与列表也许能够满足这个条件，但它们并不适用于所有的场景。

另一种解决方案是，我们可以将 List 中的 Box<T>修改为 Rc<T>，如示例 15-18 所示。在这段新的代码中，每个 Cons 变体都会持有一个值和一个指向 List 的 Rc<T>。我们只需要在创建 b 的过程中克隆 a 的 Rc<List>智能指针即可，而不再需要获取 a 的所有权。这会使 a 和 b 可以共享 Rc<List>数据的所有权，并使智能指针中的引用计数从 1 增加到 2。随后，我们在创建 c 时，也会同样克隆 a 并将引用计数从 2 增加到 3。每次调用 Rc::clone 时都会使引用计数增加，而 Rc<List>智能指针中的数据只有在引用计数减少到 0 时才会被真正地清理掉。

src/main.rs
```
enum List {
    Cons(i32, Rc<List>),
    Nil,
}

use crate::List::{Cons, Nil};
❶ use std::rc::Rc;

fn main() {
  ❷ let a = Rc::new(Cons(5, Rc::new(Cons(10, Rc::new(Nil)))));
  ❸ let b = Cons(3, Rc::clone(&a));
  ❶ let c = Cons(4, Rc::clone(&a));
}
```

示例 15-18：使用 Rc<T>定义 List

由于 Rc<T>没有被包含在预导入模块中，所以我们必须使用 use 语句将它引入作用域❶。在 main 函数中，我们首先创建了一个包含 5 和 10 的列表，并将这个新建的 Rc<List>存入 a 中❷。随后，在创建 b ❸ 和 c ❹ 时，我们调用的 Rc::clone 函数会接收 a 中 Rc<List>的引用作为参数。

你可以在这里调用 a.clone()而不是 Rc::clone(&a)来实现同样的效果，但 Rust 的惯例是在此场景下使用 Rc::clone，因为 Rc::clone 不会执行数据的深度拷贝操作，这与绝大多数类型实现的 clone 方法明显不同。调用 Rc::clone 只会增加引用计数，而这不会花费太多的时间。与此相对的是，深度拷贝则常常需要花费大量的时间来搬运数据。因此，在引用计数上调用 Rc::clone，可以让开发者一眼就区分开"深度拷贝"与"增加引用计数"这两种完全不同的克隆行为。当你需要定位存在性能问题的代码时，就可以忽略 Rc::clone，而只需要审查深度拷贝克隆行为即可。

克隆 Rc<T>会增加引用计数

接下来，让我们继续修改示例 15-18 中的代码，来观察 Rc<List>在创建和丢弃引用时的引用计数变化情况。

在示例 15-19 中，在 main 函数中创建了一个被包裹在内部作用域中的列表 c，让我们来看一看 c 离开作用域时引用计数会发生怎样的变化。

src/main.rs

```
// --略--

fn main() {
    let a = Rc::new(Cons(5, Rc::new(Cons(10, Rc::new(Nil)))));
    println!(
        "count after creating a = {}",
        Rc::strong_count(&a)
    );
    let b = Cons(3, Rc::clone(&a));
    println!(
        "count after creating b = {}",
        Rc::strong_count(&a)
```

```
    );
    {
        let c = Cons(4, Rc::clone(&a));
        println!(
            "count after creating c = {}",
            Rc::strong_count(&a)
        );
    }
    println!(
        "count after c goes out of scope = {}",
        Rc::strong_count(&a)
    );
}
```

示例 15-19：打印引用计数

在每一个引用计数发生变化的地方，我们都调用 Rc::strong_count 函数来读取引用计数并将它打印出来。这个函数之所以被命名为 strong_count（强引用计数）而不是 count（计数），是因为 Rc<T>类型还拥有一个 weak_count（弱引用计数）函数。我们会在随后的"使用 Weak<T>代替 Rc<T>避免循环引用"一节中详细介绍在什么情况下使用 weak_count。

运行这段代码，可以观察到如下所示的输出结果：

```
count after creating a = 1
count after creating b = 2
count after creating c = 3
count after c goes out of scope = 2
```

我们能够看到 a 存储的 Rc<List>拥有初始引用计数 1，并在随后每次调用 clone 时都加 1。而当 c 离开作用域被丢弃时，引用计数减 1。我们不需要像调用 Rc::clone 来增加引用计数一样，手动调用某个函数来减少引用计数：Rc<T>的 Drop trait 实现会在 Rc<T>离开作用域时自动将引用计数减 1。

在这段输出中，我们没有观察到 b 和 a 在 main 函数末尾离开作用域时的情形，但它们会让计数器的值减少到 0，并使 Rc<List>被彻底地清理掉。使用 Rc<T>可以使单个值拥有多个所有者，引用计数机制则保证了这个值会在其拥有的所有者存活时一直有效，并在所有者全部离开作用域时被自动清理掉。

通过不可变引用，Rc<T>使你可以在程序的多个部分之间共享只读数据。如果 Rc<T>也允许你持有多个可变引用的话，那么它就会违反在第 4 章中讨论过的其中的一条借用规则：多个指向同一区域的可变借用会导致数据竞争及数据不一致。但在实际开发中，允许数据可变无疑是非常有用的！因此，我们接下来将要讨论内部可变性模式及 RefCell<T>类型，将该类型与 Rc<T>结合使用可以绕开不可变的限制。

RefCell<T>和内部可变性模式

内部可变性（interior mutability）是 Rust 的设计模式之一，它允许你在只持有不可变引用的前提下对数据进行修改；通常而言，类似的行为会被借用规则所禁止。为了能够改变数据，内部可变性模式在它的数据结构中使用了 unsafe（不安全）代码来绕过 Rust 正常的可变性和借用规则。不安全代码告知 Rust，我们想要手动检查这些规则，而不需要编译器替我们进行检查；在第 19 章中，我们会更加深入地讨论不安全代码。

只有当我们能够确定自己不会违反借用规则，而编译器却无法保证这一点时，才可以使用内部可变性模式。在实现过程中涉及的那些 unsafe 代码会被妥善地封装在安全的 API 内，而从外部来看类型本身依然是不可变的。

接下来，我们会讨论一个使用了内部可变性模式的类型：RefCell<T>。

使用 RefCell<T>在运行时检查借用规则

与 Rc<T>不同，RefCell<T>类型代表了其持有数据的唯一所有权。那么，RefCell<T>和 Box<T>的区别究竟在哪里呢？让我们回忆一下在第 4 章中学习过的借用规则：

- 在任何给定的时间里，你要么只能拥有一个可变引用，要么只能拥有任意数量的不可变引用。
- 引用总是有效的。

对于引用和 Box<T> 来说，借用规则的不变性是在编译时确定的。而对于 RefCell<T> 来说，这些规则的不变性则只会在运行时进行检查。破坏了规则的引用会导致编译错误；而破坏了规则的 RefCell<T> 会引发程序发生 panic，进而退出。

将借用规则的检查放在编译时有许多优势：不仅会帮助我们在开发阶段尽早地暴露问题，而且不会带来任何运行时的开销，因为所有的检查都已经提前执行完毕。因此，对于大多数场景而言，在编译时检查借用规则都是最佳的选择，这也正是 Rust 将编译时检查作为默认行为的原因。

而在运行时检查借用规则可以使我们实现某些特定的内存安全场景，即便这些场景无法通过编译时检查。静态分析（static analysis），正如 Rust 编译器一样，从本质上讲是保守的。并不是程序中所有的属性都能够通过分析代码来得出，其中最为经典的例子莫过于停机问题（halting problem）。有关它的讨论超出了本书的范畴，但这是一个非常值得研究的有趣的话题。

因为某些分析是根本无法完成的，所以 Rust 编译器会简单地拒绝所有不符合所有权规则的代码，哪怕这些代码没有任何问题。Rust 编译器的保守正体现于此。一旦 Rust 放行了某个有问题的程序，用户就会对 Rust 所做的安全性保证失去信任！虽然拒绝某些正确的程序会对开发者造成不便，但至少这样不会产生灾难性的后果。在这类编译器无法理解代码，但开发者可以保证借用规则能够满足的情况下，RefCell<T> 便有了它的用武之地。

与 Rc<T> 相似，RefCell<T> 只能被用于单线程场景中。强行将它用于多线程环境中会产生编译时错误。我们在第 16 章中会继续讨论如何在多线程程序中使用 RefCell<T> 的功能。

下面是选择使用 Box<T>、Rc<T>还是 RefCell<T>的依据：

- Rc<T>允许一份数据有多个所有者，而 Box<T>和 RefCell<T>都只允许有一个所有者。
- Box<T>允许在编译时检查可变或不可变的借用，Rc<T>仅允许在编译时检查不可变借用，RefCell<T>允许在运行时检查可变或不可变的借用。
- 由于 RefCell<T>允许在运行时检查可变借用，所以即便 RefCell<T>本身是不可变的，我们也能够更改其中存储的值。

内部可变性模式允许用户更改一个不可变值的内部数据。下面我们会讨论一个具有实际作用的内部可变性场景，并研究一下它的工作机制。

内部可变性：可变地借用一个不可变的值

借用规则的一个推论是，你无法可变地借用一个不可变的值。例如，下面这段代码就无法通过编译：

src/main.rs
```
fn main() {
    let x = 5;
    let y = &mut x;
}
```

尝试编译这段代码，会产生如下所示的错误：

```
error[E0596]: cannot borrow `x` as mutable, as it is not declared
as mutable
 --> src/main.rs:3:13
  |
2 |     let x = 5;
  |         - help: consider changing this to be mutable: `mut x`
3 |     let y = &mut x;
  |             ^^^^^^ cannot borrow as mutable
```

然而，在某些特定情况下，我们也会需要一个值在对外保持不可变性的同时能够在其方法内部修改自身。除了这个值本身的方法，其余的代码依然不能修改这个值。使用 RefCell<T>就是获得这种内部可变性的一种方式。不过，RefCell<T>并没有完全绕开借用规则：虽然我们使用内部可变性通过了编译阶段的借用规则检查，但仅仅是把借用规则检查的工作延后到了运行阶段。如果你违反了借用规则，就会得到一个 panic!，而不再只是编译时的错误。

让我们来编写一个实际运用 RefCell<T>修改不可变值的例子，并观察它在其中起到的作用。

内部可变性的应用场景：模拟对象

有些时候，程序员会在测试过程中使用一个类型来替代另一个类型，以便观察特定的行为并断言它的实现是正确的。这种占位类型也就是所谓的测试替身（test double）。你可以把它想象成影视制作中的替身演员，他们会在某些时刻进入镜头并替代演员完成一些高难度挑战。而测试替身会在运行测试时替代其他某些类型。模拟对象（mock object）指代测试替身中某些特定的类型，它们会承担起记录测试过程的工作。我们可以利用这些记录来断言测试工作的运行是否正确。

Rust 没有和其他语言中类似的对象概念，也没有在标准库中提供模拟对象的测试功能。但是，我们可以自行定义一个结构体来实现与模拟对象相同的功能。

设计的测试场景如下：我们希望开发一个记录并对比当前值与最大值的库，它会基于当前值与最大值之间的接近程度向外传递信息。例如，这个库可以记录用户调用不同 API 的次数，并将其与设置的调用限额进行比较。

我们只会在这个库中记录当前值与最大值之间的接近程度，以及决定何时显示何种信息。使用这个库的应用程序需要自行实现发送信息的功能，例如，在应用程序中打印信息、发送电子邮件、发送短信等。我们会提供一个 Messenger trait 供外部代码来实现这些功能，而使库本身不需要关心这些细节。这个库的源代码如示例 15-20 所示。

```
src/lib.rs   pub trait Messenger {
           ❶ fn send(&self, msg: &str);
             }

             pub struct LimitTracker<'a, T: Messenger> {
                 messenger: &'a T,
                 value: usize,
                 max: usize,
             }

             impl<'a, T> LimitTracker<'a, T>
             where
                 T: Messenger,
             {
                 pub fn new(
                     messenger: &'a T,
                     max: usize
                 ) -> LimitTracker<'a, T> {
                     LimitTracker {
                         messenger,
                         value: 0,
                         max,
                     }
                 }

             ❷ pub fn set_value(&mut self, value: usize) {
                     self.value = value;

                     let percentage_of_max =
                         self.value as f64 / self.max as f64;

                     if percentage_of_max >= 1.0 {
                         self.messenger
                             .send("Error: You are over your quota!");
                     } else if percentage_of_max >= 0.9 {
                         self.messenger
                             .send("Urgent: You're at 90% of your quota!");
                     } else if percentage_of_max >= 0.75 {
                         self.messenger
                             .send("Warning: You're at 75% of your quota!");
                     }
                 }
             }
```

示例 15-20：这个库会记录当前值与最大值之间的接近程度，并根据不同的程度输出警告信息这段代码的一个重点是 Messenger trait，其唯一的方法 send 可以接收 self 的不可变引用和一条文本消息作为参数 ❶。为了让模拟对象能够像真正的对象一样被使用，我们创建的模拟对象需要实现这个 trait 接口。另一个重点则是 LimitTracker 的 set_value 方法，我们需要对这个方法的行为进行测试 ❷。我们可以尝试改变 value 参数的值来进行测试，但 set_value 不会返回任何可供断言的结果。实际上，我们需要在测试中确定的是，当某段程序使用一个实现了 Messenger trait 的值与一个 max 值来创建 LimitTracker 实例时，传入的不同的 value 值能够触发 messenger 发送不同的信息。

在调用 send 时，我们的模拟对象只需要将收到的信息存档记录即可，而不需要真的去发送电子邮件或短信。使用模拟对象创建 LimitTracker 实例后，便可以通过调用 set_value 方法来检查模拟对象中是否存储了我们希望看到的信息。按照这一思路实现模拟对象如示例 15-21 所示，注意，这段代码还无法通过借用规则检查。

```
src/lib.rs   #[cfg(test)]
             mod tests {
                 use super::*;

             ❶ struct MockMessenger {
                 ❷ sent_messages: Vec<String>,
                 }

                 impl MockMessenger {
                 ❸ fn new() -> MockMessenger {
                         MockMessenger {
                             sent_messages: vec![],
                         }
                     }
                 }

             ❹ impl Messenger for MockMessenger {
                     fn send(&self, message: &str) {
                     ❺ self.sent_messages.push(String::from(message));
                     }
                 }
```

```
    #[test]
❻ fn it_sends_an_over_75_percent_warning_message() {
        let mock_messenger = MockMessenger::new();
        let mut limit_tracker = LimitTracker::new(
            &mock_messenger,
            100
        );

        limit_tracker.set_value(80);

        assert_eq!(mock_messenger.sent_messages.len(), 1);
    }
}
```

示例 15-21：尝试实现的 MockMessenger 在编译时无法通过借用规则检查

这段测试代码定义的 MockMessenger 结构体 ❶ 拥有一个 sent_messages 字段，它用携带 String 值的动态数组 ❷ 来记录所有接收到的信息。我们还定义了关联函数 new ❸ 来方便地创建一个不包含任何消息的新的 MockMessenger 实例。接着，我们为 MockMessenger 实现了 Messenger trait ❹，从而使它可以被用于创建 LimitTracker。在 send 方法的定义中 ❺，参数中的消息文本会被存入 sent_messages 的 MockMessenger 列表中。

在测试函数中，我们希望检查 LimitTracker 在当前值 value 超过最大值 max 的 75% 时的行为 ❻。首先，我们创建了一个信息列表为空的 MockMessenger 实例，并使用它的引用及最大值 100 作为参数来创建 LimitTracker。随后，我们调用了 LimitTracker 的 set_value 方法，并将值 80 传入该方法，这个值超过了最大值 100 的 75%。最后，我们断言 MockMessenger 的信息列表中存在一条被记录下来的信息。

尝试编译这段测试代码，会出现如下所示的错误：

```
error[E0596]: cannot borrow `self.sent_messages` as mutable, as it is behind a
`&` reference
  --> src/lib.rs:58:13
```

```
  |
2 |       fn send(&self, msg: &str);
  |                ----- help: consider changing that to be a mutable reference:
`&mut self`
...
58 |           self.sent_messages.push(String::from(message));
  |           ^^^^^^^^^^^^^^^^^^^^^^^^^^^^^^^^^^^^^^^^^^^^^^^ `self` is a
`&` reference, so the data it refers to cannot be borrowed as mutable
```

由于 send 方法接收了 self 的不可变引用，所以我们无法修改 MockMessenger 的内容来记录信息。我们也无法按照编译器在错误提示信息中给出的建议将函数签名修改为&mut self，因为修改后的签名与 Messenger trait 定义的 send 的签名不符（你可以自行尝试进行这样的修改并观察出现的错误）。

这就是一个内部可变性能够大显身手的场景！只要将 sent_messages 存入 RefCell<T>中，send 方法就可以修改 sent_messages 来存储我们看到的信息了！修改后的代码如示例 15-22 所示。

```
src/lib.rs  #[cfg(test)]
            mod tests {
                use super::*;
                use std::cell::RefCell;

                struct MockMessenger {
                  ❶ sent_messages: RefCell<Vec<String>>,
                }

                impl MockMessenger {
                    fn new() -> MockMessenger {
                        MockMessenger {
                          ❷ sent_messages: RefCell::new(vec![]),
                        }
                    }
                }

                impl Messenger for MockMessenger {
                    fn send(&self, message: &str) {
                        self.sent_messages
                          ❸ .borrow_mut()
```

```
            .push(String::from(message));
        }
    }

    #[test]
    fn it_sends_an_over_75_percent_warning_message() {
        // --略--

        assert_eq!(
        ❶ mock_messenger.sent_messages.borrow().len(),
            1
        );
    }
}
```

示例 15-22：在保持外部值不可变的前提下，使用 RefCell<T>来修改内部存储的值

sent_messages 字段的类型现在变成了 RefCell<Vec<String>> ❶，而不再是 Vec<String>。在 new 函数中，我们使用空的动态数组创建了一个新的 RefCell<Vec<String>>实例 ❷。

对于send方法的实现，其第一个参数依然是self的不可变借用，以便与trait的定义保持一致。随后，我们调用了 RefCell<Vec<String>> 类型的 self.sent_messages 的 borrow_mut 方法 ❸，来获取 RefCell<Vec<String>>内部值（也就是动态数组）的可变引用。接着，我们便可以在动态数组的可变引用上调用 push 方法来存入数据，从而将已发送信息记录在案。

最后，我们还需要稍微修改一下断言语句。为了查看内部动态数组的长度，我们需要先调用 RefCell<Vec<String>>的 borrow 方法来获取动态数组的不可变引用 ❶。

在了解了如何使用 RefCell<T>后，让我们来继续研究它是如何工作的！

使用 RefCell<T>在运行时记录借用信息

我们会在创建不可变引用和可变引用时分别使用&与&mut 语法。对于

RefCell<T>而言，我们需要使用 borrow 和 borrow_mut 方法来实现类似的功能，这两者都被作为 RefCell<T>的安全接口提供给用户。borrow 方法会返回 Ref<T>智能指针，而 borrow_mut 方法会返回 RefMut<T>智能指针。由于这两种智能指针都实现了 Deref，所以我们可以把它们当作常规引用来对待。

RefCell<T>会记录当前存在多少个活跃的 Ref<T>和 RefMut<T>智能指针。每次调用 borrow 方法时，RefCell<T>都会将活跃的不可变借用的计数加 1；而在任何一个 Ref<T>的值离开作用域被释放时，都会将不可变借用的计数减 1。RefCell<T>会基于这一技术来维护和编译时同样的借用规则：在任何给定的时间里，它只允许你拥有多个不可变借用或一个可变借用。

当我们违背了借用规则时，相比于常规引用导致的编译时错误，RefCell<T>的实现会在运行时触发 panic。在示例 15-23 中，稍微修改了一下示例 15-22 中的 send 函数。这段新代码故意在同一个作用域中创建了两个同时有效的可变借用，以便演示 RefCell<T>在运行时会如何阻止这一行为。

src/lib.rs
```
impl Messenger for MockMessenger {
    fn send(&self, message: &str) {
        let mut one_borrow = self.sent_messages.borrow_mut();
        let mut two_borrow = self.sent_messages.borrow_mut();

        one_borrow.push(String::from(message));
        two_borrow.push(String::from(message));
    }
}
```

示例 15-23：在同一个作用域中创建两个可变引用，这会使 RefCell<T>引发 panic

我们首先创建了一个 RefMut<T>类型的 one_borrow 变量来存储 borrow_mut 返回的结果，随后使用同样的方式在 two_borrow 变量中创建了另一个可变借用。这使得同一个作用域中出现了两个可变引用，这种情形是不被允许的。示例 15-23 中的代码可以顺利地通过编译，但在测试运行时会失败：

```
---- tests::it_sends_an_over_75_percent_warning_message stdout ----
thread 'main' panicked at 'already borrowed: BorrowMutError', src/lib.rs:60:53
note: run with `RUST_BACKTRACE=1` environment variable to display a backtrace
```

注意，这段代码触发了 panic 并输出信息 already borrowed：BorrowMutError，这是 RefCell<T>在运行时处理违反借用规则的代码的方法。

选择在运行时而不是编译时捕获借用错误，正如此处的做法，这意味着我们很有可能到开发后期才得以发现问题，甚至是将问题暴露到生产环境中。另外，代码也会因为在运行时记录借用的数量而产生些许性能损失。但不管怎么样，RefCell<T>都能够在不可变的环境中修改自身的数据，从而允许我们编写出能够记录信息的不可变模拟对象。只要能够做出正确的取舍，你就可以借助RefCell<T>来完成某些常规引用无法完成的功能。

结合使用 Rc<T>和 RefCell<T>来实现拥有多重所有权的可变数据

将 RefCell<T>和 Rc<T>结合使用是一种很常见的用法。Rc<T>允许多个所有者持有同一份数据，但只能提供针对该数据的不可变访问。如果我们在 Rc<T>内存储了 RefCell<T>，那么就可以定义出拥有多个所有者且能够进行修改的值了。

让我们以示例 15-18 中定义的链接列表为例，它使用 Rc<T>让多个列表共享同一个列表的所有权。由于 Rc<T>只能存储不可变值，所以列表一经创建，其中的值就无法再修改了。现在，让我们在 Cons 定义中使用 RefCell<T>来实现修改现有列表内值的功能，如示例 15-24 所示。

```
src/main.rs   #[derive(Debug)]
              enum List {
                  Cons(Rc<RefCell<i32>>, Rc<List>),
                  Nil,
              }

              use crate::List::{Cons, Nil};
              use std::cell::RefCell;
              use std::rc::Rc;

              fn main() {
              ❶ let value = Rc::new(RefCell::new(5));
```

```
❷ let a = Rc::new(Cons(Rc::clone(&value), Rc::new(Nil)));

  let b = Cons(Rc::new(RefCell::new(3)), Rc::clone(&a));
  let c = Cons(Rc::new(RefCell::new(4)), Rc::clone(&a));

❸ *value.borrow_mut() += 10;

  println!("a after = {:?}", a);
  println!("b after = {:?}", b);
  println!("c after = {:?}", c);
}
```

示例 15-24：使用 Rc<RefCell<i32>>创建一个可变的 List

在 main 函数中，我们首先创建了一个 Rc<RefCell<i32>>实例，并将它暂时存入 value 变量中 ❶，以便之后可以直接访问。接着，我们使用含有 value 的 Cons 变体创建了一个 List 类型的变量 a ❷。为了确保 a 和 value 同时持有内部值 5 的所有权，这里的代码还克隆了 value，而不仅仅是将 value 的所有权传递给 a，或者让 a 借用 value。

与示例 15-18 类似，为了让随后创建的列表 b 和 c 能够同时指向 a，我们将 a 封装到了 Rc<T>中。

在创建完 a、b、c 这 3 个列表后，我们通过调用 borrow_mut 将 value 指向的值增加 10 ❸。注意，这里使用了自动解引用功能（在第 5 章中讨论过）将 Rc<T> 解引用为 RefCell<T>。borrow_mut 方法会返回一个 RefMut<T>智能指针，我们可以使用解引用运算符来修改其内部值。

打印 a、b、c 这 3 个列表，可以看到它们存储的值都从 5 变成了 15：

```
a after = Cons(RefCell { value: 15 }, Nil)
b after = Cons(RefCell { value: 3 }, Cons(RefCell { value: 15 }, Nil))
c after = Cons(RefCell { value: 4 }, Cons(RefCell { value: 15 }, Nil))
```

这种实现方法非常简单明了！通过使用 RefCell<T>，我们拥有的 List 保持了表面上的不可变状态，并能够在必要时借由 RefCell<T>提供的方法来修改其内部存储的数据。运行时的借用规则检查同样能够帮助我们避免数据竞争，在某些场景下，为了必要的灵活性而牺牲一些运行时性能也是值得的。需要注意的是，RefCell<T>不能被用于多线程代码中！Mutex<T>是一个线程安全版本的RefCell<T>，我们会在第 16 章中讨论它。

循环引用会造成内存泄漏

Rust 提供的内存安全保障使我们很难在程序中意外地制造出永远不会得到释放的内存空间（也就是所谓的内存泄漏），但这也并非不可能。与数据竞争不同，在编译期彻底防止内存泄漏并不是 Rust 做出的保证之一，这也意味着内存泄漏在 Rust 中是一种内存安全行为。通过使用 Rc<T>和 RefCell<T>，我们可以看到 Rust 是如何产生内存泄漏的：我们能够创建出相互引用成环状的实例。由于环中每一个指针的引用计数都不可能减少到 0，所以对应的值也不会被释放丢弃，这就造成了内存泄漏。

创建循环引用

让我们来看一看循环引用是如何发生的，再来学习如何才能避免它。示例15-25 中的代码定义了一个 List 枚举，以及它的 tail 方法。

src/main.rs

```
use crate::List::{Cons, Nil};
use std::cell::RefCell;
use std::rc::Rc;

#[derive(Debug)]
enum List {
❶ Cons(i32, RefCell<Rc<List>>),
    Nil,
}

impl List {
❷ fn tail(&self) -> Option<&RefCell<Rc<List>>> {
        match self {
            Cons(_, item) => Some(item),
```

```
            Nil => None,
        }
    }
}
```

示例 15-25：一个使用 RefCell<T>定义的链接列表，使我们可以修改 Cons 变体指向的内容

　　这里的 List 枚举与示例 15-5 中的稍微有些区别。Cons 变体中的第二个元素变成了 RefCell<Rc<List>> ❶，这就意味着我们现在可以灵活地修改 Cons 变体指向的下一个 List 值，而不再像示例 15-24 一样修改 i32 值了。为了能够较为方便地访问 Cons 变体中的第二个元素，我们还专门添加了 tail 方法 ❷。

　　在示例 15-26 中，为示例 15-25 中定义的代码添加了一个 main 函数。这段代码首先创建了一个普通的列表 a 和一个指向 a 的列表 b；随后，又将列表 a 修改为指向 b，如此便可以形成一个循环引用。中间添加的那些 println!语句，可以让你观察到代码在运行至各个阶段后引用计数的具体值。

src/main.rs
```
fn main() {
❶   let a = Rc::new(Cons(5, RefCell::new(Rc::new(Nil))));

    println!("a initial rc count = {}", Rc::strong_count(&a));
    println!("a next item = {:?}", a.tail());

❷   let b = Rc::new(Cons(10, RefCell::new(Rc::clone(&a))));

    println!(
        "a rc count after b creation = {}",
        Rc::strong_count(&a)
    );
    println!("b initial rc count = {}", Rc::strong_count(&b));
    println!("b next item = {:?}", b.tail());

❸   if let Some(link) = a.tail() {
❶       *link.borrow_mut() = Rc::clone(&b);
    }

    println!(
        "b rc count after changing a = {}",
        Rc::strong_count(&b)
    );
```

```
    println!(
        "a rc count after changing a = {}",
        Rc::strong_count(&a)
    );

    // 取消下面的注释行便可以观察到循环引用，它会造成栈的溢出
    // println!("a next item = {:?}", a.tail());
}
```

示例 15-26：构造出一个循环引用，它由两个相互指向对方的 List 组成

在这段代码中，我们首先创建出一个 Rc<List>实例并将其存储至变量 a 中，其中的 List 被赋予了初始值 5，Nil ❶。随后，我们又创建出一个 Rc<List>实例并将其存储至变量 b 中，其中的 List 包含值 10 及指向列表 a 的指针 ❷。

接下来，我们将 a 指向的下一个元素 Nil 修改为 b 来创建出循环。为了实现这一修改，我们需要调用 tail 方法来得到 a 的 RefCell<Rc<List>>值的引用并将它暂存在变量 link 中 ❸。接着，我们使用 RefCell<Rc<List>>的 borrow_mut 方法将 Rc<List>中存储的值由 Nil 修改为 b 中存储的 Rc<List> ❹。

保留最后一行 println!的注释并运行程序，你会看到如下所示的结果：

```
a initial rc count = 1
a next item = Some(RefCell { value: Nil })
a rc count after b creation = 2
b initial rc count = 1
b next item = Some(RefCell { value: Cons(5, RefCell { value: Nil }) })
b rc count after changing a = 2
a rc count after changing a = 2
```

在完成 a 指向 b 的操作后，这两个 Rc<List>实例的引用计数就都变成了 2。而在 main 函数的结尾处，Rust 会先丢弃 b，从而使得 b 存储的 Rc<List>实例的引用计数从 2 减少至 1。这个 Rc<List>在堆上的内存不会在此时得到释放，因为它的引用计数仍然是 1 而不是 0。接着 Rust 丢弃了 a，这同样会将 a 存储的 Rc<List>实例的引用计数从 2 减少至 1。这个实例的内存也得不到释放，因为另一个 Rc<List>实例依然在引用它。List 申请的内存将永远得不到释放。我们绘

制了图 15-4 来图形化演示这一循环引用的情形。

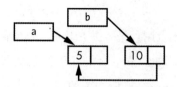

图 15-4：列表 a 和 b 相互指向的循环引用

假如去除最后一行 println!的注释并再次运行程序，那么 Rust 会在尝试将这个循环引用打印出来的过程中反复循环执行从 a 跳转至 b，再从 b 跳转至 a，直到发生栈溢出为止。

相比于生产环境中的程序，我们在这个示例中创建出的循环引用并不会产生特别严重的后果：整个程序在循环引用出现后没多久就结束了。但对于一个逻辑更复杂的程序而言，在循环引用中分配并长时间持有大量内存会让程序不断消耗掉超过业务所需的内存，这样的漏洞可能会导致内存逐步消耗殆尽并最终拖垮整个系统。

在 Rust 中创建出循环引用并不是特别容易，但也绝非不可能。如果你的程序中存在包含了 RefCell<T>的 Rc<T>或其他联用了内部可变性与引用计数指针的情形，那么你就需要自行确保不会在代码中创建出循环引用；Rust 的特性对这样的场景无能为力。创建出循环引用意味着代码逻辑出现了 bug，你可以通过自动化测试、代码评审及其他的软件开发手段来尽可能地避免这些 bug。

避免循环引用的另一种解决方案是重新组织数据结构，将引用拆分为持有所有权和不持有所有权两种情形。因此，在形成的环状实例中，你可以让某些指向关系持有所有权，并让另外某些指向关系不持有所有权。只有持有所有权的指向关系才会影响到某个值是否能够被释放。在示例 15-25 中，由于我们总是想让 Cons 变体持有它们的列表，所以也就没有办法重新组织数据结构。让我们来观察一个由父子节点组成的图状数据结构，并思考非所有权关系是如何帮助我们避免循环引用的。

使用 Weak<T>代替 Rc<T>来避免循环引用

到目前为止，我们已经演示了如何通过调用 Rc::clone 来增加 Rc<T>实例的 strong_count 引用计数，并指出 Rc<T>实例只有在 strong_count 计数值为 0 时才会被清理。除此之外，我们还可以通过调用 Rc::downgrade 函数并传入 Rc<T>的引用创建出 Rc<T>实例中值的弱引用。强引用可以被我们用来共享一个 Rc<T>实例的所有权。弱引用则不会表达所有权关系，它们的计数也不会影响一个 Rc<T>实例被清理的时机。一旦强引用计数减为 0，任何由弱引用组成的循环就会被打破。因此，弱引用不会造成循环引用。

当你调用 Rc::downgrade 时，你会获得一个 Weak<T>类型的智能指针。这个调用还会将 Rc<T>中的 weak_count 计数值增加 1，而不会增加 strong_count 值。Rc<T>类型使用 weak_count 来记录有多少个 Weak<T>引用存在，与 strong_count 类似。它们的区别就在于 Rc<T>实例被清理时并不需要 weak_count 计数值回到 0。

由于无法确定 Weak<T>引用的值是否已经被丢弃了，所以需要在使用 Weak<T>指向的值之前确保它依然存在。你可以通过调用 Weak<T>实例的 upgrade 方法来完成这一验证。此方法返回的 Option<Rc<T>>会在 Rc<T>值依然存在时表达为 Some，而在 Rc<T>值被释放时表达为 None。由于 upgrade 返回的是 Option<Rc<T>>类型，所以 Rust 能够保证 Some 和 None 两个分支都得到妥善的处理，而不会产生无效指针之类的问题。

作为示例，相较于仅仅指向下一个元素的列表，我们将会创建一个树状数据结构体，它的每个节点都能够指向自己的父节点与全部的子节点。

创建树状数据结构体：带有子节点的 Node

首先，我们会创建一个能够指向子节点的 Node 结构体，它可以存储一个 i32 值及指向所有子节点的引用：

```
use std::cell::RefCell;
use std::rc::Rc;

#[derive(Debug)]
struct Node {
    value: i32,
    children: RefCell<Vec<Rc<Node>>>,
}
```

我们希望 Node 持有自身所有的子节点并通过变量来共享它们的所用权，以便可以直接访问树中的每个 Node。因此，我们将 Vec<T> 的元素定义为 Rc<Node> 类型的值。由于我们还希望能够灵活地修改节点的父子关系，所以在 children 字段中使用 RefCell<T> 包裹 Vec<Rc<Node>> 来实现内部可变性。

接着，我们将使用这个结构体定义一个值为 3 且没有子节点的 Node 实例，并将它作为叶节点存入 leaf 变量中。随后，我们还会再定义一个值为 5 且将 leaf 作为子节点的 branch 实例，如示例 15-27 所示。

```
fn main() {
    let leaf = Rc::new(Node {
        value: 3,
        children: RefCell::new(vec![]),
    });

    let branch = Rc::new(Node {
        value: 5,
        children: RefCell::new(vec![Rc::clone(&leaf)]),
    });
}
```

示例 15-27：创建 leaf 叶节点和包含 leaf 子节点的 branch 节点

我们克隆了 leaf 的 Rc<Node> 实例，并将它存入 branch 中。这意味着 leaf 中的 Node 现在分别拥有了 leaf 与 branch 两个所有者。我们可以使用 branch.children 从 branch 访问 leaf，但反之暂时还不行。这是因为 leaf 并不持有 branch 的引用，它甚至对两个节点之间存在父子关系的事实一无所知。接下来，我们会修改代码让 leaf 指向自己的父节点。

增加子节点指向父节点的引用

为了让子节点意识到父节点的存在,我们为 Node 结构体添加了一个 parent 字段。这里的麻烦在于决定 parent 究竟应该使用哪种类型。Rc<T>这种类型肯定不是一个好的选择,因为它会创建出循环引用:在 branch.children 指向 leaf 的同时使 leaf.parent 指向 branch,会导致两者的 strong_count 值都无法归 0。

现在换一种思路来考虑此处的父子节点关系:父节点自然应该拥有子节点的所有权,因为当父节点被丢弃时,子节点也应当随之被丢弃。但子节点却不应该拥有父节点,父节点的存在性不会因为丢弃子节点而受到影响。这正是应当使用弱引用的场景!因此,我们会采用 Weak<T>,也就是本例中的 RefCell<Weak<Node>>类型,而不是 Rc<T>来定义 parent。新的 Node 结构体定义如下所示:

src/main.rs
```
use std::cell::RefCell;
use std::rc::{Rc, Weak};

#[derive(Debug)]
struct Node {
    value: i32,
    parent: RefCell<Weak<Node>>,
    children: RefCell<Vec<Rc<Node>>>,
}
```

这样一来,一个节点便可以指向其父节点却不拥有其父节点。在示例 15-28 中,我们根据这段定义更新了 main 函数,使 leaf 节点指向了自己的父节点 branch。

src/main.rs
```
fn main() {
    let leaf = Rc::new(Node {
        value: 3,
❶     parent: RefCell::new(Weak::new()),
        children: RefCell::new(vec![]),
    });

❷   println!(
        "leaf parent = {:?}",
```

```
        leaf.parent.borrow().upgrade()
    );

    let branch = Rc::new(Node {
        value: 5,
❸     parent: RefCell::new(Weak::new()),
        children: RefCell::new(vec![Rc::clone(&leaf)]),
    });

❹   *leaf.parent.borrow_mut() = Rc::downgrade(&branch);

❺   println!(
        "leaf parent = {:?}",
        leaf.parent.borrow().upgrade()
    );
}
```

示例 15-28：leaf 节点持有一个指向其父节点 branch 的弱引用

除了 parent 字段，创建 leaf 节点的代码与示例 15-27 中的代码区别不大。由于 leaf 一开始不存在父节点，所以我们创建了一个空的 Weak<Node>引用实例来初始化 parent 字段 ❶。

此时，如果使用 upgrade 方法来获得指向 leaf 的父节点的引用，那么就会得到一个 None 值。我们可以从第一条 println! 语句的输出中观察到这一现象 ❷：

```
leaf parent = None
```

因为 branch 没有父节点，所以我们在创建 branch 时将 parent 字段同样设置为一个空的 Weak<Node>引用 ❸。随后，我们依然将 leaf 作为 branch 的子节点。在 branch 创建完毕后，我们就可以修改 leaf 来增加指向父节点的 Weak<Node>引用了 ❹。为了实现这一目的，我们通过 RefCell<Weak<Node>>的 borrow_mut 方法取出 leaf 中 parent 字段的可变借用。随后，我们使用 Rc::downgrade 函数来获取 branch 中 Rc<Node>的 Weak<Node>引用，并将它存入 leaf 的 parent 字段中。

当我们再次打印 leaf 的父节点时 ❺，便可以看到一个包含了 branch 实际内容的 Some 变体。这意味着现在 leaf 可以访问父节点了！另外，现在打印 leaf 还可以避免示例 15-26 中因循环引用而导致的栈溢出故障，因为 Weak<Node>引用会被直接打印为(Weak)。

```
leaf parent = Some(Node { value: 5, parent: RefCell { value: (Weak) },
children: RefCell { value: [Node { value: 3, parent: RefCell { value: (Weak) },
children: RefCell { value: [] } }] } })
```

有限的输出意味着代码中没有产生循环引用。这一结论同样可以通过观察 Rc::strong_count 和 Rc::weak_count 的计数值得出。

显示 strong_count 和 weak_count 的计数值的变化

接下来，我们会创建一个新的内部作用域并将 branch 的创建过程移动到这个作用域中，然后看一看 Rc<Node>实例的 strong_count 和 weak_count 的计数值会发生什么样的变化。我们可以通过这一实验观察到 branch 在创建和丢弃时发生的操作。修改后的代码如示例 15-29 所示。

src/main.rs
```
fn main() {
    let leaf = Rc::new(Node {
        value: 3,
        parent: RefCell::new(Weak::new()),
        children: RefCell::new(vec![]),
    });

❶   println!(
        "leaf strong = {}, weak = {}",
        Rc::strong_count(&leaf),
        Rc::weak_count(&leaf),
    );

❷   {
        let branch = Rc::new(Node {
            value: 5,
            parent: RefCell::new(Weak::new()),
            children: RefCell::new(vec![Rc::clone(&leaf)]),
        });
```

```
    *leaf.parent.borrow_mut() = Rc::downgrade(&branch);

❸ println!(
        "branch strong = {}, weak = {}",
        Rc::strong_count(&branch),
        Rc::weak_count(&branch),
    );

❹ println!(
        "leaf strong = {}, weak = {}",
        Rc::strong_count(&leaf),
        Rc::weak_count(&leaf),
    );
❺ }

❻ println!(
      "leaf parent = {:?}",
      leaf.parent.borrow().upgrade()
    );
❼ println!(
      "leaf strong = {}, weak = {}",
      Rc::strong_count(&leaf),
      Rc::weak_count(&leaf),
    );
}
```

示例 15-29：在内部作用域中创建 branch 并观察强引用和弱引用的计数

leaf 中的 Rc<Node>在创建完毕后，其强引用计数为 1，弱引用计数为 0 ❶。随后，在内部作用域 ❷ 中，我们创建了 branch 并将它与 leaf 关联起来，此时 ❸ branch 中 Rc<Node>的强引用计数为 1，弱引用计数也为 1（因为 leaf.parent 通过 Weak<Node>指向了 branch）。我们在打印 leaf 的计数时 ❹ 可以观察到，它的强引用计数变成了 2，因为 branch 在创建过程中克隆了 leaf 变量的 Rc<Node>，并将它存入自己的 branch.children 中。此时，leaf 的弱引用计数仍然为 0。

当内部作用域结束时 ❺，branch 会离开作用域并使 Rc<Node>的强引用计数减为 0, 从而导致该 Node 被丢弃。虽然此时 branch 的弱引用计数因为 leaf.parent 的指向依然为 1, 但这并不会影响到 Node 是否被丢弃。这段代码没有产生任何内存泄漏!

试图在作用域结束后访问 leaf 的父节点会得到一个 None 值 ❻。当程序结束时 ❼, 由于只有 leaf 变量指向了存储在自身中的 Rc<Node>, 所以这个 Rc<Node> 的强引用计数为 1。

所有这些用于管理引用计数及值释放的逻辑都被封装到了 Rc<T> 与 Weak<T> 类型, 以及它们对 Drop trait 的具体实现中。通过在 Node 定义中将子节点指向父节点的关系定义为一个 Weak<T> 引用, 可以避免在父子节点指向彼此的同时产生循环引用或内存泄漏。

总结

本章介绍了如何使用智能指针来实现不同于 Rust 常规引用的功能保障与取舍。Box<T> 类型拥有固定的大小并指向堆上分配的数据。Rc<T> 类型通过记录堆上数据的引用次数, 使该数据可以拥有多个所有者。RefCell<T> 类型则通过其内部可变性模式, 使我们可以修改一个不可变类型的内部值; 它会在运行时而不是编译时承担起维护借用规则的责任。

我们还讨论了实现智能指针功能不可或缺的 Deref 和 Drop 这两个 trait。最后, 我们探讨了会触发内存泄漏的循环引用问题, 以及如何使用 Weak<T> 来避免它们。

如果本章的内容引起了你的兴趣, 你希望立即开始实现智能指针的话, 那么可以参考 Rust 官方网站上的 *The Rustonomicon* 来获得更多有用的信息。

接下来, 我们将开始讨论 Rust 中的并发。你甚至能够在其中学习到几种新的智能指针。

16

无畏并发

安全且高效地处理并发编程是 Rust 的另一个主要目标。并发编程（concurrent programming）与并行编程（parallel programming）这两种概念随着计算机设备的多核心化而变得越来越重要。前者允许程序中的不同部分相互独立地运行，后者则允许程序中的不同部分同时运行。从历史上看，在这类场景下进行编程往往是非常困难且易于出错的，而 Rust 希望改变这种情形。

　　Rust 团队曾经认为保证内存安全和防止并发问题是两个截然不同的挑战，我们需要使用不同的方法来解决它们。但是随着时间的推移，开发团队发现所有权和类型系统这套强有力的工具集能够同时帮助我们管理内存安全及并发问题！借助所有权和类型检查，许多并发问题都可以在 Rust 中暴露为编译时错误而不是运行时错误。因此，相比于在运行时遭遇并发缺陷后花费大量时间来重现特定的问题场景，Rust 编译器会直接拒绝不正确的代码并给出解释问题的错误提示信息。这使得代码中的并发缺陷可以在开发过程中被及时修复，而不必等到它们被发布至生产环境中后暴露出来。我们为 Rust 的这一特性起了一个昵称：无畏并发（fearless concurrency）。无畏并发可以让你编写出没有诡异缺陷的代码，并且易于重构而不会引入新的缺陷。

注意　为简单起见，我们将很多问题都概括地称作并发问题，而不是更精确地区分为并发问题和并行问题。如果本书是一本专门讨论并发和并行的书，我们会将两者明确地区分开来。但就本章而言，请读者在见到"并发"一词时自行按照并发或并行来进行理解。

在许多语言中，用来解决并发问题的方案都是较为教条的。例如，Erlang 提供了一套优雅的消息传递并发特性，但却没有提供可以在线程间共享状态的简单方法。对于高级语言来说，只支持全部解决方案的一部分是完全可以理解的设计策略。因为高级语言往往会通过放弃部分控制能力来获得有益于用户的抽象。但是，底层语言则被期望在任何场景下都可以提供一套性能最佳的解决方案，并对硬件建立尽可能少的抽象。因此，Rust 提供了多种建模问题的工具来应对不同的场景和需求。我们会在本章中讨论以下话题：

- 如何创建线程来同时运行多段代码。
- 使用通道在线程间发送消息的消息传递式并发。
- 允许多个线程访问同一片数据的共享状态式并发。
- Sync trait 与 Send trait，能够将 Rust 的并发保证从标准库中提供的类型扩展至用户自定义类型。

使用线程同时运行代码

在大部分现代操作系统中，执行程序的代码会运行在进程（process）中，操作系统会同时管理多个进程。类似地，程序内部也可以拥有多个同时运行的独立部分，用来运行这些独立部分的就叫作线程（thread）。例如，网页服务器通常都有多个线程来同时响应多个请求。

由于多个线程可以同时运行，所以将程序中的计算操作拆分至多个线程可以提高性能。但这也增加了程序的复杂度，因为不同的线程在运行过程中具体顺序是无法确定的。这可能会导致一系列问题，比如：

- 当多个线程以不一致的顺序访问数据或资源时产生的竞争状态（race condition）。
- 当两个线程同时尝试获取对方持有的资源时产生的死锁（deadlock），它会导致这两个线程无法继续运行。
- 只会出现在特定情形下且难以稳定重现和修复的 bug。

尽管 Rust 试图减轻使用线程带来的负面影响，但在多线程场景下进行编程依然需要格外小心。这种编程模型使用的代码结构不同于运行在单线程中的程序。

现有的编程语言采用了不同的方式来实现线程，许多操作系统都为编程语言提供了用于创建新线程的 API。Rust 标准库使用了 1∶1 的线程实现模型，即程序的每一个语言级线程都使用了一个操作系统级线程。同时，还有许多第三方包基于不同的取舍，实现了其他不同于 1∶1 模型的线程模型。

使用 spawn 创建新线程

我们可以调用 thread::spawn 函数来创建线程，它接收一个闭包（在第 13 章中讨论过）作为参数，该闭包会包含我们想要在新线程（生成线程）中运行的代码。示例 16-1 中的代码可以在主线程和新线程中各自打印出一些文本。

src/main.rs
```
use std::thread;
use std::time::Duration;

fn main() {
    thread::spawn(|| {
        for i in 1..10 {
            println!("hi number {i} from the spawned thread!");
            thread::sleep(Duration::from_millis(1));
        }
    });
```

```
    for i in 1..5 {
        println!("hi number {i} from the main thread!");
        thread::sleep(Duration::from_millis(1));
    }
}
```

示例 16-1：创建新线程来打印部分信息，并由主线程打印出另一部分信息

需要注意的是，只要这段程序中的主线程运行结束，创建出的新线程就会相应地停止，而不管它们的打印任务是否完成。每次运行这段程序时都有可能产生不同的输出，但它们都类似于下面的样子：

```
hi number 1 from the main thread!
hi number 1 from the spawned thread!
hi number 2 from the main thread!
hi number 2 from the spawned thread!
hi number 3 from the main thread!
hi number 3 from the spawned thread!
hi number 4 from the main thread!
hi number 4 from the spawned thread!
hi number 5 from the spawned thread!
```

调用 thread::sleep 会强制当前的线程停止运行一小段时间，并允许一个不同的线程继续运行。这些线程可能会交替运行，但我们无法对它们的运行顺序做出任何保证：运行顺序由操作系统的线程调度策略决定。在上面的这次运行中，主线程首先打印出了文本，即便新线程的打印语句要出现得更早一些。另外，虽然我们要求新线程不停地打印文本直到 i 迭代到 9，但它在主线程停止前仅仅迭代到 5。

如果你在运行这段代码时只观察到了主线程中的输出，或者没有看到任何交替出现的打印，那么可以试着增加循环中表示范围的数字，为操作系统创造出更多进行线程切换的机会。

使用 join 句柄等待所有线程结束

由于主线程的停止，示例 16-1 中的代码会在大部分情形下提前中止新线程，甚至不能保证新线程一定会得到运行。这同样是因为我们无法对线程的运行顺序做出任何保证而导致的！

我们可以通过将 thread::spawn 返回的结果保存在一个变量中，来避免新线程出现不运行或不能完整运行的情形。thread::spawn 的返回值类型是一个自持有所有权的 JoinHandle<T>，调用它的 join 方法可以阻塞当前线程直到对应的新线程运行结束。示例 16-2 中的代码展示了如何使用示例 16-1 中新线程的 JoinHandle<T>，并通过调用 join 方法来保证新线程能够在 main 函数退出前运行完毕。

src/main.rs
```
use std::thread;
use std::time::Duration;

fn main() {
    let handle = thread::spawn(|| {
        for i in 1..10 {
            println!("hi number {i} from the spawned thread!");
            thread::sleep(Duration::from_millis(1));
        }
    });

    for i in 1..5 {
        println!("hi number {i} from the main thread!");
        thread::sleep(Duration::from_millis(1));
    }

    handle.join().unwrap();
}
```

示例 16-2：保存 thread::spawn 的 JoinHandle<T>来保证新线程能够运行完毕

在线程句柄上调用 join 函数会阻塞当前线程，直到句柄代表的线程结束。阻塞线程意味着阻止一个线程继续运行或使其退出。由于我们将 join 函数放置到了主线程的 for 循环之后，所以运行示例 16-2 中的代码会产生如下所示的输出：

```
hi number 1 from the main thread!
hi number 2 from the main thread!
hi number 1 from the spawned thread!
hi number 3 from the main thread!
hi number 2 from the spawned thread!
hi number 4 from the main thread!
hi number 3 from the spawned thread!
hi number 4 from the spawned thread!
hi number 5 from the spawned thread!
hi number 6 from the spawned thread!
hi number 7 from the spawned thread!
hi number 8 from the spawned thread!
hi number 9 from the spawned thread!
```

这两个线程依然交替地打印出信息, 但由于我们调用了 handle.join(), 所以主线程只会在新线程运行结束后退出。

如果将 handle.join() 放置到 main 函数的 for 循环之前会发生什么呢? 代码如下所示:

src/main.rs
```rust
use std::thread;
use std::time::Duration;

fn main() {
    let handle = thread::spawn(|| {
        for i in 1..10 {
            println!("hi number {i} from the spawned thread!");
            thread::sleep(Duration::from_millis(1));
        }
    });

    handle.join().unwrap();

    for i in 1..5 {
        println!("hi number {i} from the main thread!");
        thread::sleep(Duration::from_millis(1));
    }
}
```

在这段代码中, 由于主线程会等待新线程运行完毕后再开始运行自己的 for

循环，所以输出不再出现交替的情形，如下所示：

```
hi number 1 from the spawned thread!
hi number 2 from the spawned thread!
hi number 3 from the spawned thread!
hi number 4 from the spawned thread!
hi number 5 from the spawned thread!
hi number 6 from the spawned thread!
hi number 7 from the spawned thread!
hi number 8 from the spawned thread!
hi number 9 from the spawned thread!
hi number 1 from the main thread!
hi number 2 from the main thread!
hi number 3 from the main thread!
hi number 4 from the main thread!
```

在并发编程中，诸如在哪里调用 join 等微小的细节也会影响到多个线程是否能够同时运行。

在线程中使用 move 闭包

我们常常会在传递给 thread::spawn 的闭包前使用 move 关键字，因为这种闭包会获得它从环境中捕获的值的所有权，并进而将这些值的所有权从一个线程转移至另一个线程。在第 13 章的"使用闭包捕获环境"一节中，我们曾经讨论过如何配合闭包来使用 move。现在，让我们把注意力集中到 move 与 thread::spawn 的交互上。

注意，示例 16-1 中传递给 thread::spawn 的闭包没有捕获任何参数，因为新线程的代码并不依赖主线程中的数据。但是，为了使用主线程中的数据，新线程的闭包必须捕获它所需要的值。示例 16-3 中的代码试图在主线程中创建一个动态数组，并在新线程中使用它。但稍后我们会看到，这种写法是行不通的。

src/main.rs

```rust
use std::thread;

fn main() {
    let v = vec![1, 2, 3];
```

```
    let handle = thread::spawn(|| {
        println!("Here's a vector: {:?}", v);
    });

    handle.join().unwrap();
}
```

示例 16-3：尝试在另外的线程中使用主线程创建的动态数组

　　由于代码中的闭包使用了 v，所以它会捕获 v 并使其成为闭包环境的一部分。又因为 thread::spawn 会在新线程中运行这个闭包，所以我们应当能够在新线程中访问 v。但是，当我们编译这段示例代码时，却出现了如下所示的错误：

```
error[E0373]: closure may outlive the current function, but it borrows `v`,
which is owned by the current function
 --> src/main.rs:6:32
  |
6 |     let handle = thread::spawn(|| {
  |                                ^^ may outlive borrowed value `v`
7 |         println!("Here's a vector: {:?}", v);
  |                                           - `v` is borrowed here
  |
note: function requires argument type to outlive `'static`
 --> src/main.rs:6:18
  |
6 |       let handle = thread::spawn(|| {
  |  _____^
7 | |         println!("Here's a vector: {:?}", v);
8 | |     });
  | |_____^
help: to force the closure to take ownership of `v` (and any other referenced
variables), use the `move` keyword
  |
6 |     let handle = thread::spawn(move || {
  |                                ++++
```

　　Rust 在推导出如何捕获 v 后决定让闭包借用 v，因为闭包中的 println!只需要使用 v 的引用。但这就出现了一个问题：由于 Rust 不知道新线程会运行多久，所以它无法确定 v 的引用是否一直有效。

示例 16-4 中的代码展示了这样一个场景：新线程捕获的 v 的引用在使用时极有可能不再有效了。

src/main.rs

```
use std::thread;

fn main() {
    let v = vec![1, 2, 3];

    let handle = thread::spawn(|| {
        println!("Here's a vector: {:?}", v);
    });

    drop(v); // 出问题了

    handle.join().unwrap();
}
```

示例 16-4：新线程的闭包尝试从主线程中捕获的 v 的引用会在随后被丢弃

如果 Rust 允许我们运行这段代码，那么新线程就有可能会在完全没有运行过的前提下被立即调度至后台闲置。此时的新线程在内部持有了 v 的引用，但主线程却已经通过在第 15 章中介绍过的 drop 函数将 v 丢弃了。当新线程随后开始运行时，v 和指向它的引用全部失效了。这可不妙！

为了修正示例 16-3 中的编译错误，我们可以参考错误提示信息中给出的建议：

```
help: to force the closure to take ownership of `v` (and any other referenced
variables), use the `move` keyword
  |
6 |     let handle = thread::spawn(move || {
  |                                ++++
```

通过在闭包前添加 move 关键字，我们会强制闭包获得它所需要的值的所有权，而不仅仅是基于 Rust 的推导来获得值的借用。对示例 16-3 中的代码进行修改后，代码如示例 16-5 所示，新的代码能够正常通过编译并按照预期运行了。

```
src/main.rs   use std::thread;

              fn main() {
                  let v = vec![1, 2, 3];

                  let handle = thread::spawn(move || {
                      println!("Here's a vector: {:?}", v);
                  });

                  handle.join().unwrap();
              }
```

示例 16-5：使用 move 关键字来强制闭包获得它所需要的值的所有权

你也许会尝试使用相同的 move 闭包来修复示例 16-4 中的代码，即便它在主线程中使用了 drop 函数。但遗憾的是，示例 16-4 中的代码会因为其他原因而编译失败。当在闭包上添加 move 后，由于 move 将 v 移动到了闭包的环境中，所以我们无法在主线程中继续使用它来调用 drop 函数了。尝试编译这段代码，会得到如下所示的错误：

```
error[E0382]: use of moved value: `v`
  --> src/main.rs:10:10
   |
4  |     let v = vec![1, 2, 3];
   |         - move occurs because `v` has type `Vec<i32>`, which does not
implement the `Copy` trait
5  |
6  |     let handle = thread::spawn(move || {
   |                                ------- value moved into closure here
7  |         println!("Here's a vector: {:?}", v);
   |                                           - variable moved due to use in
closure
...
10 |     drop(v); // 出问题了
   |          ^ value used here after move
```

Rust 的所有权规则又一次帮助了我们！示例 16-3 中出现错误，是因为 Rust 只会在新线程中保守地借用 v，这就意味着从理论上讲，主线程可以让新线程持有的引用失效。通过将 v 的所有权转移给新线程，我们就可以向 Rust 保证主线程不会再次使用 v。如果我们采用类似的方法来修改示例 16-4 中的代码，那么就会在主线程继续使用 v 时违反所有权规则。move 关键字覆盖了 Rust 的默认借用规则；当然，这并不意味着它允许我们违反所有权规则。

现在，我们已经了解了什么是线程，以及线程 API 提供的方法。接下来，让我们来看一看线程可以完成什么样的任务。

使用消息传递在线程间转移数据

使用消息传递（message passing）机制来保证并发安全正在变得越来越流行。在这种机制中，线程或 actor 之间通过相互发送包含数据的消息来进行通信。Go 编程语言文档中的口号正体现了这样的思路：不要通过共享内存来通信，而是通过通信来共享内存。

为了实现基于消息传递的并发机制，Rust 在标准库中提供了一个名为通道（channel）的实现。通道是一个通用的编程概念，通过通道可以将数据从一个线程发送到另一个线程。

你可以将它想象成有活水流动的通道，比如溪流或河流。只要你将橡皮鸭或小船这样的东西放入其中，它就会顺流而下抵达水路的终点。

编程中的通道由发送者（transmitter）和接收者（receiver）两部分组成。发送者位于通道的上游，也就是你放置橡皮鸭的地方；接收者则位于通道的下游，也就是橡皮鸭到达的地方。某一处代码可以通过调用发送者的方法来传送数据，而另一处代码可以通过检查接收者来获取数据。如果发送者或接收者任何一端被丢弃了，我们就称相应的通道被关闭（closed）了。

接下来，我们编写的程序会拥有两个线程，其中一个线程会产生一些值并将它们传入通道，另一个线程则会接收这些值并将它们打印出来。为了在演示该功能时尽可能地保持简单，我们只会使用通道在线程间传递一些非常简单的值。但只要熟悉了这项技术，你就可以利用通道来实现更复杂的聊天系统，甚至是在多个线程中执行计算并将结果最终汇总至一个线程的分布式计算系统。

首先，在示例 16-6 中，我们创建了一个不执行任何操作的通道。注意，这段代码还无法通过编译，因为 Rust 不能推导出我们希望在通道中传递的值类型。

src/main.rs

```
use std::sync::mpsc;

fn main() {
    let (tx, rx) = mpsc::channel();
}
```

示例 16-6：创建一个通道，并将两端分别赋给 tx 和 rx

在上面的代码中，我们使用 mpsc::channel 函数创建了一个新的通道。路径中的 mpsc 是"多生产者，单消费者"（multiple producer, single consumer）的英文缩写。简单来讲，Rust 标准库中特定的实现方式使得通道可以拥有多个生产内容的发送端，但只能拥有一个消费内容的接收端。想象一下多股水流汇入大河的场景：任何被放入水流中的东西最终都会到达大河。我们会从单个生产者开始编写程序，在这个示例运行成功后再扩展至拥有多个生产者的场景。

mpsc::channel 函数会返回一个含有发送端与接收端的元组。代码中用来绑定它们的变量名称分别为 tx 和 rx，这也是在许多场景下发送者与接收者的惯用简写。这里还使用了带有模式的 let 语句对元组进行解构，我们会在第 18 章中讨论带有模式的 let 语句与有关解构的具体知识。如此使用 let 语句，只是为了方便地从 mpsc::channel 函数的返回值中提取元组的各个部分。

接下来，我们将发送端移动到新线程中，并发送一个字符串来完成新线程与主线程之间的通信，如示例 16-7 所示。这就像将橡皮鸭放在河流的上游，或者将聊天消息从一个线程发往另一个线程。

src/main.rs

```
use std::sync::mpsc;
use std::thread;

fn main() {
```

```
let (tx, rx) = mpsc::channel();

thread::spawn(move || {
    let val = String::from("hi");
    tx.send(val).unwrap();
});
}
```

示例 16-7：将 tx 移动到新线程中并发送"hi"

我们再次使用 thread::spawn 生成了一个新线程。为了让新线程拥有 tx 的所有权，我们使用 move 关键字将 tx 移动到了闭包环境中。新线程必须拥有通道发送端的所有权才能通过通道来发送消息。

发送端提供了 send 方法来接收我们想要发送的值。这个方法会返回 Result<T, E> 类型的值作为结果；当接收端已经被丢弃而无法继续传递内容时，执行发送操作便会返回一个错误。在这个示例中，在出现错误时，我们直接调用了 unwrap 来触发 panic。但是在实际应用中，我们应该更为妥善地处理类似的错误：可以回到第 9 章来复习有关错误处理的恰当策略。

在示例 16-8 的主线程中，我们会从通道的接收端获得传入的值。这就像在河流的终点拾起了橡皮鸭，或者接收到了一条聊天消息。

src/main.rs
```
use std::sync::mpsc;
use std::thread;

fn main() {
    let (tx, rx) = mpsc::channel();

    thread::spawn(move || {
        let val = String::from("hi");
        tx.send(val).unwrap();
    });

    let received = rx.recv().unwrap();
    println!("Got: {received}");
}
```

示例 16-8：在主线程中接收并打印值"hi"

通道的接收端有两个可用于获取消息的方法：recv 和 try_recv。我们使用的 recv（也就是 *receive* 的缩写）会阻塞主线程的执行直到有值被传入通道。一旦有值被传入通道，recv 就会将它包裹在 Result<T, E> 中返回。而如果通道的发送端全部关闭了，recv 就会返回一个错误来表明当前通道再也没有可接收的值了。

try_recv 方法不会阻塞线程，它会立即返回 Result<T, E>：当通道中存在消息时，返回包含该消息的 Ok 变体；否则，便返回 Err 变体。当某个线程需要一边等待消息一边完成其他工作时，try_recv 方法会非常有用。我们可以编写出一个不断调用 try_recv 方法的循环，并在有消息到来时对其进行处理，而在没有消息时执行其他指令。

为简单起见，我们在本例中使用了 recv；由于示例中的主线程除等待消息之外没有其他任何工作可做，所以阻塞主线程是合适的。

运行示例 16-8 中的代码，你可以观察到主线程打印出了值的内容：

```
Got: hi
```

完美！

通道和所有权转移

所有权规则在消息传递的过程中扮演了至关重要的角色，因为它可以帮助你编写出安全的并发代码。通过在编写 Rust 代码时不断地思考所有权问题，可以有效地避免并发编程中的常见错误。下面的实验演示了通道和所有权规则是如何协作来规避问题的：我们会尝试在新线程中使用一个已经发送给通道的 val 值。尝试编译示例 16-9 中的代码，并观察这段代码会出现什么样的编译错误。

src/main.rs
```
use std::sync::mpsc;
use std::thread;

fn main() {
```

```
    let (tx, rx) = mpsc::channel();

    thread::spawn(move || {
        let val = String::from("hi");
        tx.send(val).unwrap();
        println!("val is {val}");
    });

    let received = rx.recv().unwrap();
    println!("Got: {received}");
}
```

示例 16-9：将 val 值发送给通道后再尝试使用它

在上面的代码中，首先通过调用 `tx.send` 将 `val` 值发送给通道，接着又尝试打印这个值。允许这样的操作可不是好主意：一旦这个值被发送到了另一个线程中，那个线程就可以在我们尝试重新使用这个值之前修改或丢弃它。这些修改极有可能造成数据不一致或产生原本不存在的数据，最终导致错误或出乎意料的结果。幸运的是，在编译示例 16-9 中的代码时，Rust 会给出如下所示的错误提示信息：

```
error[E0382]: borrow of moved value: `val`
  --> src/main.rs:10:31
   |
8  |         let val = String::from("hi");
   |             --- move occurs because `val` has type `String`, which does
not implement the `Copy` trait
9  |         tx.send(val).unwrap();
   |                 --- value moved here
10 |         println!("val is {val}");
   |                          ^^^ value borrowed here after move
```

我们的并发缺陷造成了一个编译时错误。`send` 函数会获取参数的所有权，并在参数传递时将所有权转移给接收者。这可以阻止我们意外地使用已经发送的值，所有权系统会在编译时确保程序的每个部分都是符合规则的。

发送多个值并观察接收者的等待过程

虽然示例 16-8 中的代码可以编译和运行，但却很难看出那两个独立的线程是否正在基于通道相互通信。因此，在示例 16-10 中，我们修改了部分代码来证明示例 16-8 中的代码是并发运行的：新线程现在会发送多条消息，并在每次发送消息后暂停 1s。

src/main.rs
```rust
use std::sync::mpsc;
use std::thread;
use std::time::Duration;

fn main() {
    let (tx, rx) = mpsc::channel();

    thread::spawn(move || {
        let vals = vec![
            String::from("hi"),
            String::from("from"),
            String::from("the"),
            String::from("thread"),
        ];

        for val in vals {
            tx.send(val).unwrap();
            thread::sleep(Duration::from_secs(1));
        }
    });

    for received in rx {
        println!("Got: {received}");
    }
}
```

示例 16-10：发送多条消息，并在每次发送消息后暂停 1s

这段代码在新线程中创建了一个用于存储字符串的动态数组。我们会迭代动态数组来逐个发送其中的字符串，并在每次发送后调用 Duration 值为 1s 的 thread::sleep 函数暂停一下。

在主线程中，我们会将 rx 视作迭代器，而不再显式地调用 recv 函数。迭代中的代码会打印出接收到的每个值，并在通道关闭时退出循环。

运行示例 16-10 中的代码，你应该会观察到如下所示的输出，并体验到每次打印后出现 1s 的时间间隔：

```
Got: hi
Got: from
Got: the
Got: thread
```

我们并没有在主线程的 for 循环中执行暂停或延迟指令，这也就表明主线程确实是在等待接收新线程中传递过来的值。

通过克隆发送者创建多个生产者

前面提到过，mpsc 是"多生产者，单消费者"（multiple producer, single consumer）的英文缩写。现在，让我们使用 mpsc 并继续扩展示例 16-10 中的代码来实现多生产者模式。我们会通过克隆通道的发送端来创建出多个能够将值发送到同一个接收端的线程，如示例 16-11 所示。

src/main.rs
```rust
// --略--

let (tx, rx) = mpsc::channel();

let tx1 = tx.clone();
thread::spawn(move || {
    let vals = vec![
        String::from("hi"),
        String::from("from"),
        String::from("the"),
        String::from("thread"),
    ];

    for val in vals {
        tx1.send(val).unwrap();
        thread::sleep(Duration::from_secs(1));
```

```
        }
    });

    thread::spawn(move || {
        let vals = vec![
            String::from("more"),
            String::from("messages"),
            String::from("for"),
            String::from("you"),
        ];

        for val in vals {
            tx.send(val).unwrap();
            thread::sleep(Duration::from_secs(1));
        }
    });

    for received in rx {
        println!("Got: {received}");
    }

    // --略--
```

示例 16-11：用多个生产者发送多条消息

这一次，我们在创建第一个新线程前调用了通道发送端的 clone 方法。这会为我们生成一个新的发送端句柄来传递给第一个新线程。随后，我们又将原始的通道发送端传入第二个新线程。这两个线程会各自发送不同的消息到通道的接收端。

当你运行这段代码时，应该会观察到如下所示的输出：

```
Got: hi
Got: more
Got: from
Got: messages
Got: for
Got: the
Got: thread
Got: you
```

根据你所使用的操作系统的不同，这些字符串的打印顺序也许会有所不同。这也正是并发编程有趣且充满挑战的地方。如果你在实验时为不同的线程调用了含有不同参数的 `thread::sleep` 函数，那么输出结果的差异有可能更为显著且难以确定。

现在，我们已经知道通道是如何工作的了，下面让我们来看另一种实现并发的方式。

共享状态的并发

消息传递确实是一种不错的并发通信机制，但它并不是唯一的解决方案。还有一种方法就是让多个线程访问相同的共享数据。再次思考一下 Go 编程语言文档中的口号前半段所说的：不要通过共享内存来通信。

通过共享内存来通信究竟是什么样子的？另外，为什么消息传递的拥护者会尽量避免使用这种方法并做出相反的选择？

从某种程度上说，任何编程语言中的通道都有些类似于单一所有权的概念，因为你不应该在将值传递给通道后再次使用它。而基于共享内存的并发通信机制更类似于多重所有权概念：多个线程可以同时访问相同的内存地址。正如我们在第 15 章中所讨论的那样，可以通过智能指针实现多重所有权，但由于需要同时管理多个所有者，所以这会额外增加系统的复杂性。当然，Rust 的类型系统和所有权规则能够帮助我们正确地管理这些所有权。为了举例，我们先来讨论共享内存领域中一个较为常见的并发原语：互斥体。

互斥体一次只允许一个线程访问数据

互斥体（mutex）的英文全称是 mutual exclusion。也就是说，一个互斥体在任意时刻只允许一个线程访问数据。为了访问互斥体中的数据，线程必须首先发出信号来获取互斥体的锁（lock）。锁是互斥体的一部分，这种数据结构被用来记录当前谁拥有数据的唯一访问权。通过锁机制，互斥体守护（guarding）了它所持有的数据。

互斥体是出了名的难用，因为你必须牢记下面两条规则：

1. 必须在使用数据前尝试获取锁。

2. 必须在使用完互斥体守护的数据后释放锁，这样其他线程才能继续完成获取锁的操作。

在现实世界中可以对互斥体进行这样一个隐喻，你可以将它想象成一场仅有一个话筒的座谈会。每个人在讲话前，都必须发出信号来试图获取对这个话筒的使用权。发言者在拿到话筒后，可以使用任意长的时间，然后将话筒递给下一个请求发言者。如果某个发言者在讲话完成后忘记将话筒移交出去，那么其他人便无法发言。一旦针对共享话筒的管理出现了失误，整个座谈会就无法按照计划继续进行下去！

正是因为互斥体管理是一项非常棘手的工作，所以才会有那么多通道机制的拥护者。然而，在 Rust 中，由于有了类型系统和所有权规则的帮助，我们可以保证自己不会在加锁和解锁这两个步骤中出现错误。

Mutex<T>的接口

为了便于演示，我们先在单线程环境中使用互斥体，如示例 16-12 所示。

```
src/main.rs   use std::sync::Mutex;

              fn main() {
              ❶ let m = Mutex::new(5);

                 {
                 ❷ let mut num = m.lock().unwrap();
                 ❸ *num = 6;
              ❹ }

              ❺ println!("m = {:?}", m);
              }
```

示例 16-12：简单地探索单线程环境中的 Mutex<T>接口

与许多其他类型一样,我们可以使用关联函数 new ❶ 来创建 Mutex<T>实例。为了访问 Mutex<T>实例中的数据,我们首先需要调用它的 lock 方法来获取锁 ❷。这个调用会阻塞当前线程,直到我们取得锁为止。

当前线程对于 lock 函数的调用,会在其他某个持有锁的线程发生 panic 时失败。实际上,在这种场景中,任何获取锁的请求都会以失败告终,所以我们选择使用 unwrap 在意外发生时触发当前线程的 panic。

一旦获取到锁,我们便可以将它的返回值 num 视作一个指向内部数据的可变引用 ❸。Rust 的类型系统会确保我们在使用 m 的值之前执行加锁操作:因为 Mutex<i32>并不是 i32 的类型,所以我们必须获取锁才能使用 i32 值。我们不要忘记或忽略这一步骤,因为类型系统不允许我们以其他方式访问内部的 i32 值。

正如你可能会猜到的那样,Mutex<T>是一种智能指针。更准确地说,对 lock 的调用会返回一个包裹在 LockResult 中名为 MutexGuard 的智能指针,我们使用了 unwrap 来获取它。这个智能指针通过实现 Deref 来指向存储在内部的数据,它还会通过实现 Drop 来完成自己离开作用域时的自动解锁操作。在示例 16-12 中,这个释放过程会发生在内部作用域的结尾处 ❹。因此,不会因为忘记释放锁而导致其他线程无法继续使用该互斥体。锁的释放过程是自动发生的。

在释放了锁之后,我们打印出这个互斥体的值。你可以观察到内部的 i32 值确实被修改为 6 了 ❺。

在多个线程间共享 Mutex<T>

现在,让我们试着在多线程环境中使用 Mutex<T>来共享数据。在接下来的例子中,我们会依次启动 10 个线程,并在每个线程中都为共享的计数器的值加 1。一切顺利的话,这最终会让计数器的值从 0 累计到 10。在编译示例 16-13 中的代码时会产生一个错误,而我们会借助这个错误来学习 Mutex<T>,并观察 Rust 是如何帮助我们正确使用它的。

```
src/main.rs   use std::sync::Mutex;
              use std::thread;

              fn main() {
            ❶ let counter = Mutex::new(0);
                 let mut handles = vec![];

            ❷ for _ in 0..10 {
               ❸ let handle = thread::spawn(move || {
                     ❹ let mut num = counter.lock().unwrap();

                     ❺ *num += 1;
                    });
               ❻ handles.push(handle);
                 }

                 for handle in handles {
                   ❼ handle.join().unwrap();
                 }

            ❽ println!("Result: {}", *counter.lock().unwrap());
              }
```

示例 16-13：在 10 个线程中分别为 Mutex<T>守护的计数器的值加 1

　　与示例 16-12 类似，在上面的代码中，我们首先创建了一个名为 counter 的变量来存储持有 i32 值的 Mutex<T> ❶。随后，我们通过迭代数字范围创建了 10 个线程 ❷。在调用 thread::spawn 创建线程的过程中，我们为所有创建出的线程传入了同样的闭包。这个闭包会把计数器移动至线程中 ❸，它还会调用 Mutex<T>的 lock 方法来进行加锁 ❹ 并为互斥体中的值加 1❺。而当线程运行完毕后，num 会在离开作用域时释放锁，从而让其他线程得到获取锁的机会。

　　与示例 16-2 类似，我们还在主线程中收集了所有的线程句柄 ❻，并通过逐一调用句柄的 join 方法来确保所有生成的线程运行完毕 ❼。最后，主线程会获取锁并打印出程序的结果 ❽。

　　现在，让我们来看一看这个例子为什么无法通过编译：

```
error[E0382]: use of moved value: `counter`
  --> src/main.rs:9:36
   |
5  |      let counter = Mutex::new(0);
   |          ------- move occurs because `counter` has type `Mutex<i32>`, which
does not implement the `Copy` trait
...
9  |          let handle = thread::spawn(move || {
   |                                     ^^^^^^^ value moved into closure here,
in previous iteration of loop
10 |              let mut num = counter.lock().unwrap();
   |                            ------- use occurs due to use in closure
```

这段错误提示信息指出，counter 在循环的前一次迭代中被移走了。Rust 告诉我们，不能将 counter 锁的所有权移动至多个线程中。让我们使用在第 15 章中讨论过的多重所有权方法来修正这一编译错误。

多线程与多重所有权

在第 15 章中，我们借助智能指针 Rc<T> 提供的引用计数为单个值赋予了多个所有者。接下来，我们会尝试使用相同的方法来解决当前的问题。在示例 16-14 中，我们使用 Rc<T> 来包裹 Mutex<T>，并在每次需要将所有权移动至线程中时都克隆 Rc<T>。

src/main.rs
```rust
use std::rc::Rc;
use std::sync::Mutex;
use std::thread;

fn main() {
    let counter = Rc::new(Mutex::new(0));
    let mut handles = vec![];

    for _ in 0..10 {
        let counter = Rc::clone(&counter);
        let handle = thread::spawn(move || {
            let mut num = counter.lock().unwrap();

            *num += 1;
        });
```

```
            handles.push(handle);
        }

        for handle in handles {
            handle.join().unwrap();
        }

        println!("Result: {}", *counter.lock().unwrap());
}
```

示例 16-14：尝试使用 Rc<T> 来允许多个线程持有 Mutex<T>

再次编译代码，居然出现了另一个错误！编译器可真能教会我们不少东西：

```
error[E0277]: ❶ `Rc<Mutex<i32>>` cannot be sent between threads safely
  --> src/main.rs:11:22
    |
11  |          let handle = thread::spawn(move || {
    |  _____^^^^^^^^^^^^^^ _
    | |                         |
    | |                         `Rc<Mutex<i32>>` cannot be sent between threads
safely
12  | |               let mut num = counter.lock().unwrap();
13  | |
14  | |               *num += 1;
15  | |          });
    | |_____- within this ` [closure@src/main.rs:11:36: 15:10] `
    |
= help: within ` [closure@src/main.rs:11:36: 15:10] `, ❷ the trait `Send` is not
implemented for `Rc<Mutex<i32>>`
    = note: required because it appears within the type
` [closure@src/main.rs:11:36: 15:10] `
note: required by a bound in `spawn`
```

这段错误提示信息的内容非常丰富！其中的重点部分就是`Rc<Mutex<i32>>` cannot be sent between threads safely ❶（它告诉我们 Rc<Mutex<i32>>不能在线程间安全地传递）。编译器随后给出了具体的原因：the trait `Send` is not implemented for `Rc<Mutex<i32>>` ❷（Rc<Mutex<i32>>没有实现 Send trait）。我们会在下一节中再来讨论 Send，它确保了我们在线程中使用的类型能够在并发环境中正常工作。

遗憾的是，Rc<T>在跨线程使用时并不安全。当 Rc<T>管理引用计数时，它会在每次调用 clone 的过程中都增加引用计数，并在每次克隆出的实例被丢弃时都减少引用计数，但它并没有使用任何并发原语来保证修改计数的过程不会被另一个线程所打断。这极有可能导致计数错误并产生诡异的 bug，比如内存泄漏或值在使用时被莫名其妙地提前释放。我们需要的是一个行为与 Rc<T>一致，且能够保证线程安全的引用计数类型。

原子引用计数 Arc<T>

幸运的是，有一种被称为 Arc<T>的类型，它既拥有类似于 Rc<T>的行为，又保证了自己可以被安全地用于并发环境中。其名称中的 A 代表着原子（atomic），表明自己是一个原子引用计数（atomically reference-counted）类型。原子是一种新的并发原语，我们可以参考标准库文档中的 std::sync::atomic 部分来获得更多相关信息。你现在只需要知道：原子和原生类型的用法十分似，并且可以安全地在多个线程间共享。

你也许会疑惑：为什么不将所有的原生类型都实现为原子？标准库中的类型为什么不默认使用 Arc<T>来实现呢？这是因为需要付出一定的性能开销才能够实现线程安全，而我们只应该在必要时为这种开销买单。如果只是在单线程中对值进行操作，那么我们的代码会因为不需要原子的安全保障而运行得更快。

让我们回到示例中：由于 Arc<T>与 Rc<T>的接口完全一致，所以我们只需要简单地修改 use 代码行、对 new 的调用及对 clone 的调用即可。最终能够正常编译并运行的代码如示例 16-15 所示。

src/main.rs

```
use std::sync::{Arc, Mutex};
use std::thread;

fn main() {
    let counter = Arc::new(Mutex::new(0));
    let mut handles = vec![];

    for _ in 0..10 {
```

```
        let counter = Arc::clone(&counter);
        let handle = thread::spawn(move || {
            let mut num = counter.lock().unwrap();

            *num += 1;
        });
        handles.push(handle);
    }

    for handle in handles {
        handle.join().unwrap();
    }

    println!("Result: {}", *counter.lock().unwrap());
}
```

示例 16-15：使用 Arc<T> 包裹 Mutex<T> 来实现多线程共享所有权

这段代码将会打印出下面的结果：

```
Result: 10
```

终于成功了！计数器的值从 0 变成了 10。虽然这个例子看上去非常平凡，但我们确实在这个过程中掌握了许多有关 Mutex<T> 与线程安全的知识。你可以使用本节中的程序结构去完成比计数更为复杂的工作。基于这种策略，你可以将计算分割为多个独立的部分，并将它们分配至不同的线程中，然后使用 Mutex<T> 允许不同的线程更新计算结果中与自己有关的那一部分。

注意，假如你想要进行一些简单的数值操作，那么标准库的 std::sync::atomic 模块提供了一些比 Mutex<T> 更为简单的类型。这些类型针对基本类型提供了安全、并发、原子的访问方式。我们之所以在本例中使用 Mutex<T> 来处理基本类型，只是为了可以更加专注于 Mutex<T> 本身的工作方式。

RefCell<T>/Rc<T> 和 Mutex<T>/Arc<T> 之间的相似性

你可能会注意到，虽然 counter 本身不可变，但我们仍然能够获取其内部值的可变引用。这意味着，`Mutex<T>`与 `Cell` 系列类型有着相似的功能，它同样提供了内部可变性。我们在第 15 章中使用了 `RefCell<T>`来改变 `Rc<T>`中的内容，而本节按照同样的方式使用 `Mutex<T>`来改变 `Arc<T>`中的内容。

另外，还有一个值得注意的细节是，在使用 `Mutex<T>`的过程中，Rust 并不能使你完全避免所有的逻辑错误。回顾第 15 章中讨论的内容，使用 `Rc<T>`会有产生循环引用的风险，两个 `Rc<T>`值在相互指向对方时会造成内存泄漏。与之类似，使用 `Mutex<T>`也会有产生死锁（deadlock）的风险。当某个操作需要同时锁住两个资源，而两个线程分别持有其中一个锁并相互请求另一个锁时，这两个线程就会陷入无穷尽的等待过程。如果你对死锁感兴趣，不妨试着编写一个可能导致死锁的 Rust 程序。然后，你还可以借鉴其他语言中规避互斥体死锁的策略，并在 Rust 中实现它们。标准库 API 文档的 `Mutex<T>`和 `MutexGuard` 页面为此提供了许多有用的信息。

为了圆满地结束本章，我们会接着讨论 Send 与 Sync 这两个 trait，并演示如何在自定义类型中使用它们。

使用 Send trait 和 Sync trait 对并发进行扩展

有趣的是，Rust 语言本身内置的并发特性非常少。到目前为止，我们在本章中讨论的几乎每一个并发特性都是标准库的一部分，而非语言本身内置的。你能够用来处理并发的解决方案也不仅仅局限于语言本身或标准库；你既可以编写自己的并发功能，也可以使用他人写好的并发框架。

但不管怎样，仍然有两个并发概念被内嵌在了 Rust 语言中，它们是 `std::marker` 模块内的 Send trait 与 Sync trait。

允许线程间转移所有权的 Send trait

只有实现了 Send trait 的类型才可以安全地在线程间转移所有权。除了 `Rc<T>`

等极少数的类型，几乎所有的 Rust 类型都实现了 Send trait：如果你将克隆后的
Rc<T>值的所有权转移到了另一个线程中，那么两个线程就有可能同时更新引用
计数值，进而导致计数错误。因此，Rc<T>只被设计为在单线程环境中使用，你
也无须为线程安全付出额外的性能开销。

因此，Rust 的类型系统与 trait 约束能够阻止你意外地跨线程传递 Rc<T>实
例。当我们在示例 16-14 中试图进行这类操作时，会立即触发编译时错误：the
trait `Send` is not implemented for `Rc<Mutex<i32>>`。而在切换到实现了
Send 的 Arc<T>后，那段代码就顺利地通过编译了。

任何完全由 Send 类型组成的复合类型都会被自动标记为 Send。除了在
第 19 章中将会讨论到的裸指针，几乎所有的原生类型都满足 Send 约束。

允许多个线程同时访问的 Sync trait

只有实现了 Sync trait 的类型才可以安全地被多个线程引用。换句话说，对
于任何类型 T，如果&T（也就是 T 的引用）满足 Send 约束，那么 T 就是满足 Sync
约束的。这意味着 T 的引用能够被安全地传递至另外的线程中。与 Send 类似，
所有的原生类型都满足 Sync 约束，而完全由满足 Sync 约束的类型组成的复合
类型也都会被自动识别为满足 Sync 约束的类型。

智能指针 Rc<T>同样不满足 Sync 约束，其原因与它不满足 Send 约束类似。
RefCell<T>类型（在第 15 章中讨论过）及 Cell<T>系列类型也不满足 Sync 约束。
RefCell<T>实现的运行时借用检查并没有提供有关线程安全的保证。而正如在
本章的"在多个线程间共享 Mutex<T>"一节中所讨论的那样，智能指针 Mutex<T>
是满足 Sync 约束的，可以被多个线程共享访问。

手动实现 Send 和 Sync 是不安全的

当某个类型完全由实现了 Send 与 Sync 的类型组成时，它就会自动实现 Send

与 Sync。因此，我们并不需要为此类型手动实现相关 trait。作为标签 trait，Send 与 Sync 甚至没有任何可供实现的方法。它们仅仅被用来强化与并发相关的不可变性。

手动实现这些 trait 涉及使用特殊的不安全的 Rust 代码。我们将在第 19 章中讨论这一概念；目前需要注意的是，当你构建的自定义并发类型包含了没有实现 Send 或 Sync 的类型时，必须要非常谨慎地确保设计能够满足线程间的安全性要求。在 Rust 官方网站上的 *The Rustonomicon* 文档中，详细地讨论了此类安全性保证及如何满足安全性要求的具体技术。

总结

在本书中，你还会看到更多有关并发的内容：第 20 章中的实践项目，将在一个更加真实的场景中用到本章介绍的诸多概念。

Rust 内置在语言中的并发特性相当少，几乎所有的并发解决方案都被实现为不同的代码包。它们的迭代演化速度要远快于标准库的，当你需要使用多个线程时，请不要忘记到网络上搜索最新的、具有最高水准的第三方包。

Rust 在标准库中提供了用于实现消息传递的通道，也提供了可以在并发环境中安全使用的智能指针：Mutex<T>与 Arc<T>。类型系统与借用检查器则确保使用这些组件的代码不会产生数据竞争或无效引用。只要你的代码能够顺利通过编译，你就可以相信它能够正确地运行在多线程环境中，而不会出现其他语言中常见的那些难以解决的 bug。并发编程在 Rust 中不再是一个令人望而生畏的概念：请无所畏惧地使用并发吧！

在接下来的章节中，我们会讨论一些符合语言习惯的建模方式及结构化解决方案，它们可以被用在那些逐渐变得臃肿的 Rust 项目中。另外，我们还会讨论面向对象编程的诸多常见概念，并研究它们与 Rust 风格之间的异同。

17

Rust 的面向对象编程特性

面向对象编程（Object-Oriented Programming，OOP）是一种程序建模方法。"对象"这个概念最初来源于 20 世纪 60 年代的 Simula 语言。随后，这一概念又催生出在对象中彼此传递消息的 Alan Kay 编程架构。面向对象编程正是 Alan Kay 在 1967 年为了描述这种架构所发明的一个专用术语。面向对象编程有很多种相互矛盾的定义，其中一部分定义能够把 Rust 归类为面向对象语言，而另一部分定义则不然。在本章中，我们会讨论一些形成了普遍共识的面向对象特性，并学习如何在 Rust 语言的习惯下实现这些特性。然后，我们将展示如何使用 Rust 来实现面向对象的设计模式，并讨论这一模式与常用的 Rust 实现方案之间的权衡取舍。

面向对象语言的特性

一门语言究竟需要包含哪些特性才能算作面向对象编程语言呢？编程社区

对此始终没有给出一个共识性的结论。Rust 在开发过程中受到了众多编程范式的影响（例如，在第 13 章中讨论的函数式编程特性），其中就包含了面向对象编程。我们认为面向对象编程语言通常都包含以下这些特性：命名对象、封装和继承。让我们来看一看这些特性的含义，并研究 Rust 是否能够支持它们。

对象包含数据和行为

被称为"设计模式四人帮"的 Erich Gamma、Richard Helm、Ralph Johnson 和 John Vlissides 编写过一本名为《设计模式：可复用面向对象软件的基础》（*Design Patterns: Elements of Reusable Object-Oriented Software*）的经典图书，你可以在这本书中找到各式各样面向对象的设计模式。他们在书中给面向对象编程做出了这样的定义：

面向对象的程序由对象组成。**对象包装了数据和操作这些数据的流程**。这些流程通常被称作**方法**或**操作**。

基于这个定义，Rust 是面向对象的：结构体和枚举包含数据，而 `impl` 块提供了可用于结构体和枚举的方法。虽然带有方法的结构体和枚举并没有被称为对象，但它们确实满足"设计模式四人帮"对对象定义的所有功能。

封装实现细节

常常伴随着面向对象编程的另一种思想便是封装（encapsulation）：调用对象的外部代码无法直接访问对象内部的实现细节，而唯一可以与对象进行交互的方法便是通过它公开的接口。使用对象的代码不应当深入对象的内部去改变数据或行为。封装使得开发者在修改或重构对象的内部实现时无须改变调用这个对象的外部代码。

我们在第 7 章中介绍过如何控制封装：我们可以使用 pub 关键字来决定代码中的哪些模块、类型、函数和方法是公开的，而在默认情况下其他所有内容都是私有的。例如，我们可以定义一个名为 AveragedCollection 的结构体，它的字段中包含了一个用于存储 i32 元素的动态数组。此外，为了避免在每次读取元素平均值时都要重复计算，我们添加了一个用于存储动态数组中平均值的字段。换句话说，AveragedCollection 会缓存计算出的平均值。这个结构体的定义如示例 17-1 所示。

src/ lib.rs

```rust
pub struct AveragedCollection {
    list: Vec<i32>,
    average: f64,
}
```

示例 17-1：维护一个整数列表及集合中平均值的 AveragedCollection 结构体

结构体本身被标记为 pub，以便其他代码可以使用它，但其内部字段依然保持私有。在本例中这一封装十分重要，因为我们希望在每次增加或删除值时平均值都能够相应地得到更新。通过在结构体中实现 add、remove 和 average 方法便可以完成这些需求，如示例 17-2 所示。

src/lib.rs

```rust
impl AveragedCollection {
    pub fn add(&mut self, value: i32) {
        self.list.push(value);
        self.update_average();
    }

    pub fn remove(&mut self) -> Option<i32> {
        let result = self.list.pop();
        match result {
            Some(value) => {
                self.update_average();
                Some(value)
            }
            None => None,
        }
    }

    pub fn average(&self) -> f64 {
        self.average
    }

    fn update_average(&mut self) {
```

```
        let total: i32 = self.list.iter().sum();
        self.average = total as f64 / self.list.len() as f64;
    }
}
```

示例 17-2：在 AveragedCollection 结构体中实现公共方法 add、remove 和 average

公共方法 add、remove 和 average 是仅有的几个可以访问或修改 AveragedCollection 实例中数据的方法。当用户调用 add 方法向 list 中增加元素，或者调用 remove 方法从 list 中删除元素时，方法内部的实现都会调用私有方法 update_average 来更新 average 字段。

由于 list 和 average 字段是私有的，所以外部代码无法直接读取 list 字段来增加或删除其中的元素。一旦缺少了这样的封装，average 字段就无法在用户私自更新 list 字段时保持同步更新了。另外，用户可以通过 average 方法来读取 average 字段的值，却不能修改它。

因为结构体 AveragedCollection 封装了内部的实现细节，所以我们能够在未来轻松地改变数据结构等内部实现。例如，我们可以在 list 字段上使用 HashSet<i32>代替 Vec<i32>。只要 add、remove 和 average 这几个公共方法的签名保持不变，正在使用 AveragedCollection 的外部代码就无须进行任何修改；而假如将 list 声明为 pub，那么就必然会失去这一优势：由于 HashSet<i32>与 Vec<i32>在增加或删除元素时使用的具体方法有所不同，因此，如果直接修改 list，那么外部代码将不得不发生变化。

如果说封装是考察一门语言是否能够被算作面向对象语言的必要条件，那么 Rust 就是满足要求的。在不同的代码区域选择是否添加 pub 关键字可以实现对细节的封装。

作为类型系统和代码共享机制的继承

继承（inheritance）机制使得一个对象可以沿用另一个对象的数据与行为，而无须重复定义代码。

如果说一门语言必须拥有继承才能够被算作面向对象语言，那么 Rust 就不是。除使用宏以外，你无法在 Rust 中定义一个继承父结构体的字段和方法实现的子结构体。

但不管怎样，如果你已经习惯了在编程中使用继承特性，那么也可以根据使用继承时希望达成的效果来选择其他的 Rust 解决方案。

选择使用继承有两个主要原因。其中一个原因是实现代码复用：你可以为某个类型实现某种行为，并通过继承让另一个类型直接复用这一实现。作为替代解决方案，你可以使用 Rust 中的默认 trait 方法来进行代码共享。我们在第 10 章的示例 10-14 中演示过这一特性，示例中的代码为 Summary trait 的 summarize 方法提供了一个默认实现。任何实现了 Summary trait 的类型都会自动拥有这个 summarize 方法，而无须添加额外的重复代码。这与继承十分相似，父类中的实现方法可以被继承它的子类所拥有。另外，我们还可以在实现 Summary trait 时选择覆盖 summarize 方法的默认实现，正如子类覆盖父类中的方法一样。

另一个原因与类型系统有关：希望子类型能够被应用在一个需要父类型的地方。这就是所谓的多态（polymorphism）：如果一些对象具有某些共同的特性，那么这些对象就可以在运行时相互替换使用。

多态

许多人将"多态"视为"继承"的同义词。但实际上，多态是一个更为通用的概念，它指代所有能够适应多种数据类型的代码。对于继承概念而言，这些类型就是所谓的子类。

你可以在 Rust 中使用泛型来构建不同类型的抽象，并使用 trait 约束来决定类型必须提供的具体特性。这一技术有时也被称作限定参数化多态（bounded parametric polymorphism）。

许多较为新潮的语言已经不太喜欢将继承作为内置的程序设计方案了，因为使用继承意味着它会经常面临在无意间共享比所需更多的代码这种风险。子类并不应该总是共享其父类的所有特性，但使用继承机制却会始终产生这样的结果，进而使程序设计缺乏灵活性。子类在继承的过程中有可能会引入一些毫无意义甚至根本就不适用于子类的方法。另外，某些语言强制要求子类只能继承自单个父类，这进一步限制了程序设计的灵活性。

考虑到这些弊端，Rust 选择了使用 trait 对象来代替继承。让我们一起来看一看 trait 对象是如何在 Rust 中实现多态的。

使用 trait 对象存储不同类型的值

我们在第 8 章中提到过动态数组的使用限制：它只能存储同一类型的元素。我们还在示例 8-10 中实现了相应的变通方案，其中定义的 SpreadsheetCell 枚举同时包含了可以持有整数、浮点数和文本的变体。这意味着我们可以在每个单元格中存储不同的数据类型，并且依然能够用一个动态数组来表示一整行单元格。只要可能会出现的元素类型是固定的且能够在编译时准确得知，这就是一个非常不错的解决方案。

但总有些时候，我们希望用户能够在特定的应用场景下对这个类型的集合进行扩展。为了展示如何实现该特性，我们会在示例中创建一个图形用户界面（Graphical User Interface，GUI）工具。这个工具会遍历某个元素列表，并依次调用元素的 draw 方法将其绘制到屏幕上，这是 GUI 工具最为基本的功能之一。我们会创建一个含有 GUI 库架构的 gui 包，并在包中提供一些可供用户使用的具体类型，比如 Button 或 TextField 等。此外，gui 的用户也应当能够创建支持绘制的自定义类型，例如，某些开发者可能会添加 Image，而另外一些开发者可能会添加 SelectBox。

在本节的示例中，我们不会创建一个功能完善的 GUI 库，但会恰当地展示各个部分是如何被组织到一起的。虽然在编写库的时候无法预先推测出用户想要创建的类型，但我们知道 gui 需要记录一系列不同类型的值，并为这些不同类型的值逐一调用相同的 draw 方法。这个库不需要关心调用 draw 方法后发生的具体事情，只需要确保这些值都有一个可供调用的 draw 方法即可。

在那些支持继承的语言中，我们也许会定义一个拥有 draw 方法的 Component 类。而其他类，比如 Button、Image 及 SelectBox 等，需要继承 Component 类来获得 draw 方法。虽然它们可以选择覆盖 draw 方法来实现自定义行为，但框架会在处理过程中将它们全部视作 Component 类型的实例，并以此调用 draw 方法。由于 Rust 没有继承功能，所以我们需要使用另外的方式来构建 gui 库，从而赋予用户扩展自定义类型的能力。

为共有行为定义一个 trait

为了在 gui 中实现期望的行为，我们首先要定义一个拥有 draw 方法的 Draw trait。接着，我们便可以定义一个持有 trait 对象的动态数组。trait 对象能够指向实现了指定 trait 的类型实例，以及用于在运行时查找 trait 方法的表。我们可以通过选用一种指针，例如&引用或 Box<T>智能指针等，然后添加 dyn 关键字及指定相关 trait 来创建 trait 对象。至于为什么必须使用指针来创建 trait 对象，我们会在第 19 章的"动态大小类型和 Sized trait"一节中讨论。trait 对象可以被用在泛型或具体类型所处的位置。无论在哪里使用 trait 对象，Rust 的类型系统都会在编译时确保出现在相应位置上的值实现了 trait 对象指定的 trait。因此，我们无须在编译时知晓所有可能的具体类型。

我们曾经提到过，Rust 有意避免将结构体和枚举称为"对象"，以便与其他语言中的对象概念区分开来。对于结构体或枚举而言，其字段中的数据与 impl 块中的行为是分开的；而在其他语言中，数据和行为往往被组合在名为"对象"的概念中。trait 对象则有些类似于其他语言中的对象，因为它在某种程度上也组合了数据和行为。但 trait 对象与传统对象不同的地方在于，我们无法为 trait 对象添加数据。由于 trait 对象被专门用于抽象某些共有行为，所以它没有其他语言中的对象那么通用。

示例 17-3 展示了如何定义一个拥有 draw 方法的 Draw trait：

src/lib.rs
```
pub trait Draw {
    fn draw(&self);
}
```

示例 17-3：Draw trait 的定义

你对这种语法应该比较熟悉，因为第 10 章介绍过如何定义 trait。接下来的示例 17-4 中定义了一个持有 components 动态数组的 Screen 结构体。这个动态数组的元素类型使用了新语法 Box<dyn Draw>来定义 trait 对象，它被用来代表所有放置在 Box 中且实现了 Draw trait 的具体类型。

src/lib.rs
```
pub struct Screen {
    pub components: Vec<Box<dyn Draw>>,
}
```

示例 17-4：持有 components 字段的 Screen 结构体的定义，components 字段存储了实现了 Draw trait 的 trait 对象动态数组

在这个 Screen 结构体中，我们还定义了一个名为 run 的方法，它会逐一调用 components 中每个元素的 draw 方法，如示例 17-5 所示。

src/lib.rs
```
impl Screen {
    pub fn run(&self) {
        for component in self.components.iter() {
            component.draw();
        }
    }
}
```

示例 17-5：在 Screen 中实现的 run 方法会逐一调用 components 中每个元素的 draw 方法

我们同样可以使用带有 trait 约束的泛型参数来定义结构体，但它与此处示例代码的工作机制截然不同。泛型参数一次只能被替代为一个具体的类型，而

trait 对象允许你在运行时填入多种不同的具体类型。例如，使用泛型参数与 trait 约束来定义 Screen 结构体，如示例 17-6 所示。

src/lib.rs
```
pub struct Screen<T: Draw> {
    pub components: Vec<T>,
}

impl<T> Screen<T>
where
    T: Draw,
{
    pub fn run(&self) {
        for component in self.components.iter() {
            component.draw();
        }
    }
}
```

示例 17-6：使用泛型参数与 trait 约束定义的 Screen 结构体及其 run 方法

基于这种方式产生的 Screen 实例，只允许我们在 list 中存储完全由 Button 类型组成的列表，或完全由 TextField 类型组成的列表。如果你需要的仅仅是同质集合（homogeneous collection），那么使用泛型和 trait 约束就再好不过了，因为这段定义会在编译时被单态化以便使用具体类型。

另外，借助在方法中使用 trait 对象，单个 Screen 实例持有的 Vec<T> 可以同时包含 Box<Button> 与 Box<TextField>。让我们来看一看 trait 对象背后的运行机制，以及它的运行时性能开销。

实现 trait

现在，我们来添加一些实现了 Draw trait 的具体类型。接下来的示例中会提供 Button 类型的实现。需要重申的是，draw 方法不会包含任何有意义的内容，因为我们并不打算编写一个完整的 GUI 库。但我们可以通过想象猜测出 Button 结构体中可能会出现的字段，比如 width、height 和 label 等，如示例 17-7 所示。

```
pub struct Button {
    pub width: u32,
    pub height: u32,
    pub label: String,
}


impl Draw for Button {
    fn draw(&self) {
        // 实际绘制一个按钮的代码
    }
}
```

示例 17-7：实现了 Draw trait 的 Button 结构体

Button 结构体持有的 width、height 和 label 字段也许会不同于其他组件中的字段，例如，TextField 类型就有可能在这些字段外额外持有一个 placeholder 字段。每一个被希望绘制在屏幕上的类型都应当实现 Draw trait，并在 draw 方法中使用不同的代码来自定义具体的绘制行为，就像上面代码中的 Button 那样（这里省略了具体的绘制代码，因为它超出了本章的讨论范围）。除了实现 Draw trait，我们的 Button 类型也许还会在另外的 impl 块中实现一些方法来响应用户点击按钮时的行为，而这些方法并不适用于 TextField 等其他类型。

如果用户决定实现一个带有 width、height 和 options 字段的 SelectBox 结构体，那么他们同样可以为 SelectBox 类型实现 Draw trait，如示例 17-8 所示。

```
use gui::Draw;

struct SelectBox {
    width: u32,
    height: u32,
    options: Vec<String>,
}

impl Draw for SelectBox {
    fn draw(&self) {
        // 实际绘制一个选择框的代码
    }
}
```

示例 17-8：在另外某个依赖 gui 库的包中，定义一个实现了 Draw trait 的 SelectBox 结构体用户已经可以在编写 main 函数时创建 Screen 实例了。另外，他们还可以使用 Box<T>来生成 SelectBox 或 Button 的 trait 对象，并将这些 trait 对象添加到 Screen 实例中。接着，他们便可以运行 Screen 实例的 run 方法来依次调用所有组件的 draw 实现，如示例 17-9 所示。

src/main.rs
```rust
use gui::{Button, Screen};

fn main() {
    let screen = Screen {
        components: vec![
            Box::new(SelectBox {
                width: 75,
                height: 10,
                options: vec![
                    String::from("Yes"),
                    String::from("Maybe"),
                    String::from("No"),
                ],
            }),
            Box::new(Button {
                width: 50,
                height: 10,
                label: String::from("OK"),
            }),
        ],
    };

    screen.run();
}
```

示例 17-9：使用 trait 对象存储实现了相同 trait 的不同类型值

在编写库的时候，我们无法得知用户是否会添加自定义的 SelectBox 类型。但我们的 Screen 实现依然能够接收新的类型并顺利完成绘制工作，因为 SelectBox 实现了 Draw trait 及其 draw 方法。

run 方法中的代码只关心值对行为的响应，而不在意值的具体类型。这一概念与动态类型语言中的"鸭子类型"（duck typing）十分相似：如果某个东西走起来像鸭子，叫起来也像鸭子，那么它就是一只鸭子！在示例 17-5 中的 run 方法实现的过程中，run 并不需要知晓每个组件的具体类型，它仅仅调用了组件的 draw 方法，而不会去检查某个组件究竟是 Button 实例还是 SelectBox 实例。通过在定义 components 动态数组时指定 Box<dyn Draw> 元素类型，Screen 实例只会接收那些能够调用 draw 方法的值。

使用 trait 对象与类型系统来实现"鸭子类型"有一个明显的优势：我们永远不需要在运行时检查某个值是否实现了指定的方法，或者担心出现"调用未定义方法"等运行时错误。Rust 根本就不会允许这样的代码通过编译。

例如，我们可以尝试将 String 类型用作 Screen 的组件，如示例 17-10 所示。

src/main.rs

```
use gui::Screen;

fn main() {
    let screen = Screen {
        components: vec![Box::new(String::from("Hi"))],
    };

    screen.run();
}
```

示例 17-10：尝试使用一个没有实现指定 trait 的类型

由于 String 没有实现 Draw trait，所以在编译时会观察到如下所示的错误：

```
error[E0277]: the trait bound `String: Draw` is not satisfied
 --> src/main.rs:5:26
  |
5 |         components: vec![Box::new(String::from("Hi"))],
  |                          ^^^^^^^^^^^^^^^^^^^^^^^^^^^^ the trait `Draw` is
not implemented for `String`
  |
  = note: required for the cast to the object type `dyn Draw`
```

上面的错误提示信息指出了出现错误的原因：要么是给 Screen 传入了错误

的类型，要么是没有为 String 实现对应的 Draw trait。为了解决前者引起的错误，我们可以修改代码，将传入的值替换为正确的类型。对于后者而言，我们需要为 String 实现 Draw trait，以便 Screen 能够调用它的 draw 方法。

trait 对象会执行动态派发

在第 10 章的"泛型代码的性能问题"一节中，我们曾经介绍过 Rust 编译器会在泛型使用 trait 约束时执行单态化：编译器会为每一个具体类型生成对应于泛型函数和泛型方法的非泛型实现，并使用这些具体的类型来替换泛型参数。通过单态化生成的代码会执行静态派发（static dispatch），这意味着编译器能够在编译过程中确定你调用的具体方法。这个概念与动态派发（dynamic dispatch）相对应，动态派发下的编译器无法在编译过程中确定你调用的究竟是哪一个方法。在进行动态派发的场景中，编译器会生成一些额外的代码，以便在运行时找出你希望调用的方法。

当我们使用 trait 对象时，Rust 必然会执行动态派发。因为编译器无法知晓所有能够用于 trait 对象的具体类型，所以它无法在编译时确定需要调用哪个类型的哪个具体方法。不过，Rust 会在运行时通过 trait 对象内部的指针去定位具体调用哪个方法。该定位过程会产生一些不可避免的运行时开销，而这并不会出现在静态派发中。动态派发还会阻止编译器内联代码，进而使得部分优化操作无法进行。但不管怎么样，动态派发确实能够为示例 17-5 中的代码带来额外的灵活性，并且它还支持示例 17-9 中的代码。你可以基于这些对项目的考虑来决定是否使用 trait 对象。

实现一种面向对象的设计模式

状态模式（state pattern）是一种面向对象的设计模式，它的关键特点是，一个值拥有的内部状态由数个状态对象（state object）表达而成，而值的行为则随着内部状态的改变而改变。我们将逐步拆解一个用于发布博客的结构体示例，这个结构体拥有一个保存其状态的字段，而这个状态的值将会是"草稿"、"等待审批"或"已发布"等状态对象之一。

这种设计模式会通过状态对象来共享功能：当然，在 Rust 中，我们会使用结构体与 trait 而不是对象与继承来实现这一特性。每个状态对象都会负责自己的行为并掌控自己转换为其他状态的时机。而持有状态对象的值对状态的不同行为和状态转换的时机一无所知。

使用状态模式的优势在于：当业务需求发生变化时，我们不需要修改持有状态对象的值，或者使用这个值的代码。我们只需要更新状态对象本身的代码或增加一些新的状态对象，就可以改变程序的运转规则。

我们首先会以更加传统的面向对象思路来实现这一状态模式，然后将它修改为更加符合 Rust 习惯的写法。现在，让我们开始使用状态模式来逐步实现一个发布博客的工作流程吧！

最终的功能将会包含如下所示的内容：

1. 在新建博客文章时生成一份空白的草稿文档。
2. 在完成草稿的撰写后，请求对这篇处于草稿状态的文章进行审批。
3. 文章通过审批后正式对外发布。
4. 只有已发布的博客文章才会返回需要打印的内容，从而避免意外发布未经审批的文章。

除了上面描述的工作流程，对文章的任何其他修改行为都应当是无效的。例如，假设某人试图跳过审批过程来直接发布处于草稿状态的文章，那么我们的程序就应当阻止这一行为并保持文章的草稿状态。

示例 17-11 展示了上述工作流程的代码实现。我们会在随后实现的 blog 包中提供该示例使用的各种 API。这段代码因为暂时缺失 blog 包，现在还无法通过编译。

```
src/main.rs   use blog::Post;

              fn main() {
              ❶ let mut post = Post::new();

              ❷ post.add_text("I ate a salad for lunch today");
              ❸ assert_eq!("", post.content());

              ❹ post.request_review();
              ❺ assert_eq!("", post.content());

              ❻ post.approve();
              ❼ assert_eq!("I ate a salad for lunch today", post.content());
              }
```

示例 17-11：演示 blog 包预期行为的代码示例

　　我们希望用户通过 Post::new 来创建一篇新的文章草稿 ❶。当文章处于草稿状态时，我们还应该允许用户自由地将文字添加到文章中 ❷。假如用户试图立即（也就是在发布前）获得文章中的内容，那么他什么也获取不到，因为文章依然处于草稿状态。在随后的代码中，我们还添加了 assert_eq! 来演示这一行为 ❸。这个判断当然可以被改写为单元测试，从而断言一篇处于草稿状态的文章在调用 content 方法时必然会返回空字符串。但为简单起见，我们并不打算为这个示例编写测试。

　　接着，我们希望用户可以发出审批文章的请求 ❹，而处于等待阶段的 content 方法依然会在调用时返回空字符串 ❺。当文章获得审批 ❻ 并能够正式对外发布时，调用 content 方法则应当返回完整的文章内容 ❼。

　　需要注意的是，用户与这个 blog 包进行交互时涉及的数据类型只有 Post 类型。这个类型会采用状态模式，它持有的值将会是 3 种不同的文章状态对象中的一个：草稿、等待审批或已发布。Post 类型会在内部管理状态与状态之间的变化过程。虽然状态变化的行为会在用户调用 Post 实例的对应方法时发生，但用户并不需要直接对这一过程进行管理。另外，这同样意味着用户不会因为状态而出错，比如在审批完成前发布文章。

定义 Post 并创建一个处于草稿状态的新实例

现在，让我们开始实现这个发布博客的代码库！显而易见，我们需要一个用来存储内容的公共结构体 Post，所以就从定义这个结构体开始，并声明一个用于创建 Post 实例的公共关联函数 new，如示例 17-12 所示。另外，我们还需要创建一个私有的 State trait，并用它来定义所有 Post 的状态对象必须拥有的行为。

接着，Post 类型会在私有的 state 字段中持有包裹在 Option<T> 内的 trait 对象 Box<dyn State>。你会在稍后了解到 Option<T> 的必要性。

src/lib.rs
```rust
pub struct Post {
    state: Option<Box<dyn State>>,
    content: String,
}

impl Post {
    pub fn new() -> Post {
        Post {
          ❶ state: Some(Box::new(Draft {})),
          ❷ content: String::new(),
        }
    }
}

trait State {}

struct Draft {}

impl State for Draft {}
```

示例 17-12：Post 结构体的定义，以及用于创建 Post 实例的 new 函数、State trait 和 Draft 结构体

State trait 定义了所有文章状态共享的行为，这些状态包括：Draft、PendingReview 和 Published，而它们都会实现 State trait。目前，还没有为 trait 提供任何方法，但我们会从定义 Draft 状态开始，因为它是文章创建时所处的初始状态。

当我们创建一个新的 Post 时，它的 state 字段会被设置为持有 Box 的 Some 值❶，而该 Box 指向了 Draft 结构体的一个实例。这保证了任何创建出来的 Post 实例都会从草稿状态开始，因为 Post 的 state 字段是私有的，所以用户无法在其他状态下创建 Post。另外，在 Post::new 函数中，我们还将 content 字段设置为新的空 String ❷。

存储文章内容的文本

在示例 17-11 中，我们希望能够调用一个名为 add_text 的方法将传入的 &str 参数添加到文章中。之所以将这个功能作为方法来实现，而不是通过 pub 关键字来直接暴露 content 字段，是因为我们需要控制用户访问 content 字段中的数据时的具体行为。add_text 方法的实现过程一目了然，我们只需要简单地把它添加到 impl Post 块中即可，如示例 17-13 所示。

src/lib.rs
```
impl Post {
    // --略--
    pub fn add_text(&mut self, text: &str) {
        self.content.push_str(text);
    }
}
```

示例 17-13：add_text 方法的实现使用户可以将字符串添加到文章的 content 中

由于调用 add_text 方法会修改对应的 Post 实例，所以该方法需要接收 self 的可变引用作为参数。接着，我们调用 content 中基于 String 类型的 push_str 方法，将 text 参数中的字符串添加到 content 字段中。由于该行为不依赖文章当前所处的状态，所以它不是状态模式的一部分。虽然 add_text 方法没有与 state 字段进行交互，但它仍然是我们希望对外提供的行为之一。

确保草稿的可读内容为空

即便我们调用 add_text 方法为文章添加了一些内容，但只要文章处于草稿状态，我们就需要在用户调用 content 方法时返回一个空的字符串切片，正如示例 17-11 中 ❸ 行所演示的那样。目前，我们暂时将 content 方法实现为最简单的形式：它永远返回一个空的字符串切片。我们会在后续实现状态转换的功能后再来修改这一方法。由于文章目前只能处于草稿状态，所以用户获取的文章内容也应该总是空的。这个临时的实现如示例 17-14 所示。

```
src/lib.rs   impl Post {
                 // --略--
                 pub fn content(&self) -> &str {
                     ""
                 }
             }
```

示例 17-14：临时的 Post::content 方法总是返回一个空的字符串切片

通过添加这个 content 方法，示例 17-11 中 ❸ 行之前的代码就可以按照预期运行了。

请求审批文章并改变其状态

接下来，我们会添加一个请求审批文章的功能，这个功能会将文章的状态从 Draft 变为 PendingReview，如示例 17-15 所示。

```
src/lib.rs   impl Post {
                 // --略--
             ❶   pub fn request_review(&mut self) {
             ❷       if let Some(s) = self.state.take() {
             ❸           self.state = Some(s.request_review())
                     }
                 }
             }

             trait State {
             ❹   fn request_review(self: Box<Self>) -> Box<dyn State>;
```

```
}

struct Draft {}

impl State for Draft {
    fn request_review(self: Box<Self>) -> Box<dyn State> {
      ❺ Box::new(PendingReview {})
    }
}

struct PendingReview {}

impl State for PendingReview {
    fn request_review(self: Box<Self>) -> Box<dyn State> {
      ❻ self
    }
}
```

示例 17-15：基于 Post 和 State trait 实现 request_review 方法

我们给 Post 添加了一个名为 request_review 的公共方法，它会接收 self 的可变引用 ❶ 并调用当前 state 的 request_review 方法 ❸。后面这个 request_review 方法会消耗当前的状态并返回一个新的状态。

我们为 State trait 添加了一个 request_review 方法 ❹，所有实现了这个 trait 的类型都必须实现这个 request_review 方法。值得注意的是，我们选择了 self: Box<Self> 作为方法的第一个参数，而不是 self、&self 或 &mut self。这种语法意味着该方法只能被包裹着当前类型的 Box 实例调用，它会在调用过程中获取 Box<Self> 的所有权并使旧的状态失效，从而将 Post 的状态转换为一个新的状态。

为了消耗旧的状态，request_review 方法需要获取状态值的所有权。这也正是 Post 的 state 字段引入 Option 的原因：Rust 不允许结构体中出现未被填充的值 ❷。我们可以通过 Option<T> 的 take 方法取出 state 字段的 Some 值，并在原来的位置留下一个 None。这样做使我们能够将 state 值从 Post 中移出来，而不单单是借用它。接着，我们又将这个方法的结果赋值给文章的 state 字段。

我们需要临时把 state 设置为 None 来取得 state 值的所有权，而不能直接使用 self.state = self.state.request_review();这种代码。这可以确保 Post 无法在我们完成状态转换后再次使用旧的 state 值。

Draft 实现的 request_review 方法需要在 Box 中包含一个新的 PendingReview 结构体实例 ❺，这一状态意味着文章正在等待审批。PendingReview 结构体同样实现了 request_review 方法，但它没有执行任何状态转换过程，仅仅是返回了自己 ❻。对于一篇已经处于 PendingReview 状态的文章，发起审批请求并不会改变该文章的当前状态。

现在，你可以看到使用状态模式的优势了：无论 state 值是什么，Post 的 request_review 方法都不需要改变。每个状态都会负责维护自己的运行规则。

我们暂时先不去修改 Post 的 content 方法，仍然让它返回一个空的字符串切片。现在，我们的 Post 实例除了可以处于 Draft 状态，还能够被转换为 PendingReview 状态。示例 17-11 中 ❺ 行之前的代码现在可以正常工作了。

添加 approve 方法来改变 content 的行为

approve 方法与 request_review 方法类似：它会执行状态的审批流程，并将 state 设置为当前状态审批后返回的值，如示例 17-16 所示。

```
src/lib.rs   impl Post {
                 // --略--
                 pub fn approve(&mut self) {
                     if let Some(s) = self.state.take() {
                         self.state = Some(s.approve())
                     }
                 }
             }

             trait State {
                 fn request_review(self: Box<Self>) -> Box<dyn State>;
                 fn approve(self: Box<Self>) -> Box<dyn State>;
             }
```

```
struct Draft {}

impl State for Draft {
    // --略--
    fn approve(self: Box<Self>) -> Box<dyn State> {
      ❶ self
    }
}

struct PendingReview {}

impl State for PendingReview {
    // --略--
    fn approve(self: Box<Self>) -> Box<dyn State> {
      ❷ Box::new(Published {})
    }
}

struct Published {}

impl State for Published {
    fn request_review(self: Box<Self>) -> Box<dyn State> {
        self
    }

    fn approve(self: Box<Self>) -> Box<dyn State> {
        self
    }
}
```

示例 17-16：基于 Post 和 State trait 实现 approve 方法

在这段代码中，我们为 State trait 添加了一个名为 approve 的方法。接着，我们创建了新的 Published 结构体来添加 Published 状态，并为它实现 State trait。

与 PendingReView 中 request_review 的工作方式类似，为 Draft 实例调用 approve 方法会简单地返回 self 而不会产生任何作用 ❶。PendingReview 实例会在调用 approve 时返回一个包裹在 Box 内的 Published 结构体的新实例 ❷。

Published 结构体同样实现了 State trait，它的 request_review 和 approve 方法都只会返回其本身，因为处于 Published 状态的文章不应当被这些操作改变状态。

接下来，我们需要更新 Post 的 content 方法：我们希望 content 返回的值依赖 Post 的当前状态，所以会将 Post 委托给其状态上定义的 content 方法，如示例 17-17 所示。

```
src/lib.rs   impl Post {
                 // --略--
                 pub fn content(&self) -> &str {
                     self.state.as_ref().unwrap().content(&self)
                 }
                 // --略--
             }
```

示例 17-17：更新 Post 的 content 方法，在该方法中委托调用 State 的 content 方法

因为我们希望所有的规则都在 State 相关结构体的内部实现，所以会调用 state 值的 content 方法，并将 Post 实例本身（也就是 self）作为参数传入，最后将这个方法返回的值作为结果。

在这段代码中，我们调用了 Option 的 as_ref 方法，因为我们需要的只是 Option 中值的引用，而不是它的所有权。由于 state 的类型是 Option<Box<dyn State>>，所以我们在调用 as_ref 时会得到 Option<&Box<dyn State>>。如果没有调用 as_ref，那么就会导致编译时错误，因为我们不能将 state 从函数参数的借用&self 中移出。

接着，我们调用了 unwrap 方法。由于 Post 的具体实现保证了方法调用结束时 state 总会是一个有效的 Some 值，所以我们可以确信调用 unwrap 不会发生 panic。我们在第 9 章的 "当你比编译器拥有更多信息时" 一节中曾经讨论过类似的情形。即便编译器无法理解这样的逻辑，我们也可以知道 state 字段中的值永远不会出现 None。

随后，我们又调用了 **&Box<dyn State>** 的 content 方法。由于解引用转换会依次作用于 **&** 与 Box，所以我们最终调用的 content 方法来自实现了 State trait 的具体类型。这意味着我们需要在 State trait 的定义中添加 content 方法，并在这个方法的实现中基于当前状态来决定究竟返回哪些内容，如示例 17-18 所示。

```
trait State {
    // --略--
    fn content<'a>(&self, post: &'a Post) -> &'a str {
      ❶""
    }
}

// --略--
struct Published {}

impl State for Published {
    // --略--
    fn content<'a>(&self, post: &'a Post) -> &'a str {
      ❷ &post.content
    }
}
```

src/lib.rs

示例 17-18：在 State trait 中添加 content 方法

我们为 content 方法添加了默认的 trait 实现，它会返回一个空的字符串切片 ❶。这使得我们可以不必在 Draft 和 PendingReview 结构体中重复实现 content。Published 结构体会覆盖 content 方法并返回 post.content 的值 ❷。

注意，我们需要在这个方法上添加相关的生命周期标注，正如在第 10 章中所讨论的那样。这个方法的实现需要接收 post 的引用作为参数，并返回 post 中某一部分的引用作为结果，因此，该方法中返回值的生命周期应该与 post 参数的生命周期相关。

现在，所有的工作均已完成，示例 17-11 中的代码可以正常运行了！我们按照发布博客工作流程的规则实现了一套状态模式。与规则相关的具体逻辑被封装在了状态对象中，而没有分散在整个 Post 代码内。

> **为什么不选择使用枚举**
>
> 你也许会疑惑为什么我们没有选择使用枚举来解决问题，它可以将不同的文章状态视作变体。这确实是一种可行的方案，你可以自行尝试编写这样的代码，并将最终的结果与本例进行对比！使用枚举的一个劣势在于：任何需要检查枚举值的地方，都会需要一个 match 表达式或类似的机制来处理每一个可能的变体。这可能会比当前使用 trait 对象的方案更加冗余。

状态模式的权衡取舍

前面我们演示了如何使用 Rust 来实现面向对象的状态模式，它将一篇博客文章可能拥有的各种行为封装到了不同的状态中，而 Post 自身的方法对这些行为一无所知。通过这种组织代码的方式，我们只需要查看一个地方便能知晓已发布文章的行为差异：Published 结构体中的 State trait 的具体实现。

如果你采用了其他的实现来替代状态模式，那么就可能需要在 Post 甚至是 main 函数的代码中使用 match 表达式来检查文章的状态，并根据状态执行不同的行为。当你希望了解文章处于已发布状态的具体行为时，采用这种实现就意味着你不得不查看多个不同的地方。另外，这种代码的复杂度还会随着状态数量的增加而增加：每增加一个状态，所有的 match 表达式就需要对应地增加一个分支。

基于状态模式，我们可以免于在 Post 的方法或使用 Post 的代码中添加 match 表达式。当业务需要新增状态时，我们也只需要创建一个新的结构体并为它实现 trait 的各种方法即可。

使用状态模式实现的程序可以较为容易地扩展功能。为了更好地体验状态模式给维护代码带来的便捷，你可以试着自行实现下面这些需求：

- 添加 reject 方法，它可以将文章的状态从 PendingReview 修改为 Draft。

- 为了将文章的状态修改为 Published，用户需要调用两次 approve。
- 只有在文章处于 Draft 状态时，用户才能够修改文本内容（提示：将改变内容的职责从 Post 转移至状态对象）。

状态模式的一个缺点在于：因为状态实现了状态之间的转换，所以某些状态之间是相互耦合的。如果我们希望在 PendingReview 和 Published 之间添加一个 Scheduled 状态，那么就需要修改 PendingReview 中的代码转换到 Scheduled 状态。假如在添加新状态时 PendingReview 不需要修改，那么工作量自然会随之减少，但这也就意味着需要选用其他某种设计模式。

状态模式的另一个缺点在于：我们需要重复实现一些代码逻辑。你也许会试着提供默认实现，让 State trait 的 request_review 和 approve 方法默认返回 self。但这是行不通的：当把 State 用作 trait 对象时，trait 本身无法确定具体的 self 究竟是什么，从而也就无法在编译时确定应该返回什么类型。

其他重复的地方还包括 Post 中的 request_review 和 approve 方法，它们在具体实现上具有高度的相似性。这两个方法都将实现细节委托给了 Option 的 state 字段中值的同名方法实现，并将这个方法的返回结果设置为新的 state 值。如果 Post 中还有其他更多类似的方法，我们可以考虑使用宏来消除这种重复（参见第 19 章的"宏"一节）。

严格按照面向对象语言的定义来实现一套状态模式自然是可行的，但这并不能发挥出 Rust 的全部威力。接下来，我们会修改部分代码使 blog 包可以将无效状态和状态转换暴露为编译时错误。

将状态和行为编码为类型

我们会向你演示如何反思状态模式来理解设计过程中的权衡取舍。相较于完全封装状态和状态转换过程，使外部代码对其一无所知，我们会将状态编码为不同的类型。作为结果，Rust 的类型检查系统将得以在用户进行错误操作时触发编译错误，比如对处于草稿状态的文章进行发布等。

下面来看示例 17-11 中 main 函数的第一部分：

```
src/main.rs    fn main() {
                   let mut post = Post::new();

                   post.add_text("I ate a salad for lunch today");
                   assert_eq!("", post.content());
               }
```

　　我们仍然希望通过 Post::new 创建出状态为草稿的新文章，并保留向文章中添加内容的能力。但相较于让草稿的 content 方法返回一个空字符串，我们可以压根就不为草稿提供 content 方法。基于这样的设计，用户在试图读取草稿内容时，就会得到方法不存在的编译错误。这使得我们不可能在生产环境中意外地暴露草稿内容，因为这样的代码连编译都无法通过。示例 17-19 中包含了 Post 结构体和 DraftPost 结构体的定义，以及它们的方法实现。

```
src/lib.rs    pub struct Post {
                  content: String,
              }

              pub struct DraftPost {
                  content: String,
              }

              impl Post {
            ❶ pub fn new() -> DraftPost {
                  DraftPost {
                      content: String::new(),
                  }
              }

            ❷ pub fn content(&self) -> &str {
                  &self.content
              }
              }

              impl DraftPost {
            ❸ pub fn add_text(&mut self, text: &str) {
                  self.content.push_str(text);
              }
              }
```

示例 17-19：带有 content 方法的 Post 和不带有 content 方法的 DraftPost

Post 和 DraftPost 结构体都有一个用来存储文本的私有字段 content。由于我们将状态直接编码为结构体类型，所以这两个结构体不再拥有之前的 state 字段。Post 结构体将会代表一篇已发布的文章，它的 content 方法被用来返回内部 content 字段的值❷。

Post 结构体仍然定义了自己的关联函数 Post::new，但它现在会返回一个 DraftPost 实例，而不再是 Post 实例❶。由于 content 字段是私有的，且没有任何直接返回 Post 的函数，所以我们暂时无法创建出 Post 实例。

因为 DraftPost 结构体有一个 add_text 方法，所以我们可以像以前一样为 content 添加文本❸。但是请注意，DraftPost 根本就没有定义 content 方法！现在，程序能够保证所有文章都是从草稿状态开始的，并且处于草稿状态的文章无法对外展示自己的内容。任何绕过这些限制的尝试都会导致编译错误。

将状态转换实现为不同类型间的变换

那么，我们应该如何得到一篇已发布的文章呢？我们依然希望处于草稿状态的文章在得到审批后能够发布，而一篇处于待审批状态的文章则不应该对外显示任何内容。让我们添加新的结构体 PendingReviewPost 来实现这一规则。我们在 DraftPost 中定义返回 PendingReviewPost 实例的 request_review 方法，并在 PendingReviewPost 中定义一个返回 Post 实例的 approve 方法，如示例 17-20 所示。

```
src/lib.rs   impl DraftPost {
                 // --略--
                 pub fn request_review(self) -> PendingReviewPost {
                     PendingReviewPost {
                         content: self.content,
                     }
                 }
             }

             pub struct PendingReviewPost {
                 content: String,
```

```
    }

impl PendingReviewPost {
    pub fn approve(self) -> Post {
        Post {
            content: self.content,
        }
    }
}
```

示例 17-20：通过调用 DraftPost 的 request_review 方法创建 PendingReviewPost，而 PendingReviewPost 的 approve 方法能够把自己转换为已发布的 Post

　　由于 request_review 和 approve 方法获取了 self 的所有权，所以它们会消耗 DraftPost 和 PendingReviewPost 实例，并分别将自己转换为 PendingReviewPost 和已发布的 Post。通过这种写法，在调用 request_review 方法后，我们不可能遗漏任何 DraftPost 实例，调用 approve 方法与此同理。尝试读取 PendingReviewPost 的内容同样会导致编译错误，因为它没有定义 content 方法。含有 content 方法的 Post 实例只能通过调用 PendingReviewPost 的 approve 方法来获得，而用户只能通过调用 DraftPost 的 request_review 方法来获得 PendingReviewPost 实例。我们现在已经成功地将发布博客的工作流程编码到了类型系统中。

　　但是，我们不得不在 main 函数中做出一些小修改。因为 request_review 和 approve 方法会返回新的实例，而不是修改调用方法的结构体本身，所以我们需要添加一些 let post = 绑定来保存返回的新实例。另外，我们还删除了那些用来进行检查的断言，因为保证处于草稿状态或待审批状态的文章一定会返回空的字符串不再有意义了：任何试图非法读取文章内容的操作都会导致编译错误。修改后的 main 函数代码如示例 17-21 所示。

src/main.rs
```
use blog::Post;

fn main() {
    let mut post = Post::new();
```

```
        post.add_text("I ate a salad for lunch today");

        let post = post.request_review();

        let post = post.approve();

        assert_eq!("I ate a salad for lunch today", post.content());
}
```

示例 17-21：使用新的发布博客的工作流程实现来修改 main 函数

既然需要修改 main 函数来重新为 post 赋值，那么新的实现就不再是完全面向对象的状态模式了：状态之间的转换过程不再被完整地封装在 Post 实现中。但不管怎样，我们的目标是借助类型系统和编译时类型检查彻底地杜绝无效状态！这将确保在进入生产环境之前某些 bug 能够暴露出来，比如显示未经发布的文章等。

你可以试着按照示例 17-21 的思路来实现本节开始时针对 blog 包提出的其他需求，并思考新版本代码中的设计模式会给实现需求带来哪些不一样的体验。需要注意的是，其中的部分需求也许已经随着设计的变化而解决了。

你应该可以观察到，Rust 不仅能够实现面向对象的设计模式，还可以支持其他更多的模式，比如将状态编码到类型系统中等。不同的模式有着不同的取舍。尽管你可能会更加熟悉面向对象模式，但充分利用 Rust 的特性来重新思考问题依然能够带来不少好处，例如，将部分错误暴露在编译期等。面向对象的经典模式并不总是 Rust 编程实践中的最佳选择，因为 Rust 具有所有权等其他面向对象语言所没有的特性。

总结

不管你是否将 Rust 视作面向对象语言，在阅读完本章后，你都可以学会如何使用 trait 对象来实现部分面向对象的特性。动态派发通过牺牲些许的运行时性能赋予了代码更大的灵活性。你可以利用这种灵活性来实现有助于改善代码可维护性的面向对象模式。由于 Rust 具有所有权等其他面向对象语言所没有的特性，所以面向对象模式仅仅是一种可用的选项，而并不总是最佳实践方式。

我们会在下一章中学习模式匹配，它是能够带来极强灵活性的另一个 Rust 特性。虽然我们还没有完整地了解过模式，但在本书中已经多次接触过它了。现在让我们继续前进吧！

18

模式与匹配

　　模式是 Rust 中一种用来匹配类型结构的特殊语法，它时而复杂，时而简单。将模式与 match 表达式或其他工具配合使用可以更好地控制程序流程。一个模式通常由以下部分组合而成：

- 字面量
- 解构的数组、枚举、结构体或元组
- 变量
- 通配符
- 占位符

　　一些模式的示例包括 x、(a，3)以及 Some(Color::Red)。在那些模式可以生效的场景中，这些组件描述了数据的形状。而我们的程序可以使用模式来匹配这些值的形状，并进而判断出程序能否获得可供后续代码处理的正确数据。

　　为了使用模式，我们会将它与某个值进行对比。如果模式与值匹配成功，那么就可以在代码中使用这个值的某些部分。回忆一下我们在第 6 章中运用模式匹配编写的 match 表达式，尤其是那个"硬币分类机"的例子。如果值与模式在形状上相符，那么我们就可以在随后的代码块中使用模式中命名的各种标识符；而如果不相符，那么模式对应的代码就会被简单地略过。

本章中内容包含了所有与模式相关的知识。我们会逐一讨论那些可以使用模式的场合、不可失败模式与可失败模式之间的区别，以及代码中可能会出现的各种模式语法。通过阅读本章，你应当能够学会如何运用模式匹配来更加清晰地表达各种概念。

所有可以使用模式的场合

实际上，我们已经不知不觉地使用过许多次模式了，它会出现在相当多不同的 Rust 语法中！本节将系统地介绍所有可以使用模式的场合。

match 分支

正如在第 6 章中所讨论的那样，模式可以被应用在 match 表达式的分支中。在形式上，match 表达式由 match 关键字、待匹配的值，以及至少一个匹配分支组合而成，而分支由一个模式及模式匹配成功后应当执行的表达式组成：

```
match 值 {
    模式 => 表达式,
    模式 => 表达式,
    模式 => 表达式,
}
```

例如，下面的 match 表达式在第 6 章的示例 6-5 中被用来匹配变量 x 中的 Option<i32>：

```
match x {
    None => None,
    Some(i) => Some(i + 1),
}
```

这个 match 表达式中的模式即是箭头左侧的 None 与 Some(i)。

match 表达式必须穷尽（exhaustive）匹配值的所有可能性。为了确保代码满足这一要求，我们可以在最后的分支处使用全匹配模式。例如，变量名可以被用来覆盖所有剩余的可能性，一个能够匹配任何值的变量名永远不会失败。

另外，还有一个特殊的_模式可以被用来匹配所有可能的值，且不将它们绑定到任何一个变量上，因此，这个模式常常被用作匹配列表中的最后一个分支。当你想要忽略所有未被指定的值时，_模式会非常有用。我们将在本章的"忽略模式中的值"一节中更为详细地讨论_模式。

if let 条件表达式

在第 6 章中讨论如何使用 if let 表达式时，我们将它当作只匹配单个分支的 match 表达式来使用。但实际上，我们还能够为 if let 添加一个可选的 else 分支——如果 if let 对应的模式没有匹配成功，那么 else 分支的代码就会得到执行。

另外，我们同样可以混合使用 if let、else if 和 else if let 表达式来进行匹配，如示例 18-1 所示。相较于一次只能将一个值与模式比较的 match 表达式来说，这种混合语法可以提供更大的灵活性，并且一系列 if let、else if、else if let 分支中的条件也不需要彼此相关。

示例 18-1 中的代码通过执行一系列的条件检查来决定所需要使用的背景颜色。为简单起见，我们为本例中的变量赋予了硬编码值，但真正的程序应当从用户的输入中获得这些值。

src/main.rs
```
fn main() {
    let favorite_color: Option<&str> = None;
    let is_tuesday = false;
    let age: Result<u8, _> = "34".parse();

❶   if let Some(color) = favorite_color {
```

```
    ❷ println!(
            "Using your favorite, {color}, as the background"
        );
❸ } else if is_tuesday {
    ❹ println!("Tuesday is green day!");
❺ } else if let Ok(age) = age {
    ❻ if age > 30 {
            ❼ println!("Using purple as the background color");
        } else {
            ❽ println!("Using orange as the background color");
        }
❾ } else {
    ❿ println!("Using blue as the background color");
    }
}
```

示例 18-1：混合使用 if let、else if、else if let 和 else

　　如果用户明确指定了偏爱的颜色 ❶，那么就将它直接用作背景色 ❷；否则，继续判断当天是否是星期二 ❸，并在条件满足时采用绿色作为背景色 ❹。如果条件匹配再次失败，就进而判断用户给出的字符串是否能够被成功解析为数字 ❺。如果数字解析成功，则会根据数字的大小 ❻ 选用紫色 ❼ 或橙色 ❽。如果以上所有条件均不满足 ❾，那么就选择蓝色 ❿ 作为背景色。

　　这种条件结构使我们可以支持较为复杂的需求。通过将本例中的硬编码值代入代码中执行，我们可以推断出这个示例最终打印出的结果为 Using purple as the background color。

　　你也许注意到了，与 match 分支类似，if let 分支能够以同样的方式对变量进行覆盖。if let Ok(age) = age 这条语句 ❺ 中引入了新的变量 age 来存储 Ok 变体中的值，而它覆盖了右侧的同名变量。这意味着我们必须把判断条件 if age > 30 ❻ 放置到匹配成功后执行的代码块中，而不能把这两个条件组合成 if let Ok(age) = age && age > 30。因为覆盖了同名变量的 age，只有在花括号后的新作用域中才会变得有效。

与 match 表达式不同，if let 表达式的不利之处在于，它不会强制开发者穷尽值的所有可能性。即便我们省略了随后可选的 else 块 ❾，并因此遗漏了某些需要处理的情形，编译器也不会在这里警告我们存在可能的逻辑性缺陷。

while let 条件循环

while let 条件循环的构造与 if let 十分类似，但它会反复执行同一个模式匹配直到出现失败的情形。在示例 18-2 中，我们将一个动态数组用作栈，并使用 while let 循环依次将栈内的值按照与入栈相反的顺序打印出来。

src/main.rs
```
let mut stack = Vec::new();

stack.push(1);
stack.push(2);
stack.push(3);

while let Some(top) = stack.pop() {
    println!("{top}");
}
```

示例 18-2：只要 stack.pop() 返回的值是 Some 变体，while let 循环就会不断地打印值

上面的示例会依次打印出 3、2、1。其中的 pop 方法会试图取出动态数组的最后一个元素并将它包裹在 Some(value) 中返回。如果动态数组为空，则 pop 返回 None。while 循环会在 pop 返回 Some 时迭代执行循环体中的代码，并在 pop 返回 None 时结束循环。使用 while let 便可以将栈中的元素逐一弹出了。

for 循环

在 for 循环中，出现在关键字 for 之后的值就是一个模式，比如 for x in y 中的 x。示例 18-3 展示了如何在 for 循环中使用模式来解构元组。

src/main.rs
```
let v = vec!['a', 'b', 'c'];

for (index, value) in v.iter().enumerate() {
```

```
        println!("{value} is at index {index}");
}
```

示例 18-3：在 for 循环中使用模式来解构元组

示例 18-3 中的代码会打印出如下所示的内容：

```
a is at index 0
b is at index 1
c is at index 2
```

在上面的代码中，我们使用了 enumerate 方法来作为迭代器的适配器，它会在每次迭代过程中都生成一个包含值本身及值索引的元组。首次调用 enumerate 会生成元组(0, 'a')。当我们将这个值与模式(index, value)进行匹配时，index 就会被赋值 0，而 value 会被赋值'a'，这就是第一行输出中的内容。

let 语句

在前面的章节中，我们只明确地讨论了如何在 match 和 if let 表达式中使用模式，但实际上，在其他许多语句（甚至是最基本的 let 语句）中同样用到了模式。例如，考虑下面这条使用 let 直接为变量赋值的语句：

```
let x = 5;
```

每一次像这样使用 let 语句时就是在使用模式，虽然你可能完全没有意识到！更正式的 let 语句的定义如下所示：

```
let 模式 = 表达式;
```

在类似于 let x = 5;的语句中，单独的变量名作为最朴素的模式被放于"模式"对应的位置。Rust 会将表达式与模式进行比较，并为所有找到的名称赋值。因此，在 let x = 5;这个示例中，x 作为模式表达的含义是"将此处匹配到的所有内容绑定至变量 x 上"。因为 x 就是整个模式本身，所以它实际上意味着"无论表达式返回什么样的值，都可以将它绑定至变量 x 上"。

为了更清晰地理解 let 语句中的模式匹配，我们在示例 18-4 中展示了一条使用 let 模式来解构元组的语句。

```
let (x, y, z) = (1, 2, 3);
```

示例 18-4：使用模式来解构元组并一次性创建出 3 个变量

在这个示例中，我们使用模式来匹配一个元组。由于 Rust 在比较值(1, 2, 3)与模式(x, y, z)时发现它们是一一对应的，所以最终会将 1、2、3 分别绑定至 x、y、z 上。你可以将这个元组模式理解为嵌套的 3 个独立变量模式。

如果模式中元素的数量与元组中元素的数量不同，那么整个类型就会匹配失败，进而导致编译错误。例如，示例 18-5 中的代码试图用两个变量来解构拥有 3 个元素的元组，这当然是行不通的。

```
let (x, y) = (1, 2, 3);
```

示例 18-5：一个错误的模式，其中变量的数量与元组中元素的数量不匹配

尝试编译这段代码，会出现如下所示的错误：

```
error[E0308]: mismatched types
 --> src/main.rs:2:9
  |
2 |     let (x, y) = (1, 2, 3);
  |         ^^^^^^   --------- this expression has type `({integer}, {integer},
{integer})`
  |         |
  |         expected a tuple with 3 elements, found one with 2 elements
  |
  = note: expected tuple `({integer}, {integer}, {integer})`
             found tuple `(_, _)`
```

为了修正这个错误，我们可以使用_或..来忽略元组中的一个或多个值，正如本章的"忽略模式中的值"一节中会提到的。假如你在模式中编写了过多的

变量，那么只需要移除那些额外的变量并使变量的数量与元组中元素的数量相等，便可以保持类型的匹配。

函数的参数

函数的参数同样是模式。示例 18-6 中的代码声明了一个名为 foo 的函数，它接收一个名为 x 的 i32 类型的参数。对于这段代码中使用的语法，你应该相当熟悉了。

```
fn foo(x: i32) {
    // 在此编写函数代码
}
```

示例 18-6：在参数中使用了模式的函数签名

签名中的 x 部分就是一个模式！与 let 语句类似，我们同样可以在函数的参数中使用模式来匹配元组。示例 18-7 将我们传递给函数的元组拆分为不同的值。

```
fn print_coordinates(&(x, y): &(i32, i32)) {
    println!("Current location: ({x}, {y})");
}

fn main() {
    let point = (3, 5);
    print_coordinates(&point);
}
```

示例 18-7：在参数中解构元组的函数

这段代码会打印出字符串 Current location: (3, 5)。由于模式&(x, y) 能够和值&(3, 5)匹配，所以 x 的值为 3，y 的值为 5。

类似于函数的参数列表，我们同样可以在闭包的参数列表中使用模式。因为闭包和函数是非常类似的，正如我们在第 13 章中所讨论的那样。

虽然你已经见识了许多不同的模式用法，但在不同上下文中模式的运作机制却不尽相同。在一些场合中，模式必须是不可失败的形式；而在另一些场合中，模式却被允许是可失败的形式。在接下来的一节中，我们会详细地讨论这两个概念。

可失败性：模式是否会匹配失败

模式可以被分为不可失败的（irrefutable）和可失败的（refutable）两种形式。不可失败的模式能够匹配任何传入的值。例如，语句 `let x = 5;` 中的 x 便是不可失败的模式，因为它能够匹配表达式右侧所有可能的返回值。可失败的模式则可能因为某些特定的值而匹配失败。例如，表达式 `if let Some(x) = a_value` 中的 `Some(x)` 便是可失败的模式。如果 a_value 变量的值是 None 而不是 Some，那么表达式左侧的 `Some(x)` 模式就会发生不匹配的情况。

函数参数、`let` 语句及 `for` 循环只接收不可失败的模式，因为在这些场合中，我们的程序无法在值不匹配时执行任何有意义的行为。`if let` 和 `while let` 表达式可以接收可失败的模式与不可失败的模式，但编译器会在我们使用不可失败的模式时产生警告，因为从设计上来说，它们应该被用于处理那些可能失败的情形：条件表达式的功能就是根据条件的成功与否执行不同的操作。

一般而言，你不用在编写代码时过多地考虑模式的可失败性，但是需要熟悉可失败性这个概念本身，因为你需要能够识别出错误提示信息中有关它的描述，进而做出正确的应对。在遇到此类问题时，要么改变用于匹配的模式，要么改变被模式匹配的值的构造，这取决于代码的预期行为。

假如我们试图在需要不可失败的模式的场合中使用可失败的模式，会发生什么呢？示例 18-8 中的 `let` 语句使用了一个可失败的 `Some(x)` 模式。正如你可能猜想的那样，这段代码无法通过编译。

```
let Some(x) = some_option_value;
```

示例 18-8：试图在 `let` 语句中使用一个可失败的模式

如果 some_option_value 的值是 None，那么就无法成功地匹配模式 Some(x)，这也意味着这个模式本身是可失败的。然而，let 语句只能接收一个不可失败的模式，因为这段代码无法通过 None 值执行任何有效的操作。Rust 会在编译时指出这一错误，即该代码试图在需要不可失败的模式的场合中使用可失败的模式：

```
error[E0005]: refutable pattern in local binding: `None` not covered
  --> src/main.rs:3:9
   |
3  |     let Some(x) = some_option_value;
   |         ^^^^^^^ pattern `None` not covered
   |
   = note: `let` bindings require an "irrefutable pattern", like a `struct` or
an `enum` with only one variant
   = note: for more information, visit
https://doc.rust-lang.org/book/ch18-02-refutability.html
   = note: the matched value is of type `Option<i32>`
help: you might want to use `if let` to ignore the variant that isn't matched
   |
3  |     let x = if let Some(x) = some_option_value { x } else { todo!() };
   |     ++++++++++                                  ++++++++++++++++++++++
```

因为模式 Some(x) 无法（也不可能）覆盖表达式右侧的值的所有可能的情形，所以 Rust 产生了一个合理的编译错误。

当我们有一个可失败的模式，却需要一个不可失败的模式时，为了修复代码，我们可以使用 if let 来代替涉及模式的那一部分 let 代码。当模式不匹配时，新的代码能够跳过花括号中的代码块，并给予程序一种合法的方式使其继续执行。将示例 18-8 中的代码修复后，得到的代码如示例 18-9 所示。

```
if let Some(x) = some_option_value {
    println!("{x}");
}
```

示例 18-9：将 let 替换为支持可失败的模式的 if let 及对应的代码块

我们给予了代码一个合法的出口！尽管我们无法在避免错误产生的情况下

使用不可失败的模式，但这段代码是完全有效的。假如我们在 if let 中使用了一个不可失败的模式，比如示例 18-10 中的 x，那么编译器就会产生一个警告。

```
if let x = 5 {
    println!("{x}");
};
```

示例 18-10：尝试在 if let 表达式中使用一个不可失败的模式

Rust 会在编译警告中提醒我们，同时使用 if let 与不可失败的模式没有任何意义：

```
warning: irrefutable `if let` pattern
 --> src/main.rs:2:8
  |
2 |     if let x = 5 {
  |         ^^^^^^^^^
  |
  = note: `#[warn(irrefutable_let_patterns)]` on by default
  = note: this pattern will always match, so the `if let` is useless
  = help: consider replacing the `if let` with a `let`
```

类似地，在 match 表达式的匹配分支中，除了最后一个分支，其他分支必须全部使用可失败的模式；而最后的分支应该使用不可失败的模式，因为它需要匹配值的所有剩余的情形。Rust 允许你在仅有一个分支的 match 表达式中使用不可失败的模式，但这种语法几乎没有任何用处，它可以被简单的 let 语句所代替。

现在，你已经知道了所有可以使用模式的场合，以及不可失败的模式与可失败的模式之间的区别，接着就让我们来学习所有可以被用于构建模式的语法吧。

模式语法

在本节中，我们会系统地整理所有可用的模式语法，并讨论每一种语法的用武之地。

匹配字面量

正如在第 6 章中所介绍的那样，你可以直接使用模式来匹配字面量，如下所示：

```
src/main.rs    let x  = 1;

               match x {
                   1 => println!("one"),
                   2 => println!("two"),
                   3 => println!("three"),
                   _ => println!("anything"),
               }
```

这段代码会因为 x 的值是 1 而打印出 one。当你需要根据特定的具体值来决定下一步行为时，就可以在代码中使用这一语法。

匹配命名变量

命名变量（named variable）是一种可以匹配任何值的不可失败的模式，我们在本书中相当频繁地使用了这一模式。值得一提的是，当你在 match 表达式中使用命名变量时，情况可能会变得稍微有些复杂。由于 match 开启了一个新的作用域，所以被定义在 match 表达式内作为模式一部分的变量会覆盖 match 结构外的同名变量，就像覆盖其他普通变量一样。在示例 18-11 中，我们声明了变量 x 与 y 来分别存储 Some(5) 和 10。接着，我们编写了一个 match 表达式来匹配 x 的值。请留意这个表达式分支中的模式及最后的 println! 语句，并试着在运行代码前预测最终的输出结果会是什么。

```
src/main.rs    fn main() {
            ❶ let x = Some(5);
            ❷ let y = 10;

                match x {
                ❸ Some(50) => println!("Got 50"),
                ❹ Some(y) => println!("Matched, y = {y}"),
                ❺ _ => println!("Default case, x = {:?}", x),
                }

            ❻ println!("at the end: x = {:?}, y = {y}", x);
            }
```

示例 18-11：match 表达式的一个分支引入了一个覆盖变量 y

让我们来逐步分析在执行这个 match 表达式时究竟会发生什么。由于第一个匹配分支 ❸ 的模式与 x 的值 ❶ 不匹配，所以简单地跳过该分支即可。

第二个匹配分支 ❹ 的模式引入了一个新的变量 y，它会匹配 Some 变体中携带的任意值。因为我们处在 match 表达式创建的新的作用域中，所以这里的 y 是一个新的变量，而不是我们在程序起始处声明的那个存储了 10 的 y ❷。这个新的 y 的绑定能够匹配 Some 中的任意值，而 x 正是一个 Some。因此，新的 y 会被绑定到 x 变量中 Some 的内部值上。由于这个值是 5，所以当前分支的表达式会在执行后打印出 Matched, y = 5。

如果 x 不是 Some(5) 而是 None，那么它会在前两个分支的模式匹配中匹配失败，进而与最后的那个下画线模式 ❺ 相匹配。由于我们没有在下画线模式的分支内引入 x 变量，所以这个表达式使用的 x 没有被任何变量所覆盖，它依然是外部作用域中的 x。这个假想的 match 运行过程最终会打印出 Default case, x = None。

match 表达式创建的作用域会随着当前表达式的结束而结束，而它内部的 y 自然也无法幸免，代码最后的 println! ❻ 会打印出 at the end: x = Some(5), y = 10。

如果你希望在 match 表达式中比较外部作用域中的 x 与 y，而不是引入新的覆盖变量，那么就需要使用带有条件的匹配守卫。本章的"使用匹配守卫添加额外条件"一节会详细地介绍这一概念。

多重模式

你可以在 match 表达式的分支匹配中使用|来表示"或"（or）的意思，它可以被用来一次性匹配多个模式。例如，下面的代码在第一个分支中采用了"或"语法，即只要 x 的值匹配到分支中的任意模式，当前分支中的代码就会得到执行：

src/main.rs
```
let x  = 1;

match x {
    1 | 2 => println!("one or two"),
    3 => println!("three"),
    _ => println!("anything"),
}
```

这段代码会打印出 one or two。

使用 "..=" 匹配区间值

我们可以使用..=来匹配闭区间的值。例如，在下面的代码中，只要模式匹配的值处于给定的区间内，这个模式对应的分支就会得到执行：

src/main.rs
```
let x  = 5;

match x {
    1 ..= 5 => println!("one through five"),
    _ => println!("something else"),
}
```

在上面的代码中，当 x 是 1、2、3、4 或 5 时，它就会被匹配到第一个分支。这种语法在表达类似含义时要比使用|运算符更为方便。相比于 1 ..= 5，我们

需要在使用|时将模式修改为 1 | 2 | 3 | 4 | 5。指定了值区间的代码要简短得多，特别是当需要匹配 1 到 1000 之间任意数字的时候。

区间模式只被允许使用数值或 char 值来进行定义，因为编译器需要在编译时确保区间不为空，而 char 和数值正是 Rust 仅有的可以判断区间是否为空的类型。

下面是一个使用 char 值区间的例子：

```
let x = 'c';

match x {
    'a' ..= 'j' => println!("early ASCII letter"),
    'k' ..= 'z' => println!("late ASCII letter"),
    _ => println!("something else"),
}
```

由于 Rust 判断出'c'位于第一个模式的区间内，所以最终会打印出 early ASCII letter。

通过解构分解值

我们可以使用模式来解构结构体、枚举和元组，从而使用这些值中的不同部分。让我们分别来看一看具体做法。

解构结构体

示例 18-12 展示了一个由 x 和 y 两个字段组成的 Point 结构体。我们可以使用带有模式的 let 语句来拆分这些字段。

```
struct Point {
    x: i32,
    y: i32,
}

fn main() {
    let p = Point { x: 0, y: 7 };
```

```
    let Point { x: a, y: b } = p;
    assert_eq!(0, a);
    assert_eq!(7, b);
}
```

示例 18-12：将结构体中的字段解构为独立的变量

　　这段代码创建了 a 和 b 两个变量，它们分别匹配了 p 结构体中 x 和 y 字段的值。这个例子说明模式中的变量名并不需要与结构体的字段名相同。但我们通常倾向于采用与字段名相同的变量名，因为这样可以方便记住哪个变量来自哪个字段。

　　在实践中，采用与字段名相同的变量名相当常见。为了避免编写出类似于 `let Point { x: x, y: y } = p` 这样冗余的代码，Rust 允许我们在使用模式匹配分解结构体字段时采用一种较为简便的写法：只需要列出结构体字段的名称，模式就会自动创建出拥有相同名称的变量。示例 18-13 中的代码与示例 18-12 中的代码拥有完全一致的行为，但它在 let 语句中使用模式创建的变量从 a 和 b 变成了 x 和 y。

<!-- src/main.rs -->

src/main.rs
```
struct Point {
    x: i32,
    y: i32,
}

fn main() {
    let p = Point { x: 0, y: 7 };

    let Point { x, y } = p;
    assert_eq!(0, x);
    assert_eq!(7, y);
}
```

示例 18-13：使用结构体字段的简便写法来解构结构体字段

　　上述代码中创建的 x 和 y 变量会分别匹配到 p 结构体变量中的 x 与 y 字段。作为结果，x 和 y 变量存储了 p 结构体中的值。

除了为所有字段创建变量，我们还可以在结构体模式中使用字面量来进行解构。这一技术使我们可以在某些字段符合要求的前提下再对其他字段进行解构。

示例 18-14 中展示的 match 表达式将 Point 值分为 3 种不同的情况：位于 x 轴上的点（即 y = 0）、位于 y 轴上的点（即 x = 0），以及不在任意一个轴上的点。

src/main.rs
```rust
fn main() {
    let p = Point { x: 0, y: 7 };

    match p {
        Point { x, y: 0 } => println!("On the x axis at {x}"),
        Point { x: 0, y } => println!("On the y axis at {y}"),
        Point { x, y } => {
            println!("On neither axis: ({x}, {y})");
        }
    }
}
```

示例 18-14：对模式中的字面量进行解构和匹配

第一个分支通过要求 y 字段匹配到字面量 0，它会匹配所有位于 x 轴上的点。这个模式还创建了一个可以在这个分支的代码块中使用的变量 x。

类似地，第二个分支通过要求 x 字段匹配到字面量 0，它能够匹配所有位于 y 轴上的点，并为 y 字段的值创建变量 y。第三个分支没有指定任何字面量，因此，它可以匹配所有剩余的那些 Point，并为 x 和 y 字段创建变量。

在本例中，因为 p 实例的 x 字段的值为 0，所以它会匹配到 match 表达式的第二个分支，并最终打印出 On the y axis at 7。

记住，match 表达式会在发现第一个匹配的模式时停止检查剩余的分支，所以即便 Point { x: 0, y: 0 } 同时处于 x 轴与 y 轴上，这段代码也只会打印出 On the x axis at 0。

解构枚举

在本书前面的章节中，我们曾经介绍过解构枚举的操作，例如，在第 6 章的示例 6-5 中就解构了 Option<i32>。但仍有一个未被提及的细节需要注意：用于解构枚举的模式必须要对应于枚举定义中存储数据的方式。下面来看一个例子，示例 18-15 中的代码使用了示例 6-2 中的 Message 枚举，这里的 match 表达式会基于模式来解构枚举中的所有内部值。

```
src/main.rs    enum Message {
                   Quit,
                   Move { x: i32, y: i32 },
                   Write(String),
                   ChangeColor(i32, i32, i32),
               }

               fn main() {
             ❶ let msg = Message::ChangeColor(0, 160, 255);

                   match msg {
                 ❷ Message::Quit => {
                       println!(
                           "The Quit variant has no data to destructure."
                       );
                   }
                 ❸ Message::Move { x, y } => {
                       println!(
                           "Move in the x dir {x}, in the y dir {y}"
                       );
                   }
                 ❹ Message::Write(text) => {
                       println!("Text message: {text}");
                   }
                 ❺ Message::ChangeColor(r, g, b) => println!(
                       "Change color to red {r}, green {g}, and blue {b}"
                   ),
                   }
               }
```

示例 18-15：解构含有不同类型值的枚举变体

运行这段代码，最终会打印出 Change color to red 0, green 160, and blue 255。你可以试着改变 msg 的值 ❶，来观察枚举实例匹配到其他分支时的代码运行情况。

对于不含有数据的枚举变体而言，比如 Message::Quit ❷，我们无法从其内部进一步解构出其他值。因此，针对这种变体的模式不会创建出任何变量，它只能被用于匹配字面量 Message::Quit 的值。

对于类似于结构体的枚举变体而言，比如 Message::Move ❸，我们可以采用类似于匹配结构体的模式，在变体名后使用花括号来包裹那些列出的字段变量名，而这些分解出来的部分同样可以被用于匹配分支的代码块中。示例 18-15 使用了与示例 18-13 相同的简写形式。

对于类似于元组的枚举变体而言，比如在元组中持有 1 个元素的 Message::Write ❹，以及在元组中持有 3 个元素的 Message::ChangeColor ❺，我们使用的模式与匹配元组时用到的模式非常相似。模式中的变量数量必须与目标变体中的元素数量完全一致。

解构嵌套的结构体和枚举

到目前为止，我们的所有示例都只匹配了单层的结构体或枚举，但匹配语法还可以被用于嵌套的结构中！例如，我们可以重构示例 18-15 中的代码，从而使得 ChangeColor 消息同时支持 RGB 和 HSV 颜色空间，如示例 18-16 所示。

```
src/main.rs    enum Color {
                   Rgb(i32, i32, i32),
                   Hsv(i32, i32, i32),
               }

               enum Message {
                   Quit,
                   Move { x: i32, y: i32 },
                   Write(String),
                   ChangeColor(Color),
               }
```

```
fn main() {
    let msg = Message::ChangeColor(Color::Hsv(0, 160, 255));

    match msg {
        Message::ChangeColor(Color::Rgb(r, g, b)) => println!(
            "Change color to red {r}, green {g}, and blue {b}"
        ),
        Message::ChangeColor(Color::Hsv(h, s, v)) => println!(
            "Change color to hue {h}, saturation {s}, value {v}"
        ),
        _ => (),
    }
}
```

示例 18-16：匹配嵌套的枚举

在这个 match 表达式中，第一个分支的模式匹配了含有 Color::Rgb 变体的
Message::ChangeColor 枚举变体，并绑定了 3 个内部的 i32 值；第二个分支的
模式则匹配了含有 Color::Hsv 变体的 Message::ChangeColor 枚举变体。你可
以在单个 match 表达式中指定这些较为复杂的条件，即便它们需要同时匹配两
个不同的枚举类型。

解构结构体和元组

我们甚至可以按照某种更为复杂的方式将模式混合、匹配或嵌套在一起。
下面的示例展示了在元组中嵌套结构体与其他元组，但我们依然能够同时解构
出这个类型所有的基本元素：

```
let ((feet, inches), Point { x, y }) =
    ((3, 10), Point { x: 3, y: -10 });
```

这段代码能够将复杂的类型值分解为不同的组成部分，以便我们可以分别
使用自己感兴趣的值。

基于模式的解构使我们可以较为方便地将值分解为不同的部分，比如结构
体中不同的字段，并相对独立地使用它们。

忽略模式中的值

在某些场景下，忽略模式中的值是有意义的。例如，在 match 表达式的最后一个分支中，代码可以匹配剩余的所有可能的值，而又不需要执行什么操作。有几种不同的方法可以让我们忽略模式中的全部值或部分值：使用_模式、在另一个模式中使用_模式、使用以下画线开头的名称，或者使用..来忽略值的剩余部分。让我们来逐一讨论这些模式的用法及目的。

使用"_"忽略整个值

我们曾经将下画线"_"作为通配符模式来匹配任意可能的值，而不绑定值本身的内容。虽然_模式最常被用在 match 表达式的最后一个分支中，但实际上我们可以把_用在包括函数参数在内的一切模式中，如示例 18-17 所示。

src/main.rs
```
fn foo(_: i32, y: i32) {
    println!("This code only uses the y parameter: {y}");
}

fn main() {
    foo(3, 4);
}
```

示例 18-17：在函数签名中使用_

上述代码会忽略传给第一个参数的值 3，并打印出 This code only uses the y parameter: 4。

当不再需要函数中的某个参数时，你可以修改函数签名来移除那个不会被使用的参数。在某些情形下，忽略函数参数会变得相当有用。例如，假设你正在实现一个 trait，而这个 trait 的方法中包含了你不需要的某些参数。在这种情形下，你可以借助忽略模式来避免编译器产生未使用变量的警告。

使用嵌套的_忽略值的某些部分

我们还可以在另一个模式中使用_来忽略值的某些部分。例如，在要运行的代码中，当你需要检查值的某一部分且不会用到其他部分时，就可以使用这一模式。示例 18-18 展示了一段用于管理选项的代码。该业务不允许用户覆盖某个设置中已经存在的自定义选项，但允许用户重置选项并在选项未初始化时进行设置。

src/main.rs
```
let mut setting_value = Some(5);
let new_setting_value = Some(10);

match (setting_value, new_setting_value) {
    (Some(_), Some(_)) => {
        println!("Can't overwrite an existing customized value");
    }
    _ => {
        setting_value = new_setting_value;
    }
}

println!("setting is {:?}", setting_value);
```

示例 18-18：当不需要使用 Some 中的值时，在模式中使用下画线来匹配 Some 变体

上述代码会打印出 Can't overwrite an existing customized value 与 setting is Some(5)。在第一个匹配分支中，虽然忽略了 Some 变体中的值，但我们可以通过它来确定 setting_value 和 new_setting_value 是否都是 Some 变体。在这种情形下，我们希望保持 setting_value 的值不变，并打印出拒绝此次修改请求的理由。

剩余的所有情形（也就是 setting_value 或 new_setting_value 任意一个是 None 时）都可以与第二个分支中的_模式匹配。我们希望在这个分支中将 setting_value 的值修改为 new_setting_value 的值。

类似地，我们也可以在一个模式中多次使用下画线来忽略多个特定的值。示例 18-19 展示了在匹配拥有 5 个元素的元组时忽略了其中第二个与第四个元素的值。

```
src/main.rs   let numbers = (2, 4, 8, 16, 32);

              match numbers {
                  (first, _, third, _, fifth) => {
                      println!("Some numbers: {first}, {third}, {fifth}");
                  }
              }
```

示例 18-19：忽略一个元组中的多个部分

这段代码会忽略值 4 与 16，并打印出 Some numbers: 2, 8, 32。

通过以 "_" 开头的名称来忽略未使用的变量

如果你创建了一个变量却没有使用它，Rust 就会给出相应的警告，因为这有可能是程序中的 bug。但在某些场景下，创建一个暂时不会用到的变量仍然是合理的，比如在进行原型开发时或开始一个新的项目时。在这些场景中，为了避免 Rust 因为某些未使用的变量而抛出警告，我们可以在这些变量的名称前添加下画线。在示例 18-20 中，我们创建了两个未被使用的变量，但在编译这段代码时只会得到一条警告信息。

```
src/main.rs   fn main() {
                  let _x = 5;
                  let y = 10;
              }
```

示例 18-20：以下画线开头的变量名可以避免触发变量未使用警告

编译这段代码，会警告我们没有使用变量 y，但不会警告我们没有使用那个以下画线开头的变量_x。

值得注意的是，使用以下画线开头的变量名与仅仅使用_作为变量名存在一个细微的差别：_x 语法仍然将值绑定到了变量上，而_完全不会进行绑定。为了展示这一差别的意义，在示例 18-21 中，我们编写的代码会有意地触发编译错误。

```rust
let s = Some(String::from("Hello!"));

if let Some(_s) = s {
    println!("found a string");
}

println!("{:?}", s);
```

示例 18-21：以下画线开头的未使用的变量仍然绑定了值，这会导致值的所有权发生转移

由于变量 s 中的值被移动到了变量_s 中，所以随后使用 s 时会违背所有权规则。然而，单独使用下画线本身则不会发生任何绑定操作。示例 18-22 中的代码可以顺利地通过编译，因为 s 中的值不会被移动至_中。

```rust
let s = Some(String::from("Hello!"));

if let Some(_) = s {
    println!("found a string");
}

println!("{:?}", s);
```

示例 18-22：单独使用下画线不会绑定值

由于我们没有将 s 绑定到任何东西上，所以这段代码可以正常地运行。

使用 ".." 忽略值的剩余部分

对于拥有多个部分的值，我们可以使用..语法来使用其中的某一部分并忽略剩余部分，从而避免为每一个需要忽略的值都添加对应的_模式来进行占位。..模式可以忽略一个值中没有被显式匹配的那一部分。示例 18-23 中有一个用来描述三维坐标的 Point 结构体。在这段代码的 match 表达式中，我们只需要使用三维坐标中的 x 字段，并且可以忽略剩下的 y 和 z 字段。

```rust
struct Point {
    x: i32,
    y: i32,
    z: i32,
}
```

```
let origin = Point { x: 0, y: 0, z: 0 };

match origin {
    Point { x, .. } => println!("x is {x}"),
}
```

示例 18-23：使用..忽略 Point 中除 x 之外的所有字段

　　这段代码在分支模式中首先列出了 x 变量，接着列出了..模式。这种语法要比具体地写出 y: _和 z: _便捷一些，尤其是当你需要操作某个拥有大量字段的结构体，却只需要使用其中的一两个字段时。

　　..语法会自动展开并填充任意多个所需的值。示例 18-24 演示了如何在元组中使用..。

src/main.rs
```
fn main() {
    let numbers = (2, 4, 8, 16, 32);

    match numbers {
        (first, .., last) => {
            println!("Some numbers: {first}, {last}");
        }
    }
}
```

示例 18-24：只匹配元组中的第一个值和最后一个值，而忽略其他值

　　在这段代码中，使用 first 和 last 来分别匹配元组中的第一个值和最后一个值，而它们之间的..模式会匹配并忽略中间的所有值。

　　但不管怎么样，使用..必须不能出现任何歧义。如果模式中需要匹配的值或需要忽略的值是无法确定的，Rust 就会产生一个编译时错误。在示例 18-25 中，在使用..时产生了歧义，因此这段代码无法正常地通过编译。

src/main.rs
```
fn main() {
    let numbers = (2, 4, 8, 16, 32);

    match numbers {
```

```
        (.., second, ..) => {
            println!("Some numbers: {second}");
        },
    }
}
```

示例 18-25：试图以存在歧义的方式使用 ..

编译这段代码，会出现如下所示的错误：

```
error: `..` can only be used once per tuple pattern
 --> src/main.rs:5:22
  |
5 |         (.., second, ..) => {
  |          --           ^^ can only be used once per tuple pattern
  |          |
  |          previously used here
```

Rust 无法知道在匹配过程中需要在 second 之前和之后忽略多少个值。这段代码表达出的含义既有可能是忽略 2，然后将 second 绑定到 4，最后忽略 8、16 和 24；也有可能是忽略 2 和 4，然后将 second 绑定到 8，最后忽略 16 和 32；以此类推。由于变量名 second 在 Rust 中没有任何特殊的含义，所以这段代码会因为 .. 模式中出现的歧义而编译失败。

使用匹配守卫添加额外条件

匹配守卫（match guard）是附加在 match 分支模式后的 if 条件语句，分支中的模式只有在该条件被同时满足时才能匹配成功。相比于单独使用模式，匹配守卫可以表达出更为复杂的意图。

匹配守卫的条件可以使用模式中创建的变量。示例 18-26 中的 match 表达式在使用模式 Some(x) 的同时附带了额外的匹配守卫 if x % 2 == 0（当数字是偶数时返回 true）。

```
src/main.rs   let num = Some(4);

              match num {
                  Some(x) if x % 2 == 0 => println!("The number {x} is even"),
                  Some(x) => println!("The number {x} is odd"),
                  None => (),
              }
```

示例 18-26：在模式上添加一个匹配守卫

上面的代码在运行时会打印出 The number 4 is even。num 能够与第一个分支中的模式匹配成功，因为 Some(4) 与 Some(x) 匹配。随后的匹配守卫会检查模式中创建的变量 x 是否能够被 2 整除。由于 num 同样满足这一条件，所以最终执行了第一个分支中的代码。

假设 num 的值是 Some(5)，那么第一个分支中的匹配守卫的条件则无法成立，因为 5 除以 2 的余数为 1。Rust 会接着进入第二个分支继续比较并最终匹配成功。因为第二个分支中没有匹配守卫，所以它能够匹配包含任意值的 Some 变体。

我们无法通过模式表达出类似于 if x % 2 == 0 这样的条件，匹配守卫增强了语句中表达相关逻辑的能力。但这种额外的表达能力也有一个缺点，编译器无法为包含有匹配守卫表达式的匹配执行穷尽性检查。

在示例 18-11 中，我们曾经提到匹配守卫可以用来解决模式中变量覆盖的问题。回忆一下当时的场景，我们在那个 match 表达式的模式中创建了一个新的变量，而没有使用 match 表达式外部的变量。这个新变量使我们无法在模式中使用外部变量的值来进行比较。示例 18-27 使用匹配守卫解决了这一问题。

```
src/main.rs   fn main() {
                  let x = Some(5);
                  let y = 10;

                  match x {
                      Some(50) => println!("Got 50"),
                      Some(n) if n == y => println!("Matched, n = {n}"),
```

```
        _ => println!("Default case, x = {:?}", x),
    }

    println!("at the end: x = {:?}, y = {y}", x);
}
```

示例 18-27：使用匹配守卫来测试 Some 变体内的值是否与外部变量的值相等

　　修改后的这段代码会打印出 Default case, x = Some(5)。由于第二个分支的模式中没有引入新的变量 y，所以随后的匹配守卫可以正常地在条件判断中使用外部变量 y。这个分支使用了 Some(n) 而不是 Some(y) 来避免覆盖变量 y。这里新创建的变量 n 不会覆盖外部的任何东西，因为 match 外部没有与 n 同名的变量。

　　匹配守卫 if n == y 不是一个模式，所以它不会引入新的变量。因为这个条件中的 y 就是 match 表达式外部的 y，而不是之前示例中覆盖后的 y，所以我们才能够比较 n 和 y 的值是否相同。

　　我们同样可以在匹配守卫中使用"或"运算符 | 来指定多重模式。示例 18-28 演示了如何将匹配守卫和带有 | 的模式组合使用。另外，从这个示例中还可以观察到它们作用的值的优先级：if y 匹配守卫同时作用于 4、5 和 6 这 3 个值，但你可能会误以为 if y 仅仅对 6 有效。

src/main.rs
```
let x = 4;
let y = false;

match x {
    4 | 5 | 6 if y => println!("yes"),
    _ => println!("no"),
}
```

示例 18-28：将匹配守卫与多重模式组合使用

　　第一个分支中的匹配条件要求 x 的值等于 4、5 或 6，并且要求 y 为 true。当你运行这段代码时，虽然 x 存储的 4 满足第一个分支中的模式要求，但却无法满足匹配守卫的条件 if y，所以第一个分支的匹配失败。接着，代码会在第

二个分支处匹配成功，并打印出 no。之所以会出现这样的结果，是因为 if 条件对于整个模式 4 | 5 | 6 都是有效的，而不是只对最后的那个值 6 有效。换句话说，匹配守卫与模式之间的优先级关系是：

```
(4 | 5 | 6) if y => ...
```

而不是：

```
4 | 5 | (6 if y) => ...
```

运行示例代码，便能够观察到它们之间的优先级关系：假如匹配守卫只对以|分隔的最后一个值有效，那么第一个分支就应当匹配成功并打印出 yes。

@绑定

@运算符允许我们在测试一个值是否匹配模式的同时创建存储该值的变量。在示例 18-29 中，我们希望测试 Message::Hello 的 id 字段是否在区间 3..=7 中。另外，我们还希望将这个字段中的值绑定到变量 id_variable 上，以便在随后的分支代码块中使用它。这个绑定变量可以被命名为 id，与字段同名，但本例出于演示目的使用了一个不同的名称。

src/main.rs
```rust
enum Message {
    Hello { id: i32 },
}

let msg = Message::Hello { id: 5 };

match msg {
    Message::Hello {
        id: id_variable @ 3..=7,
    } => println!("Found an id in range: {id_variable}"),
    Message::Hello { id: 10..=12 } => {
        println!("Found an id in another range")
    }
    Message::Hello { id } => println!("Some other id: {id}"),
}
```

示例 18-29：在模式中测试一个值的同时使用@来绑定它

运行该示例，会打印出 Found an id in range: 5。通过在 3..=7 之前使用 id_variable @，我们在测试一个值是否满足区间模式的同时可以捕获到匹配成功的值。

第二个分支仅仅在模式中指定了值的区间，而与这个分支关联的代码块中却没有一个包含了 id 字段的值的可用变量。id 字段的值可以是 10、11 或 12，但随后的代码却无法得知匹配的值具体是哪一个。由于我们没有将这个值存储在某个变量中，所以该模式分支的代码无法使用 id 字段中的值。

最后一个分支的模式则指定了一个没有区间约束的变量，这个变量可以被用在随后的分支代码中，因为这里的代码使用了结构体字段的简写语法。这个分支的匹配没有像前两个分支那样对 id 值执行任何测试，因此所有的值都可以匹配这个模式。

@使我们可以在模式中测试一个值的同时将它保存到变量中。

总结

Rust 中的模式可以有效地帮助我们区分不同类型的数据。当你在 match 表达式中使用模式时，Rust 会在编译时检查你的分支模式是否覆盖了所有可能的情况，未满足条件的程序无法通过编译。let 语句和函数参数中的模式使这些结构变得更加富有表达力，它们允许你将值解构为较小的部分并同时赋值给变量。我们可以根据不同的需求来编写或简单或复杂的不同模式。

接下来，在本书的倒数第二章中，我们将讨论 Rust 的众多特性中较为高级的部分。

19

高级特性

到目前为止，我们已经接触到 Rust 编程语言中最常用的部分。在开始第 20 章中的另一个实践项目前，让我们先来看一看你可能会遇到的一些高级特性。你可以把本章的内容当作参考，并在遇到相关的 Rust 未知问题时回来查阅。本章中将要讨论的特性在一些特定场景下非常有用，虽然你可能不会经常用到它们，但我们还是希望你能够了解 Rust 的所有这些特性。

本章将涉及以下内容。

- 不安全 Rust：舍弃 Rust 的某些安全保障并负责手动维护相关规则。
- 高级 trait：关联类型、默认类型参数、完全限定语法（fully qualified syntax）、超 trait（supertrait），以及与 trait 相关的 newtype 模式。
- 高级类型：更多关于 newtype 模式的内容、类型别名、never 类型和动态大小类型。
- 高级函数与闭包：函数指针与返回闭包。
- 宏：在编译期生成更多代码的方法。

本章中包含了一系列迷人的 Rust 特性，其中总会有你需要用到的东西！现在就让我们开始探讨吧！

不安全 Rust

到目前为止，我们讨论过的所有代码都拥有在编译期强制实施的内存安全保障。然而，Rust 的内部还隐藏了一种不会强制实施内存安全保障的语言：不安全 Rust（unsafe Rust）。它与常规的 Rust 无异，但会给予我们一些额外的超能力。

不安全 Rust 之所以存在，是因为从本质上讲，静态分析是保守的。当编译器在判断一段代码是否拥有某种安全保障时，它总是宁可拒绝一些合法的程序，也不会接受可能非法的代码。尽管某些代码可能是安全的，但只要 Rust 编译器没有足够的信息给出肯定答案，它就会拒绝这样的代码。在这种情况下，你可以使用不安全代码来告知编译器："相信我，我知道自己在干什么。"这样做的缺点在于，你需要为自己的行为负责：如果你错误地使用了不安全代码，就可能会引发不安全的内存问题，比如空指针解引用等。

不安全 Rust 存在的另一个原因在于底层计算机硬件固有的不安全性。如果 Rust 不允许你进行不安全操作，那么某些底层任务可能根本就完成不了。Rust 作为一门系统语言需要能够进行底层编程，它应当允许你直接与操作系统打交道，甚至是编写自己的操作系统，而这正是 Rust 语言的目标之一。现在，让我们来看一看使用不安全 Rust 能够完成哪些任务，以及应当如何使用它。

不安全超能力

你可以在代码块前使用 unsafe 关键字切换到不安全模式，并在被标记后的代码块中使用不安全代码。不安全 Rust 允许你执行 5 种在安全 Rust 中不被允许的操作，而它们就是所谓的不安全超能力（unsafe superpower）。这些超能力包括：

1. 解引用裸指针。

2. 调用不安全的函数或方法。

3. 访问或修改可变静态变量。

4. 实现不安全 trait。

5. 访问联合体中的字段。

需要注意的是，unsafe 关键字并不会关闭借用检查器或禁用任何其他 Rust 安全检查：如果你在不安全代码中使用了引用，那么该引用依然会被检查。unsafe 关键字仅仅让你可以访问这 5 种不会被编译器进行内存安全检查的特性。因此，即便在不安全的代码块中，你也仍然可以获得一定程度的安全性。

另外，unsafe 并不意味着块中的代码一定就是危险的或一定会导致内存安全问题，它仅仅是将责任转移给了程序员，你需要手动确保 unsafe 代码块中的代码会以合法的方式访问内存。

人无完人，错误总是会在不经意间发生。但通过将这 5 种不安全操作约束在拥有 unsafe 标记的代码块中，你可以在出现内存相关错误时快速地将问题定位到 unsafe 代码块中。你应当尽可能地避免使用 unsafe 代码块，这会使你在最终排查内存错误时感激自己。

为了尽可能地隔离不安全代码，你可以将不安全代码封装在一个安全的抽象中并提供一套安全的 API，我们会在后面学习不安全的函数与方法时再来讨论这一技术。实际上，某些标准库功能同样使用了审查后的不安全代码，并以此为基础提供了安全的抽象接口。这种技术可以有效地防止 unsafe 代码泄漏到任何调用它的地方，因为使用安全抽象总会是安全的。

接下来，我们会依次介绍这 5 种不安全的超能力。同时，你也会在这个过程中发现一些在不安全代码上提供安全接口的抽象实例。

解引用裸指针

在第 4 章的"悬垂引用"一节中，我们曾经提到编译器会对引用的有效性提供保障。不安全 Rust 的世界里有两种类似于引用的新指针类型，它们都被叫作裸指针（raw pointer）。与引用类似，裸指针要么是可变的，要么是不可变的，它们分别被写作*const T 和*mut T。这里的星号是类型名称的一部分，而不是解引用运算符。在裸指针的上下文中，不可变意味着我们不能直接对解引用后的指针赋值。

与引用、智能指针不同，裸指针：

- 允许忽略借用规则，可以同时拥有指向同一个内存地址的可变指针和不可变指针，或者拥有指向同一个内存地址的多个可变指针。
- 不能保证自己总是指向有效的内存地址。
- 允许为空。
- 没有实现任何自动清理机制。

在避免 Rust 强制执行某些保障后，你就能够以放弃安全保障为代价来换取更好的性能，或者换取与其他语言、硬件进行交互的能力（Rust 的保障在这些领域中本来就不起作用）。

示例 19-1 演示了如何从一个引用中同时创建出不可变的和可变的裸指针。

```
let mut num = 5;

let r1 = &num as *const i32;
let r2 = &mut num as *mut i32;
```

示例 19-1：通过引用创建裸指针

注意，我们没有在这段代码中使用 unsafe 关键字。我们可以在安全代码内合法地创建裸指针，但不能在不安全的代码块外解引用裸指针，稍后你就会看到这一点。

在创建裸指针的过程中,我们使用了 as 分别将不可变引用和可变引用强制转换为对应的裸指针类型。由于这两个裸指针来自有效的引用,所以我们能够确定它们的有效性。但要记住,这一假设并不是对任意一个裸指针都成立。

为了演示这一点,接下来我们会创建一个无法确定其有效性的裸指针。示例 19-2 中创建了一个指向内存中任意地址的裸指针。尝试使用任意内存地址的行为是未定义的:这个地址可能有数据,也可能没有数据,编译器可能会通过优化代码来去掉该次内存访问操作,否则程序可能会在运行时出现段错误(segmentation fault)。我们一般不会编写出如示例 19-2 所示的代码,但这确实是合法的语句。

```
let address = 0x012345usize;
let r = address as *const i32;
```

示例 19-2:创建一个指向任意内存地址的裸指针

前面提到,我们可以在安全代码中创建裸指针,但却不能通过解引用裸指针来读取其指向的数据。为了使用*解引用裸指针,我们需要添加一个 unsafe 代码块,如示例 19-3 所示。

```
let mut num = 5;

let r1 = &num as *const i32;
let r2 = &mut num as *mut i32;

unsafe {
    println!("r1 is: {}", *r1);
    println!("r2 is: {}", *r2);
}
```

示例 19-3:在 unsafe 代码块中解引用裸指针

创建一个指针并不会产生任何危害,只有当我们试图访问它指向的值时,才可能因为无效的值而导致程序异常。

值得注意的是,在示例 19-1 和示例 19-3 中,我们同时创建出了指向同一个内存地址 num 的*const i32 和*mut i32 裸指针。如果尝试同时创建指向 num 的可变引用和不可变引用，那么就会因为 Rust 的所有权规则而导致编译失败。但在使用裸指针时，我们却可以同时创建指向同一个内存地址的可变指针和不可变指针，并能够通过可变指针来修改数据。这一修改操作会导致潜在的数据竞争，请在使用时多加小心！

既然存在这些危险，那么为什么还需要使用裸指针呢？它的一个主要用途便是与 C 代码接口进行交互，我们会在下一节"调用不安全的函数或方法"中看到。另外，它还可以被用来构造一些借用检查器无法理解的安全抽象。随后我们会先讨论不安全函数，再展示一个使用不安全代码块的安全抽象实例。

调用不安全的函数或方法

第二种需要使用不安全代码块的操作便是调用不安全函数（unsafe function）。除了在定义前面要标记 unsafe，不安全的函数或方法看上去与正常的函数或方法几乎一模一样。此处的 unsafe 关键字意味着我们需要在调用该函数时手动满足并维护一些先决条件，因为 Rust 无法对这些条件进行验证。通过在 unsafe 代码块中调用不安全函数，我们向 Rust 表明自己确实理解并实现了相关约定。

下面的示例中有一个不执行任何操作的 dangerous 函数：

```
unsafe fn dangerous() {}

unsafe {
    dangerous();
}
```

我们必须在单独的 unsafe 代码块中调用 dangerous 函数。假设你试图在 unsafe 代码块外调用它，则会产生如下所示的错误：

```
error[E0133]: call to unsafe function is unsafe and requires
unsafe function or block
```

```
  --> src/main.rs:4:5
  |
4 |     dangerous();
  |     ^^^^^^^^^^^ call to unsafe function
  |
  = note: consult the function's documentation for information on
how to avoid undefined behavior
```

通过在调用 dangerous 的代码外插入 unsafe 代码块，我们向 Rust 表明自己已经阅读过函数的文档，能够理解正确使用它的方式，并确认满足了它所要求的约定。

因为不安全函数的函数体也是 unsafe 代码块，所以你可以在一个不安全函数中执行其他不安全操作而无须添加额外的 unsafe 代码块。

创建不安全代码的安全抽象

函数中包含不安全代码，并不意味着我们需要将整个函数都标记为不安全的。实际上，将不安全代码封装在安全函数中是一种十分常见的抽象。下面我们通过示例来观察标准库中使用了不安全代码的 split_at_mut 函数，并思考应该如何实现它。这个安全方法被定义在可变切片上：它接收一个切片并在给定的索引参数处将其分割为两个切片。示例 19-4 展示了 split_at_mut 的相关使用方法。

```rust
let mut v = vec![1, 2, 3, 4, 5, 6];

let r = &mut v[..];

let (a, b) = r.split_at_mut(3);

assert_eq!(a, &mut [1, 2, 3]);
assert_eq!(b, &mut [4, 5, 6]);
```

示例 19-4：使用安全的 split_at_mut 函数

我们无法仅仅使用安全 Rust 来实现这个函数。示例 19-5 展示了一个可能的尝试，但它却无法通过编译。为简单起见，我们将 split_at_mut 实现为函数而不是方法，并只处理特定类型 i32 的切片而非泛型 T 的切片。

```
fn split_at_mut(
    values: &mut [i32],
    mid: usize,
) -> (&mut [i32], &mut [i32]) {
    let len = values.len();

    assert!(mid <= len);

    (&mut values[..mid], &mut values[mid..])
}
```

示例 19-5：尝试使用安全 Rust 来实现 split_at_mut

这个函数首先会取得整个切片的长度，并通过断言检查给定的参数是否小于或等于当前切片的长度。如果给定的参数大于切片的长度，那么函数就会在尝试使用该索引前触发 panic。

接着，我们会返回一个包含两个可变切片的元组，其中一个切片是从原切片的起始位置到 mid 索引的位置，另一个切片是从 mid 索引的位置到原切片的末尾。

尝试编译示例 19-5 中的代码，会出现如下所示的错误：

```
error[E0499]: cannot borrow `*values` as mutable more than once at a time
 --> src/main.rs:9:31
  |
2 |     values: &mut [i32],
  |             - let's call the lifetime of this reference `'1`
...
9 |     (&mut values[..mid], &mut values[mid..])
  |     --------------------------^^^^^^--------
  |     |    |                    |
  |     |    |                    second mutable borrow occurs here
  |     |    first mutable borrow occurs here
  |     returning this value requires that `*values` is borrowed for `'1`
```

Rust 的借用检查器无法理解我们借用了一个切片的不同部分，它只知道我们借用了同一个切片两次。从原理上讲，借用一个切片的不同部分应该是没有任何问题的，因为两个切片并没有交叉的地方，但 Rust 并没有足够智能到理解这些信息。当我们能够确定某段代码的正确性而 Rust 却不能时，不安全代码就可以登场了。

示例 19-6 展示了如何使用 unsafe 代码块、裸指针及一些不安全函数来实现 split_at_mut。

```
use std::slice;

fn split_at_mut(
    values: &mut [i32],
    mid: usize,
) -> (&mut [i32], &mut [i32]) {
❶ let len = values.len();
❷ let ptr = values.as_mut_ptr();

❸ assert!(mid <= len);

❹ unsafe {
        (
          ❺ slice::from_raw_parts_mut(ptr, mid),
          ❻ slice::from_raw_parts_mut(ptr.add(mid), len - mid),
        )
    }
}
```

示例 19-6：在实现 split_at_mut 函数时使用了不安全代码

回忆一下第 4 章的"其他类型的切片"一节中的内容，切片由一个指向数据的指针和切片长度组成。我们可以使用 len 方法来得到切片的长度 ❶，并使用 as_mut_ptr 方法来访问切片包含的裸指针 ❷。在本例中，由于我们使用了可变的 i32 类型的切片，所以 as_mut_ptr 会返回一个类型为*mut i32 的裸指针。而这个指针被存储到了变量 ptr 中。

随后的断言语句保证了 mid 索引一定会位于合法的切片长度内 ❸。继续往下的部分就是不安全代码 ❹：slice::from_raw_parts_mut 函数接收一个裸指针和长度来创建一个切片。这里我们使用该函数从 ptr 处创建了一个拥有 mid 个元素的切片 ❺，接着又在 ptr 上使用 mid 作为参数调用 add 方法得到了一个从 mid 处开始的裸指针，并基于它创建了另一个起始于 mid 处且拥有剩余所有元素的切片 ❻。

由于函数 slice::from_raw_parts_mut 接收一个裸指针作为参数并默认该指针的合法性，所以它是不安全的。裸指针的 add 方法也是不安全的，因为它必须默认此地址的偏移量也是一个有效的指针。因此，我们必须在 unsafe 代码块中调用 slice::from_raw_parts_mut 和 add 函数。通过审查代码并添加 mid 必须小于或等于 len 的断言，我们可以确认 unsafe 代码块中的裸指针都会指向有效的切片数据且不会产生任何数据竞争。这便是一个恰当的 unsafe 使用场景。

因为没有将 split_at_mut 函数标记为 unsafe，所以我们可以在安全 Rust 中调用该函数。我们创建了一个对不安全代码的安全抽象，并在实现时以安全的方式使用了 unsafe 代码，因为它只会创建出指向所访问数据的有效指针。

与之相反，示例 19-7 中对 slice::from_raw_parts_mut 的调用则很有可能导致崩溃。这段代码试图用一个任意内存地址来创建拥有 10000 个元素的切片。

```
use std::slice;

let address = 0x01234usize;
let r = address as *mut i32;

let values: &[i32] = unsafe {
    slice::from_raw_parts_mut(r, 10000)
};
```

示例 19-7：基于任意内存地址创建一个切片

由于我们不拥有这个任意地址的内存，所以无法保证这段代码的切片中包含有效的 i32 值，尝试使用该 slice 会导致不确定的行为。

使用 extern 函数调用外部代码

在某些场景下，你的 Rust 代码可能需要与用另一种语言编写的代码进行交互。为此，Rust 提供了 extern 关键字来简化创建和使用外部函数接口（Foreign Function Interface，FFI）的过程。FFI 是编程语言定义函数的一种方式，它允许其他（外部的）编程语言来调用这些函数。

示例 19-8 中集成了 C 标准库中的 abs 函数。在 extern 代码块中声明的任何函数都是不安全的。因为其他语言并不会强制执行 Rust 遵守的规则，而 Rust 又无法对它们进行检查，所以在调用外部函数的过程中，保证安全的责任同样落在了开发者身上。

```
src/main.rs   extern "C" {
                  fn abs(input: i32) -> i32;
              }

              fn main() {
                  unsafe {
                      println!(
                          "Absolute value of -3 according to C: {}",
                          abs(-3)
                      );
                  }
              }
```

示例 19-8：声明并调用在另一种语言中定义的 extern 函数

在这段代码中，extern "C" 代码块中列出了我们想要调用的外部函数的名称和签名，其中的 "C" 指明了外部函数使用的应用二进制接口（Application Binary Interface，ABI）——它被用来定义在汇编层面函数的调用方式。我们使用的 "C" ABI 正是 C 编程语言的 ABI，它也是最常见的 ABI 格式之一。

从其他语言中调用 Rust 函数

我们同样可以使用 extern 来创建一个允许其他语言调用 Rust 函数的接口。但不同于创建整个 extern 代码块，我们需要将 extern 关键字及对应的 ABI 添加到相关函数签名的 fn 关键字前，并为该函数添加 #[no_mangle] 注解来避免 Rust 在编译时改变它的名称。Mangling 是一个特殊的编译阶段，在这个阶段，编译器会修改函数名称来包含更多可用于后续编译步骤的信息，但通常也会使得函数名称难以阅读。几乎所有编程语言的编译器都会以稍微不同的方式来改变函数名称，为了让其他语言正常地识别 Rust 函数，我们必须要禁用 Rust 编译器的改名功能。

在下面的示例中，我们编写了一个可以在编译并链接后被 C 语言代码访问的 call_from_c 函数：

```rust
#[no_mangle]
pub extern "C" fn call_from_c() {
    println!("Just called a Rust function from C!");
}
```

这一类型的 extern 功能不需要使用 unsafe。

访问或修改可变静态变量

到目前为止，我们一直都没有讨论全局变量（global variable）。Rust 确实是支持全局变量的，但在使用它们的过程中可能会因为 Rust 的所有权机制而产生某些问题。如果两个线程同时访问一个可变全局变量，那么就会造成数据竞争。

在 Rust 中，全局变量也被称为静态（static）变量。示例 19-9 中声明并使用了一个静态变量，它的值是一个字符串切片。

```
src/main.rs    static HELLO_WORLD: &str = "Hello, world!";

               fn main() {
                   println!("value is: {HELLO_WORLD}");
               }
```

示例 19-9：定义和使用一个不可变静态变量

　　静态变量类似于在第 3 章的"常量"一节中讨论过的常量。静态变量的名称约定俗成地被写作 SCREAMING_SNAKE_CASE 的形式。静态变量只能存储拥有 'static 生命周期的引用，这意味着 Rust 编译器可以自己计算出它的生命周期，而无须手动标注。访问一个不可变静态变量是安全的。

　　常量和不可变静态变量看起来可能非常相似，但它们之间存在一个非常微妙的区别：静态变量的值在内存中拥有固定的地址，使用该值总是会访问到同样的数据。与之相反的是，常量则允许在任何被使用到的时候复制其数据。常量和静态变量之间的另一个区别在于，静态变量是可变的，而访问和修改可变静态变量是不安全的。示例 19-10 展示了如何声明、访问和修改一个名为 COUNTER 的可变静态变量。

```
src/main.rs    static mut COUNTER: u32 = 0;

               fn add_to_count(inc: u32) {
                   unsafe {
                       COUNTER += inc;
                   }
               }

               fn main() {
                   add_to_count(3);

                   unsafe {
                       println!("COUNTER: {COUNTER}");
                   }
               }
```

示例 19-10：对一个可变静态变量进行读或写都是不安全的

和正常变量一样，我们使用 mut 关键字来指定静态变量的可变性。任何读/写 COUNTER 的代码都必须位于 unsafe 代码块中。上述代码可以顺利地通过编译并按照预期打印出 COUNTER：3，因为它是单线程的。当有多个线程同时访问 COUNTER 时，则可能会出现数据竞争。

在拥有可全局访问的可变数据时，我们很难保证不会发生数据竞争，这也是 Rust 认为可变静态变量是不安全的原因。你应当尽可能地使用在第 16 章中讨论过的并发技术或线程安全的智能指针，从而使编译器能够对线程中的数据访问进行安全检查。

实现不安全 trait

我们可以使用 unsafe 来实现某个不安全 trait。当某个 trait 中至少存在一个方法拥有编译器无法验证的不安全因素时，我们就称这个 trait 是不安全的。你可以在 trait 定义的前面加上 unsafe 关键字来声明一个不安全 trait，同时该 trait 也只能在 unsafe 代码块中实现，如示例 19-11 所示。

```
unsafe trait Foo {
    // 某些方法
}

unsafe impl Foo for i32 {
    // 对应的方法实现
}
```

示例 19-11：定义和实现一个不安全 trait

通过使用 unsafe impl，我们向 Rust 保证会手动维护那些编译器无法验证的不安全因素。

回忆一下我们在第 16 章的"使用 Send trait 和 Sync trait 对并发进行扩展"一节中讨论过的 Send 与 Sync 的标签 trait：当我们的类型完全由实现了 Send 与 Sync 的类型组成时，编译器会自动为其实现 Send 与 Sync。假如我们的类型包含了某个没有实现 Send 或 Sync 的类型（比如裸指针等），而我们又希望把这个类型标记为 Send 或 Sync，那么就必须使用 unsafe。Rust 无法验证我们的类型是否能够安全地跨线程传递，或安全地从多个线程中访问。因此，我们需要手动执行这些审查并使用 unsafe 关键字来实现这些 trait。

访问联合体中的字段

最后一个可以使用 unsafe 来完成的工作就是访问联合体(union)中的字段。联合体有些类似于结构体，但在任意实例中任意时刻都只有一个声明的字段正在被使用。联合体主要被用作接口来与 C 语言代码中的联合体进行交互。访问联合体的字段是一个不安全操作，因为 Rust 无法保证联合体实例中数据的具体类型。你可以在 Rust 手册中找到更多有关联合体的介绍。

使用不安全代码的时机

使用 unsafe 来执行刚刚讨论过的 5 种操作（超能力）并没有什么问题，在执行的时候甚至都不用皱眉头。但是由于它们缺少编译器提供的强制内存安全保障，所以想要始终保持 unsafe 代码的正确性也并不是一件简单的事情。你可以在拥有充足的理由时使用 unsafe 代码，并在出现问题时通过显式标记的 unsafe 关键字来较为轻松地定位到它们。

高级 trait

虽然我们早在第 10 章的"trait: 定义共享行为"一节中就正式接触到了 trait，但当时忽略了一些较为高级的细节。在对 Rust 有了更多的了解后，现在是时候来深入地研究它们了。

关联类型

关联类型（associated type）是 trait 中的类型占位符，它可以被用在 trait 的方法签名中。trait 的实现者需要根据特定的场景来为关联类型指定具体的类型。通过这一技术，我们可以定义出包含某些类型的 trait，而无须在实现前确定它们的具体类型是什么。

我们在本章中讨论的大部分高级特性都较少被用到，但关联类型却处于某种中间状态：虽然它比本书中介绍的其他特性用得更少一些，但却比本章中出现的诸多高级特性更为常用。

标准库中的 Iterator 就是一个带有关联类型 Item 的 trait 示例。那些实现了 Iterator 的具体类型会在迭代过程中使用 Item 作为值的类型。Iterator trait 的定义如示例 19-12 所示。

```
pub trait Iterator {
    type Item;

    fn next(&mut self) -> Option<Self::Item>;
}
```

示例 19-12：含有关联类型 Item 的 Iterator trait 的定义

这里的类型 Item 是一个占位类型，而 next 方法的定义表明它会返回类型为 Option<Self::Item> 的值。Iterator trait 的实现者需要为 Item 指定具体的类型，并在实现的 next 方法中返回一个包含该类型值的 Option。

关联类型看起来与泛型的概念有些类似，后者允许我们在不指定具体类型的前提下定义函数。为了观察两种概念之间的差异，我们来看一看如下这个实现了 Iterator trait 的 Counter 结构体，它将 Item 的类型指定为 u32：

```
src/lib.rs   impl Iterator for Counter {
             type Item = u32;

             fn next(&mut self) -> Option<Self::Item> {
                 // --略--
```

这里的语法似乎和泛型语法差不多，那么，为什么不直接使用泛型来定义
Iterator trait 呢？如示例 19-13 所示。

```
pub trait Iterator<T> {
    fn next(&mut self) -> Option<T>;
}
```

示例 19-13：一个使用泛型的假想 Iterator trait 定义

其中的区别在于，如果使用示例 19-13 中的泛型版本，那么就需要在每次
实现该 trait 时都标注类型；因为我们既可以实现 Iterator<String> for
Counter，也可以实现其他任意的迭代类型，从而使得 Counter 可以拥有多个不
同版本的 Iterator 实现。换句话说，当 trait 拥有泛型参数时，我们可以为一个
类型同时多次实现 trait，并在每次实现中改变泛型参数的具体类型。当我们在
Counter 上使用 next 方法时，也必须提供类型标注来指明想要使用的 Iterator
实现。

借助关联类型，我们不需要在使用 trait 的方法时标注类型，因为不能为单
个类型多次实现这样的 trait。对于示例 19-12 中使用了关联类型的 trait 定义，
由于只能实现一次 impl Iterator for Counter，所以 Counter 就只能拥有一个
特定的 Item 类型。我们不需要在每次调用 Counter 的 next 方法时都来显式地
声明这是一个 u32 类型的迭代器。

关联类型也成为 trait 的约定之一：trait 的实现者必须要提供一个类型来代
替关联的类型占位符。关联类型通常会有一个描述了如何使用这个类型的名称，
但作为一个良好的习惯，你也可以在注释中为关联类型编写文档。

默认泛型参数和运算符重载

我们可以在使用泛型参数时为泛型指定一个默认的具体类型。当使用默认
类型就能工作时，该 trait 的实现者可以不用再指定另外的具体类型。你可以在
定义泛型时通过<PlaceholderType=ConcreteType>语法来为泛型指定默认类型。

这种技术常常被应用在运算符重载中。运算符重载（operator overloading）使我们可以在某些特定的情形下自定义运算符（比如+）的具体行为。

虽然 Rust 不允许你创建自己的运算符及重载任意的运算符，但你可以通过实现 std::ops 中列出的那些 trait 来重载一部分相应的运算符。例如，在示例 19-14 中，我们为 Point 结构体实现的 Add trait 重载了+运算符，它允许代码对两个 Point 实例执行加法操作。

src/main.rs
```rust
use std::ops::Add;

#[derive(Debug, Copy, Clone, PartialEq)]
struct Point {
    x: i32,
    y: i32,
}

impl Add for Point {
    type Output = Point;

    fn add(self, other: Point) -> Point {
        Point {
            x: self.x + other.x,
            y: self.y + other.y,
        }
    }
}

fn main() {
    assert_eq!(
        Point { x: 1, y: 0 } + Point { x: 2, y: 3 },
        Point { x: 3, y: 3 }
    );
}
```

示例 19-14：通过实现 Add trait 来重载 Point 实例的+运算符

add 方法将两个 Point 实例的 x 值与 y 值分别相加来创建一个新的 Point。Add trait 拥有一个名为 Output 的关联类型，它被用来确定 add 方法的返回类型。

这里的 Add trait 使用了默认泛型参数，它的定义如下所示：

```
trait Add<Rhs=Self> {
    type Output;

    fn add(self, rhs: Rhs) -> Self::Output;
}
```

你对这段代码中的大部分语法应该都较为熟悉了，它定义的 trait 中带有一个方法和一个关联类型。新的语法 Rhs=Self 就是所谓的默认类型参数（default type parameter）。泛型参数 Rhs（也就是 right-handle side 的缩写）定义了 add 方法中 rhs 参数的类型。

假如我们在实现 Add trait 的过程中没有为 Rhs 指定一个具体的类型，那么 Rhs 的类型就会默认为 Self，也就是我们正在为其实现 Add trait 的那个类型。因为我们希望将两个 Point 实例相加，所以在为 Point 实现 Add 时使用了默认的 Rhs。现在，让我们来看另一个例子：在实现 Add trait 时自定义 Rhs 的类型，而不使用其默认类型。

这里有两个以不同单位存放值的单元结构体：Millimeters 与 Meters。这种将已有类型封装在另一个结构体中的方式就是所谓的 newtype 模式，我们会在后面的"使用 newtype 模式实现类型安全与抽象"一节中再来详细地讨论它。我们希望可以将用"毫米"表示的值与用"米"表示的值相加，并在 Add 的实现中添加正确的转换计算。我们可以为 Millimeters 实现 Add，并将 Meters 作为 Rhs，如示例 19-15 所示。

src/lib.rs
```
use std::ops::Add;

struct Millimeters(u32);
struct Meters(u32);

impl Add<Meters> for Millimeters {
    type Output = Millimeters;

    fn add(self, other: Meters) -> Millimeters {
```

```
        Millimeters(self.0 + (other.0 * 1000))
    }
}
```

示例 19-15：为 Millimeters 实现 Add trait，从而使 Millimeters 和 Meters 可以相加

为了将 Millimeters 和 Meters 相加，我们指定 impl Add<Meters>来设置 Rhs 类型参数的值，而没有使用默认的 Self。

默认类型参数主要被用在以下两种场景中：

1. 扩展一个类型而不破坏现有的代码。
2. 允许在大部分用户都不需要的特定场合进行自定义。

标准库中的 Add trait 就是第二种场景的例子：通常，你只需要将两个同样类型的值相加，但 Add trait 同时提供了自定义额外行为的能力。在 Add trait 的定义中使用默认类型参数意味着，在大多数情况下你都不需要指定额外的参数。换句话说，这避免了一小部分重复的模板代码，从而可以更加轻松地使用 trait。

第一种场景与第二种场景有些相似，但却采用了相反的思路：当你想要为现有的 trait 添加一个类型参数来扩展功能时，可以给它设定一个默认值来避免破坏已经实现的代码。

消除同名方法在调用时的歧义

Rust 既不会阻止两个 trait 拥有名称相同的方法，也不会阻止你为同一个类型实现两个这样的 trait。你甚至可以在这个类型上直接实现与 trait 的方法同名的方法。

当你调用这些同名方法时，需要明确地告诉 Rust 你期望调用的具体对象。思考示例 19-16 中的代码，我们定义了两个拥有同名方法 fly 的 trait：Pilot 和 Wizard，并为类型 Human 实现了这两个 trait，而 Human 本身也正好实现了 fly 方法。每个 fly 方法都执行了不同的操作。

```rust
trait Pilot {
    fn fly(&self);
}

trait Wizard {
    fn fly(&self);
}

struct Human;

impl Pilot for Human {
    fn fly(&self) {
        println!("This is your captain speaking.");
    }
}

impl Wizard for Human {
    fn fly(&self) {
        println!("Up!");
    }
}

impl Human {
    fn fly(&self) {
        println!("*waving arms furiously*");
    }
}
```

示例 19-16：定义了两个拥有同名方法 fly 的 trait，并为本就拥有 fly 方法的 Human 类型实现了这两个 trait

当我们在 Human 的实例上调用 fly 方法时，编译器会默认调用直接在类型上实现的方法，如示例 19-17 所示。

```rust
fn main() {
    let person = Human;
    person.fly();
}
```

示例 19-17：在 Human 的实例上调用 fly 方法

运行这段代码，会打印出*waving arms furiously*，它表明 Rust 调用了直接在 Human 类型上实现的 fly 方法。

为了调用在 Pilot trait 或 Wizard trait 中实现的 fly 方法，我们需要使用更加显式的语法来指定具体的 fly 方法，如示例 19-18 所示。

```
src/main.rs    fn main() {
                   let person = Human;
                   Pilot::fly(&person);
                   Wizard::fly(&person);
                   person.fly();
               }
```

示例 19-18：指定我们想要调用哪个 trait 的 fly 方法

在方法名称的前面指定 trait 名称，向 Rust 清晰地表明我们想要调用哪个 fly 的实现。另外，你也可以使用类似的 Human::fly(&person)语句，它与示例 19-18 中使用的 person.fly()在行为上等价，但会稍微冗长一些。

运行这段代码，会打印出如下所示的内容：

```
This is your captain speaking.
Up!
*waving arms furiously*
```

当你拥有两种实现了同一 trait 的类型时，对于 fly 等需要接收 self 作为参数的方法，Rust 可以自动地根据 self 的类型推断出具体的 trait 实现。

但是，对于那些没有 self 参数的关联函数而言，如果存在多个类型或 trait 定义了拥有相同名称的函数，Rust 则无法推断出你究竟想要调用哪一个具体类型，除非使用完全限定语法（fully qualified syntax）。例如，在示例 19-19 中，我们为一间动物收容所创建了 trait，而这间收容所希望将所有的小狗都叫作 Spot。我们创建了一个拥有关联函数 baby_name 的 Animal trait，并使用 Dog 结构体实现了它。同时，Dog 本身也拥有一个独立的关联函数 baby_name。

```
src/main.rs    trait Animal {
                   fn baby_name() -> String;
               }

               struct Dog;

               impl Dog {
                   fn baby_name() -> String {
                       String::from("Spot")
                   }
               }

               impl Animal for Dog {
                   fn baby_name() -> String {
                       String::from("puppy")
                   }
               }

               fn main() {
                   println!("A baby dog is called a {}", Dog::baby_name());
               }
```

示例 19-19：一个带关联函数的 trait 和一个带同名关联函数的类型，并且这个类型还实现了该 trait

在 Dog 自身上实现的关联函数 baby_name 将所有的小狗都命名为 Spot。同时，Dog 类型还实现了用于描述动物的通用 trait：Animal。Dog 在实现该 trait 的关联函数 baby_name 时将小狗称为 puppy。

随后在 main 函数中，我们使用 Dog::baby_name 直接调用了 Dog 的关联函数，它会打印出如下所示的内容：

```
A baby dog is called a Spot
```

这与预期的结果有些出入，我们希望调用在 Dog 上实现的 Animal trait 的 baby_name 函数打印出 A baby dog is called a puppy。在示例 19-18 中使用的指定 trait 名称的技术无法解决这一需求，将 main 函数修改为示例 19-20 中的代码会导致编译时错误。

```
src/main.rs    fn main() {
                   println!("A baby dog is called a {}", Animal::baby_name());
               }
```

示例 19-20：尝试调用 Animal trait 中的 baby_name 函数，但 Rust 并不知道应该使用哪一个
实现

Animal::baby_name 是一个没有 self 参数的关联函数。由于可能存在其他
实现了 Animal trait 的类型，所以 Rust 无法推断出我们想要调用哪一个
Animal::baby_name 的实现。尝试编译这段代码，会出现如下所示的错误：

```
error[E0283]: type annotations needed
  --> src/main.rs:20:43
   |
20 |     println!("A baby dog is called a {}", Animal::baby_name());
   |                                           ^^^^^^^^^^^^^^^^^ cannot infer
type
   |
   = note: cannot satisfy `_: Animal`
```

为了消除歧义并指示 Rust 使用 Dog 为 Animal trait 实现的 baby_name 函数，
而不是其他类型的实现，我们需要使用完全限定语法。它在本例中的具体使用
方法如示例 19-21 所示。

```
src/main.rs    fn main() {
                   println!(
                       "A baby dog is called a {}",
                       <Dog as Animal>::baby_name()
                   );
               }
```

示例 19-21：使用完全限定语法来调用 Dog 为 Animal trait 实现的 baby_name 函数

这段代码在尖括号中提供的类型标注表明，我们希望将 Dog 类型视作
Animal，并调用 Dog 为 Animal trait 实现的 baby_name 函数。修改后的代码能够
打印出我们期望的结果了：

```
A baby dog is called a puppy
```

一般来说，完全限定语法被定义为如下所示的形式：

```
<Type as Trait>::function(receiver_if_method, next_arg, ...);
```

对于关联函数而言，上面的形式会缺少 receiver，而只保留剩下的参数列表。你可以在任何调用函数或方法的地方使用完全限定语法，而 Rust 允许你忽略那些能够从其他上下文信息中推导出来的部分。只有当代码中存在多个同名实现，且 Rust 也无法区分出你期望调用哪个具体实现时，你才需要使用这种较为烦琐的显式语法。

使用超 trait

有时，你会需要在一个 trait 中使用另一个 trait 的功能。在这种情况下，你需要使当前 trait 的功能依赖同时被实现的另一个 trait。这个被依赖的 trait 就是当前 trait 的超 trait（supertrait）。

例如，假设我们希望创建一个拥有 outline_print 方法的 OutlinePrint trait，这个方法在被调用时会打印出带有星号框的实例值。换句话说，给定一个实现了 Display trait 的 Point 结构体，如果它会将自己的值显示为(x, y)，那么当 x 和 y 分别是 1 和 3 时，调用 outline_print 就会打印出如下所示的内容：

```
**********
*        *
* (1, 3) *
*        *
**********
```

由于我们想要在 outline_print 的默认实现中使用 Display trait 的功能，所以 OutlinePrint trait 必须注明自己只能用于那些提供了 Display 功能的类型。我们可以在定义 trait 时指定 OutlinePrint: Display 来完成该声明，这有些类似于为泛型添加 trait 约束。示例 19-22 展示了 OutlinePrint trait 的实现。

src/main.rs
```rust
use std::fmt;

trait OutlinePrint: fmt::Display {
    fn outline_print(&self) {
        let output = self.to_string();
        let len = output.len();
        println!("{}", "*".repeat(len + 4));
        println!("*{}*", " ".repeat(len + 2));
        println!("* {} *", output);
        println!("*{}*", " ".repeat(len + 2));
        println!("{}", "*".repeat(len + 4));
    }
}
```

示例 19-22：实现使用了 Display 功能的 OutlinePrint trait

由于这段定义注明了 OutlinePrint 依赖 Display trait，所以我们能够在随后的方法中使用 to_string 函数，任何实现了 Display trait 的类型都会自动拥有这一函数。如果尝试去掉 trait 名称后的冒号与 Display trait 并继续使用 to_string，那么 Rust 就会因为无法在当前作用域中找到&Self 的 to_string 方法而抛出错误。

让我们看一看在没有实现 Display 的类型上实现 OutlinePoint 时（如下所示）会发生什么。

src/main.rs
```rust
struct Point {
    x: i32,
    y: i32,
}

impl OutlinePrint for Point {}
```

编译后出现的错误提示信息指出了 Point 类型没有实现必要的 Display trait：

```
error[E0277]: `Point` doesn't implement `std::fmt::Display`
  --> src/main.rs:20:6
   |
20 | impl OutlinePrint for Point {}
```

```
|       ^^^^^^^^^^^^ `Point` cannot be formatted with the default formatter
|
= help: the trait `std::fmt::Display` is not implemented for `Point`
= note: in format strings you may be able to use `{:?}` (or {:#?} for
pretty-print) instead
note: required by a bound in `OutlinePrint`
  --> src/main.rs:3:21
   |
3  | trait OutlinePrint: fmt::Display {
   |                     ^^^^^^^^^^^^ required by this bound in `OutlinePrint`
```

为了解决这一问题，我们为 Point 类型实现 Display 来满足 OutlinePoint 要求的约束，如下所示：

src/main.rs
```
use std::fmt;

impl fmt::Display for Point {
    fn fmt(&self, f: &mut fmt::Formatter) -> fmt::Result {
        write!(f, "({}, {})", self.x, self.y)
    }
}
```

接着，为 Point 实现 OutlinePrint trait 便可以顺利地通过编译了。现在，我们可以调用 Point 实例的 outline_print 方法打印出包含在星号框中的值了。

使用 newtype 模式在外部类型上实现外部 trait

我们在第 10 章的"为类型实现 trait"一节中曾经提到过孤儿规则：只有当类型和对应 trait 中的任意一个被定义在本地包内时，我们才能够为该类型实现这一 trait。但实际上，我们可以使用 newtype 模式巧妙地绕过这个限制，它会利用元组结构体创建一个新的类型（我们在第 5 章的"使用不需要对字段命名的元组结构体来创建不同的类型"一节中曾经讨论过元组结构体）。这个元组结构体只有一个字段，是我们想要实现 trait 的类型的瘦封装（thin wrapper）。由于封装后的类型位于本地包内，所以我们可以为这个壳类型实现对应的 trait。newtype 是一个来自 Haskell 编程语言的术语。值得注意的是，使用这一模式不会导致任何额外的运行时开销，封装后的类型会在编译过程中被优化掉。

例如，孤儿规则会阻止我们直接为 Vec<T>实现 Display，因为 Display trait 与 Vec<T>类型都被定义在外部包中。为了解决这一问题，我们可以首先创建一个持有 Vec<T>实例的 Wrapper 结构体，接着便可以为 Wrapper 实现 Display 并使用 Vec<T>值了，如示例 19-23 所示。

src/main.rs
```
use std::fmt;

struct Wrapper(Vec<String>);

impl fmt::Display for Wrapper {
    fn fmt(&self, f: &mut fmt::Formatter) -> fmt::Result {
        write!(f, "[{}]", self.0.join(", "))
    }
}

fn main() {
    let w = Wrapper(vec![
        String::from("hello"),
        String::from("world"),
    ]);
    println!("w = {w}");
}
```

示例 19-23：创建一个包含 Vec<String>的 Wrapper 类型，并为其实现 Display

这段代码在实现 Display 的过程中使用了 self.0 来访问内部的 Vec<T>，因为 Wrapper 是一个元组结构体，而 Vec<T>是元组中序号为 0 的那个元素。接着，我们就可以使用 Wrapper 中的 Display 功能了。

这种技术仍然有它的不足之处。因为 Wrapper 是一个新的类型，所以它没有自己内部值的方法。为了让 Wrapper 的行为与 Vec<T>的完全一致，我们需要在 Wrapper 中实现所有 Vec<T>的方法，并将这些方法委托给 self.0。假如我们希望新的类型具有内部类型的所有方法，那么也可以为 Wrapper 实现 Deref trait（在第 15 章的 "通过 Deref trait 将智能指针视作常规引用" 一节中曾经讨论过这一技术）来直接返回内部类型。假如我们不希望 Wrapper 类型具有内部类型的所有方法，比如需要限制 Wrapper 类型的行为时，那么就只能手动实现所需要的那部分方法了。

即便不涉及 trait 概念，newtype 也是一种非常有用的模式。接下来，让我们把焦点转移到一些更为高级的类型系统交互方式上来。

高级类型

在本书之前的章节里，我们曾经粗略地提及过一些比较高级的类型系统特性，但却碍于种种原因没有立即深入地进行研究。在本节中，我们首先会讨论更为通用的 newtype 模式，该模式作为类型在某些场景下十分有用。然后，我们会把目光转移至类型别名，它与 newtype 类似但拥有不同的语义。最后，我们还会讨论!类型和动态大小类型。

使用 newtype 模式实现类型安全与抽象

接下来的内容会假定你已经阅读了本章的"使用 newtype 模式在外部类型上实现外部 trait"一节。newtype 模式在一些我们还没有介绍过的任务中同样有用，它可以被用来静态地保证各种值之间不会发生混淆，以及表明值使用的单位。在示例 19-15 中，你曾经见到过使用 newtype 来标注单位的例子，回忆一下，当时分别使用 Millimeters 结构体和 Meters 结构体封装了 u32 的值，这就是典型的 newtype 模式。假如我们编写了一个接收 Millimeters 的值作为参数的函数，那么 Rust 就会在我们意外传入 Meters 的值或 u32 的值时出现编译错误。

newtype 模式的另一个用途是为类型的某些细节提供抽象能力。例如，新类型可以暴露一个与内部私有类型不同的公共 API，从而限制用户可以访问的功能。

newtype 模式还可以被用来隐藏内部实现。例如，我们可以提供 People 类型来封装一个用于存储人物 ID 及其名称的 `HashMap<i32, String>`。`People` 类型的用户只能使用我们提供的公共 API，比如一个将名称字符串添加到 `People` 集合中的方法；而调用该方法的代码不需要知道我们在内部赋予了名称一个对应的 `i32` ID。`newtype` 模式通过轻量级的封装隐藏了实现细节，正如我们在第 17 章的"封装实现细节"一节中所讨论的那样。

使用类型别名创建同义类型

Rust 提供了创建类型别名（type alias）的功能，它可以为现有的类型生成另外的名称。这一特性需要用到 type 关键字。例如，我们可以像下面一样创建 `i32` 的别名 `Kilometers`：

```
type Kilometers = i32;
```

现在，别名 `Kilometers` 被视作 `i32` 的同义词；不同于我们在示例 19-15 中创建的 `Millimeters` 与 `Meters` 类型，`Kilometers` 并不是一个独立的新类型。`Kilometers` 类型的值实际上等价于 `i32` 类型的值：

```
type Kilometers = i32;

let x: i32 = 5;
let y: Kilometers = 5;

println!("x + y = {}", x + y);
```

也正是由于 `Kilometers` 和 `i32` 是同一种类型，我们可以把两个类型的值相加，甚至是将 `Kilometers` 类型的值传递给以 `i32` 类型作为参数的函数。但无论如何，当你使用这种方式时，就无法享有 `newtype` 模式附带的类型检查的便利了。换句话说，当我们在某些地方混用 `Kilometers` 与 `i32` 时，编译器将不会产生任何错误警告。

类型别名最主要的用途是减少代码字符重复。例如，我们可能会拥有一个较长的类型，如下所示：

```
Box<dyn Fn() + Send + 'static>
```

在函数签名中插入或在代码中通篇标注这样的类型不但令人生厌，而且非常容易出错。与示例 19-24 类似的代码充斥着整个项目会是一种怎样的场景？

```
let f: Box<dyn Fn() + Send + 'static> = Box::new(|| {
    println!("hi");
});

fn takes_long_type(f: Box<dyn Fn() + Send + 'static>) {
    // --略--
}

fn returns_long_type() -> Box<dyn Fn() + Send + 'static> {
    // --略--
#   Box::new(|| ())
}
```

示例 19-24：在多个地方使用长类型

类型别名通过减少字符重复可以使代码更加易于管理。在示例 19-25 中，我们引入了一个类型别名 Thunk 来替换所有冗长的类型标注。

```
type Thunk = Box<dyn Fn() + Send + 'static>;

let f: Thunk = Box::new(|| println!("hi"));

fn takes_long_type(f: Thunk) {
    // --略--
}

fn returns_long_type() -> Thunk {
    // --略--
#   Box::new(|| ())
}
```

示例 19-25：引入类型别名 Thunk 以减少重复

新的代码明显更加易读！为类型别名选择一个有意义的名字，可以帮助你清晰地表达自己的意图。此处的 Thunk 指代一段可以延后执行的代码，它对于存储的闭包来说是一个较为合适的名字。

　　Result<T, E>类型常常使用类型别名来减少代码重复。考虑一下标准库中的std::io 模块，该模块下的 I/O 操作常常会返回 Result<T, E>来处理操作失败时的情形。另外，该代码库使用了一个 std::io::Error 结构体来表示所有可能的I/O 错误，而 std::io 模块下的大部分函数都会将返回类型 Result<T, E>中的 E替换为 std::io::Error，比如 Write trait 中的这些函数：

```
use std::fmt;
use std::io::Error;

pub trait Write {
    fn write(&mut self, buf: &[u8]) -> Result<usize, Error>;
    fn flush(&mut self) -> Result<(), Error>;

    fn write_all(&mut self, buf: &[u8]) -> Result<(), Error>;
    fn write_fmt(
        &mut self,
        fmt: fmt::Arguments,
    ) -> Result<(), Error>;
}
```

　　这里重复出现了许多 Result<..., Error>。为此，std::io 具有如下所示的类型别名声明：

```
type Result<T> = std::result::Result<T, std::io::Error>;
```

　　由于该声明被放置在 std::io 模块中，所以我们可以使用完全限定别名std::io::Result<T>来指向它，即指向将 std::io::Error 填入 E 的 Result<T, E>。简化后的 Write trait 函数如下所示：

```
pub trait Write {
    fn write(&mut self, buf: &[u8]) -> Result<usize>;
    fn flush(&mut self) -> Result<()>;

    fn write_all(&mut self, buf: &[u8]) -> Result<()>;
    fn write_fmt(&mut self, fmt: fmt::Arguments) -> Result<()>;
}
```

类型别名可以从两个方面帮助我们：让编写代码更加轻松，并且为整个 std::io 提供一致的接口。另外，由于它仅仅是别名，也就是另一个 Result<T, E>，所以我们可以在它的实例上调用 Result<T, E>拥有的任何方法，甚至是? 运算符。

永不返回的 never 类型

Rust 有一个名为!的特殊类型，它在类型系统中的术语为空类型（empty type），因为它没有任何值。我们倾向于叫它 never 类型，因为它在从不返回的函数中充当返回类型。例如：

```
fn bar() -> ! {
    // --略--
}
```

这段代码可以被读作"函数 bar 永远不会返回值"。不会返回值的函数也被称作发散函数（diverging function）。我们不可能创建出类型为!的值来让 bar 返回。

但是，一个不能创建值的类型究竟有什么用处呢？回忆一下示例 2-5 中的代码，猜数游戏的其中一段，它们被重现在了示例 19-26 中。

```
let guess: u32 = match guess.trim().parse() {
    Ok(num) => num,
    Err(_) => continue,
};
```

示例 19-26：拥有一个以 continue 结尾的分支的 match 语句

当时，我们略过了这段代码中的某些细节。后来，我们在第 6 章的"控制流结构 match"一节中指出所有的 match 分支都必须返回相同的类型。因此，类似于如下所示的代码是无法工作的：

```
let guess = match guess.trim().parse() {
    Ok(_) => 5,
```

```
        Err(_) => "hello",
    };
```

上面代码中 guess 的类型既可以是整数，也可以是字符串，而 Rust 明确要求 guess 只能是单一的类型。那么，示例 19-26 中的 continue 究竟返回了什么呢？我们为何可以在一个分支中返回 u32，而在另一个分支中以 continue 结束呢？

正如你可能猜到的那样，continue 的返回类型是!。当 Rust 计算 guess 的类型时，它会发现在可用于匹配的两个分支中，前者的返回类型为 u32，而后者的返回类型为!。因为!无法产生一个可供返回的值，所以 Rust 采用了 u32 作为 guess 的类型。

对于此类行为，还有一种更加正式的说法：类型!的表达式可以被强制转换为其他任意类型。我们之所以能够使用 continue 来结束 match 分支，是因为 continue 永远不会返回值；相反，它会将程序的控制流转移至上层循环。因此，这段代码在输入值为 Err 的情况下不会对 guess 进行赋值。

panic!宏的实现同样使用了 never 类型。还记得我们在 Option<T>值上调用 unwrap 函数吗？它会生成一个值或触发 panic。下面便是这个函数的定义：

```
impl<T> Option<T> {
    pub fn unwrap(self) -> T {
        match self {
            Some(val) => val,
            None => panic!(
                "called `Option::unwrap()` on a `None` value"
            ),
        }
    }
}
```

这段代码中发生的行为类似于示例 19-26 中 match 的行为：Rust 注意到 val 拥有类型 T，而 panic!拥有返回类型!，所以整个 match 表达式的返回类型为 T。这段代码之所以可以正常工作，是因为 panic!只会中断当前的程序，而不会产生值。由于 unwrap 不会在进入 None 分支的情况下返回某个值，所以这段代码是合法的。

最后一个以!作为返回类型的表达式是 loop：

```
print!("forever ");

loop {
    print!("and ever ");
}
```

由于 loop 循环永远不会结束，所以这个表达式以!作为自己的返回类型。当然，包含了 break 的循环则可能会拥有其他的返回类型，因为循环的逻辑会在到达 break 时中止。

动态大小类型和 Sized trait

通常而言，Rust 需要在编译时获取一些特定的信息来完成自己的工作，比如应该为一个特定类型的值分配多少空间等。但 Rust 的类型系统中同时又存在这样一个令人疑惑的角落：动态大小类型（Dynamically Sized Type，DST）的概念，它有时也被称作不确定大小类型（unsized type），这些类型使我们可以在编写代码时使用只有在运行时才能确定大小的值。

让我们来深入研究一个叫作 str 的动态大小类型，这个类型几乎贯穿本书的所有章节。没错，我们会在这里讨论 str 本身而不是&str，str 正好是一个动态大小类型。我们只有在运行时才能确定字符串的长度，这也意味着我们无法创建一个 str 类型的变量，或者将 str 类型作为函数的参数。如下所示的代码无法正常工作：

```
let s1: str = "Hello there!";
let s2: str = "How's it going?";
```

Rust 需要在编译时确定某个特定类型的值究竟会占用多少内存，而同一类型的所有值都必须使用等量的内存。假如 Rust 允许我们写出上面这样的代码，那么这两个 str 的值就必须要占用等量的空间。但它们确实具有不同的长度：s1 需要 12 字节的存储空间，而 s2 需要 15 字节。这也是我们无法创建出动态大小类型变量的原因。

那么，我们应该怎么处理类似的需求呢？你应该已经非常熟悉本例中出现的情形：我们会把 s1 和 s2 的类型从 str 修改为&str。回忆一下第 4 章的 "字符串切片" 一节，我们当时指出，切片的数据结构中会存储数据的起始位置和切片的长度。因此，尽管&T 被视作存储了 T 所在内存地址的单个值，但&str 实际上是由两个值组成的：str 的地址与它的长度。这也使我们可以在编译时确定&str 值的大小：其长度为 usize 长度的两倍。换句话说，无论&str 指向什么样的字符串，我们总是能够知道&str 的大小。这就是 Rust 中使用动态大小类型的通用方式：它们会附带一些额外的元数据来存储动态信息的大小。我们在使用动态大小类型时，总是会把它的值放在某种指针的后面。

我们可以将 str 与所有种类的指针组合起来，例如 Box<str>或 Rc<str>等。事实上，你在之前的章节中就已经见到过类似的用法，只不过当时使用了另一种动态大小类型：trait。每一个 trait 都是一个可以通过其名称来进行引用的动态大小类型。在第 17 章的 "使用 trait 对象存储不同类型的值" 一节中曾经提到过，为了将 trait 用作 trait 对象，我们必须将它放置在某种指针之后，比如&dyn Trait 或 Box<dyn Trait>（Rc<dyn Trait>也可以）之后。

为了处理动态大小类型，Rust 还提供了一个特殊的 Sized trait 来确定一个类型的大小在编译时是否可知。在编译时可计算出大小的类型会自动实现这一 trait。另外，Rust 还会为每一个泛型函数隐式地添加 Sized 约束。也就是说，下面定义的泛型函数：

```
fn generic<T>(t: T) {
    // --略--
}
```

实际上会被隐式地转换为：

```
fn generic<T: Sized>(t: T) {
    // --略--
}
```

在默认情况下，泛型函数只能被用于在编译时已经知道大小的类型。但是，你可以通过如下所示的特殊语法来解除这一限制：

```
fn generic<T: ?Sized>(t: &T) {
    // --略--
}
```

T 后面的 `?Sized` 约束意味着"T 可能是也可能不是 `Sized` 的"，它覆盖了泛型类型在编译时必须具有固定大小的默认规则。这里的 `?Trait` 语法只能被用在 `Sized` 上，而不能被用在其他 trait 上。

另外，还需要注意的是，我们将 t 参数的类型由 T 修改成了 &T。因为类型可能不是 `Sized` 的，所以我需要将它放置在某种指针的后面。在本例中，我们选择使用引用。

接下来，让我们继续讨论函数与闭包！

高级函数与闭包

本节中会讨论一些有关函数与闭包的高级特性，包括函数指针以及返回闭包。

函数指针

我们曾经讨论过如何将闭包传递给函数；实际上，你也可以将普通函数传递给其他函数！这一技术可以帮助你将已经定义好的函数作为参数，而无须定义新的闭包。函数会在传递的过程中被强制转换成 fn 类型（注意，这里使用了小写字母 f），从而避免与 Fn 闭包 trait 相混淆。fn 类型也就是所谓的函数指针（function pointer）。以函数指针的方式传递函数，可以让我们将函数视作另一个函数的参数。

将参数声明为函数指针时使用的语法与闭包的语法类似，如示例 19-27 所示。在这个示例中，add_one 函数会将它的参数加 1；而 do_twice 函数会接收两个参数：一个接收 i32 参数并返回 i32 结果的函数指针，以及另一个 i32 值。do_twice 函数会使用参数 arg 来调用函数指针两次，并把两次调用的结果相加。main 函数会使用参数 add_one 和 5 来调用 do_twice：

src/main.rs
```
fn add_one(x: i32) -> i32 {
    x + 1
}

fn do_twice(f: fn(i32) -> i32, arg: i32) -> i32 {
    f(arg) + f(arg)
}

fn main() {
    let answer = do_twice(add_one, 5);

    println!("The answer is: {answer}");
}
```

示例 19-27：使用 fn 类型来接收函数指针作为参数

这段代码会打印出 The answer is: 12，其中 do_twice 函数的参数 f 被指定为 fn 类型，它会接收 i32 类型作为参数，并返回一个 i32 作为结果。随后 do_twice 函数体中的代码调用了两次 f。在 main 函数中，我们将 add_one 函数作为第一个参数传递给了 do_twice。

与闭包不同，fn 是一个类型，而不是一个 trait。因此，我们可以直接指定 fn 为参数类型，而不用声明一个以 Fn trait 为约束的泛型参数。

由于函数指针实现了全部 3 种闭包 trait（Fn、FnMut 及 FnOnce），所以我们总是可以把函数指针用作参数传递给一个接收闭包的函数。也正是出于这一原因，我们倾向于使用搭配闭包 trait 的泛型来编写函数，这样的函数可以同时处理闭包与普通函数。

当然，在某些情形下，我们可能只想接收 fn，而不想接收闭包，比如与某种不支持闭包的外部代码进行交互时：C 函数可以接收函数作为参数，但它却没有闭包。

下面让我们来看一个既可以使用内嵌闭包也可以使用命名函数的例子：标准库中为 Iterator trait 定义的 map 函数。为了使用 map 函数将一个整型动态数组转换为字符串动态数组，我们可以像下面一样来使用闭包：

```
let list_of_numbers = vec![1, 2, 3];
let list_of_strings: Vec<String> = list_of_numbers
    .iter()
    .map(|i| i.to_string())
    .collect();
```

我们也可以命名一个函数作为 map 的参数，如下所示：

```
let list_of_numbers = vec![1, 2, 3];
let list_of_strings: Vec<String> = list_of_numbers
    .iter()
    .map(ToString::to_string)
    .collect();
```

注意，这里必须使用本章的"高级 trait"一节中提到的完全限定语法，因为此作用域中存在多个可用的 to_string 函数。

本例使用的是 ToString trait 中的 to_string 函数，而标准库已经为所有实现 Display 的类型都自动实现了这一 trait。

第 6 章的"枚举值"一节中曾经提到过，我们定义的每一个枚举变体的名称都可以被用作构造器。这些构造器可以被视作实现了闭包 trait 的函数指针，这意味着我们可以在那些接收闭包的方法中使用它们，如下所示：

```
enum Status {
    Value(u32),
    Stop,
}

let list_of_statuses: Vec<Status> = (0u32..20)
    .map(Status::Value)
    .collect();
```

这段代码中使用 Status::Value 的构造器调用了 map 方法，从而为范围中的每一个 u32 值创建对应的 Status::Value 实例。在实际编程中，有些人倾向于使用这种风格，还有些人则喜欢使用闭包。这两种形式最终都会编译出同样的代码，你完全可以按照自己的喜好来决定使用哪种风格。

返回闭包

由于闭包使用了 trait 来进行表达，所以你无法在函数中直接返回闭包。在大多数希望返回 trait 的情形下，你都可以将一个实现了该 trait 的具体类型作为函数的返回值。但你无法对闭包执行同样的操作，因为闭包没有一个可供返回的具体类型；例如，你无法把函数指针 fn 用作返回类型。

下面的代码试图直接返回一个闭包，但它却无法通过编译：

```
fn returns_closure() -> dyn Fn(i32) -> i32 {
    |x| x + 1
}
```

编译后出现的错误如下所示：

```
error[E0746]: return type cannot have an unboxed trait object
 --> src/lib.rs:1:25
  |
1 | fn returns_closure() -> dyn Fn(i32) -> i32 {
  |                         ^^^^^^^^^^^^^^^^^^^ doesn't have a size known at compile-time
  |
  = note: for information on `impl Trait`, see
<https://doc.rust-lang.org/book/ch10-02-traits.html#returning-types-that-
```

```
implement-traits>
help: use `impl Fn(i32) -> i32` as the return type, as all return paths are of
type `[closure@src/lib.rs:2:5: 2:14]`, which implements `Fn(i32) -> i32`
  |
1 | fn returns_closure() -> impl Fn(i32) -> i32 {
  |                         ~~~~~~~~~~~~~~~~~~~
```

这段错误提示信息再次指向了 Sized trait！Rust 无法推断出自己需要多大的空间来存储此处返回的闭包。幸运的是，我们在之前的章节中已经接触过解决这一问题的方法，那就是使用 trait 对象：

```
fn returns_closure() -> Box<dyn Fn(i32) -> i32> {
    Box::new(|x| x + 1)
}
```

现在的代码可以正常编译了。如果你想要了解更多有关 trait 对象的信息，请参考第 17 章的"使用 trait 对象存储不同类型的值"一节。

接下来，让我们看一看有关宏的高级特性！

宏

虽然我们在本书中大量地使用了与 println!类似的宏，但始终没有正式地研究过它究竟是什么，以及它是怎样工作的。术语"宏"（macro）其实是 Rust 中某一组相关功能的集合称谓，其中包括使用 macro_rules! 构造的声明宏（declarative macro）及另外 3 种过程宏（procedural macro）：

- 用于结构体或枚举的自定义#[derive]宏，它可以指定随 derive 属性自动添加的代码。
- 用于为任意条目添加自定义属性的属性宏。
- 看起来类似于函数的函数宏，它可以接收并处理一个标记（token）序列。

我们会依次讨论这些功能，但首先需要弄清楚的是，既然已经有了函数的概念，为什么还需要宏呢？

宏与函数之间的区别

从根本上说，宏是一种用于编写其他代码的代码编写方式，也就是所谓的元编程范式（metaprogramming）。附录 C 中讨论的 derive 属性是一种宏，它会自动为你生成各种 trait 的实现。我们在本书中一直使用的 println! 与 vec! 也是一种宏。这些宏会通过展开来生成比你手写的代码更多的内容。

元编程可以极大程度地减少你需要编写和维护的代码数量，虽然这也是函数的作用之一，但宏却有一些函数所不具备的能力。

函数在定义签名时必须声明自己的参数的个数与类型，而宏能够处理可变数量的参数：我们可以使用单一参数调用 println!("hello")，也可以使用两个参数调用 println!("hello {}", name)。另外，由于编译器会在解释代码前展开宏，所以宏可以被用来执行某些较为特殊的任务，比如为类型实现 trait 等。函数之所以无法做到这一点，是因为 trait 需要在编译时实现，而函数是在运行时调用执行的。

相较于函数，编写一个宏来实现功能也有它自己的缺点：宏的定义要比函数的定义复杂得多，因为你需要编写的是用于生成 Rust 代码的 Rust 代码。正是由于这种间接性，宏的定义通常要比函数的定义更加难以阅读、理解及维护。

宏与函数之间的最后一个重要区别是：当你在某个文件中调用宏时，必须提前定义宏或将宏引入当前作用域，而函数可以在任意位置定义并在任意位置使用。

用于通用元编程的 macro_rules! 声明宏

Rust 中最常用的宏形式是声明宏，它们有时也被称作"模板宏"（macros by example）、"macro_rules! 宏"，或者直白的"宏"。从核心形式上讲，声明宏要求你编写出类似于 match 表达式的东西。正如在第 6 章中所讨论的那样，match 表达式是一种接收其他表达式的控制结构，它会将表达式的结果值与模式进行比较，并在匹配成功时执行对应分支中的代码。类似地，宏也会将输入的值与带有相关执行代码的模式进行比较：此处的值是传递给宏的字面 Rust 源代码，而此处的模式是可以用来匹配这些源代码的结构。当某个模式匹配成功时，该分支下的代码就会被用来替换传入宏的代码。所有的这一切都发生在编译时期。

为了定义一个宏，你需要用到 macro_rules!。接下来，让我们学习 vec!宏的定义方式来了解如何使用 macro_rules!。在第 8 章中提到过，vec!宏可以被用来创建一个具有特定元素的动态数组。例如，下面的宏创建了一个包含 3 个整数的动态数组：

```
let v: Vec<u32> = vec![1, 2, 3];
```

当然，我们也可以使用 vec!宏来创建包含 2 个整数的动态数组或包含 5 个字符串切片的动态数组。而函数则无法完成同样的事情，因为我们无法提前确定值的类型与数量。

示例 19-28 展示了一个稍微简化后的 vec!宏的定义。

```
src/lib.rs ❶ #[macro_export]
          ❷ macro_rules! vec {
              ❸ ( $( $x:expr ),* ) => {
                  {
                      let mut temp_vec = Vec::new();
                    ❹ $(
                        ❺ temp_vec.push(❻ $x);
                      )*
                      ❼ temp_vec
                  }
              };
          }
```

示例 19-28：vec!宏定义的简化版本

注意　标准库中实际定义的 vec! 宏包含了预先分配内存的代码。为了让例子更为简单，我们移除了这部分用于优化的代码。

代码中标注的#[macro_export] ❶ 意味着这个宏会在它所处的包被引入作用域后可用。缺少这个标注的宏则不能被引入作用域。

接着，我们使用了 macro_rules!及不带感叹号的名称来开始定义宏 ❷。宏的名称（也就是本例中的 vec）后面是一对包含了宏定义体的花括号。

vec!代码块中的结构与 match 表达式的结构相似。这段实现中存在一个模式为($($x:expr),*)的分支，模式后紧跟着的是=>及对应的代码块 ❸，这些关联代码会在模式匹配成功时被触发。由于这是这个宏中仅有的模式，所以整个宏只存在一种有效的匹配方法；任何其他模式都会导致编译时错误。某些更加复杂的宏会包含多个分支。

宏定义中的有效模式语法与在第 18 章中讲到的模式语法不同，因为宏模式匹配的是 Rust 代码结构，而不是值。让我们一步一步来看一看示例 19-28 中的模式片段的意思是什么。如果想要了解完整的宏模式语法，请参考 Rust 官方网站上的相关文档。

我们首先使用了一对圆括号把整个模式包裹起来。接着是一个$符号，以及另外一对包裹着匹配模式的圆括号，被匹配并捕获的值最终会被用于生成替换代码。$()中的$x:expr 可以匹配任意的 Rust 表达式，并将其命名为$x。

$()之后的逗号意味着一个可能的字面逗号分隔符会出现在捕获代码的后面，而逗号后的*意味着这个模式能够匹配零个或多个*之前的东西。

当我们使用指令 vec![1, 2, 3];调用这个宏时，$x 模式会分别匹配 3 个表达式：1、2 及 3。

现在，让我们把目光转移到该分支对应的代码上：它会为模式中匹配到的每一个$()生成$()* ❹ ❼ 中对应的 temp_vec.push() ❺ 代码；这一展开过程会重复零次还是多次，取决于匹配成功的表达式数量。而$x ❻ 会被每个匹配到的表达式所替代。使用 vec![1, 2, 3];调用宏，会生成如下所示的代码来替换调用语句：

```
{
    let mut temp_vec = Vec::new();
    temp_vec.push(1);
    temp_vec.push(2);
    temp_vec.push(3);
    temp_vec
}
```

我们定义的这个宏可以接收任意数量、任意类型的参数，并创建出一个包含指定元素的动态数组。

如果你想要学习更多有关编写宏的知识，请参考在线文档或其他资源，比如 *The Little Book of Rust Macros* 等。

基于属性创建代码的过程宏

第二种形式的宏更像函数（某种形式的过程）一些，所以它们被称为过程宏。过程宏会接收并操作输入的 Rust 代码，并生成另外一些 Rust 代码作为结果，这与声明宏根据模式匹配来替换代码的行为有所不同。 虽然过程宏存在 3 种不同的类型（自定义派生宏、属性宏及函数宏），但它们都具有非常类似的工作机制。

当创建过程宏时，宏的定义必须被单独放在它们自己的包中，并使用特殊的包类型。这完全是因为技术上的原因，我们希望未来能够消除这种限制。使用过程宏的代码如示例 19-29 所示，其中的 some_attribute 是一个用来指定过程宏类型的占位符。

```
src/lib.rs   use proc_macro::TokenStream;

             #[some_attribute]
             pub fn some_name(input: TokenStream) -> TokenStream {
             }
```

示例 19-29：定义过程宏的一个例子

上面代码中定义了过程宏的函数接收一个 TokenStream 作为输入，并产生一个 TokenStream 作为输出。TokenStream 类型是在 proc_macro 包（Rust 自带的）中定义的，表示一个标记序列。这也是过程宏的核心所在：需要被宏处理的源代码组成了输入的 TokenStream，而宏生成的代码组成了输出的 TokenStream。函数附带的属性决定了我们究竟创建的是哪一种过程宏。同一个包中可以有多种不同类型的过程宏。

考虑到不同类型的过程宏如此相似，我们会从自定义派生宏开始讨论，并随后介绍它与其他过程宏之间的细微差别。

如何编写一个自定义派生宏

让我们创建一个名为 hello_macro 的包，并在其中定义一个拥有关联函数 hello_macro 的 HelloMacro trait。为了避免用户在他们的每一个类型上逐一实现 HelloMacro trait，我们会提供一个能够自动实现 trait 的过程宏。用户可以在他们的类型上标注#[derive(HelloMacro)]，进而得到 hello_macro 函数的默认实现。这个默认实现会将 Hello, Macro! My name is TypeName! 文本中的 TypeName 替换为当前类型的名称，并打印出来。换句话说，我们提供的包可以使其他程序员编写出如示例 19-30 所示的代码。

src/main.rs
```rust
use hello_macro::HelloMacro;
use hello_macro_derive::HelloMacro;

#[derive(HelloMacro)]
struct Pancakes;

fn main() {
    Pancakes::hello_macro();
}
```

示例 19-30：包的用户可以使用我们提供的过程宏来编写出这样的代码

这段代码会在运行完毕后打印出 Hello, Macro! My name is Pancakes!。首先，我们需要创建一个新的库单元包：

```
$ cargo new hello_macro --lib
```

接下来，我们会定义 HelloMacro trait 及其关联函数：

src/lib.rs
```
pub trait HelloMacro {
    fn hello_macro();
}
```

在有了 trait 与相应的函数后，我们的用户可以直接实现该 trait 来完成期望的功能，如下所示：

```
use hello_macro::HelloMacro;

struct Pancakes;

impl HelloMacro for Pancakes {
    fn hello_macro() {
        println!("Hello, Macro! My name is Pancakes!");
    }
}

fn main() {
    Pancakes::hello_macro();
}
```

但是，他们必须为每一个希望使用 hello_macro 功能的类型编写出类似的实现代码，而我们想要将用户从这些烦琐的工作中解放出来。

另外，我们无法为 hello_macro 函数提供一个默认实现，使其能够打印出 trait 被实现的类型的名称：因为 Rust 没有提供反射功能，所以它无法在运行时查找到类型的名称。我们需要的是一个能够在编译时生成代码的宏。

下一步便是定义过程宏了。在编写本书时，过程宏依然需要被单独放置到它们自己的包内，Rust 开发团队也许会在未来去掉这一限制。就目前而言，组织主包和宏包的惯例是，对于一个名为 foo 的包，我们会生成一个用于放置自定义派生过程宏的 foo_derive 包。现在，让我们在 hello_macro 的项目中创建一个名为 hello_macro_derive 的包：

```
$ cargo new hello_macro_derive --lib
```

由于这两个包紧密相关，所以我们将它们放置到了同一个目录中。如果我们改变了 hello_macro 中的 trait 定义，那么需要同时修改 hello_macro_derive 中有关过程宏的实现。这两个包需要被独立地公开发布，使用它们的程序员应当分别添加这两个依赖并将它们导入作用域中。我们也可以让 hello_macro 包依赖 hello_macro_derive 并重新导出过程宏的代码。但不管怎么样，目前使用的项目结构都可以使用户在不引入 derive 功能的前提下继续使用 hello_macro。

我们需要声明 hello_macro_derive 包是一个含有过程宏的包。正如你稍后会看到的，我们还需要使用 syn 和 quote 包中的功能，所以应该将它们声明为依赖。将如下所示的内容添加到 hello_macro_derive 包的 *Cargo.toml* 文件中：

hello_macro
_derive/
Cargo.toml

```
[lib]
proc-macro = true

[dependencies]
syn = "1.0"
quote = "1.0"
```

为了开始定义过程宏，将示例 19-31 中的代码放入 hello_macro_derive 包的 *src/lib.rs* 文件中。注意，在为 impl_hello_macro 函数添加定义前，这段代码还无法通过编译。

hello_macro
_derive/src/
lib.rs

```
use proc_macro::TokenStream;
use quote::quote;
use syn;

#[proc_macro_derive(HelloMacro)]
pub fn hello_macro_derive(input: TokenStream) -> TokenStream {
    // 将 Rust 代码转换为我们能够进行处理的语法树
    let ast = syn::parse(input).unwrap();

    // 构造对应的 trait 实现
    impl_hello_macro(&ast)
}
```

示例 19-31：大部分过程宏包都需要这些逻辑来处理 Rust 代码

注意，我们将负责解析 TokenStream 的代码提取到了单独的函数 hello_macro_derive 中，而 impl_hello_macro 函数只负责转换语法树；这一实践方式会使得编写过程宏更加方便。这段代码中的外部函数（也就是本例中的 hello_macro_derivce）会出现在你能够看到的大部分拥有过程宏的包中。你仅仅需要根据特定目标来定制内部函数（也就是本例中的 impl_hello_macro）的具体实现。

这段代码中还引入了 3 个新的外部包：proc_macro、syn 及 quote。我们可以借助 proc_macro 包提供的编译器接口在代码中读取和操作 Rust 代码，由于它已经被内置在 Rust 中，所以不需要将它添加到 *Cargo.toml* 的依赖中。

syn 包被用来将 Rust 代码从字符串转换为可供我们进一步操作的数据结构。最后的 quote 包则能够将 syn 包产生的数据结构重新转换为 Rust 代码。这些工具包使得解析 Rust 代码的任务变得相当轻松：要知道编写一个完整的 Rust 代码解析器可不是一件简单的事情。

当包的用户在某个类型上标注#[derive(HelloMacro)]时，hello_macro_derive 函数就会被自动调用。之所以会发生这样的操作，是因为我们在 hello_macro_derive 函数上标注了 proc_macro_derive，并在该属性中指定了可以匹配到 trait 的名称 HelloMacro；这是大多数过程宏都需要遵循的编写惯例。

hello_macro_derive 函数首先会把 input 参数从 TokenStream 转换为一个可供我们解释和操作的数据结构，这也正是 syn 发挥作用的地方。syn 的 parse 函数接收一个 TokenStream 作为输入，并返回一个 DeriveInput 结构体作为结果，这个结构体代表了解析后的 Rust 代码。示例 19-32 展示了 struct Pancakes; 字符串被解析为 DeriveInput 结构体后的产出结果。

```
DeriveInput {
    // --略--

    ident: Ident {
        ident: "Pancakes",
```

```
            span: #0 bytes(95..103)
        },
        data: Struct(
            DataStruct {
                struct_token: Struct,
                fields: Unit,
                semi_token: Some(
                    Semi
                )
            }
        )
}
```

示例 19-32：解析示例 19-30 中带有宏属性的代码后得到的 DeriveInput 实例

　　这个结构体中的字段表明刚刚解析的 Rust 代码是一个单元结构体，它的
ident（identifier，也就是标识符的意思）是 Pancakes。这个结构体中可用的字
段远多于此处示例中的，它能够被用来描述所有种类的 Rust 代码，你可以查看
syn 中有关 DeriveInput 的文档来获取更多信息。

　　我们紧接着开始定义 impl_hello_macro 函数，这也正是用来生成新 Rust 代
码的地方。但在这之前，你需要注意到这个宏函数的产出物也是一个
TokenStream。返回的 TokenStream 会被添加到使用这个宏的用户代码中，并使
用户在编译自己的包时获得我们提供的额外功能。

　　注意，我们在使用 syn::parse 函数后调用了 unwrap，hello_macro_derive
函数会在出现解析错误时直接触发 panic。在失败时立即中止程序，对于编写过
程宏来说是必要的，因为 proc_macro_derive 函数必须遵循过程宏的 API 规范
返回一个 TokenStream，而不是 Result。我们在这里选择了使用 unwrap 来简化
示例；但在产品级的代码中，你应该使用 panic!或 expect 来添加更多用于指明
错误原因的信息。

　　我们现在已经把被标注的 Rust 代码从 TokenStream 转换为 DeriveInput 实
例了。接下来，我们添加的代码将为被标注的类型实现 HelloMacro trait，如示
例 19-33 所示。

```
fn impl_hello_macro(ast: &syn::DeriveInput) -> TokenStream {
    let name = &ast.ident;
    let gen = quote! {
        impl HelloMacro for #name {
            fn hello_macro() {                     println!(
                    "Hello, Macro! My name is {}!",
                    stringify!(#name)
                );
            }
        }
    };
    gen.into()
}
```

示例 19-33：使用解析后的 Rust 代码实现 HelloMacro trait

在这段代码中，我们首先取得了一个 Ident 结构体实例，它包含了被标注类型的名称 ast.ident。根据示例 19-32 中所展示的结构体，impl_hello_macro 函数作用于示例 19-30 中的代码时产生的 Ident 实例会包含一个值为 "Pancakes"的 ident 字段。因此，示例 19-33 中 name 变量包含的 Ident 结构体实例在打印时会输出字符串"Pancakes"，也就是示例 19-30 中结构体的名称。

其中的 quote!宏允许我们定义那些希望返回的 Rust 代码。由于 quote!宏的执行结果是一种编译器无法直接理解的类型，所以还需要将执行结果转换为 TokenStream 类型。我们可以通过调用 into 方法来实现这样的转换，该方法可以将这段中间代码的返回值类型转换为符合要求的 TokenStream 类型。

另外，quote!宏还提供了一些非常酷的模板机制：它会将我们输入的#name 替换为变量 name 中的值。你甚至可以在这个宏的代码块中执行一些类似于常规宏的重复操作。请查阅 quote 包的官方文档来获得关于它的更全面的介绍。

我们希望所编写的过程宏能够为用户标注的类型生成一份 HelloMacro trait 的实现，而这个类型的名称可以通过使用 #name 得到。该 trait 的实现只有一个 hello_macro 函数，它的函数体内会包含我们想要提供的功能：打印出 Hello, Macro! My name is 及被标注类型的名称。

这里使用的 stringify!宏是内置在 Rust 中的，它接收一个 Rust 表达式，比如 1 + 2，并在编译时将这个表达式转换成字符串字面量，比如"1 + 2"。这种行为与 format!或 println!的行为不同，后者会计算出表达式的值并将结果转换为 String 返回。代码中输入的 #name 有可能是一个表达式，但因为我们希望直接打印出这个值的字面量，所以这里使用了 stringify!。使用 stringify!还可以省去内存分配的开销，因为它在编译时就已经将 #name 转换为字符串字面量了。

此时，cargo build 应该能够在 hello_macro 和 hello_macro_derive 上顺利地通过编译了。让我们把这两个包连接到示例 19-30 中的代码来看一看过程宏会产生什么样的效果！使用 cargo new pancakes 在你的项目目录中创建一个新的可执行程序，然后将 hello_macro 和 hello_macro_derive 添加到 pancakes 包的 *Cargo.toml* 中作为依赖。如果你将 hello_macro 与 hello_macro_derive 发布到了 *crates.io* 上，那么可以按照常用的方式来依赖它们；而如果没有的话，则应该使用 path 依赖按照如下所示的方式来指定它们：

```
[dependencies]
hello_macro = { path = "../hello_macro" }
hello_macro_derive = { path = "../hello_macro/hello_macro_derive" }
```

将示例 19-30 中的代码复制到 *src/main.rs* 中并执行 cargo run，它应该会打印出 Hello, Macro! My name is Pancakes!。我们在过程宏里提供的 HelloMacro trait 实现已经被成功地包含在代码中，而不需要 pancakes 包单独实现它；#[derive(HelloMacro)]自动地添加了这个 trait 的实现。

接下来，让我们看一看其他过程宏与自定义派生宏之间的区别。

属性宏

属性宏与自定义派生宏类似，它们允许你创建新的属性，而不是为 derive 属性生成代码。属性宏在某种程度上也更加灵活：derive 只能被用于结构体和

19　高级特性　　**601**

枚举，而属性可以同时被用于其他条目，比如函数等。下面便是一个使用了属性宏的例子，即假设你拥有一个名为 route 的属性，那么在编写 Web 应用框架时就可以为函数添加标记：

```
#[route(GET, "/")]
fn index() {
```

这个#[route]属性是由框架本身作为一个过程宏来定义的，这个宏定义的函数签名如下所示：

```
#[proc_macro_attribute]
pub fn route(
    attr: TokenStream,
    item: TokenStream
) -> TokenStream {
```

上面的代码中有两个类型为 TokenStream 的参数。前者是属性本身的内容，也就是本例中的 Get, "/"部分；后者则是这个属性所附着的条目，也就是本例中的 fn index() {}及剩下的函数体。

除此之外，属性宏与自定义派生宏的工作方式几乎一样：它们都需要创建一个 proc-macro 类型的包并提供生成相应代码的函数。

函数宏

函数宏可以定义出类似于函数调用的宏，但它们远比普通函数更为灵活。例如，与 macro_rules!宏类似，函数宏也能够接收未知数量的参数。但是，macro_rules!宏只能使用类似于 match 的语法来进行定义，而函数宏可以接收一个 TokenStream 作为参数，并与另外两种过程宏一样在定义中使用 Rust 代码来操作 TokenStream。例如，我们可能会这样调用一个名为 sql!的函数宏：

```
let sql = sql!(SELECT * FROM posts WHERE id=1);
```

这个宏会解析圆括号内的 SQL 语句并检验它在语法上的正确性，这一处理过程所做的事情比 macro_rules! 宏可以完成的任务要复杂得多。此处的 sql! 可以被定义为如下所示的样子：

```
#[proc_macro]
pub fn sql(input: TokenStream) -> TokenStream {
```

这里的定义与自定义派生宏的签名十分类似：我们接收圆括号内的标记序列作为参数，并返回一段执行相应功能的生成代码。

总结

哇！我们在本章中学习了不少生僻的 Rust 特性，你也许不会经常用到它们，但你应该能够意识到这些特性在某些特定场景下的作用。当你在错误提示信息或别人的代码中碰见这些稍显复杂的主题时，至少能够识别出这些概念与语法。你可以把本章内容当作参考材料，并在遇到问题时返回来寻找解决方案。

接下来，我们会把本书中讨论过的所有内容用于实践，并完成一个全新的项目！

20

最后的项目：构建多线程 Web 服务器

这可真是一段漫长的旅程，但我们已经快要接近尾声了。在本章中，我们会开发一个新的实践项目来展示最后几章中涉及的概念，并顺带复习之前章节中提到的一些知识点。

在本章的终极项目中，我们将实现一个能够返回"Hello!"的 Web 服务器，它在浏览器中的显示如图 20-1 所示。

图 20-1：我们共同编写的最后一个项目

为了构建 Web 服务器，我们会依次完成如下所示的计划：

1. 学习一些有关 TCP 和 HTTP 的知识。
2. 在套接字（socket）上监听 TCP 连接。
3. 解析少量的 HTTP 请求。
4. 创建一个合适的 HTTP 响应。
5. 使用线程池改进服务器的吞吐量。

值得注意的是，我们在本章中采用的技术并不是构建 Web 服务器的最佳实践，你可以在 *crates.io* 上找到一些更为优秀的 Web 服务器或线程池实现，它们中的一部分甚至可以被直接应用在生产环境中。

然而，我们的目标终究是巩固学习成果而不是寻找捷径。由于 Rust 是一个系统级编程语言，所以我们能够按需选择代码的抽象层次，这些可用的抽象手段要比其他某些语言能够提供的机制触及的层次更低。因此，我们选择手动编写一个基本的 HTTP 服务器与线程池，以便你学习到代码背后的通用技术与思路，并将它们应用到未来的实际代码中。

构建单线程 Web 服务器

首先，我们需要让一个单线程的 Web 服务器工作起来。在此之前，我们会快速地了解一下构建 Web 服务器需要使用的相关协议。有关这些协议的详细讨论超出了本书的范畴，但是简要的介绍应该就可以提供足够的背景信息了。

Web 服务器涉及的两个主要协议分别是超文本传输协议（HTTP）和传输控制协议（TCP）。它们两者都是基于请求-响应（request-response）的协议，也就是说，这个协议由客户端发起请求，再由服务器监听并响应客户端。请求和响应的内容会由协议本身定义。

TCP 是一种底层协议，它描述了信息如何从一台服务器传送到另一台服务器的细节，但并不指定信息的具体内容。HTTP 建立在 TCP 之上，它定义了请求和响应的内容。从技术上说，基于其他底层协议使用 HTTP 也是可以的，但在绝大多数情况下，HTTP 都是通过 TCP 发送数据的。我们将会处理 TCP 中的原始字节并与 HTTP 请求和响应打交道。

监听 TCP 连接

由于 Web 服务器需要监听 TCP 连接，所以让我们从这里开始。标准库提供了一个可以完成该任务的 std::net 模块。下面还是按照惯例创建一个新项目：

```
$ cargo new hello
    Created binary (application) `hello` project
$ cd hello
```

将示例 20-1 中的代码输入 *src/main.rs* 中。这段代码会在本地地址 127.0.0.1:7878 上监听传入的 TCP 流，并在获取到新的 TCP 流时打印出 Connection established!。

src/main.rs
```
use std::net::TcpListener;

fn main() {
❶ let listener = TcpListener::bind("127.0.0.1:7878").unwrap();

❷ for stream in listener.incoming() {
    ❸ let stream = stream.unwrap();

    ❹ println!("Connection established!");
    }
}
```

示例 20-1：监听传入的 TCP 流，并在接收到流时打印信息

通过使用 TcpListener，我们得以在地址 127.0.0.1:7878 上监听 TCP 连接 ❶。这个地址中冒号前面的部分是一个代表了当前设备的 IP 地址（这一地址在每台计算机上都是相同的，并不特指作者的计算机），冒号后面的部分则是端口号 7878。我们选择了这个端口有两个原因：7878 不是 HTTP 的常用端口，所

以我们的服务器不容易与其他的 Web 服务器产生冲突；另外，7878 恰好是（九宫格）电话机上 *rust* 这 4 个字母的按键。

与 new 函数类似，代码中的 bind 函数会返回一个新的 *TcpListener* 实例。之所以选择 bind 作为函数的名称，是因为在网络领域中，连接到端口这一行为也被称作"绑定到端口"（binding to a port）。

bind 函数的返回值类型为 Result<T, E>，这意味着绑定操作是有可能失败的。比如，连接到 80 端口需要管理员权限（非管理员只能监听大于 1024 的端口），当我们以非管理员身份尝试连接到 80 端口时就会被系统拒绝，从而导致失败。另外，假如我们运行了两个监听同一地址的程序实例，那么绑定也不会成功。我们可以先暂时忽略这些错误，因为在本章中我们的目标是学习并编写一个基本可用的服务器；而我们使用的 unwrap 函数会在错误发生时简单地结束程序。

TcpListener 上的 incoming 方法会返回一个产生流序列的迭代器 ❷（更准确地说，是 *TcpStream* 类型的流）。单个流（stream）代表了一个在客户端和服务器之间打开的连接。而连接（connection）代表了客户端连接服务器、服务器生成响应，以及服务器关闭连接的全部请求与响应过程。为此，*TcpStream* 会读取自身的数据来观察客户端发送的内容，并允许我们将响应写回到流中。简单来说，上面代码中的 for 循环会依次处理每个连接，并生成一系列的流供我们处理。

在目前的流处理过程中，我们选择在出现任何错误的情形下都调用 unwrap 来结束程序 ❸；而在程序成功的情形下打印出一段信息 ❹。随后我们会为成功情形添加更多的功能。incoming 方法之所以会在客户端连接服务器时产生错误，是因为我们并没有对连接本身进行遍历，而仅仅是遍历了连接尝试（connection attempt）。连接可能会因为相当多的原因而失败，其中大部分原因都与操作系统有关。例如，许多操作系统都会限制同时打开的连接数量，试图创建超过这个数量的新连接就会产生错误，直到某些已经打开的连接被关闭。

让我们运行这段代码试试看！首先在终端调用 cargo run，然后使用网页浏览器打开地址 *127.0.0.1:7878*。因为服务器现在还没有返回任何数据，所以此时的浏览器应该会显示类似于"Connection reset"的错误提示信息。但是当你把目光转移到终端时，应该会看到浏览器连接到服务器时打印出的数条信息：

```
Running `target/debug/hello`
Connection established!
Connection established!
Connection established!
```

单次的浏览器访问有时会产生多条信息输出，这是因为浏览器在请求一个页面的同时还会试图请求其他资源，比如在浏览器标签上显示图标的 *favicon.icn* 文件等。

当然，这也有可能是因为浏览器没有接收到服务器返回的任何数据而尝试进行了多次连接导致的。stream 的连接会在它离开作用域（也就是本例中循环结束的地方）时关闭，而浏览器有可能会在连接关闭后尝试重新连接，因为导致连接断开的问题有可能是临时的。但不管怎样，重要的是我们现在已经成功地处理了 TCP 连接！

记得在运行完特定版本的代码后，前往终端按下"Ctrl+C"组合键来结束程序，并在完成代码更新后重新使用 cargo run 启动服务，从而确保当前运行了最新的代码。

读取请求

接下来，让我们开始实现从浏览器读取请求的功能。为了把处理连接的代码和其他操作分开，我们可以用一个单独的函数来处理连接。在这个新的 handle_connection 函数中，我们会从 TCP 流内读取数据并将它们打印出来，以便观察浏览器发送过来的这些数据。修改代码如示例 20-2 所示。

src/main.rs ❶ use std::{
  io::{prelude::*, BufReader},

```
    net::{TcpListener, TcpStream},
};

fn main() {
    let listener = TcpListener::bind("127.0.0.1:7878").unwrap();

    for stream in listener.incoming() {
        let stream = stream.unwrap();

    ❷ handle_connection(stream);
    }
}

fn handle_connection(mut stream: TcpStream) {
  ❸ let buf_reader = BufReader::new(&mut stream);
  ❶ let http_request: Vec<_> = buf_reader
      ❺ .lines()
      ❻ .map(|result| result.unwrap())
      ❼ .take_while(|line| !line.is_empty())
        .collect();

  ❽ println!("Request: {:#?}", http_request);
}
```

示例 20-2：从 TcpStream 中读取并打印数据

为了使用与读/写流相关的 trait 和类型，我们需要将 std::io::prelude 和
std::io::BufReader 引入作用域 ❶。然后，我们会使用 stream 来调用新的
handle_connection 函数 ❷，而不是在 main 函数的 for 循环中简单地打印连接
信息。

在 handle_connection 函数中，我们使用 stream 的可变引用创建了一个新
的 BufReader 实例 ❸。BufReader 可以帮助我们管理 std::io::Read 的 trait 方
法，从而增加了缓冲功能。

我们创建了一个名为 http_request 的变量来逐行收集浏览器发送到服务器
的请求，并通过 Vec<_> 类型标注 ❹ 来表明我们想要以动态数组的方式收集这些
行。

BufReader 实现了 std::io::BufRead trait，而它提供了 lines 方法❺。lines 方法使用了换行符字节来对数据流进行拆分，并返回一个 Result<String, std::io::Error> 的迭代器。为了得到其中的每一个 String，我们使用 map 和 unwrap 处理了每一个 Result ❻。当然，如果数据本身不是合法的 UTF-8 编码或者在读取流的过程中发生了任何问题，那么 Result 的值也可能是一个 Error。为了保持简洁，我们一如既往地选择在出现错误时中止程序，而生产环境下的程序应该更加优雅地处理这些错误。

浏览器会连续发送两个换行符来结束一个 HTTP 请求。因此，我们对单个请求的读取操作会在接收到空白行时停止 ❼。一旦将这些行存入动态数组中，我们就可以使用调试格式化方法将它们打印出来 ❽，从而观察网页浏览器向服务器上发送了哪些指令。

让我们尝试运行这段新代码！启动程序，然后在网页浏览器中发起一个请求。注意，浏览器中仍然会出现错误页面，但在终端程序的输出会变为如下所示的样子：

```
$ cargo run
   Compiling hello v0.1.0 (file:///projects/hello)
    Finished dev [unoptimized + debuginfo] target(s) in 0.42s
     Running `target/debug/hello`
Request: [
    "GET / HTTP/1.1",
    "Host: 127.0.0.1:7878",
    "User-Agent: Mozilla/5.0 (Macintosh; Intel Mac OS X 10.15; rv:99.0)
Gecko/20100101 Firefox/99.0",
    "Accept:
text/html,application/xhtml+xml,application/xml;q=0.9,image/avif,image/webp,*/*
;q=0.8",
    "Accept-Language: en-US,en;q=0.5",
    "Accept-Encoding: gzip, deflate, br",
    "DNT: 1",
    "Connection: keep-alive",
    "Upgrade-Insecure-Requests: 1",
    "Sec-Fetch-Dest: document",
    "Sec-Fetch-Mode: navigate",
```

```
    "Sec-Fetch-Site: none",
    "Sec-Fetch-User: ?1",
    "Cache-Control: max-age=0",
]
```

不同的浏览器会产生些许不同的输出结果。现在我们已经打印出了请求数据，你可以通过观察请求第一行 GET 后面的路径来解释为何会从浏览器处得到多个连接。如果重复的连接都是请求 /，那么我们就可以猜测是由于浏览器没有收到服务器的响应而反复地请求获取 /。

让我们接着来分解这份请求数据，并尝试理解浏览器究竟在要求我们提供哪些内容。

仔细观察 HTTP 请求

HTTP 是一种基于文本的协议，它的请求采用了如下所示的格式：

```
Method Request-URI HTTP-Version CRLF
headers CRLF
message-body
```

第一行被称作请求行（request line），其中包含了客户端请求的信息。请求行的第一部分表明了当前请求使用的方法，比如 GET 或 POST，它描述了客户端请求数据的方式。这里的客户端使用 GET 请求，也就是希望获得信息的意思。

请求行的第二部分是 /，它代表了客户端正在请求的统一资源标识符（Uniform Resource Identifier，URI）：URI 大体上类似于统一资源定位符（Uniform Resource Locator，URL），但不完全一样。它们之间的差异对于本章的目的不是那么重要，但由于 HTTP 标准使用了专门的术语 URI，所以你可以将 URI 简单地理解为 URL。

请求行的最后一部分是客户端使用的 HTTP 版本。接着，请求行就以 CRLF 序列结束了。CR 与 LF 分别代表回车（Carriage Return）与换行（Line Feed），它们是从打字机时代传承下来的术语。CRLF 序列也被写作\r\n，其中\r 代表回车，\n 代表换行。CRLF 序列会将请求行和请求数据的其他部分区分开。需要注意的是，在打印 CRLF 时，我们会看到一个新行，而不是字符\r\n。

观察示例中出现的请求行数据，我们可以看到方法是 GET，请求的 URI 是/，版本是 HTTP/1.1。

在请求行结束之后，剩下的那些从 Host:开始的部分是 HTTP 附带的消息头。另外，GET 请求还省略了自己的消息体。

你可以尝试使用一个不同的浏览器来发起请求，或者更换一个不同的地址，比如 *127.0.0.1:7878/test*，来看一看请求数据会发生什么样的改变。

在理解了浏览器的请求消息后，我们就可以返回一些数据了！

编写响应

为了响应客户端请求，我们需要实现发送数据的功能。HTTP 响应的格式如下所示：

```
HTTP-Version Status-Code Reason-Phrase CRLF
headers CRLF
message-body
```

第一行被称作状态行（status line），其中包含了当前响应的 HTTP 版本、汇总了请求结果的数字状态码，以及提供了状态码文本描述的原因短语。状态行的 CRLF 序列之后是任意数量的消息头、另一个 CRLF 序列，以及响应消息体。

下面示例中的响应使用了 HTTP 1.1 版本，状态码为 200，原因短语为 OK，没有消息头与消息体：

```
HTTP/1.1 200 OK\r\n\r\n
```

状态码 200 被用作标准的成功响应码，紧随其后的则是一段用于表示成功的袖珍 HTTP 响应。让我们把这些数据作为成功请求的响应写入流中！从 handle_connection 函数中移除打印请求数据的 println!宏，并将它替换为示例 20-3 中的代码。

src/main.rs
```
fn handle_connection(mut stream: TcpStream) {
    let buf_reader = BufReader::new(&mut stream);
    let http_request: Vec<_> = buf_reader
        .lines()
        .map(|result| result.unwrap())
        .take_while(|line| !line.is_empty())
        .collect();

 ❶ let response = "HTTP/1.1 200 OK\r\n\r\n";

 ❷ stream.write_all(response.❸ as_bytes()).unwrap();
}
```

示例 20-3：向流中写入一段成功的 HTTP 响应

新增的第一行代码定义了包含成功响应数据的 response 变量 ❶。由于 stream 的 write_all 方法只接收&[u8]类型值作为参数 ❸，所以我们需要调用 response 的 as_bytes 方法将它的字符串转换为字节，并将这些字节发送到连接中 ❷。因为 write_all 操作可能会失败，所以我们如同往常一样使用了 unwrap，它会在出现错误时简单地中止程序。当然，在实际应用中，你需要依据上下文来添加恰当的错误处理逻辑。

完成上述修改后，我们再次运行代码并发起请求。由于新的代码不再向终端打印任何数据，所以除 Cargo 之外，我们不会看到任何额外的输出。当你在页面浏览器中加载 *127.0.0.1:7878* 时，应该会获得一个空页面而不是错误，这也就意味着我们成功地编写了一段响应 HTTP 请求的代码！

返回真正的 HTML 文件

让我们接着来实现返回更多信息的功能，而不仅仅是返回简单的空白页面。创建一个名为 *hello.html* 的文件，并将它放置到项目根目录中（注意不是 *src* 目录）。你可以在其中输入任何想要返回的 HTML 代码；示例 20-4 展示了 HTML 文件的一种可能的写法。

hello.html
```
<!DOCTYPE html>
<html lang="en">
  <head>
    <meta charset="utf-8">
    <title>Hello!</title>
  </head>
  <body>
    <h1>Hello!</h1>
    <p>Hi from Rust</p>
  </body>
</html>
```

示例 20-4：一个要在响应中返回的简单 HTML 文件

上面的示例展示了一个最小化的 HTML 5 文档，它包含一个标题和一小段文本。为了在服务器处理请求时返回它，我们需要按照示例 20-5 所示的来修改 handle_connection 函数。新的函数会读取这个 HTML 文件，将其中的内容添加到响应中并作为消息体一起发送。

src/main.rs
```
use std::{
❶ fs,
    io::{prelude::*, BufReader},
    net::{TcpListener, TcpStream},
};
// --略--

fn handle_connection(mut stream: TcpStream) {
    let buf_reader = BufReader::new(&mut stream);
    let http_request: Vec<_> = buf_reader
        .lines()
        .map(|result| result.unwrap())
        .take_while(|line| !line.is_empty())
        .collect();

    let status_line = "HTTP/1.1 200 OK";
    let contents = fs::read_to_string("hello.html").unwrap();
    let length = contents.len();
```

```
❷  let response = format!(
       "{status_line}\r\n\
        Content-Length: {length}\r\n\r\n\
        {contents}"
    );

    stream.write_all(response.as_bytes()).unwrap();
}
```

示例 20-5：将 hello.html 文件中的内容作为消息体发送

我们在 use 语句中添加的 fs 会将标准库的文件系统模块引入作用域 ❶。你对随后的这段将文件的内容读取到字符串中的代码应该比较熟悉了，因为我们在第 12 章的示例 12-4 中曾经使用过它们。

接着，我们使用 format! 把文件的内容作为消息体添加到了成功的响应中 ❷。为了确保 HTTP 响应的合法性，我们还需要添加 Content-Length 头来描述响应体的大小，在本例中就是 *hello.html* 的大小。

使用 cargo run 运行代码并在浏览器中加载 *127.0.0.1:7878*，你应该就能够看到渲染出来的 HTML 页面了。

目前，我们忽略了 http_request 中的请求数据并无条件地返回了 HTML 文件中的内容。即便浏览器尝试请求的地址是 *127.0.0.1:7878/something-else*，它也仍然会得到同样的 HTML 响应。目前，服务器的功能非常有限，它还不能做到绝大多数 Web 服务器应该做到的事情。接下来，我们会根据请求来自定义返回的响应数据，并只对格式正确的/请求返回之前的 HTML 文件。

验证请求的合法性并有选择地响应

目前的 Web 服务器会统一返回 HTML 文件中的内容，而不关心客户端请求的具体数据。现在，让我们在返回数据前添加检测功能：只在浏览器请求/时返回 HTML 文件中的内容，而在其他情形下返回错误提示信息。为了达到这一目的，我们需要修改 handle_connection 函数，如示例 20-6 所示。新的代码会将接收到的请求内容与已知的/请求进行对比，并在随后的 if 与 else 块中做出相应的处理。

src/main.rs
```
// --略--

fn handle_connection(mut stream: TcpStream) {
    let buf_reader = BufReader::new(&mut stream);
❶ let request_line = buf_reader
        .lines()
        .next()
        .unwrap()
        .unwrap();

❷ if request_line == "GET / HTTP/1.1" {
        let status_line = "HTTP/1.1 200 OK";
        let contents = fs::read_to_string("hello.html").unwrap();
        let length = contents.len();

        let response = format!(
            "{status_line}\r\n\
             Content-Length: {length}\r\n\r\n\
             {contents}"
        );

        stream.write_all(response.as_bytes()).unwrap();
❸ } else {
        // 一些其他的请求
    }
}
```

示例 20-6：匹配和处理请求，对/请求的处理要与其他请求不同

由于我们只关心 HTTP 请求的第一行数据，所以相较于将整个请求读入动态数组中，我们调用了迭代器的 next 方法来获得它的第一个条目 ❶。第一个 unwrap 会处理返回的 Option，并在迭代器不存在条目时中止程序。第二个 unwrap 则会处理 Option 中包含的 Result，它与示例 20-2 中 map 内的 unwrap 起到了相同的作用。

接下来，我们检查了 request_line，看它是否等于指向/路径的 GET 请求 ❷。
如果等于的话，if 块就会返回 HTML 文件中的内容。

如果 request_line 不等于指向/路径的 GET 请求，那么就意味着我们接收
到了其他请求。我们将在 else 块中添加代码来响应其他所有请求 ❸。

再次运行代码并访问 *127.0.0.1:7878*，你应该会获得 *hello.html* 文件中的
HTML 内容。当你请求其他地址时，比如 *127.0.0.1:7878/something-else*，则会得
到类似于示例 20-1 或示例 20-2 所出现的连接错误。

现在，我们向示例 20-7 的 else 块中添加代码来返回一个带有状态码 404 的
响应，它表明当前请求的内容没有找到。接着，还会返回一个可在浏览器中渲
染的 HTML 页面来提示终端用户。

src/main.rs
```
// --略--
} else {
❶   let status_line = "HTTP/1.1 404 NOT FOUND";
❷   let contents = fs::read_to_string("404.html").unwrap();
    let length = contents.len();

    let response = format!(
        "{status_line}\r\n\
         Content-Length: {length}\r\n\r\n\
         {contents}"
    );

    stream.write_all(response.as_bytes()).unwrap();
}
```

示例 20-7：在请求其他路径时返回状态码 404 和错误页面

在此种情形下，我们的响应会包含状态码 404 和原因短语 NOT FOUND ❶。
响应的消息体将会附带 *404.html* 文件中的 HTML 内容 ❷。你需要在 *hello.html*
的同级目录下创建一个新的 *404.html* 文件作为错误页面。你依然可以在这个文
件中使用任何 HTML 代码，或者直接使用示例 20-8 中的 HTML 范本。

```
404.html   <!DOCTYPE html>
           <html lang="en">
             <head>
               <meta charset="utf-8">
               <title>Hello!</title>
             </head>
             <body>
               <h1>Oops!</h1>
               <p>Sorry, I don't know what you're asking for.</p>
             </body>
           </html>
```

示例 20-8：404 响应的示例内容

基于这些修改重新运行代码。现在请求 *127.0.0.1:7878* 依然会返回 *hello.html* 文件中的内容，但在其他情形下，比如请求 *127.0.0.1:7878/foo*，则会返回 *404.html* 文件中的 HTML 内容。

少许重构

目前，if 与 else 块中存在不少重复代码：除了状态行和文件名称不同，它们都在读取文件并把其内容写入流中。为了使代码变得更加紧凑一些，我们可以把存在差异的部分提取至独立的 if 与 else 块中，并将它们赋值给相应的变量。随后，我们就可以在读取文件和写入响应时无条件地使用这些变量了。重构后的代码如示例 20-9 所示。

src/main.rs
```
// --略--

fn handle_connection(mut stream: TcpStream) {
    // --略--

    let (status_line, filename) =
        if request_line == "GET / HTTP/1.1" {
            ("HTTP/1.1 200 OK", "hello.html")
        } else {
            ("HTTP/1.1 404 NOT FOUND", "404.html")
        };
```

```rust
    let contents = fs::read_to_string(filename).unwrap();
    let length = contents.len();

    let response = format!(
        "{status_line}\r\n\
         Content-Length: {length}\r\n\r\n\
         {contents}"
    );

    stream.write_all(response.as_bytes()).unwrap();
}
```

示例 20-9：重构 if 与 else 块，只在分支代码中包含有区别的部分

新的 if 与 else 块返回了一个由状态行和文件名称组成的元组，并通过在第 18 章中讨论的 let 语句将它们分别解构到了 status_line 和 filename 变量中。

之前重复的代码现在位于 if 与 else 块外，并使用了 status_line 和 filename 变量。这样的写法使我们更容易观察两种情况的不同之处；而当我们想要修改读取文件或写入响应的逻辑时，只需要修改其中的一个地方即可。示例 20-9 中的代码行为与示例 20-8 中的完全一致。

非常棒！我们仅用大约 40 行 Rust 代码就实现了一个简易的 Web 服务器，它对某个请求返回特定页面，而对其他所有请求返回 404。

目前，我们的服务器运行在单线程上，这意味着它一次只能处理一个请求。接下来，我们会通过模拟一些慢请求来暴露这种处理方式可能发生的问题。当然，最终我们会解决这一问题并使服务器能够同时处理多个请求。

把单线程服务器修改为多线程服务器

目前，我们的服务器会依次处理各个请求，这就意味着它在处理完第一个连接前不会处理第二个连接。服务器接收到的请求越多，这类串行操作就会使

整体性能越差。当服务器接收到某个需要处理很长时间的请求时，其余的请求就不得不排队进行等待，即便新请求可以被快速处理完成。最终我们会解决这一问题，但在这之前，让我们先来观察一下它的具体行为。

模拟一个慢请求

我们会在现有的服务器实现中模拟一个慢请求，并观察它是如何影响后续其他请求的。示例 20-10 在实现 *sleep* 请求的处理逻辑中模拟了一个较慢的响应，它会让服务器在完成响应前休眠 5s。

src/main.rs
```rust
use std::{
    fs,
    io::{prelude::*, BufReader},
    net::{TcpListener, TcpStream},
    thread,
    time::Duration,
};
// --略--

fn handle_connection(mut stream: TcpStream) {
    // --略--

    let (status_line, filename) = ❶ match &request_line[..] {
      ❷ "GET / HTTP/1.1" => ("HTTP/1.1 200 OK", "hello.html"),
      ❸ "GET /sleep HTTP/1.1" => {
            thread::sleep(Duration::from_secs(5));
            ("HTTP/1.1 200 OK", "hello.html")
        }
      ❶ _ => ("HTTP/1.1 404 NOT FOUND", "404.html"),
    };

    // --略--
}
```

示例 20-10：通过识别/sleep 请求并休眠 5s 来模拟慢请求

由于有 3 个不同的分支，所以我们使用 match 替换了 if ❶。我们还需要显式地使用 request_line 的切片来进行字符串字面量的模式匹配；match 表达式不会像等于方法一样执行自动的引用或解引用操作。

第一个分支 ❷ 与示例 20-9 中的 `if` 代码块相同。第二个分支 ❸ 匹配了指向 */sleep* 的请求。服务器会在接收到这一请求后休眠 5s，然后渲染响应成功的 HTML 页面。第三个分支 ❹ 与示例 20-9 中的 `else` 代码块相同。

你现在能够看到我们的服务器有多么初级了，真实的库会以更简捷的方式来识别不同的请求！

使用 `cargo run` 启动服务器，然后打开两个浏览器窗口：一个请求 *http://127.0.0.1:7878/*，另一个请求 *http://127.0.0.1:7878/sleep*。如果你和之前一样反复地输入 / URI，那么应该会非常迅速地获得响应结果。但如果你在加载/页面之前加载了*/sleep*，那么就会观察到/需要至少 5s 才能够渲染出成功响应的 HTML 页面。

有许多技术可以避免慢请求阻塞随后的请求队列，我们选择通过实现线程池来解决这一问题。

使用线程池改进吞吐量

线程池（thread pool）是一组预先分配出来的线程，它们被用于等待并随时处理可能的任务。当程序接收到新任务时，它会将线程池中的一个线程分配给这个任务，并让该线程处理这个任务。在第一个线程处理任务时，线程池中其余可用的线程能够处理其他到来的任务。第一个线程在处理完它的任务后，我们会将它放回线程池中，并使其变为空闲状态以准备处理新的任务。线程池允许你并发地处理连接，从而提高服务器的吞吐量。

我们会将池中线程的数量限制为一个较小的值，以避免受到拒绝服务（Denial of Service，DoS）攻击。如果程序为接收到的每个请求都创建一个相应的线程，那么恶意攻击者就可以同时创建成千上万个请求来耗尽服务器的资源，最终导致所有请求中断。

不同于无限制地创建线程，线程池中只会有固定数量的等待线程。新连接进来的请求会被发送至线程池中处理，而线程池会维护一个接收请求的队列。池中可用的线程会从这个请求队列中取出请求并处理，然后向队列索要下一个请求。基于这种设计，我们可以同时处理 N 个请求，这里的 N 就是线程数量。当所有的线程都在处理慢请求时，后续请求依然会被阻塞在等待队列中。虽然不能完全避免阻塞的出现，但却增加了可同时处理的慢请求的数量。

这种用来改进服务器吞吐量的技术仅仅是众多可用方案中的一种。其他可供你深入研究的方向包括 fork/join 模型、单线程异步 I/O 模型及多线程异步 I/O 模型。假如你对这个主题感兴趣，则可以尝试阅读这些方案的相关材料并使用 Rust 来实现它们。对于像 Rust 这样的底层语言来讲，所有这些模型都是可实现的。

在开始实现一个线程池前，让我们先来讨论一下线程池的使用方式。提前编写客户端接口有助于指导代码设计。你可以先以期望的调用方式来组织构建 API，然后实现具体的功能，而不是先实现功能再设计公共 API。

类似于在第 12 章中使用的测试驱动开发，我们会在这里用到编译器驱动开发（compiler-driven development）。我们将编写代码来调用期望的函数，并根据编译器的错误提示信息来修改代码，直到一切正常。

为每个请求创建独立线程时的代码结构

首先，让我们来看一看为每个连接创建一个新的线程时，代码会是什么样子的。正如之前提到过的，这种方案具有潜在的风险：可能会导致系统无止境地创建线程。因此，我们不会把这一方案视作最终的实现目标，而是作为一个起点。我们先实现一个基本可用的多线程服务器，然后使用线程池对它进行优化，从而可以更容易地对比两种解决方案。

示例 20-11 展示了 main 函数中的改动，它在 for 循环中为每个流创建了独立的新线程来进行连接处理。

```
src/main.rs   fn main() {
                  let listener = TcpListener::bind("127.0.0.1:7878").unwrap();

                  for stream in listener.incoming() {
                      let stream = stream.unwrap();

                      thread::spawn(|| {
                          handle_connection(stream);
                      });
                  }
              }
```

示例 20-11：为每个流创建新线程

我们在第 16 章中曾经讨论过，thread::spawn 会创建一个新线程并在新线程中执行闭包内的代码。当你运行这段代码，并接着在浏览器中依次打开 */sleep* 页面与 */* 页面时，你会观察到 */* 页面非常快速地响应了我们的请求，没有等待 */sleep* 页面加载完成。但正如之前提到过的，这种方案可能会导致系统崩溃，因为它对新线程的数量没有任何限制。

用有限数量的线程创建类似的接口

我们希望采用线程池的方案也能够用类似的方式运行，以避免在切换方案时对使用我们的 API 的代码做出较大的修改。示例 20-12 展示了一个 ThreadPool 结构体的假想接口，它被用来替换 thread::spawn。

```
src/main.rs   fn main() {
                  let listener = TcpListener::bind("127.0.0.1:7878").unwrap();
              ❶ let pool = ThreadPool::new(4);

                  for stream in listener.incoming() {
                      let stream = stream.unwrap();

                  ❷ pool.execute(|| {
                          handle_connection(stream);
                      });
                  }
              }
```

示例 20-12：假想的 ThreadPool 接口

在上面的代码中，我们使用 ThreadPool::new 创建了一个可配置线程数量的线程池，并在本例中将线程数量配置为 4 ❶。在随后的 for 循环中，pool.execute 的接口与 thread::spawn 的完全一致，它会接收一个处理所有流的闭包 ❷。我们需要实现 pool.execute 来接收闭包并将它分配给池中的线程去执行。虽然这段代码还无法通过编译，但我们仍然可以不断地尝试，编译器的错误提示信息会指导我们逐步修正错误。

使用编译器驱动开发来构建 ThreadPool 结构体

按照示例 20-12 修改代码后，我们可以使用 cargo check 来查看编译错误并驱动下一步的开发。下面是我们得到的第一条错误提示信息：

```
$ cargo check
   Checking hello v0.1.0 (file:///projects/hello)
error[E0433]: failed to resolve: use of undeclared type `ThreadPool`
  --> src/main.rs:11:16
   |
11 |     let pool = ThreadPool::new(4);
   |                ^^^^^^^^^^ use of undeclared type `ThreadPool`
```

很好！这段错误提示信息指出代码中缺少对应的 ThreadPool 类型或模块，现在我们就来创建一个。由于我们对 ThreadPool 的实现会独立于 Web 服务器当前正在进行的工作，所以可以把 hello 包从二进制模式切换为库模式来存放 ThreadPool。这也意味着我们可以在更多的工作中用到这一独立的线程池，而不仅仅是在处理网络请求时。

创建一个含有下列代码的 *src/lib.rs* 文件，它包含了 ThreadPool 结构体的最简化的定义：

src/lib.rs
```
pub struct ThreadPool;
```

接着编辑 *src/main.rs* 文件，并在文件头部添加如下所示的代码，从而将 ThreadPool 从库单元包中引入作用域：

src/main.rs
```
use hello::ThreadPool;
```

这段代码依然无法通过编译，让我们继续运行 cargo check 并观察出现的错误提示信息：

```
$ cargo check
    Checking hello v0.1.0 (file:///projects/hello)
error[E0599]: no function or associated item named `new` found for struct
`ThreadPool` in the current scope
  --> src/main.rs:12:28
   |
12 |     let pool = ThreadPool::new(4);
   |                            ^^^ function or associated item not found in
`ThreadPool`
```

新的编译错误指出了我们接下来需要完成的工作：为 ThreadPool 创建一个名为 new 的关联函数，它应当能够接收 4 作为参数并返回新的 ThreadPool 实例。让我们来实现一个满足此功能的最简化的 new 函数：

src/lib.rs
```
pub struct ThreadPool;

impl ThreadPool {
    pub fn new(size: usize) -> ThreadPool {
        ThreadPool
    }
}
```

由于负的线程数量没有任何意义，所以我们选择了 usize 作为 size 参数的类型。另外，我们知道调用函数的代码会传入数字 4 作为线程集合的元素数量，所以采用 usize 类型是合适的，正如第 3 章的"整数类型"一节中所讨论的那样。

让我们再次运行 cargo check 检查代码：

```
$ cargo check
    Checking hello v0.1.0 (file:///projects/hello)
error[E0599]: no method named `execute` found for struct `ThreadPool` in the
current scope
  --> src/main.rs:17:14
   |
17 |         pool.execute(|| {
   |              ^^^^^^^ method not found in `ThreadPool`
```

此时发生的错误指出了 ThreadPool 结构体中不存在可用的 execute 方法。前面的"用有限数量的线程创建类似的接口"一节中曾经提到过，我们希望让线程池的接口与 thread::spawn 的尽量保持一致。另外，我们需要实现 execute 函数，它会接收一个闭包作为参数并在内部将其分配给池中空闲的线程去执行。

我们会在 ThreadPool 上定义 execute 方法，使其可以接收一个闭包作为参数。正如第 13 章的"将捕获的值移出闭包及 Fn 系列 trait"一节中所讨论的那样，在将闭包作为参数时，我们可以选择使用 3 种不同的 trait: Fn、FnMut、FnOnce。由于最终的 execute 实现会类似于标准库中的 thread::spawn 实现，所以我们可以参考 thread::spawn 的函数签名来决定究竟使用哪一种约束：

```
pub fn spawn<F, T>(f: F) -> JoinHandle<T>
    where
        F: FnOnce() -> T,
        F: Send + 'static,
        T: Send + 'static,
```

将注意力集中到签名中的类型参数 F 上，另外的那个类型参数 T 仅仅与返回值有关，先暂时忽略它就好。你可以观察到 spawn 使用了 FnOnce 作为 F 的 trait 约束。这极有可能也是我们需要使用的 trait，因为 execute 最终会把自己获得的参数传递给 spawn。另外，处理请求的线程只会执行一次闭包，它符合 FnOnce 中 Once 的含义，这进一步确认了 FnOnce 就是我们需要的 trait。

除了要满足 FnOnce trait 约束，类型参数 F 还需要满足 Send trait 约束及生命周期 'static。这也是我们需要为当前场景添加的约束条件：只有满足 Send 约束的闭包才可以从一个线程传递至另一个线程；而由于我们不知道线程究竟会执行多长时间，所以闭包必须是 'static 的。现在，让我们在 ThreadPool 结构体中实现一个带有泛型参数 F 的 execute 方法，并在参数上添加相应的约束条件：

```
src/lib.rs   impl ThreadPool {
    // --略--
    pub fn execute<F>(&self, f: F)
```

```
    where
        F: FnOnce() ❶ + Send + 'static,
    {
    }
}
```

FnOnce ❶ 后的()意味着传入的闭包既没有参数，也不返回结果。就像函数定义一样，我们可以省略签名中的返回值，但却不能省略函数名称后的圆括号，即便圆括号中没有任何参数。

再次声明，我们仅仅实现了最简单的 execute 方法：它能够让我们的代码通过编译，但不会执行任何指令。让我们再次运行 cargo check 命令：

```
$ cargo check
    Checking hello v0.1.0 (file:///projects/hello)
    Finished dev [unoptimized + debuginfo] target(s) in 0.24s
```

我们的代码顺利通过了编译。但需要注意的是，当你尝试运行 cargo run 并在浏览器中发起请求时，你会在浏览器中观察到在本章开头出现的那个错误，因为我们还没有调用过传递给 execute 的闭包！

 你也许听到过这样的说法：对于像 Haskell 和 Rust 这样拥有严格编译检查的语言来讲，"只要代码编译通过，它就可以正常工作"。这个论述并不完全正确，比如上面的代码通过了编译，但却什么都没做！假设你正在构建一个完整的真实项目，那么现在就是编写单元测试最好的时机，你需要借助它来检查代码能否编译通过并且拥有预期的行为。

在 new 中验证线程数量

我们还没有使用过那些传递给 new 和 execute 的参数。现在，让我们接着在函数体中实现预期的行为。我们先将注意力集中到 new 函数上。之前我们为 size 参数选择了无符号整数类型，因为一个线程数量为负的线程池结构毫无意义。然而，线程数量为 0 的线程池同样没有意义，但 0 却是一个合法的 usize 值。因此，我们需要在返回 ThreadPool 实例前检查 size 的值是否大于 0，并在接收到 0 时调用 assert! 宏中断程序，如示例 20-13 所示。

src/lib.rs

```
# pub struct ThreadPool;
impl ThreadPool {
    /// 创建线程池
    ///
    /// 线程池中线程的数量
    ///
 ❶/// # Panics
    ///
    /// `new` 函数会在 size 的值为 0 时触发 panic
    pub fn new(size: usize) -> ThreadPool {
     ❷ assert!(size > 0);

        ThreadPool
    }

    // --略--
}
```

示例 20-13：让 ThreadPool::new 在 size 的值为 0 时中断程序

在这段代码中，我们使用文档注释语法为 ThreadPool 添加了一些文档。通过添加一个文档区域来列举函数可能触发 panic 的情形，我们进行了较为良好的文档实践 ❶，正如在第 14 章中所讨论的那样。你可以试着运行 cargo doc --open，并点击 ThreadPool 结构体来查看生成的 new 函数文档。

另外，我们也可以将 new 函数更名为 build，并返回一个 Result，而不再使用 assert! 宏 ❷，就像 I/O 项目中示例 12-9 的 Config::build 一样。但按照目前的设计来看，试图创建没有任何线程的线程池是一个不可恢复错误。当然，你也可以试着去编写拥有如下签名的 build 函数，并比较它与 new 函数之间的异同：

```
pub fn build(
    size: usize
) -> Result<ThreadPool, PoolCreationError> {
```

创建用于存储线程的空间

　　基于合法的线程数量，我们可以在返回 ThreadPool 前创建这些线程，并将它们存储到 ThreadPool 结构体中。但究竟应该如何"存储"一个线程呢？让我们再来看一看 thread::spawn 的签名：

```
pub fn spawn<F, T>(f: F) -> JoinHandle<T>
    where
        F: FnOnce() -> T,
        F: Send + 'static,
        T: Send + 'static,
```

　　spawn 函数会返回一个 JoinHandle<T>，其中的 T 是闭包的返回值类型。我们可以试着使用 JoinHandle 来存储线程并看一看会发生什么。由于线程池中的闭包只会被用来处理连接而没有返回值，所以 JoinHandle<T> 中的 T 就是单元类型()。

　　示例 20-14 中的代码能够正常通过编译，但依然没有创建任何线程。新修改的 ThreadPool 定义包含了一个 thread::JoinHandle<()> 的动态数组实例，我们会使用参数 size 来初始化这个动态数组的容量。随后，我们还会使用 for 循环来创建线程，并最终返回包含它们的 ThreadPool 实例。

src/lib.rs ❶
```
use std::thread;

pub struct ThreadPool {
  ❷ threads: Vec<thread::JoinHandle<()>>,
}

impl ThreadPool {
    // --略--
    pub fn new(size: usize) -> ThreadPool {
        assert!(size > 0);

      ❸ let mut threads = Vec::with_capacity(size);

        for _ in 0..size {
            // 创建线程并将它们存储在动态数组中
```

```
    }

    ThreadPool { threads }
    }
    // --略--
}
```

示例 20-14：为 ThreadPool 创建一个动态数组来存储线程

上面的代码将 std::thread 引入了作用域 ❶，因为我们需要使用 thread::JoinHandle 作为 ThreadPool 中动态数组的元素类型 ❷。

一旦得到了合法的数量参数，ThreadPool 就可以创建出包含 size 个元素的动态数组 ❸。此处用到的 with_capacity 函数与 Vec::new 有些类似，但区别在于 with_capacity 会为动态数组预分配出指定的空间。在知晓存储大小的前提下，预先分配存储空间要比使用 Vec::new 在插入时动态扩展大小更有效率一些。

再次运行 cargo check，代码应该可以成功地通过编译了。

将代码从 ThreadPool 传递给线程

示例 20-14 的 for 循环中有一行关于创建线程的注释。现在，让我们来看一看如何真正地创建线程。标准库提供了一个用于创建线程的 thread::spawn 函数，它会在线程创建完毕后立即执行自己接收到的代码参数。然而，在当前情形下，我们需要线程在创建后进入等待状态并执行随后传递给它的代码。标准库中的线程实现并没有包含这些功能，我们必须手动实现它们。

我们会在 ThreadPool 与线程之间引入一个新的数据结构来实现并管理上述行为。我们选择了线程池实现中的一个通用术语 Worker 来命名这一数据结构。Worker 会拾取那些需要运行的代码，并在各自的线程中运行它们。

想象一下在餐厅厨房中工作的人：员工们（workers）会持续地等待顾客的订单，并在订单出现后负责接收并完成它们。

相较于在线程池的动态数组中存储 JobHandle<()>实例，我们会存储 Worker

结构体的实例，并由每一个 Worker 来维护自己的 JobHandle<()>实例。接着，我们将在 Worker 结构体上实现一个接收闭包的方法，它会将闭包发送到已经在运行的线程中去执行。为了便于在记录日志和调试时区分不同的 Worker 实例，我们为每个 Worker 都赋予了独立的 id。

让我们在创建 ThreadPool 时首先完成下面的修改。在按照如下方式设置完 Worker 后，我们再来实现将闭包发送到线程中的代码：

1. 定义持有 id 和 JoinHandle<()>的 Worker 结构体。
2. 修改 ThreadPool 的实现来存放一个 Worker 实例的动态数组。
3. 定义一个接收 id 数字的 Worker::new 函数，它会返回一个持有该 id 的 Worker 实例，这个实例中还附带了一个由空闭包创建而成的线程。
4. 在 ThreadPool::new 中使用 for 语句循环创建 id 并生成相应的 Worker，再将 Worker 实例存储到动态数组中。

如果你渴望挑战的话，那么可以在查看示例 20-15 中的代码前自行完成这些修改。

准备好了吗？示例 20-15 中的代码完成了上述计划中的那些修改。

```rust
use std::thread;

pub struct ThreadPool {
❶ workers: Vec<Worker>,
}

impl ThreadPool {
    // --略--
    pub fn new(size: usize) -> ThreadPool {
        assert!(size > 0);

        let mut workers = Vec::with_capacity(size);

❷     for id in 0..size {
❸         workers.push(Worker::new(id));
        }
```

src/lib.rs

```
            ThreadPool { workers }
        }
        // --略--
    }

❶ struct Worker {
      id: usize,
      thread: thread::JoinHandle<()>,
    }

    impl Worker {
     ❺ fn new(id: usize) -> Worker {
         ❻ let thread = thread::spawn(|| {});

            Worker { ❼ id, ❽ thread }
        }
    }
```

示例 20-15：修改 ThreadPool 的实现来存放 Worker 实例，而不是直接持有线程

　　由于修改后的 ThreadPool 持有 Worker 实例而不是 JoinHandle<()>实例，所以我们将对应的字段名称从 threads 改成了 workers ❶。代码中还使用了 for 循环 ❷ 中的计数器作为 Worker::new 的参数，并将创建出来的 Worker 实例逐一存储到名为 workers 的动态数组中 ❸。

　　因为外部代码（比如 *src/main.rs* 中的服务器）在使用 ThreadPool 时，并不需要知道 Worker 的具体实现细节，所以 Worker 结构体 ❶ 和它的 new 函数 ❺ 都保持了私有性。Worker::new 函数接收传递给它的 id 作为参数 ❼，并存储了一个由空闭包 ❻ 创建而成的 JoinHandle<()>实例 ❽。

注意　假如操作系统因为没有足够多可用的系统资源而无法创建线程，那么 thread::spawn 就会发生 panic。这会导致我们的整个服务器发生 panic，即便某些线程可能已经创建成功了。为简单起见，我们忽略了这个问题，但对于生产环境下的线程池实现，你也可以选择使用 std::thread::Builder，它会在创建线程时返回 Result 作为结果。

这段代码可以通过编译，并基于传递给 `ThreadPool::new` 的参数来创建相应数量的 `Worker` 实例，但我们仍然没有处理 `execute` 方法中的闭包。

接下来，让我们看一看如何实现这一需求。

使用通道将请求发送到线程

虽然我们在 `execute` 方法中获得了期望执行的闭包，但在创建 `ThreadPool` 并进一步创建 `Worker` 时，给 `thread::spawn` 传入的闭包实际上并没有执行任何指令。现在就让我们来解决这一问题。

我们希望刚刚创建的 `Worker` 结构体能够从存储在 `ThreadPool` 中的队列中获取需要运行的代码，并将它们发送到线程中运行。

第 16 章中曾经介绍过一种用于线程间通信的简单方式：通道，它在当前的场景中非常适用。我们会将通道用作一个普通的任务队列，由 `execute` 方法将任务从 `ThreadPool` 发送到 `Worker` 实例，并最终发送到具体的线程中。

具体的计划如下所示：

1. 由 `ThreadPool` 创建通道并持有通道的发送端。
2. 生成的每个 `Worker` 都会持有通道的接收端。
3. 创建一个新的 `Job` 结构体来持有需要发送到通道中的闭包。
4. 在 `execute` 方法中将它想要执行的任务传递给通道的发送端。
5. `Worker` 会在自己的线程中不断地查询通道的接收端，并执行接收到的闭包任务。

让我们首先在 `ThreadPool::new` 中创建一个通道，并将通道的发送端存储在 `ThreadPool` 实例中，如示例 20-16 所示。通道使用了 `Job` 结构体作为传递数据的类型，虽然还没有为这段代码中的 `Job` 结构体添加任何内容。

```
src/lib.rs   use std::{sync::mpsc, thread};

             pub struct ThreadPool {
```

```
        workers: Vec<Worker>,
        sender: mpsc::Sender<Job>,
    }

    struct Job;

    impl ThreadPool {
        // --略--
        pub fn new(size: usize) -> ThreadPool {
            assert!(size > 0);

          ❶ let (sender, receiver) = mpsc::channel();

            let mut workers = Vec::with_capacity(size);

            for id in 0..size {
                workers.push(Worker::new(id));
            }

            ThreadPool { workers, ❷ sender }
        }
        // --略--
    }
```

示例 20-16：修改 ThreadPool 来存储一个用于发送 Job 实例的通道的发送端

上面的 `ThreadPool::new` 中创建了一个新的通道 ❶，并在线程池中持有这个通道的发送端 ❷。这段代码能够顺利通过编译。

接下来，让我们试着在创建通道时将它的接收端传递给每一个 Worker。由于我们希望在工作线程内使用这些接收端，所以会在闭包中引用 receiver 参数。示例 20-17 中的代码暂时还无法通过编译。

src/lib.rs
```
    impl ThreadPool {
        // --略--
        pub fn new(size: usize) -> ThreadPool {
            assert!(size > 0);

            let (sender, receiver) = mpsc::channel();

            let mut workers = Vec::with_capacity(size);
```

```
        for id in 0..size {
          ❶ workers.push(Worker::new(id, receiver));
        }

        ThreadPool { workers, sender }
    }
    // --略--
}

// --略--

impl Worker {
    fn new(id: usize, receiver: mpsc::Receiver<Job>) -> Worker {
        let thread = thread::spawn(|| {
          ❷ receiver;
        });

        Worker { id, thread }
    }
}
```

示例 20-17：将通道的接收端传递给每一个 Worker

我们在这段代码中做出了一些细微但直接的修改：将通道的接收端传递给
Worker::new ❶，并接着在闭包中使用接收端 ❷。

运行 cargo check 命令检查这段代码，会得到如下所示的编译错误：

```
$ cargo check
    Checking hello v0.1.0 (file:///projects/hello)
error[E0382]: use of moved value: `receiver`
  --> src/lib.rs:26:42
   |
21 |         let (sender, receiver) = mpsc::channel();
   |                      -------- move occurs because `receiver` has type
`std::sync::mpsc::Receiver<Job>`, which does not implement the `Copy` trait
...
26 |             workers.push(Worker::new(id, receiver));
   |                                          ^^^^^^^^ value moved here, in
previous iteration of loop
```

我们的代码会尝试将 receiver 传递给多个 Worker 实例，这是行不通的。回忆一下第 16 章中的内容：Rust 提供的通道是多生产者、单消费者的，这也意味着我们不能简单地通过克隆接收端来解决上述问题。我们也不希望将同一条消息多次地传递给多个消费者；我们希望有一个消息列表以及多个 Worker 实例，并使得每条消息只会被处理一次。

另外，从通道队列中获取任务意味着 receiver 是可变的，所以线程需要一种安全的方式来共享和修改 receiver；否则，我们就可能会触发竞争状态（参考第 16 章）。

再回忆一下在第 16 章中讨论过的线程安全的智能指针：为了在多个线程中共享所有权并允许线程修改共享值，我们可以使用 Arc<Mutex<T>>。Arc 类型允许多个工作线程拥有同一个接收端，而 Mutex 保证了一次只有一个工作线程能够从接收端得到任务。示例 20-18 展示了我们所做的修改。

src/lib.rs
```
use std::{
    sync::{mpsc, Arc, Mutex},
    thread,
};
// --略--

impl ThreadPool {
    // --略--
    pub fn new(size: usize) -> ThreadPool {
        assert!(size > 0);

        let (sender, receiver) = mpsc::channel();

      ❶ let receiver = Arc::new(Mutex::new(receiver));

        let mut workers = Vec::with_capacity(size);

        for id in 0..size {
            workers.push(
                Worker::new(id, Arc::clone(& ❷ receiver))
            );
        }
```

```
        ThreadPool { workers, sender }
    }

    // --略--
}

// --略--

impl Worker {
    fn new(
        id: usize,
        receiver: Arc<Mutex<mpsc::Receiver<Job>>>,
    ) -> Worker {
        // --略--
    }
}
```

示例 20-18：使用 Arc 和 Mutex 在所有工作线程中共享通道的接收端

ThreadPool::new 中的代码将通道的接收端放入了 Arc 和 Mutex 中 ❶，并在创建新的 Worker 时克隆 Arc 来增加引用计数，从而使所有的工作线程共享接收端的所有权 ❷。

经过修改，代码终于能够通过编译了！我们做到了！

实现 execute 方法

最后，让我们来实现 ThreadPool 中的 execute 方法。同时，我们也将 Job 从结构体修改为一个 trait 对象的类型别名，它的实例能够在内部持有传递给 execute 的闭包。第 19 章的"使用类型别名创建同义类型"一节中曾经提到过，类型别名允许我们简化一个较长的类型名称，如示例 20-19 所示。

src/lib.rs
```
// --略--
type Job = Box<dyn FnOnce() + Send + 'static>;

impl ThreadPool {
    // --略--
```

```
pub fn execute<F>(&self, f: F)
where
    F: FnOnce() + Send + 'static,
{
  ❶ let job = Box::new(f);

  ❷ self.sender.send(job).unwrap();
}
}

// --略--
```

示例 20-19：为存放闭包的 Box 创建一个 Job 类型别名，接着在通道中发送任务

execute 方法在得到闭包后会创建一个新的 Job 实例 ❶，并将这个任务传递给通道的发送端 ❷。为了应对发送失败的情形，我们在 send 后直接调用了 unwrap。发送失败确实有可能出现，比如当所有运行的线程停止运行时，这意味着接收端停止了接收新的消息。但就目前来讲，我们无法中断运行的线程：只要线程池存在，池中的线程就会持续地运行。即便我们知道这种失败情形不会发生，也仍然需要使用 unwrap，因为编译器不知道这些业务相关信息。

事情到此还没有结束！Worker 传递给 thread::spawn 的闭包仅仅引用了通道的接收端，而我们需要这个闭包不断地查询通道的接收端，并在获得任务时立即执行。示例 20-20 展示了 Worker::new 中的相关修改。

src/lib.rs
```
// --略--

impl Worker {
    fn new(
        id: usize,
        receiver: Arc<Mutex<mpsc::Receiver<Job>>>,
    ) -> Worker {
        let thread = thread::spawn(move || loop {
            let job = receiver
              ❶ .lock()
              ❷ .unwrap()
              ❸ .recv()
              ❹ .unwrap();
```

```
            println!("Worker {id} got a job; executing.");

            job();
        });

        Worker { id, thread }
    }
}
```

示例 20-20：在 Worker 线程中接收并执行任务

在这段代码中，我们首先调用了 receiver 的 lock 方法来请求互斥锁 ❶，接着使用 unwrap 来处理可能出现的错误情形 ❷。请求获取锁的操作会在互斥体被污染时出错，互斥体会在某个持有锁的线程崩溃而锁没有被正常释放时被污染。在这种情形下，调用 unwrap 触发当前线程的 panic 是非常恰当的行为。当然，你也可以将 unwrap 修改为 expect 来附带一条有意义的错误提示信息。

在互斥体上得到锁以后，我们就可以通过调用 recv 从通道中接收 Job ❸ 了。与发送端的 send 方法类似，recv 会在持有通道发送端的线程关闭时出现错误，所以我们同样使用了 unwrap 来拦截所有错误 ❹。

调用 recv 会阻塞当前线程，当通道中不存在任务时，当前线程就会一直处于等待状态。而 Mutex<T>保证了一次只有一个 Worker 线程尝试请求任务。

基于这一巧妙的实现，我们的线程池现在可以正常工作了！运行 cargo run 并发起一些请求：

```
$ cargo run
   Compiling hello v0.1.0 (file:///projects/hello)
warning: field is never read: `workers`
 --> src/lib.rs:7:5
  |
7 |     workers: Vec<Worker>,
  |     ^^^^^^^^^^^^^^^^^^^^
  |
  = note: `#[warn(dead_code)]` on by default
```

```
warning: field is never read: `id`
  --> src/lib.rs:48:5
   |
48 |     id: usize,
   |     ^^^^^^^^^

warning: field is never read: `thread`
  --> src/lib.rs:49:5
   |
49 |     thread: thread::JoinHandle<()>,
   |     ^^^^^^^^^^^^^^^^^^^^^^^^^^^^^^^

warning: `hello` (lib) generated 3 warnings
    Finished dev [unoptimized + debuginfo] target(s) in 1.40s
     Running `target/debug/hello`
Worker 0 got a job; executing.
Worker 2 got a job; executing.
Worker 1 got a job; executing.
Worker 3 got a job; executing.
Worker 0 got a job; executing.
Worker 2 got a job; executing.
Worker 1 got a job; executing.
Worker 3 got a job; executing.
Worker 0 got a job; executing.
Worker 2 got a job; executing.
```

成功了！我们现在拥有了一个可以异步执行请求的线程池。由于它最多只会创建 4 个线程，所以即便服务器接收到了大量的请求，也不会导致系统负载超过极限。当我们请求*sleep*时，服务器可以同时响应新的请求并启用其他线程来执行它们。

注意 如果你在多个浏览器窗口中同时打开*sleep*，它们可能会彼此间隔 5s 来加载。这是因为一些网页浏览器出于缓存的原因会顺序地执行相同请求的多个实例。我们的 Web 服务器不会产生这些限制。

在学习了第 18 章中介绍的 while let 循环后，你也许会好奇为什么我们没有把工作线程编写成示例 20-21 中所示的样子。

```
src/lib.rs  // --略--

impl Worker {
    fn new(
        id: usize,
        receiver: Arc<Mutex<mpsc::Receiver<Job>>>,
    ) -> Worker {
        let thread = thread::spawn(move || {
            while let Ok(job) = receiver.lock().unwrap().recv() {
                println!("Worker {id} got a job; executing.");

                job();
            }
        });

        Worker { id, thread }
    }
}
```

示例 20-21：使用 while let 实现的 Worker::new

　　这段代码能够顺利通过编译并运行，但却不会产生我们期望的线程行为：一个慢请求依旧会导致其他请求被阻塞等待。其原因有些微妙：Mutex 结构体不存在公开的 unlock 方法，因为锁的所有权依赖 MutexGuard<T>的生命周期，而你只能在 lock 方法返回的 LockResult<MutexGuard<T>>中得到它。这使得编译器能够在编译过程中确保，我们只有在持有锁时才能访问由 Mutex 守护的资源。但假如没有妥当地设计好 MutexGuard<T>的生命周期，那么这种实现也可能会让我们意外地逾期持有锁。

　　示例 20-20 中的代码 let job = receiver.lock().unwrap().recv().unwrap();之所以能够正常工作，是因为在 let 语句中，任何在等号右侧表达式内使用的临时值都会在 let 语句结束时立即丢弃。而 while let（以及 if let 与 match）必须等到整个代码块结束时才会丢弃临时值。在示例 20-21 中，我们会在整个 job()的执行期间持有锁，从而使得其他的 Worker 实例无法接收任务。

优雅地停机与清理

正如我们期望的那样，示例 20-20 中的代码能够通过线程池来异步地响应请求。但 Rust 依然会在编译时警告我们没有直接使用过 workers、id 及 thread 字段，这意味着我们还没有清理完所有的东西。当你使用不那么优雅的"Ctrl+C"方法使主线程停止运行时，所有的其他线程也会立即停止，即便它们正处于处理请求的过程中。

接下来，我们将为线程池实现 Drop trait 来调用池中每个线程的 join 方法，从而使它们能够在关闭前完成当前正在处理的工作。接着，我们还需要通过某种方式来避免线程接收新的请求并为停机做好准备。在接下来的实践中，修改后的服务器代码会在接收到两个请求后优雅地关闭线程池。

为 ThreadPool 实现 Drop trait

让我们开始为线程池实现 Drop。所有的线程都应当在线程池被丢弃时调用 join，从而确保它们能够在结束前完成自己的工作。示例 20-22 中的代码是实现 Drop 的第一次尝试，这段代码还无法通过编译。

src/lib.rs
```
impl Drop for ThreadPool {
    fn drop(&mut self) {
    ❶ for worker in &mut self.workers {
        ❷ println!("Shutting down worker {}", worker.id);

        ❸ worker.thread.join().unwrap();
        }
    }
}
```

示例 20-22：在线程池离开作用域时等待每一个线程

在上面的代码中，首先遍历了线程池中所有的workers ❶。这里使用了 &mut，因为我们需要修改 worker 且正好 self 本身是一个可变引用。针对遍历中的每一个 worker，代码会打印出信息来表明当前的 Worker 正在停止运行 ❷，接着在它的线程上调用 join ❸。假如 join 调用失败，随后的 unwrap 就会触发 panic 并进入不那么优雅的关闭过程。

尝试编译代码，会出现如下所示的错误：

```
error[E0507]: cannot move out of `worker.thread` which is behind a mutable
reference
   --> src/lib.rs:52:13
    |
52  |             worker.thread.join().unwrap();
    |             ^^^^^^^^^^^^^ ------ `worker.thread` moved due to this
method call
    |             |
    |             move occurs because `worker.thread` has type
`JoinHandle<()>`, which does not implement the `Copy` trait
    |
note: this function takes ownership of the receiver `self`, which moves
`worker.thread`
```

这个错误意味着我们不能调用 join，因为当前的代码仅仅是可变借用了 worker，而 join 方法要求取得其参数的所有权。为了解决这一问题，我们需要把线程移出拥有其所有权的 Worker 实例，以便 join 可以消耗掉它。示例 17-15 曾经完成过类似的工作：如果 Worker 持有的是一个 Option<thread::JoinHandle<()>>，那么我们就可以在 Option 上调用 take 方法将 Some 变体的值移出，并在原来的位置留下 None 变体。换句话说，正处于运行中的 Worker 会在 thread 中持有一个 Some 变体，当我们希望清理 Worker 时，就可以使用 None 来替换 Some，从而使 Worker 失去可以运行的线程。

更新后的 Worker 定义如下所示：

src/lib.rs
```
struct Worker {
    id: usize,
    thread: Option<thread::JoinHandle<()>>,
}
```

让我们再次依赖编译器来找出其他需要修改的地方。运行命令来检查代码，会显示出如下所示的两个错误：

```
error[E0599]: no method named `join` found for enum `Option` in the current
scope
  --> src/lib.rs:52:27
   |
52 |                 worker.thread.join().unwrap();
   |                               ^^^^ method not found in
`Option<JoinHandle<()>>`

error[E0308]: mismatched types
  --> src/lib.rs:72:22
   |
72 |         Worker { id, thread }
   |                      ^^^^^^ expected enum `Option`, found struct
`JoinHandle`
   |
   = note: expected enum `Option<JoinHandle<()>>`
              found struct `JoinHandle<_>`
help: try wrapping the expression in `Some`
   |
72 |         Worker { id, thread: Some(thread) }
   |                      ++++++++++++         +
```

我们先将注意力集中到第二个错误上，它指向了 Worker::new 结束部分的
代码，在新建 Worker 时需要将 thread 值包裹在 Some 中。接下来的修改可以解
决这一问题：

src/lib.rs
```
impl Worker {
    fn new(
        id: usize,
        receiver: Arc<Mutex<mpsc::Receiver<Job>>>,
    ) -> Worker {
        // --略--

        Worker {
            id,
            thread: Some(thread),
        }
    }
}
```

第一个错误出现在 Drop 实现中，因为我们还没有在 Option 值上调用 take 方法把 thread 从 worker 中移出。如下所示的修改会解决这一问题：

```
src/lib.rs    impl Drop for ThreadPool {
                  fn drop(&mut self) {
                      for worker in &mut self.workers {
                          println!("Shutting down worker {}", worker.id);

                    ❶    if let Some(thread) = worker.thread.take() {
                       ❷      thread.join().unwrap();
                          }
                      }
                  }
              }
```

正如在第 17 章中所讨论的那样，在 Option 值上调用 take 方法会将 Some 变体的值移出并在原来的位置留下 None 变体。在上面的代码中，我们使用了 if let 来解构 Some，从而得到线程 ❶，并接着在这个线程上调用了 join ❷。当某个 Worker 的线程值是 None 时，我们就知道 Worker 已经清理了它的线程而无须进行任何操作。

通知线程停止监听任务

在完成了所有这些改进后，新的代码应该能够在没有任何警告的前提下成功通过编译，但它依旧没有实现我们想要的功能。问题的关键就在于工作线程运行的闭包逻辑：调用 join 并不会真正关停线程，因为它们还在 loop 循环中持续地等待任务。假如我们尝试使用当前的 drop 实现去丢弃 ThreadPool，主线程就会被永远地阻塞以等待第一个线程结束。

为了解决这个问题，我们需要改变 ThreadPool 的 drop 实现，然后修改 Worker 的循环实现。

首先，修改 ThreadPool 的 drop 实现，在等待线程结束之前显式地删除 sender。示例 20-23 展示了 ThreadPool 中显式地删除 sender 时所做的修改。与之前处理线程时相同，我们使用了 Option 的 take 方法将 sender 移出 ThreadPool。

src/lib.rs

```
pub struct ThreadPool {
    workers: Vec<Worker>,
    sender: Option<mpsc::Sender<Job>>,
}
// --略--
impl ThreadPool {
    pub fn new(size: usize) -> ThreadPool {
        // --略--

        ThreadPool {
            workers,
            sender: Some(sender),
        }
    }

    pub fn execute<F>(&self, f: F)
    where
        F: FnOnce() + Send + 'static,
    {
        let job = Box::new(f);

        self.sender
            .as_ref()
            .unwrap()
            .send(job)

            .unwrap();
    }
}

impl Drop for ThreadPool {
    fn drop(&mut self) {
❶        drop(self.sender.take());

        for worker in &mut self.workers {
            println!("Shutting down worker {}", worker.id);

            if let Some(thread) = worker.thread.take() {
                thread.join().unwrap();
            }
        }
    }
}
```

示例 20-23：在等待 Worker 线程结束之前显式地丢弃 sender

丢弃 sender ❶ 会关闭该通道，这就意味着它不会再传递任何消息。当这种情形发生时，Worker 实例在无限循环中对 recv 的所有调用都会返回一个错误。在示例 20-24 中，我们修改了 Worker 的循环部分，从而使它可以在出现这种情形时优雅地退出。这也就意味着线程会在 ThreadPool 的 drop 实现调用 join 时结束。

```
src/lib.rs   impl Worker {
                 fn new(
                     id: usize,
                     receiver: Arc<Mutex<mpsc::Receiver<Job>>>,
                 ) -> Worker {
                     let thread = thread::spawn(move || loop {
                         let message = receiver.lock().unwrap().recv();

                         match message {
                             Ok(job) => {
                                 println!(
                                     "Worker {id} got a job; executing."
                                 );

                                 job();
                             }
                             Err(_) => {
                                 println!(
                                     "Worker {id} shutting down."
                                 );
                                 break;
                             }
                         }
                     });

                     Worker {
                         id,
                         thread: Some(thread),
                     }
                 }
             }
```

示例 20-24：在 recv 返回错误时显式地中断循环

为了在实践中观察代码，让我们修改 main 函数来接收固定的两个请求并优雅地关闭服务器，如示例 20-25 所示。

src/main.rs

```
fn main() {
    let listener = TcpListener::bind("127.0.0.1:7878").unwrap();
    let pool = ThreadPool::new(4);

    for stream in listener.incoming().take(2) {
        let stream = stream.unwrap();

        pool.execute(|| {
            handle_connection(stream);
        });
    }

    println!("Shutting down.");
}
```

示例 20-25：处理两个请求后退出循环并关闭服务器

当然，这部分代码仅仅被用于确认停机与清理的过程能够以正确的顺序执行，现实世界中的 Web 服务器不会仅仅处理两个请求就停止工作。

在 Iterator trait 中定义的 take 方法限制了我们的迭代过程最多只会进行两次。而 ThreadPool 会在 main 函数结束时离开作用域，并调用自己的 drop 实现。

使用 cargo run 启动服务器，然后发起 3 个请求。第 3 个请求应该会出现错误，并会在终端输出如下所示的信息：

```
$ cargo run
   Compiling hello v0.1.0 (file:///projects/hello)
    Finished dev [unoptimized + debuginfo] target(s) in 1.0s
     Running `target/debug/hello`
Worker 0 got a job; executing.
Shutting down.
Shutting down worker 0
Worker 3 got a job; executing.
Worker 1 disconnected; shutting down.
```

```
Worker 2 disconnected; shutting down.
Worker 3 disconnected; shutting down.
Worker 0 disconnected; shutting down.
Shutting down worker 1
Shutting down worker 2
Shutting down worker 3
```

输出信息中的 Worker 序号与执行顺序也许会有所不同，但我们依然可以从这些信息中看出 Worker 是如何工作的：首先，编号为 0 和 3 的 Worker 获得了前 2 个请求。接着，服务器在接收完第 2 个请求后停止了工作。还没等到编号为 3 的 Worker 开始其工作，ThreadPool 就因为离开作用域而调用了自己的 Drop 实现，其中丢弃 sender 的操作会断开所有 Worker 实例的连接，并通知它们结束运行。最后，每一个 Worker 实例都会在断开连接时打印出一段消息，而线程池会逐个调用 join 来等待所有的 Worker 线程停止运行。

注意，在这个特定的执行顺序中有一个有趣的地方：当 ThreadPool 丢弃 sender 时，尽管还没有任何 Worker 接收到错误，但主线程就已经开始等待 Worker 0 的结束了。而由于此时的 Worker 0 还没有从 recv 中获得错误，所以主线程会被阻塞直到 Worker 0 结束。在 Worker 3 接收到一个任务的同时，其余的所有线程都接收到了一个错误。当 Worker 0 完成时，主线程会接着等待其余的 Worker 实例退出它们的循环并结束运行。

恭喜！我们终于完成了这个项目；我们现在拥有了一个基本的 Web 服务器，它使用线程池来异步地对请求做出响应。这个服务器可以优雅地停机，并会在停机前清理线程池中的工作线程。本章完整的参考代码可见 No Starch 出版社的官方网站。

实际上，这个项目还有许多可以改进的地方！如果你想要继续完善它，下面是一些可供参考的方向：

- 为 ThreadPool 及其公共方法添加更多的文档。
- 为代码库的功能添加测试。

- 将 unwrap 的调用修改为更健壮的错误处理方式。
- 使用 ThreadPool 完成其他一些不同于网页请求的任务。
- 在 *crates.io* 上寻找一个线程池包并使用它来实现类似的 Web 服务器,然后将其 API 和鲁棒性与我们实现的线程池进行比较。

总结

干得不错!终于到了说再见的时候!由衷地感谢你同我们一道经历这趟 Rust 之旅。现在的你应该已经准备好实现自己的 Rust 项目并为他人提供帮助了。要始终记住的是,Rust 拥有一个相当友善的社区,社区中其他的 Rustacean 总是乐于帮助你迎接 Rust 之路上出现的任何挑战。

附录 A

关键字

下面的列表包含了 Rust 当前正在使用或将来可能会使用的关键字。除作为原始标识符以外（我们会在后面的"原始标识符"一节中进行讨论），关键字不能被用作标识符出现在函数、变量、参数、结构体字段、模块、包、常量、宏、静态变量、属性、类型、trait 或生命周期的名称中。

当前正在使用的关键字

下面的列表包含了当前正在使用的关键字，以及它们对应的功能。

as：执行基础类型转换，消除包含条目的指定 trait 的歧义，在 use 与 extern crate 语句中对条目进行重命名。

async：返回一个 Future，而不是阻塞当前线程。

await：暂停执行，直到 Future 的结果就绪。

break：立即退出一个循环。

const：定义常量元素或不可变裸指针。

continue：继续下一次循环迭代。

crate：在模块路径中，代表当前包的根节点。

dyn：表示 trait 对象可以动态派发。

else：if 和 if let 控制流结构的回退分支。

enum：定义一个枚举。

extern：连接外部包、函数或变量。

false：字面量布尔假。

fn：定义一个函数或函数指针类型。

for：在迭代器元素上进行迭代，实现一个 trait，指定一个高阶生命周期。

if：基于条件表达式结果的分支。

impl：实现类型自有的功能或 trait 定义的功能。

in：for 循环语法的一部分。

let：绑定一个变量。

loop：无条件循环。

match：用模式匹配一个值。

mod：定义一个模块。

move：让一个闭包获得全部捕获变量的所有权。

`mut`：声明引用、裸指针或模式绑定的可变性。

`pub`：声明结构体字段、`impl` 块或模块的公共性。

`ref`：通过引用绑定。

`return`：从函数中返回。

`Self`：指代当前正在定义或实现的类型的别名。

`self`：指代方法本身或当前模块。

`static`：全局变量或持续整个程序执行过程的生命周期。

`struct`：定义一个结构体。

`super`：当前模块的父模块。

`trait`：定义一个 trait。

`true`：字面量布尔真。

`type`：定义一个类型别名或关联类型。

`union`：定义一个联合体；该关键字只会被用在联合体声明中。

`unsafe`：声明不安全的代码、函数、trait 或实现。

`use`：把符号引入作用域。

`where`：声明一个用于约束类型的从句。

`while`：基于一个表达式结果的条件循环。

将来可能会使用的保留关键字

下面的关键字目前还没有任何功能，但它们被 Rust 保留下来以备将来使用。

- abstract

- become

- box

- do

- final

- macro

- override

- priv

- try

- typeof

- unsized

- virtual

- yield

原始标识符

原始标识符（raw identifier）作为一种特殊的语法，允许我们使用那些通常不被允许使用的关键字作为标识符。这一语法需要为关键字添加前 r#。

比如，match 是一个关键字。假如你尝试编译下面这个以 match 作为名称的函数：

src/main.rs
```
fn match(needle: &str, haystack: &str) -> bool {
    haystack.contains(needle)
}
```

你将会得到如下所示的错误：

```
error: expected identifier, found keyword `match`
 --> src/main.rs:4:4
  |
4 | fn match(needle: &str, haystack: &str) -> bool {
  |    ^^^^^ expected identifier, found keyword
```

这个错误表明你不能将关键字 match 用作函数标识符。为了使用 match 作为函数名称，你需要使用原始标识符语法，如下所示：

src/main.rs

```
fn r#match(needle: &str, haystack: &str) -> bool {
    haystack.contains(needle)
}

fn main() {
    assert!(r#match("foo", "foobar"));
}
```

这段代码可以毫无问题地通过编译。注意，函数名称的前 r#同样出现在了调用这个函数的地方。

原始标识符允许我们使用任意的单词作为标识符，即便这个单词恰好是保留关键字也可以。这给了我们更多选择标识符名称的自由。另外，原始标识符也使我们能够调用基于不同 Rust 阶段性版本编写的外部库。例如，try 在 2018版本中作为新关键字被引入 Rust。假设你所依赖的库基于 2015 版本并正好拥有一个名为 try 的函数，那么就需要用到原始标识符语法，也就是 r#try，以便在当前 2021 版本的代码中调用这个函数。

你可以在附录 E 中找到有关阶段性版本的更多信息。

附录 **B**

运算符和符号

本附录中给出了 Rust 语法的术语表，包括运算符与其他符号。这些符号要么单独出现，要么出现在路径、泛型、trait 约束、宏、属性、注释、元组或括号中。

运算符

表 B-1 包含了 Rust 中的所有运算符，每一行分别包含运算符本身、运算符出现在上下文中的示例、简短的解释，以及当前运算符是否可重载。如果运算符是可重载的，还会列出重载运算符所涉及的 trait。

表 B-1：运算符

运算符	示 例	解 释	是否可重载
!	ident!(...), ident!{...}, ident![...]	宏展开	
!	!expr	按位或逻辑非	Not
!=	expr != expr	不相等比较	PartialEq
%	expr % expr	算术求余	Rem

运算符	示　例	解　释	是否可重载
%=	var %= expr	算术求余并赋值	RemAssign
&	&expr, &mut expr	借用	
&	&type, &mut type, &'a type, &'a mut type	借用指针类型	
&	expr & expr	按位与	BitAnd
&=	var &= expr	按位与并赋值	BitAndAssign
&&	expr && expr	逻辑与	
*	expr * expr	算术乘法	Mul
*=	var *= expr	算术乘法并赋值	MulAssign
*	*expr	解引用	Deref
*	*const type, *mut type	裸指针	
+	trait + trait, 'a + trait	复合类型限制	
+	expr + expr	算术加法	Add
+=	var += expr	算术加法并赋值	AddAssign
,	expr, expr	参数和元素分隔符	
-	- expr	算术取负	Neg
-	expr - expr	算术减法	Sub
-=	var -= expr	算术减法并赋值	SubAssign
->	fn(...) -> type, |...| -> type	函数和闭包返回类型	
.	expr.ident	成员访问	
..	.., expr.., ..expr, expr..expr	左闭右开区间字面量	PartialOrd
..=	..=expr, expr..=expr	左闭右闭区间字面量	PartialOrd
..	..expr	结构体字面量更新语法	
..	variant(x, ..), struct_type { x, .. }	"余下所有"模式绑定	

运算符	示　　例	解　　释	是否可重载
...	expr...expr	模式：范围包含模式	
/	expr / expr	算术除法	Div
/=	var /= expr	算术除法并赋值	DivAssign
:	pat: type, ident: type	限制	
:	ident: expr	结构体字段初始化	
:	'a: loop {...}	循环标签	
;	expr;	语句和元素结束符	
;	[...; len]	固定大小数组语法的一部分	
<<	expr << expr	左移	Shl
<<=	var <<= expr	左移并赋值	ShlAssign
<	expr < expr	小于比较	PartialOrd
<=	expr <= expr	小于或等于比较	PartialOrd
=	var = expr, ident = type	赋值/等值	
==	expr == expr	相等性比较	PartialEq
=>	pat => expr	匹配分支语法的一部分	
>	expr > expr	大于比较	PartialOrd
>=	expr >= expr	大于或等于比较	PartialOrd
>>	expr >> expr	右移	Shr
>>=	var >>= expr	右移并赋值	ShrAssign
@	ident @ pat	模式绑定	
^	expr ^ expr	按位异或	BitXor
^=	var ^= expr	按位异或并赋值	BitXorAssign
|	pat | pat	模式或	
|	expr | expr	按位或	BitOr
|=	var |= expr	按位或并赋值	BitOrAssign

运算符	示　例	解　释	是否可重载
||	expr || expr	逻辑或	
?	expr?	错误传播	

非运算符符号

下面的表包含了所有非运算符符号；换句话说，这些符号的行为不同于函数或方法调用。

表 B-2 展示了可以独立出现的符号，以及它们在不同的场景下合法出现时的样子。

表 B-2：独立语法

符　号	解　释
'ident	命名生命周期或循环标签
...u8, ...i32, ...f64, ...usize 等	指定类型的数字字面量
"..."	字符串字面量
r"...", r#"..."#, r##"..."## 等	原始字符串字面量，其中的转义字符不会被处理
b"..."	字节字符串字面量；构建一个[u8]，而不是一个字符串
br"...", br#"..."# br##"..."## 等	原始字节字符串字面量，由原始字符串字面量和字节字符串字面量组成
'...'	字符字面量
b'...'	ASCII 码字节字面量
|...| expr	闭包
!	离散函数中总是为空的返回类型
_	"忽略"模式绑定；也可用于增强整数字面量的可读性

表 B-3 展示了出现在路径上下文（从模块层级到具体条目）中的所有符号。

表 B-3：路径相关语法

符 号	解 释
`ident::ident`	命名空间路径
`::path`	从根模块开始的相对路径（比如，一个显式的绝对路径）
`self::path`	从当前模块开始的相对路径（比如，一个显式的相对路径）
`super::path`	从当前模块的父节点开始的相对路径
`type::ident,` `<type as trait>::ident`	关联常数、函数和类型
`<type>::...`	不能直接被命名的类型的关联条目（比如 `<&T>::...`、`<[T]>::...` 等）
`trait::method(...)`	通过命名定义它的 trait 来消除方法调用的歧义
`type::method(...)`	通过命名定义它的类型来消除方法调用的歧义
`<type as trait>::method(...)`	通过命名定义它的 trait 和类型来消除方法调用的歧义

表 B-4 展示了出现在泛型参数上下文中的符号。

表 B-4：泛型

符 号	解 释
`path<...>`	为类型中的泛型指定参数（比如，Vec<u8>）
`path::<...>`,`method::<...>`	为表达式中的泛型、函数或方法指定参数；这一语法常被称作 turbofish（比如"42".parse::<i32>()）
`fn ident<...> ...`	定义泛型函数
`struct ident<...> ...`	定义泛型结构体
`enum ident<...> ...`	定义泛型枚举
`impl<...> ...`	定义泛型实现
`for<...> type`	高阶生命周期限定
`type<ident=type>`	为泛型中的一个或多个关联类型指定具体类型（比如，Iterator<Item=T>）

表 B-5 展示了在使用 trait 约束来限制泛型参数时可能出现的符号。

表 B-5：trait 约束

符　　号	解　　释
T: U	将泛型 T 限制为实现了 U 的类型
T: 'a	将泛型 T 限制为生命周期长于'a 的类型（这意味着这种类型不能传递性地包含生命周期短于'a 的引用）
T : 'static	泛型 T 不包含除'static 之外的借用引用
'b: 'a	泛型的生命周期'b 必须要长于'a
T: ?Sized	允许泛型参数是一个动态大小的类型
'a + trait, trait + trait	复合类型限制

表 B-6 展示了在调用宏、定义宏或在条目上指定属性时可能出现的符号。

表 B-6：宏和属性

符　　号	解　　释
#[meta]	外部属性
#![meta]	内部属性
$ident	宏替代
$ident:kind	宏捕获
$(...)...	宏重复
ident!(...), ident!{...}, ident![...]	宏调用

表 B-7 展示了在创建注释时可能出现的符号。

表 B-7：注释

符　　号	解　　释
//	行注释
//!	内部行文档注释
///	外部行文档注释
/*...*/	块注释
/*!...*/	内部块文档注释
/**...*/	外部块文档注释

表 B-8 展示了出现在元组上下文中的符号

表 B-8：元组

符 号	解 释
`()`	空元组（也叫单元），它既是字面量也是类型
`(expr)`	圆括号表达式
`(expr,)`	单个元素的元组表达式
`(type,)`	单个元素的元组类型
`(expr, ...)`	元组表达式
`(type, ...)`	元组类型
`expr(expr, ...)`	函数调用表达式；也用于初始化元组 struct 以及元组 enum 变体
`expr.0, expr.1` 等	元组索引

表 B-9 展示了使用花括号时的上下文。

表 B-9：花括号

上 下 文	解 释
`{...}`	块表达式
`Type {...}`	结构体字面量

表格 B-10 展示了使用方括号时的上下文。

表 B-10：方括号

上 下 文	解 释
`[...]`	数组字面量
`[expr; len]`	包含 len 个 expr 的数组字面量
`[type; len]`	包含 len 个 type 的实例的数组类型
`expr[expr]`	集合索引；可重载（Index、IndexMut）
`expr[..]`, `expr[a..]`, `expr[..b]`, `expr[a..b]`	使用 Range、RangeFrom、RangeTo 或 RangeFull 进行集合切片索引

附录 C

可派生 trait

在本书中的许多地方，我们都提到过 derive 属性，它可以被用在结构体或枚举的定义中。当你在某个类型中声明 derive 属性时，它会为你在当前 derive 语法中声明的 trait 自动生成一份默认实现。

本附录会列举出标准库中所有可用于配合 derive 使用的 trait 作为参考。其中每一节都会涉及以下几个方面：

- 派生 trait 会重载哪些运算符或提供哪些方法。
- derive 为 trait 提供了什么样的默认实现。
- trait 的实现对目标类型意味着什么。
- 是否允许实现 trait 的相关条件。
- 使用这个 trait 的操作示例。

假如你需要的行为不同于 derive 属性的默认实现，那么可以参考标准库文档中相关 trait 的细节来了解如何手动实现它们。

我们在这里列举出的 trait 仅仅是那些定义于标准库内、可以通过派生来生成实现的 trait。而对于标准库中其余的那些 trait，它们通常都不存在有意义的默认行为。因此，你需要基于所处的具体环境来手动选择有意义的实现方式。

Display 就是一个典型的不可派生 trait，它被用来实现面向终端用户的文本格式化。你应该总是考虑为终端用户选择适当的方式来显示类型。类型中的哪些部分能够允许被终端用户看到？哪些部分可能会对终端用户起到作用？哪种格式对于终端用户最为友好？Rust 编译器可没有这样的洞察力，它在这种场景下无法为你提供一种合适的默认行为。

本附录中并没有列出所有可以被派生的 trait：代码库可以为它们自己的 trait 实现 derive 功能，这使得能够使用 derive 的 trait 实际上是无穷无尽的。实现 derive 会用到第 19 章的"宏"一节中介绍的过程宏。

面向程序员格式化输出的 Debug

Debug trait 被用在格式化字符串中提供用于调试的格式，你可以在{}占位符中添加:?来指定使用这一格式。

Debug trait 允许我们为了调试打印出某个类型的实例，这就意味着使用该类型的开发者可以在程序执行的某个特定时间点查看实例。

例如，使用 assert_eq! 宏时需要用到 Debug trait。这个宏会在相等性检查失败时打印出参数中实例的值，从而使得程序员可以观察到实例不相等的具体原因。

用于相等性比较的 PartialEq 和 Eq

PartialEq trait 允许我们比较类型实例的相等性，并允许我们使用==与!=运算符。

派生的 PartialEq 实现了 eq 方法。当在某个结构体上派生 PartialEq 时，两个结构体实例在所有字段都相等时相等。换句话说，只要存在任意不相等的字段，两个实例就会被视作不相等。当在某个枚举上派生时，每个变体都只与自身相等，而与其余变体不相等。

例如，assert_eq!宏需要使用 PartialEq trait 来比较类型的两个实例是否相等。

Eq trait 本身没有方法，它的作用在于表明被标注类型的每一个值都与自身相等。Eq trait 只能被应用在同时实现了 PartialEq 的类型上，尽管并不是所有实现了 PartialEq 的类型都能够实现 Eq。一个典型的例子就是浮点数类型：浮点数类型的实现规范中明确指出，两个非数（not-a-number，NaN）值的实例是互不相等的。

例如，HashMap<K, V>中的键需要实现 Eq trait，从而使得 HashMap<K, V>可以判定两个键是否相同。

用于次序比较的 PartialOrd 和 Ord

PartialOrd trait 允许我们对类型实例进行次序比较。任何实现了 PartialOrd 的类型都可以使用<、>、<=与>=运算符。PartialOrd trait 只能被应用在同时实现了 PartialEq 的类型上。

派生的 PartialOrd 实现了一个返回 Option<Ordering>作为结果的 partial_cmp 方法，它会在给定的值无法分出次序时返回 None。一个无法给定比较次序的例子就是浮点数中的非数，尽管浮点数中的大部分值都是可以比较的。使用一个浮点数和一个 NaN 浮点数调用 partial_cmp 会返回 None。

当在结构体上派生 PartialOrd 时，为了比较两个实例的次序，PartialOrd 会按照字段出现在结构体定义中的顺序逐个对比字段的值。而当在枚举上派生它时，变体在枚举中的排列次序决定了不同变体之间的大小关系，在枚举定义中，声明在前的变体要小于声明在后的变体。

例如，rand 包中的 gen_range 方法需要用到 PartialOrd trait，这个方法在指定低值和高值的区间内生成随机数。

Ord trait 表明被标注类型的任意两个值都存在一个有效的次序。它所实现的 cmp 方法会返回一个 Ordering 而不是 Option<Ordering>，因为总是存在一个有效的次序。Ord trait 只能被应用在同时实现了 PartialOrd 和 Eq（并且，要实现 Eq，必须先实现 PartialEq）的类型上。当在结构体或枚举上派生它时，cmp 与 PartialOrd 的 partial_cmp 方法拥有相同的行为。

例如，BTreeSet<T>在存储值时会用到 Ord trait，这一数据结构需要基于值的次序来存储数据。

用于复制值的 Clone 和 Copy

Clone trait 允许我们显式地创建一个值的深度拷贝，这一过程可能包含执行任意的代码及复制堆数据。你可以查阅第 4 章的"变量和数据交互的方式：克隆"一节来获得更多关于 Clone 的信息。

当在完整类型上派生 Clone 时，它会实现相应的 clone 方法来依次克隆类型中的每一部分。这就意味着派生 Clone 需要类型中所有的字段或值都同样实现了 Clone。

例如，当我们在切片上调用 to_vec 方法时就会用到 Clone。因为切片本身并不拥有它内部类型实例的所有权，但 to_vec 返回的动态数组却拥有它的实例，所以执行 to_vec 会在每一个元素上调用 clone。因此，存储在切片中的类型必须要实现 Clone（才拥有 to_vec 方法）。

Copy trait 允许我们通过复制存储在栈上的位数据来创建一个值的浅度拷贝，这一过程不会涉及其他任意代码。你可以查阅第 4 章的"栈上数据的复制"一节来获得更多关于 Copy 的信息。

由于 Copy trait 没有定义任何可供开发者重载的方法，所以不会有任何额外的代码在这一过程中得到执行。这就是说，所有的开发者都可以假设复制值会非常快。

你可以在所有内部元素都实现了 Copy 的类型上派生 Copy。另外，Copy trait 只能被应用在同样实现了 Clone 的类型上，因为实现了 Copy 的类型总是存在一个 Clone 的实现来执行与 Copy 相同的任务。

很少有地方会强制要求使用 Copy trait。一个实现了 Copy 的类型是可以优化的，这意味着你不需要显式调用 clone，从而使代码更加简洁。

每一个需要使用 Copy 的地方都可以使用 Clone 来代替完成，但代码可能会损失一些性能或需要在适当的位置调用 clone。

用于将一个值映射到另一个固定大小的值的 Hash

Hash trait 允许我们使用哈希函数将一个任意大小的类型实例映射到一个固定大小的值对应的实例。派生 Hash 会实现对应的 hash 方法，hash 方法的派生实现会逐次对类型的每个部分求 hash 结果，并将这些结果组合起来作为最终映射值。这就意味着，派生 Hash 类型的所有字段或值也必须同样实现了 Hash。

例如，为了有效地存储数据，HashMap<K, V>会要求自己的键实现 Hash。

用于提供默认值的 Default

Default trait 允许我们为某个类型创建默认值。派生的 Default 实现了一个 default 函数，它会对类型的每个部分依次调用相应的 default 函数。这就意味着，派生 Default 类型的所有字段或值也必须同样实现了 Default。

Default::default 函数常常被组合用于结构体更新语法中（第 5 章的"使用结构体更新语法，基于其他实例来创建新实例"一节中有详细介绍）。你可以自定义结构体中某一小部分字段的值，然后使用..Default::default()为剩余部分的字段提供默认值。

例如，Option<T>实例的 unwrap_or_default 方法需要用到 Default trait。当 Option<T>为 None 时，unwrap_or_default 方法就会调用 Option<T>中类型 T 的 Default::default 方法，并将这一方法的返回值作为自己的结果。

附录 **D**

有用的开发工具

本附录会介绍一些由 Rust 项目提供的有用的开发工具，包括自动格式化、警告的快速修复、代码分析及 IDE 的集成。

使用 rustfmt 自动格式化代码

rustfmt 工具会根据社区约定的风格重新格式化你的代码。许多协作完成的项目都会选择使用 rustfmt 来避免产生对 Rust 代码风格的争论：所有人都使用统一的工具来格式化代码。

由于 Rust 安装程序中默认包含了 rustfmt，所以你的系统上应该已经有了 rustfmt 及 cargo-fmt 程序。这两个命令之间的差别有些类似于 rustc 与 cargo，rustfmt 允许你进行更细粒度的控制，而 cargo-fmt 可以理解 Cargo 项目中的相关约定。为了格式化一个由 Cargo 创建出来的项目，你可以输入如下所示的命令：

```
$ cargo fmt
```

运行这个命令会格式化当前包中的所有 Rust 代码。当然，这只会修改代码风格，而不会导致代码语义产生变化。你可以在 Rust 官方网站上阅读 rustfmt 的文档来获得更多信息。

使用 rustfix 修复代码

rustfix 工具被包含在 Rust 安装程序中，它可以自动地修复一些编译器警告。假如你编写过 Rust 代码，那么就应该见识过编译器警告了。例如，考虑如下所示的代码：

src/main.rs
```
fn do_something() {}

fn main() {
    for i in 0..100 {
        do_something();
    }
}
```

在上面的代码中，我们试图调用 do_something 函数 100 次，但是实际上并没有在 for 循环体中用到变量 i。Rust 会给出如下所示的警告：

```
$ cargo build
   Compiling myprogram v0.1.0 (file:///projects/myprogram)
warning: unused variable: `i`
 --> src/main.rs:4:9
  |
4 |     for i in 0..100 {
  |         ^ help: consider using `_i` instead
  |
  = note: #[warn(unused_variables)] on by default

   Finished dev [unoptimized + debuginfo] target(s) in 0.50s
```

这个警告建议使用_i 作为替代名称：变量名称前面的下画线表明我们是故意不使用该变量的。我们可以通过执行 cargo fix 命令，调用 rustfix 工具来自动地采用这一建议：

```
$ cargo fix
    Checking myprogram v0.1.0 (file:///projects/myprogram)
      Fixing src/main.rs (1 fix)
    Finished dev [unoptimized + debuginfo] target(s) in 0.59s
```

再次观察 *src/main.rs*，我们会发现 cargo fix 确实改变了代码：

src/main.rs
```
fn do_something() {}

fn main() {
    for _i in 0..100 {
        do_something();
    }
}
```

for 循环中的变量被重命名为_i，警告不会再出现了。

你也可以使用 cargo fix 命令将代码翻译为不同的 Rust 阶段性版本。有关阶段性版本的更多信息可以参见附录 E。

使用 Clippy 完成更多的代码分析

Clippy 工具中包含了一系列的代码分析工具（lint），它被用来捕获常见的错误并提升 Rust 代码的质量。Clippy 同样被包含在标准的 Rust 安装程序中。

你可以通过如下所示的命令在任意 Cargo 项目中运行 Clippy 来进行代码分析：

```
$ cargo clippy
```

例如，假设你的程序中使用了一个与数学常量 pi 近似的值，如下所示：

src/main.rs
```
fn main() {
    let x = 3.1415;
    let r = 8.0;
    println!("the area of the circle is {}", x * r * r);
}
```

在这个项目中执行 cargo clippy 会产生如下所示的错误：

```
error: approximate value of `f{32, 64}::consts::PI` found
 --> src/main.rs:2:13
  |
2 |     let x = 3.1415;
  |             ^^^^^^
  |
  = note: `#[deny(clippy::approx_constant)]` on by default
  = help: consider using the constant directly
  = help: for further information visit https://rust-lang.github.io/rust-
clippy/master/index.html#approx_constant
```

这个错误指出 Rust 中存在更为精确的常量定义，你可以通过替换常量来获得更为准确的代码执行结果。当你将代码修改为使用 PI 常量后，就不会产生任何来自 Clippy 的错误和警告了：

src/main.rs
```
fn main() {
    let x = std::f64::consts::PI;
    let r = 8.0;
    println!("the area of the circle is {}", x * r * r);
}
```

你可以在 Rust 官方网站上阅读 Clippy 的文档来获得更多信息。

使用 rust-analyzer 集成 IDE

为了帮助开发者实现 IDE 集成，Rust 社区推荐使用 rust-analyzer。这个工具是一组以编译器为核心的实用程序，它们实现了一套语言服务器协议（Language Server Protocol），该协议作为一份通用规范被用于 IDE 与编程语言的相互通信。这就意味着 rust-analyzer 可以被用于不同的客户端来完成 IDE 集成，比如用于 Visual Studio Code 的 Rust 插件。

你可以访问 rust-analyzer 项目的主页来获取安装说明，并学习如何在特定的 IDE 中配置语言服务器。一切妥当之后，你的 IDE 将获得诸如自动补全、跳转到定义以及内联错误等功能。

附录

阶段性版本

在第 1 章中，当你使用 cargo new 创建项目时，你应该已经在 *Cargo.toml* 中见到过有关版本的元数据了。本附录会更加深入地讨论它所蕴含的意义！

Rust 语言与编译器以 6 周为一个发布循环，这意味着用户可以持续稳定地获得功能更新。某些编程语言选择以更长的时间周期来发布大规模修改，但 Rust 选择了更为频繁地发布小规模更新。在一段时间后，所有这些小更新会日积月累地增多。随着版本的迭代，普通用户将会越来越难以回顾并发出类似于这样的感叹："哇，Rust 1.10 到 Rust 1.31 的变化可真大！"。

每隔两到三年，Rust 团队就会生成一个新的 Rust 阶段性版本（edition）。每个阶段性版本都会将当前已经落地至对应包中的功能集合到一起，这些功能都拥有完善的文档与工具。新版本会作为 6 周发布循环中的一部分被提交给用户。

版本对于不同的人群拥有不同的意义：

* 对于活跃的 Rust 用户而言，一个新的版本会将增量的修改引入易于理解

的包中。

- 对于还未开始使用 Rust 的用户而言，一个新的版本表明我们已经取得了一些重大进展，此时的 Rust 可能值得一试。

- 对于 Rust 本身的开发者而言，一个新的阶段性版本提供了整个项目的集结里程碑。

在编写本书时，Rust 已经提供了 3 个可用的阶段性版本：Rust 2015、Rust 2018 以及 Rust 2021。本书基于 Rust 2021 编写而成。

Cargo.toml 文件中的 edition 表明代码应该使用哪个阶段性版本的编译器。当这个字段不存在时，Rust 会出于向后兼容的目的，默认采用 2015 作为版本值。

每个项目都可以自由地选择版本，而无须拘泥于默认的 2015 版本。版本与版本之间会包含一些不兼容的修改，比如引入一个会与当前标识符冲突的新关键字等。但不管怎么样，除非你主动选择新的版本来面对这些修改，否则你的代码都应当能够继续通过编译，即便你升级了系统中的 Rust 编译器版本。

所有的 Rust 编译器版本都会兼容之前存在的任意版本，并能够链接采用这些支持版本的包。版本之间产生的变化仅仅会影响到编译器最初解析代码时的过程。因此，即便你正在使用 Rust 2015 编写代码，也可以将一个使用 Rust 2018 的包作为依赖，项目在编译时不会出现任何问题。相反，当你使用 Rust 2018 编写代码时，也可以依赖 Rust 2015 的包。

需要注意的是，大部分功能在所有的版本中都是可用的。使用任何 Rust 版本的开发者都应该能够持续地接收到稳定版本中的改进。但在某些情况下，主要是当某些新关键字被引入时，某些新功能将只会在较新的版本中可用。你需要切换到新的版本才能体验到这些功能。

请查阅 *The Edition Guide* 来获得更多相关信息，这本书专门介绍了不同阶段性版本之间的差异，并说明了如何利用 cargo fix 来自动地将你的代码升级至新的版本。